高等学校计算机类系列教材

微型计算机原理及应用

(第 三 版)

李伯成　侯伯亨　张毅坤　编著

西安电子科技大学出版社

内 容 简 介

本书以 8086(8088)为对象,描述微型计算机的组成和接口技术。全书共分 8 章,主要内容包括微型计算机的基本结构、指令系统及汇编语言程序设计、存储系统、输入/输出技术、总线及典型接口芯片的应用等。此外,书中还对 Pentium 处理器及 SOC 作了简要介绍。

本书既强调基本概念,又强调工程上分析问题和解决问题的方法。书中内容简明扼要、重点突出,融入了作者的教学经验和体会。本书既可作为高等院校各相关专业的教材,也可作为相关技术人员的参考书。

★本书配有电子教案,有需要者可登录出版社网站,免费下载。

图书在版编目(CIP)数据

微型计算机原理及应用 / 李伯成,侯伯亨,张毅坤编著. —3 版. —西安:
西安电子科技大学出版社,2017.6(2023.10 重印)
ISBN 978-7-5606-4549-0

Ⅰ.① 微… Ⅱ.① 李… ② 侯… ③ 张… Ⅲ.① 微型计算机 Ⅳ.① TP36

中国版本图书馆 CIP 数据核字(2017)第 121211 号

责任编辑 阎 彬 臧延新
出版发行 西安电子科技大学出版社(西安市太白南路 2 号)
电 话 (029)88202421 88201467   邮 编 710071
网 址 www.xduph.com   电子邮箱 xdupfxb001@163.com
经 销 新华书店
印刷单位 陕西天意印务有限责任公司
版 次 2017 年 6 月第 3 版   2023 年 10 月第 24 次印刷
开 本 787 毫米×1092 毫米 1/16 印 张 22
字 数 520 千字
印 数 98 001～101 000 册
定 价 55.00 元

ISBN 978 - 7 - 5606 - 4549 - 0/TP

XDUP 4841003-24

如有印装问题可调换

前　言

本书第二版出版已有几年，而计算机技术的发展日新月异，作为高等学校的教材也必须适应技术的发展。而且本书第二版经过几年的使用，也发现一些内容需要修订。为此，我们对第二版的内容进行修订，删去一些次要的、过时的内容，改正一些小的错误，增加一些新的知识，形成本书的第三版。

尽管计算机技术发展得非常快，有许多新的技术、新的器件不断涌现出来，但从另一角度可以看到，一些最基本的概念、最基本的解决问题的方法是不会改变的。认真学习并很好地掌握这些基本概念和基本方法，就能够在具体的工程实践中解决问题。因此，本书力图阐明微型计算机原理及应用中的基本概念和基本方法，并适当地介绍新的知识。

在这一版里，继续保持前两版中的核心知识，内容仍以适合于课堂教学的8086（8088）微处理器为对象，全面地介绍微型计算机的组成及工程应用。只要学生掌握了本书的基本概念和基本方法，今后再去学习和理解其他相关知识就不会有什么困难。

本书作为理工科专业的教材，以适应学生未来工作的需要为目的。在具体的教学实施过程中，前面六章是基本要求，需要仔细讲述；最后两章的内容，教师可在概要说明后让学生自行阅读，慢慢加以体会。

需再次强调的是，本书的目的在于培养学生的工程思维能力，其内容在描述清楚基本概念的基础上，侧重于解决具体工程应用问题的方法。要求读者能利用所学的基本概念，提出解决工程问题的思路和方法，提高分析和解决问题的能力。

在本书的编写过程中，除了书后的参考资料外，编者还参考了一些网上的资料，在此向这些资料的作者表示感谢！

还要感谢西安电子科技大学出版社的关心和支持，感谢家人的支持与帮助。

本次修订工作由李伯成完成。由于水平有限，书中不当之处在所难免，敬请读者批评指正。

编　者
2017 年 2 月

第二版前言

微型计算机已广泛应用于各行各业，促进了社会的发展和进步。作为今天的工程技术人员，必须很好地掌握微型计算机的概念与技术。本书是为高校理工科专业教学及一般工程技术人员学习微型计算机而编写的。

本书于1998年出版第一版，后经十几次印刷使用至今。现在，第一版中的部分内容有些陈旧，同时由于技术发展很快，更需要补充一些新的内容。为此，本书在第一版的基础上进行修订，删去了一些陈旧的、不适合于课堂教学的内容，并增加了一些新的内容，以进一步提高内容的完整性和实用性。

本书编写的目的在于培养学生的工程思维能力，其内容在描述清楚基本概念的基础上，侧重于解决具体的工程应用问题，要求读者能利用所学的基本概念，提出解决工程问题的思路和方法，从而培养分析具体的工程问题和解决问题的能力。

全书共分8章。第1章为本书所用到的预备知识；第2章介绍8086(8088)微处理器；第3章讲述8086指令系统汇编语言及程序设计的基本方法；第4章讨论内部存储器；第5章论述微型机中常用的I/O技术；第6章描述一些最常用的典型接口芯片及应用；第7章介绍微机中常用的总线；第8章给出一典型的SOC（片上系统）芯片。

在教学工作中，前6章是基本要求，应仔细向学生描述清楚。通过这几章的学习，读者可掌握有关微型机的最基本的概念、基本原理和基本方法。后面两章有新增加的内容，为的是拓展学生的知识面。对这两章可作简要介绍，亦可留给学生自己阅读学习。

本次的修订工作由李伯成完成。在编写本书的过程中，力求以简明扼要的语言，重点突出基本原理、基本概念和基本方法，并且在内容中融入作者以往的教学和科研工作的经验。尽管作者做了努力，但由于水平及时间上的限制，书中疏漏或不当之处在所难免，敬请读者批评指正。

编　者
2007 年 8 月

第一版前言

随着技术的发展和进步，微型计算机的应用在各行各业中迅猛发展，它已成为每个专业技术人员必备的基础。本书是为高校各专业师生及一般科技人员学习微型计算机的需要而编写的。

如何学习微型计算机，使自己很快入门是经常困扰初学者的问题。而微机的发展，不管是硬件还是软件，真可谓日新月异，使人眼花缭乱。从通用的 CPU 到单片机、数字信号处理器(DSP)、位片机、专用处理器等等，它们均由许多厂家生产，本身又有许多系列。我们认为可以从特殊到一般进行学习，即选择国内比较流行的某种型号的微型机(或单片机)，认真仔细地学好，建立正确的概念。只要进了门，再遇到其他类型的微型机你将很容易掌握它们。因为，尽管型号不同，但它们共性的东西是大量的。为此，我们以 8086(8088)为对象，为读者做深入分析和描述。

本书偏重于工程应用，因此，对于各种芯片（包括 CPU），我们强调读者抓住其外部特性，能将它们用好就达到了目的。至于芯片内部的东西，以工程上够用即可，读者也没有必要搞清楚那些大（或超大）规模集成电路芯片的内部细节。

微型计算机能够不知疲倦地一条指令接一条指令地执行程序，从而实现你所要求的各种功能。在学习本书时，请读者注意这门课的一些特点。

全书共分 8 章，从最基本的概念入手，引导读者逐步掌握微型机从硬件组成到软件编程的基本知识。通过本书的学习，使读者能初步掌握微型计算机组成原理和简单的应用。编写过程中力求重点突出，通俗易懂。在内容上做到简明扼要，深入浅出，便于各类人员阅读和学习。

本书的第 1、3 章由张毅坤编写，第 2、5、6 章由侯伯亨编写，第 4、7、8 章由李伯成编写。全书由李伯成主编并统稿。此书在编写过程中得到陕西省教委有关同志的支持和帮助，在此表示衷心的感谢。由于水平所限，加之时间匆促，错误和不当之处在所难免，敬请读者批评指正。

编　者
1997 年 8 月于西安

目　录

第1章　预备知识 1
1.1　数与数制 1
1.2　算术逻辑运算 2
1.3　符号数的表示方法 3
1.4　补码的运算 4
1.5　数的定点表示和浮点表示 5
　1.5.1　数的定点表示法 5
　1.5.2　数的浮点表示法 5
　1.5.3　工业标准 IEEE754 6
1.6　BCD 码 7
1.7　ASCII 码 8
习题 9

第2章　微型计算机概述 10
2.1　微型计算机的基本结构 10
　2.1.1　微型计算机的组成及各部分的
　　　　功能 10
　2.1.2　微型计算机的工作过程 13
2.2　8086(8088) CPU 14
　2.2.1　8086(8088) CPU 的特点 14
　2.2.2　8086 CPU 的引线及其功能 ... 15
　2.2.3　8088 CPU 的引线及其功能 ... 19
　2.2.4　8086 CPU 的内部结构 21
　2.2.5　存储器寻址 24
　2.2.6　8086 CPU 的工作时序 26
2.3　系统总线的形成 28
　2.3.1　几种常用的芯片 29
　2.3.2　最小模式下的系统总线形成 ... 30
　2.3.3　最大模式下的系统总线形成 ... 31
　2.3.4　8088 的系统总线形成 32
习题 33

第3章　指令系统及汇编语言程序
　　　　设计 35
3.1　8088 的寻址方式 35
　3.1.1　决定操作数地址的寻址方式 ... 35
　3.1.2　决定转移地址的寻址方式 37
3.2　8088(8086)的指令系统 39
　3.2.1　传送指令 39
　3.2.2　算术运算指令 43
　3.2.3　逻辑运算和移位指令 49
　3.2.4　串操作指令 53
　3.2.5　程序控制指令 56
　3.2.6　处理器控制指令 60
　3.2.7　输入/输出指令 61
3.3　汇编语言 62
　3.3.1　汇编语言的语句格式 62
　3.3.2　常数 64
　3.3.3　伪指令 64
　3.3.4　汇编语言的运算符 69
　3.3.5　汇编语言源程序的结构 71
3.4　汇编语言程序设计 72
　3.4.1　程序设计概述 73
　3.4.2　程序设计的基本方法 73
　3.4.3　汇编语言程序举例 81
　3.4.4　汇编语言程序的查错与调试 ... 87
习题 88

第4章　存储系统 90
4.1　概述 90
　4.1.1　存储器的分类 90
　4.1.2　存储器的主要性能指标 91
4.2　常用存储器芯片的连接使用 92
　4.2.1　静态读写存储器(SRAM) 92
　4.2.2　EPROM 100

4.2.3　EEPROM(E^2PROM)........................... 105

4.2.4　其他存储器.............................. 111

4.2.5　80x86 及奔腾处理器总线上的
存储器连接........................ 116

4.3　动态读写存储器(DRAM)............... 119

4.3.1　概述........................... 120

4.3.2　动态存储器的连接使用........ 122

4.3.3　内存条........................ 124

4.4　存储卡................................ 132

4.4.1　多媒体存储卡 MMC........... 132

4.4.2　安全数字卡 SD................ 134

习题.. 136

第 5 章　输入/输出技术........................ 139

5.1　概述.................................. 139

5.1.1　外设接口的编址方式......... 139

5.1.2　外设接口的基本模型.......... 140

5.2　程序控制输入/输出................... 140

5.2.1　无条件传送方式............... 141

5.2.2　查询传送方式................. 143

5.2.3　中断方式..................... 147

5.2.4　直接存储器存取(DMA)方式........... 169

习题.. 183

第 6 章　常用接口芯片及应用................. 184

6.1　简单接口.............................. 184

6.1.1　三态门....................... 184

6.1.2　锁存器....................... 184

6.1.3　带有三态门输出的锁存器...... 185

6.2　可编程并行接口 8255................. 187

6.2.1　8255 的引线及内部结构....... 187

6.2.2　8255 的工作方式.............. 188

6.2.3　控制字及状态字.............. 192

6.2.4　8255 的寻址及连接........... 194

6.2.5　初始化及应用................ 195

6.3　可编程定时器 8253................... 197

6.3.1　8253 的引线功能及内部结构... 197

6.3.2　8253 的工作方式.............. 198

6.3.3　8253 的控制字............... 200

6.3.4　8253 的寻址及连接........... 201

6.3.5　初始化及应用................ 202

6.4　可编程串行接口 8250................. 204

6.4.1　概述.......................... 204

6.4.2　串行接口 8250................ 206

6.4.3　串行通信总线 RS-232C........ 217

6.5　键盘接口.............................. 219

6.5.1　概述.......................... 219

6.5.2　键盘的基本结构.............. 220

6.5.3　非编码矩阵键盘接口的实现.... 221

6.5.4　专用键盘接口芯片............ 225

6.6　打印机接口............................ 225

6.6.1　打印机接口总线.............. 226

6.6.2　串行接口电路及驱动程序...... 227

6.6.3　并行接口电路及驱动程序...... 228

6.7　显示器接口............................ 231

6.7.1　七段数码显示器.............. 231

6.7.2　LED 接口电路................ 232

6.8　光电隔离输入/输出接口............... 234

6.8.1　隔离的概念及意义............ 234

6.8.2　光电耦合器件................ 235

6.8.3　光电耦合器件的应用.......... 237

6.9　数/模(D/A)变换器接口.............. 240

6.9.1　D/A 变换器和 A/D 变换器在控制
系统中的地位................ 240

6.9.2　D/A 变换器的基本原理........ 241

6.9.3　典型的 D/A 变换器芯片举例... 243

6.10　模/数(A/D)变换器接口............. 247

6.10.1　A/D 变换器的主要技术指标.... 247

6.10.2　典型 A/D 变换器芯片介绍..... 249

6.10.3　A/D 变换器应用实例......... 252

习题.. 259

第 7 章　总线.................................. 262

7.1　总线概述.............................. 262

7.1.1　定义及分类.................. 262

7.1.2　采用总线标准的优点.......... 263

7.2　内总线................................ 265

7.2.1　PC 的内总线................. 265

7.2.2　工控机的内总线标准.........................269

7.2.3　PCI-E 277

7.3　外总线 279

7.3.1　常见外总线 279

7.3.2　PC 的外总线 281

7.4　总线驱动与控制 289

7.4.1　总线竞争的概念 289

7.4.2　负载的计算 290

7.4.3　总线驱动与控制的实现 291

习题 296

第 8 章　SOC 下的微型机系统 298

8.1　概述 298

8.1.1　PXA27X 概述 298

8.1.2　Intel XScale 结构 300

8.2　ARM 处理器 301

8.2.1　ARM 处理器系列 301

8.2.2　ARM 处理器的工作模式及

　　　寄存器 302

8.2.3　ARM 指令系统 306

8.2.4　ARM 的异常中断处理 317

8.3　Intel PXA27X 介绍 322

8.3.1　PXA27X 的结构 322

8.3.2　PXA27X 的内部存储器 323

8.3.3　PXA27X 的外部存储器控制器 325

8.3.4　PXA27X 的中断控制器 333

8.3.5　PXA27X 的键盘接口 337

习题 341

参考文献 342

第 1 章 预 备 知 识

本章介绍书中所要用到的一些预备知识。如果读者已经熟悉了这些知识，则可以跳过这一章。

1.1 数 与 数 制

1. 十进制计数法

在十进制计数中，用 0，1，2，…，9 这 10 个符号来表示数量，无论多大的数，都用这 10 个符号的组合来表示。正是由于表示数量的符号有 10 个，因此称之为十进制计数法。

例如，十进制数 3758 可用下面的法则来表示：

$$(3758)_{10} = 3 \times 10^3 + 7 \times 10^2 + 5 \times 10^1 + 8 \times 10^0$$

根据同样的法则，也可以表示十进制小数，小数点的右边各位的权依次为 10^{-1}，10^{-2}，10^{-3}，…。例如，十进制数 275.368 可以用上述法则写成：

$$(275.368)_{10} = 2 \times 10^2 + 7 \times 10^1 + 5 \times 10^0 + 3 \times 10^{-1} + 6 \times 10^{-2} + 8 \times 10^{-3}$$

2. 二进制计数法

二进制计数法用来表示数量的符号只有两个，就是 0 和 1。二进制数中的任何一个 0 或 1 称为比特(bit)。

例如，二进制数 110101 可以表示为

$$(110101)_2 = 1 \times 2^5 + 1 \times 2^4 + 0 \times 2^3 + 1 \times 2^2 + 0 \times 2^1 + 1 \times 2^0$$

3. 二进制数与十进制数的相互转换

1) 二进制数转换成十进制数

如上所述，只要将二进制数的每一位乘上它的权，然后加起来就可以求得二进制数的十进制数值。例如，二进制数 101101.11 换算成十进制数为

$$(101101.11)_2 = 1 \times 2^5 + 0 \times 2^4 + 1 \times 2^3 + 1 \times 2^2 + 0 \times 2^1 + 1 \times 2^0 + 1 \times 2^{-1} + 1 \times 2^{-2}$$
$$= (45.75)_{10}$$

2) 十进制数转换成二进制数

十进制数转换为二进制数的方法分两步进行，分别处理整数部分和小数部分。一个十进制整数的二进制转换方法是"除 2 取余"，而一个十进制小数的二进制转换方法是"乘 2 取整"。若一个十进制数既包含整数部分又包含小数部分，它的二进制转换就是将它的整数部分和小数部分用上述方法分别进行转换，最后将转换好的两部分结合在一起形成

要转换的二进制数。

4．八进制计数法

在八进制记数中，用 0，1，2，…，7 这 8 个符号来表示数量，无论多大的数，都用这 8 个符号的组合来表示。现在，八进制计数用得很少，本书基本上不用。

5．十六进制计数法

在十六进制计数中，用 0，1，2，…，9 和 A，B，C，…，F 等 16 个符号来表示数量，即表示数量的符号有 16 个。

例如，十六进制数 E5D7.A3 可以表示为

$$(E5D7.A3)_{16} = E \times 16^3 + 5 \times 16^2 + D \times 16^1 + 7 \times 16^0 + A \times 16^{-1} + 3 \times 16^{-2}$$

同前所述，一个十进制数可以转换成十六进制数，其方法为十进制数的整数部分"除 16 取余"，十进制数的小数部分则采用"乘 16 取整"。由于一位十六进制数可以用四位二进制数来表示，因此二进制数与十六进制数的相互转换就比较容易。二进制数到十六进制数的转换由小数点开始，每四位二进制数为一组，将每一组用相应的一位十六进制数来表示，即可得到正确的十六进制数。

1.2　算术逻辑运算

1．二进制加法

二进制加法与十进制加法类似，所不同的是，二进制加法是"逢二进一"，其法则为

$$0 + 0 = 0$$
$$1 + 0 = 1$$
$$0 + 1 = 1$$
$$1 + 1 = 0 \qquad 有进位$$

2．二进制减法

在二进制减法中，同样有如下法则：

$$0 - 0 = 0$$
$$1 - 0 = 1$$
$$1 - 1 = 0$$
$$0 - 1 = 1 \qquad 有借位$$

当不够减时需要借位，高位的 1 等于下一位的 2，即"借一当二"。

3．二进制乘法

二进制乘法与十进制乘法是一样的。但因为二进制数只由 0 和 1 构成，因此，二进制乘法更简单。其法则如下：

$$0 \times 0 = 0$$
$$1 \times 0 = 0$$
$$0 \times 1 = 0$$
$$1 \times 1 = 1$$

4．二进制除法

二进制除法是乘法的逆运算，其方法与十进制除法是一样的，而且二进制数仅由 0 和 1 构成，做起来更简单。

5．二进制与

二进制与又称为逻辑乘，其法则为

$$0 \wedge 0 = 0, \quad 0 \wedge 1 = 0, \quad 1 \wedge 0 = 0, \quad 1 \wedge 1 = 1$$

6．二进制或

二进制或又称为逻辑加，其法则为

$$0 \vee 0 = 0, \quad 0 \vee 1 = 1, \quad 1 \vee 0 = 1, \quad 1 \vee 1 = 1$$

7．二进制异或

二进制异或的法则为

$$0 \forall 0 = 0, \quad 0 \forall 1 = 1, \quad 1 \forall 0 = 1, \quad 1 \forall 1 = 0$$

1.3　符号数的表示方法

表示一个带符号的二进制数通常有 4 种方法。

1．原码法

原码法的规则就是符号与数值连续排列，符号放在最高位，且用 0 表示正数，用 1 表示负数，其后跟着数值。

例如，十进制数 $(+45)_{10}$ 和 $(-45)_{10}$，用 8 位二进制原码表示，它们的原码符号数如下：

$$(+45)_{10} = (0 \quad 0101101)_2$$

$$\uparrow \qquad \uparrow$$
$$符号位 \quad 数值$$

$$(-45)_{10} = (1 \quad 0101101)_2$$

$$\uparrow \qquad \uparrow$$
$$符号位 \quad 数值$$

2．反码法

早期的计算机曾采用反码法来表示带符号的数。对于正数，其反码与其原码相同。例如：

$$(+45)_{10} = (00101101)_2$$

也就是说，正数用符号位与数值一起来表示。

对于负数，用相应正数的原码各位取反来表示，包括将符号位取反，取反的含义就是将 0 变为 1，将 1 变为 0。例如，$(-45)_{10}$ 的反码表示就是将上面 $(+45)_{10}$ 的二进制数各位取反：

$$(-45)_{10} = (11010010)_2$$

3．补码法

在计算机中，符号数最常用的是补码(对 2 的补码)形式。用补码法表示带符号数的法则是：正数的表示方法与原码法和反码法一样；负数的表示方法为该负数的反码加 1。

例如，$(+4)_{10}$ 的补码表示为 $(00000100)_2$，而 $(-4)_{10}$ 用补码表示时，可先求其反码表示 $(11111011)_2$，而后再在其最低位加 1，变为 $(11111100)_2$。这就是 $(-4)_{10}$ 的补码表示，即 $(-4)_{10} = (11111100)_2$。

4．移码法

在计算机的浮点数表示中会用到移码。移码可以理解为在补码的基础上偏移多少数值。偏移的数值可以人为定义。例如，对 n 位整数来说，经常使用的偏移量为 2^{n-1}。若令 n 为 8，则偏移量为 2^7，即 128。也就是说在补码的基础上加上 128 便成为移码。

例如，+7 的补码为 00000111，则 +7 的移码为 10000111。同样，−7 的补码为 11111001，那么，−7 的移码便是 01111001。

可见，在偏移 2^{n-1} 的情况下，只要将补码的符号位取反便可获得相应的移码。

1.4 补码的运算

补码加减法的运算法则为

$$[X+Y]_{补} = [X]_{补} + [Y]_{补}$$

$$[-X]_{补} = -[X]_{补}$$

$$[X-Y]_{补} = [X]_{补} + [-Y]_{补} = [X]_{补} - [Y]_{补}$$

由这些法则可见，和的补码可用补码求和实现；而差的补码可通过将减数求补再与被减数相加实现。也就是说在补码情况下，利用加法器可完成减法运算。

在计算机中，一般都不设置专门的减法电路。遇到两个数相减时，处理器就自动地将减数取补，而后将被减数和减数的补码相加来完成减法运算。

例如，$(69)_{10} - (26)_{10}$ 可以写成 $(69)_{10} + (-26)_{10}$。将 $(69)_{10}$ 的原码和 $(-26)_{10}$ 的补码相加，即可得到正确的结果。读者可以自行验证。

这里要强调的是，当两个同符号的数相加（或者是异符号数相减）时，若相加(或相减)的结果超出了所规定的数值范围，则会发生溢出。一旦发生溢出，其结果肯定是错误的。

例如，两个带符号数 $(01000001)_2$(十进制数 + 65)与 $(01000011)_2$(十进制数 + 67)相加：

$$
\begin{array}{r}
01000001 \\
+\ \ 01000011 \\
\hline
10000100
\end{array}
$$

可以看到，例中两个正数相加的结果为一负数，结果显然是荒谬的。产生错误的原因就是溢出。由于本例中是用 8 位二进制编码表示带符号的数，若用它表示整数，8 位补码所能表示的数值范围为 −128 ～ + 127。若结果超出这一范围就产生错误。在将来的编程中，可用增加表示数值编码的位数的方法来消除溢出的发生。上面例子中若用多于 8 位的二进制编码表示那两个带符号的数，再相加时肯定不会产生溢出。

再来看两个负数$(10001000)_2$和$(11101110)_2$的相加情况。

$$
\begin{array}{r}
10001000 \\
+\quad 11101110 \\
\hline
01110110
\end{array}
$$

两负数相加产生溢出的情况读者可以自行分析。

1.5 数的定点表示和浮点表示

1.5.1 数的定点表示法

所谓定点数就是小数点固定不变的数。小数点的位置通常有两种约定，即定点整数（相当于小数点在最低有效位之后）和定点小数（相当于小数点在最高有效位之前）。

如前所述，要表示带符号数，符号总是放在最高位。若表示带符号数的字长为 n 位，则定点整数原码、补码的表示范围分别为

定点整数原码的表示范围：$-(2^{n-1}-1) \sim +(2^{n-1}-1)$

定点整数补码的表示范围：$-(2^{n-1}) \sim +(2^{n-1}-1)$

若用 n 位字长表示小数，则定点小数原码、补码的表示范围分别为

定点小数原码的表示范围：$-(1-2^{-(n-1)}) \sim +(1-2^{-(n-1)})$

定点小数补码的表示范围：$-1 \sim +(1-2^{-(n-1)})$

1.5.2 数的浮点表示法

定点表示法比较简单，要么纯整数，要么纯小数，所能表示的数值范围也比较小，运算中很容易因超出范围而溢出。为克服这些缺点，引入了数的浮点表示法。

在十进制数中，一个数可以写成多种表示形式。例如，83.125 可写成 $10^2 \times 0.83125$，$10^3 \times 0.083125$，$10^4 \times 0.0083125$ 等。同样，一个二进制数也可以写成多种表示形式。例如，二进制数 1011.10101 可以写成 $2^4 \times 0.101110101$，$2^5 \times 0.0101110101$，$2^6 \times 0.00101110101$，等等。可以看出，一个二进制数能够用一种普遍的形式来表示：

$$2^E \times F$$

其中，E 称为阶码，F 叫做尾数。人们把用阶码和尾数表示的数叫做浮点数，这种表示数的方法称为浮点表示法。

在浮点表示法中，阶码通常为带符号的整数，尾数为带符号的纯小数。浮点数的表示格式如下：

数　符	阶　码	尾　数

很明显，浮点数的表示不是唯一的。当小数点的位置改变时，阶码也随着相应改变，可以用多种形式来表示同一个数。

浮点数所能表示的数值范围主要由阶码决定,所表示数值的精度则主要由尾数来决定。为了充分利用尾数来表示更多的有效数字,通常采用规格化浮点数。规格化就是将尾数限定在小于 1 且大于等于 0.5 之间。

当尾数用补码表示时,若尾数 $M \geq 0$,则尾数规格化应为 $M = 0.1 \times \times \times \cdots \times$。其中 $\times$ 可为 0,也可为 1。

若尾数 $M < 0$,规格化应满足 $[-1/2]_{补} > [M]_{补} \geq [-1]_{补}$,则尾数规格化应为 $M = 1.0 \times \times \times \cdots \times$。其中 $\times$ 可为 0,也可为 1。

1.5.3 工业标准 IEEE754

IEEE754 是由 IEEE 制定的有关浮点数的工业标准,被广泛采用。该标准的表示形式如下:

$$(-1)^s 2^E (b_0 \diamondsuit b_1 b_2 b_3 \cdots b_{p-1})$$

其中:$(-1)^s$ 为该浮点数的数符,当 s 为 0 时表示正数,s 为 1 时表示负数;E 为指数,用移码表示;$(b_0 \diamondsuit b_1 b_2 b_3 \cdots b_{P-1})$ 为尾数,共 P 位,用原码表示。

目前计算机中使用的三种形式的 IEEE754 浮点数格式列于表 1.1 中。

在 IEEE754 标准中,特别要说明的就是尾数在规格化时的处理,也就是说在规格化的过程中必须使 b_0 为 1,而且小数点应当在 $\diamondsuit$ 位置上,是隐含的。规格化时将 b_0 去掉,也是隐含的。这相当于使尾数增加了一位,在使用时应注意到这种情况。

表 1.1 三种形式的 IEEE754 浮点数格式

参 数	单精度浮点数	双精度浮点数	扩充精度浮点数
浮点类字长	32	64	80
尾数长度 P	23	52	64
符号位 S	1	1	1
指数长度 E	8	11	15
最大指数	$+127$	$+1023$	$+16383$
最小指数	-126	-1022	-16382
指数偏移量	$+127$	$+1023$	$+16383$
可表示的实数范围	$10^{-38} \sim 10^{38}$	$10^{-308} \sim 10^{308}$	$10^{-4932} \sim 10^{4932}$

为了说明 IEEE754 浮点数的应用,现举例如下:

利用 IEEE754 标准将数 176.0625 表示为单精度浮点数。首先将该十进制数转换成二进制数:

$$(176.0625)_{10} = (10110000.0001)_2$$

对上面的二进制数进行规格化:

$$10110000.0001 = 1.\diamondsuit 01100000001 \times 2^7$$

这就保证了使 b_0 为 1，而且小数点在 ◇ 位置上。将 b_0 去掉并扩展为单精度浮点数所规定的 23 位尾数：01100000001000000000000。

然后，再来求取阶码。现指数为 7，而单精度浮点数规定指数的偏移量为 127（请注意不是前面移码描述中所提到的 128），即在指数 7 上加 127。那么，E = 7 + 127 = 134，则指数的移码表示为 10000110。

最后，可得到 $(176.0625)_{10}$ 的单精度浮点数表示：

$$0 \quad 10000110 \quad 01100000001000000000000$$

1.6 BCD 码

将十进制数转换为其等值的二进制数称为编码。前面所提到的二进制数称为纯二进制码。计算机只能识别用高低电平表示的 0 或 1，对计算机来说，用纯二进制码是十分方便的。但人们则更习惯使用十进制数。为此，人们发明了用二进制编码来表示的十进制数，它有多种表示形式，在此只介绍以下两种表示方法。

1. 8421 码

BCD 码中的 8421 码用 4 位二进制数表示一位十进制数，它们的对应关系如表 1.2 所示。

表 1.2 8421 码与十进制数的对应关系

十进制数	8421 码
0	0000
1	0001
2	0010
3	0011
4	0100
5	0101
6	0110
7	0111
8	1000
9	1001

由表 1.2 可以看到，这种形式的 BCD 码二进制数各位的权值分别是 8421。同时，在这种 BCD 码表示法中，剩下的 6 种四位编码，从 1010 到 1111 全都是非法的。

根据上述说明可以看到，一个十进制数能够很方便地用 BCD 码来表示。例如，十进制数 834 用 BCD 码表示为

$$(834)_{10} = (1000 \quad 0011 \quad 0100)_{BCD}$$

只要熟记十进制数 0～9 与 BCD 码的对应关系，就能方便地将它们进行转换。例如：

$$(0110\ 1001\ 0101\ .\ 0010\ 0111\ 1001)_{BCD} = (695.279)_{10}$$

2. 余 3 码

余 3 码也是用 4 位二进制编码来表示一个十进制数的。但这是一种无权码，其表示形式如表 1.3 所示。

表 1.3　余 3 码与十进制数的对应关系

十进制数	余　码
0	0011
1	0100
2	0101
3	0110
4	0111
5	1000
8	1001
7	1010
8	1011
9	1100

工程上还有多种 BCD 码的编码形式，此处不再介绍。

1.7　ASCII 码

ASCII 码是美国标准信息交换码的简称，现在为各国所广泛采用。

通常，ASCII 码由 7 位二进制编码来表示，用于微处理机与它的外部设备之间进行数据交换以及通过无线或有线手段进行数据传送。

代表上述字符或控制功能的 ASCII 码是由一个 4 位组和一个 3 位组构成的，形成 7 位二进制编码，其格式为

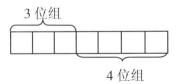

3 位组

4 位组

根据 ASCII 码的构成格式，可以很方便地从有关的 ASCII 表中查出每一个字符或特殊控制功能的编码。例如，大写英文字母 A，从表中查出其 3 位组为 $(100)_2$，4 位组为 $(0001)_2$，故构成字母 A 的 ASCII 编码为 $(1000001)_2$ 或 $(41)_{16}$。

习　题

1.1　将下列二进制数转换为十进制数:
(1) 10010110　　　　(2) 10111100　　　　(3) 11011010

1.2　将下列二进制小数转换为十进制数:
(1) 0.10111　　　　(2) 0.111101　　　　(3) 0.110101

1.3　将下列十进制数转换为二进制数:
(1) 254　　　　(2) 1039　　　　(3) 141

1.4　将下列十进制小数转换为二进制小数(取小数点后 5 位):
(1) 0.75　　　　(2) 0.102　　　　(3) 0.6667

1.5　将下列十进制数转换为二进制数:
(1) 100.25　　　　(2) 680.375　　　　(3) 1033.6875

1.6　将下列二进制数转换为十进制数:
(1) 10010110.1011　　　　(2) 10111100.001011

1.7　将下列二进制数转换为八进制数:
(1) 10010110　　　　(2) 10111100　　　　(3) 11011010

1.8　将下列八进制数转换为二进制数:
(1) 763　　　　(2) 1234　　　　(3) 6567

1.9　将下列二进制数转换为十六进制数:
(1) 10010110101101　　　　(2) 10111100110101　　　　(3) 1101101011100001

1.10　将下列十六进制数转换为二进制数:
(1) ABC　　　　(2) 7FA5.3E8　　　　(3) FEA5.DCB

1.11　将下列二进制数转换为 BCD 码:
(1) 10010110.101　　　　(2) 10111100.11101

1.12　将下列十进制数转换为 BCD 码:
(1) 1023　　　　(2) 688　　　　(3) 123.34

1.13　写出下列字符的 ASCII 码:
　　A　9　=　!

1.14　对于下列十进制数,用 8 位二进制数分别写出它们的原码、反码和补码:
(1) +99　　　　(2) -99　　　　(3) +127
(4) -127　　　　(5) +0　　　　(6) -0

1.15　8 位二进制数原码所能表示的数值范围是_____。

　　8 位二进制数反码所能表示的数值范围是_____。

　　8 位二进制数补码所能表示的数值范围是_____。

1.16　16 位二进制数原码、反码、补码所能表示的数值范围各是多少?

第2章 微型计算机概述

正如前言中所提到的，本书的编写目的在于培养学生的工程思维和提高学生解决工程问题的能力，使学生牢固地掌握微型机应用中的基本概念和基本方法。同时，考虑到学生学过本门课程后，在将来的工作中有可能自行设计一个小的微型机应用系统，因此，在本章中将详细介绍 8086(8088)系列处理器，并以此为基础说明微型计算机的构成，从而为本书的后续章节奠定必要的基础。

2.1 微型计算机的基本结构

在本节中将详细介绍 8086(8088) CPU 的外部引线、内部寄存器以及 8086(8088) CPU 的时序，并在此基础上说明系统总线的构成。

2.1.1 微型计算机的组成及各部分的功能

在这里将简略地介绍微型计算机的组成以及各部分的功能，基本目的在于使读者在总体上对微型计算机有一个大概的认识。至于各部分的细节，则是本书后面章节的内容。

提到微型计算机的组成，读者应立即想到它是由硬件系统和软件系统两大部分构成的。

1. 硬件系统

微型计算机硬件系统如图 2.1 所示。

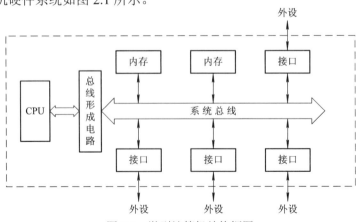

图 2.1 微型计算机结构框图

通常，将图 2.1 中用虚线框起来的部分叫做微型计算机。若将该部分集成在一块集成电路芯片上，则叫做单片微型计算机，简称单片机。若在该部分的基础上，再包括构成微型计算机所必需的外设，则构成了微型计算机系统，实际上是指硬件系统。

微型计算机主要由如下几个部分组成：微处理器或称中央处理单元(CPU)、内部存储器(简称内存)、输入/输出接口(简称接口)及系统总线。

1) CPU

CPU 是一个复杂的电子逻辑元件，它包含了早期计算机中的运算器、控制器及其他功能，能进行算术、逻辑运算及控制操作。现在经常见到的 CPU 均采用超大规模集成技术做成单片集成电路。它的结构很复杂、功能很强大。后面将详细地对它加以说明。

2) 内存

内存就是指微型计算机内部的存储器。由图 2.1 可以看到，内存是直接连接在系统总线上的。因此，内存的存取速度比较快。由于内存价格较高，一般其容量较小。这与作为外设(外部设备)的外部存储器刚好相反，后者容量大而速度慢。

内存用来存放微型计算机要执行的程序及数据。在微型计算机的工作过程中，CPU 从内存中取出程序执行或取出数据进行加工处理。这种由内存取出的过程称为读出内存，而将数据或程序存放于内存的过程则称为写入内存。

存储器由许多单元组成，每个单元存放一组二进制数。我们将要学习的这种微型计算机中规定每个存储单元存放 8 位二进制数，8 位二进制数定义为一个字节。为了区分各个存储单元，就给每个存储单元编上不同的号码，人们把存储单元的号码叫做地址。内存的地址编号是由 0 开始的，地址顺序向下编排。例如，后面将要介绍的 8086 CPU 的内存地址是 00000H～FFFFFH，共 1 兆个存储单元，简称内存可达到 1 兆字节(1 MB)。

如上所述，存储单元的地址一般用十六进制数表示，而每一个存储器地址中又存放着一组二进制(或用十六进制)表示的数，通常称为该地址的内容。值得注意的是，存储单元的地址和地址中的内容两者是不一样的。前者是存储单元的编号，表示存储器中的一个位置，而后者表示这个位置里存放的数据，正如一个是房间号码，另一个是房间里住的人一样。

3) 系统总线

目前，微型计算机都采用总线结构。总线就是用来传送信息的一组通信线。由图 2.1 可以看到，系统总线将构成微型机的各个部件连接到一起，实现了微型机内各部件间的信息交换。由于这种总线在微型机内部，故也将系统总线称为内总线。

如图 2.1 所示，一般情况下，CPU 提供的信号经过总线形成电路形成系统总线。概括地说，系统总线包括地址总线、数据总线和控制总线。这些总线提供了微处理器(CPU)与存储器、输入/输出接口部件的连接线。可以认为，一台微型计算机就是以 CPU 为核心，其他部件全都"挂接"在与 CPU 相连接的系统总线上，这样的结构为组成一个微型计算机带来了方便。人们可以根据自己的需要，将规模不一的内存和接口接到系统总线上。需要内存大、接口多时，可多接一些；需要少时，少接一些，很容易构成各种规模的微型机。

另外，微型计算机与外设(也包括其他计算机)的连接线称为外总线，也称为通信总线。它的功能就是实现计算机与计算机或计算机与其他外设的信息传送。

微型计算机工作时，通过系统总线将指令读到 CPU；CPU 的数据通过系统总线写入内存单元；CPU 将要输出的数据经系统总线写到接口，再由接口通过外总线传送到外设；当外设有数据时，经由外总线传送到接口，再由 CPU 通过内总线读接口，将数据读到 CPU 中。

4) 接口

微型计算机广泛地应用于各个部门和领域，所连接的外部设备是各式各样的。它们不仅要求不同的电平、电流，而且要求不同的速率，有时还要考虑是模拟信号还是数字信号。同时，计算机与外部设备之间还需要询问和应答信号，用来通知外设做什么或告诉计算机外设的情况或状态。为了使计算机与外设能够联系在一起，相互匹配并有条不紊地工作，就需要在计算机和外部设备之间接上一个中间部件，以便使计算机正常工作，该部件就叫做输入/输出接口。

为了便于 CPU 对接口进行读写，就必须为接口编号，这个编号就称为接口地址。8086(8088)的接口可从 0000H 到 FFFFH 编址，共 64 K。

在图 2.1 中，虚线方框内的部分构成了微型计算机，方框以外的部分称为外部世界。微型计算机与外部世界相连接的各种设备，统称外部设备，例如键盘、打印机、显示器、磁带机、磁盘等。另外，在微型计算机的工程应用中所使用的各种开关、继电器、步进电机、A/D 及 D/A 变换器等均可看做微型计算机的外部设备(简称外设)。通过接口部件，微型机与外设协调地工作。接口部件使用得很普遍，目前已经系列化和标准化，而且有许多具有可编程序功能，使用方便、灵活，功能也非常强。根据所使用的外部设备，人们可以选择适合要求的接口部件与外设相连。

2. 软件系统

在上面的叙述中简要地说明了构成微型计算机的硬件组成部分。但任何微型计算机要想正常工作，只有硬件是不够的，必须配上软件。只有软、硬件相互配合，相辅相成，微型计算机才能完成人们所期望的功能。可以这么说，硬件是系统的躯体，而软件(即各种程序的集合)是整个系统的灵魂。不配备任何软件的微型机，人们称它为物理机或裸机。它和刚诞生的婴儿一样，只具有有限的基本功能。一个婴儿将来可能成为一个伟大的科学家，也可能成为一个无所事事的人，这主要取决于他本人和社会如何对他灌输知识和教育。与此比喻相同，一台微型机，如给它配备简单的软件，它只能做简单的工作；如给它配上功能强大的软件，它就可以完成复杂的工作。

微型计算机软件系统包括系统软件和应用软件两大类。

1) 系统软件

系统软件用来对构成微型计算机的各部分硬件，如 CPU、内存、各种外设等进行管理和协调，使它们有条不紊、高效率地工作。同时，系统软件还为其他程序的开发、调试、运行提供一个良好的环境。

提到系统软件，首先就是操作系统。它是由厂家研制并配置在微型计算机上的。一旦微型计算机接通电源，就进入操作系统。在操作系统的支持下，实现人机交互；在操作系统的控制下，实现对 CPU、内存和外部设备的管理以及各种任务的调度与管理。

在操作系统平台下运行的各种高级语言、数据库系统、各种功能强大的工具软件以及本书内容涉及的汇编语言均是系统软件的组成部分。

在操作系统及其他有关系统软件的支持下，微型计算机的用户可以开发他们的应用软件。

2) 应用软件

应用软件是针对不同应用、实现用户要求的功能软件。例如，Internet 网点上的 Web 页、各部门的 MIS 程序、CIMS 中的应用软件以及微型机应用系统中的各种监测控制程序等。

根据各种应用软件的功能要求，在不同的软硬件平台上进行开发时，可以选用不同的系统软件支持，例如不同的操作系统、不同的高级语言、不同的数据库等。应用软件的开发，一般采用软件工程的技术途径进行。

应用软件一般都由用户开发完成。用户可以根据微型计算机应用系统的资源配备情况，确定使用何种语言来编写用户程序，既可以用高级语言也可以用汇编语言。高级语言功能强，且比较接近于人们日常生活用语，因此比较容易用其编写程序；而用汇编语言编写的程序则具有执行速度快、对端口操作灵活的特点。在当前，人们通常用高级语言和汇编语言混合编程的方法来编写用户程序。

2.1.2　微型计算机的工作过程

如前所述，微型机在硬件和软件的相互配合之下才能工作。如果仔细观察微型计算机的工作过程就会发现，微型机为完成某种任务，总是将任务分解成一系列的基本动作，然后一个一个地去完成每一个基本动作。当这一任务所有的基本动作都完成时，整个任务也就完成了。这是计算机工作的基本思路。

CPU 进行简单的算术运算或逻辑运算、从存储器取数、将数据存放于存储器、由接口取数或向接口送数等，这些都是一些基本动作，也称为 CPU 的操作。

尽管 CPU 的每一种基本操作都很简单，但几百、几千、几十万甚至更多的基本操作组合在一起，就可以完成某种非常复杂的任务。可以说，现代的计算机可以完成人们所能想到的任何工作，这些工作最终就是通过一系列的简单操作来实现的。

命令微处理器进行某种操作的代码叫做指令。前面已经提到，微处理器只能识别由 0 和 1 电平组成的二进制编码，因此，指令就是一组由 0 和 1 构成的数字编码。微处理器在任何一个时刻只能进行一种操作。为了完成某种任务，就需把任务分解成若干种基本操作，明确完成任务的基本操作的先后顺序，然后用计算机可以识别的指令来编排完成任务的操作顺序。计算机按照事先编好的操作步骤，每一步操作都由特定的指令来指定，一步接一步地进行工作，从而达到预期的目的。这种完成某种任务的一组指令就称为程序，计算机的工作就是执行程序。

下面通过一个简单程序的执行过程，对微型计算机的工作过程做简要介绍。随着本书的讲述，将使读者对微型计算机的工作原理逐步加深理解。

用微型计算机求解 "7 + 10 = ?" 这样一个极为简单的问题，必须利用指令告诉计算机该做的每一个步骤，先做什么，后做什么。具体步骤如下：

$$7 \rightarrow AL$$

$$AL + 10 \rightarrow AL$$

其含义就是把 7 这个数送到 AL 里面，然后将 AL 中的 7 和 10 相加，把要获得的结果存放在 AL 里。把它们变成计算机直接识别并执行的程序如下：

$$
\left.\begin{array}{l}
10110000 \\
00000111
\end{array}\right\} \text{第一条指令}
$$

$$
\left.\begin{array}{l}
00000100 \\
00001010
\end{array}\right\} \text{第二条指令}
$$

$$
11110100 \qquad \text{第三条指令}
$$

也就是说,上面的问题用 3 条指令即可解决。这些指令均用二进制编码来表示,微型计算机可以直接识别和执行。因此,人们常将这种用二进制编码表示的、CPU 能直接识别并执行的指令称为机器代码或机器语言。但直接用这种二进制代码编程序会给程序设计人员带来很大的不便。因为它们不好记忆,不直观,容易出错,而且出了错也不易修改。

为了克服机器代码带来的不便,人们用缩写的英文字母来表示指令,它们既易理解又好记忆。人们把这种缩写的英文字母叫做助记符。利用助记符加上操作数来表示指令就方便得多了。上面的程序可写成如下形式:

```
MOV      AL，7
ADD      AL，10
HLT
```

程序中第一条指令将 7 放在 AL 中;第二条指令将 AL 中的 7 加上 10 并将相加之和放在 AL 中;第三条指令是停机指令。当顺序执行上述指令时,AL 中就存放着要求的结果。

微型计算机在工作之前,必须将用机器代码表示的程序存放在内存的某一区域里。微型机执行程序时,首先通过总线将第一条指令取进微处理器并执行它,然后取第二条指令,执行第二条指令。依此类推,计算机就是这样按照事先编排好的顺序,依次执行指令。这里要再次强调,计算机只能识别机器代码,不能识别助记符。因此,用助记符编写的程序必须转换为机器代码才能为计算机所直接识别。有关这方面的知识,将在下面的章节中说明。

2.2　8086(8088) CPU

2.2.1　8086(8088) CPU 的特点

8086(8088) CPU 较同时代的其他微处理器具有更高的性能,人们在制造它的过程中采取了一些特殊的技术措施。

1. 设置指令预取队列(指令队列缓冲器)

可以形象地想象 8086(8088) CPU 集成了两种功能单元:总线接口单元(BIU)和指令执行单元(EU)。前者只管不断地从内存将指令读到 CPU 中,而后者只管执行读来的指令。两者可以同时进行,并行工作。

为此,8086 CPU 中设置了一个 6 个字节的指令预取队列(8088 CPU 中的指令预取队列为 4 个字节)。指令由 BIU 从内存取出先放在队列中,而 EU 从队列中取出指令执行。一旦 BIU 发现队列中空出两个字节以上的位置,它就会从内存中取指令代码放到预取队列中,从而提高了 CPU 执行指令的速度。

2．设立地址段寄存器

8086(8088) CPU 内部的地址线只有 16 位，因此，能够由 ALU 提供的最大地址空间只能为 64 KB。为了扩大它们的地址宽度，可将存储器的空间分成若干段，每段为 64 KB。为此，在微处理器中还设立了一些段寄存器，用来存放段的起始地址(16 位)。8086(8088)微处理器的实际物理地址是由段地址和 CPU 提供的 16 位偏移地址按一定规律相加而形成的 20 位地址($A_0 \sim A_{19}$)，从而使 8086(8088)微处理器的地址空间扩大到 1 MB。

3．在结构上和指令设置方面支持多微处理器系统

众所周知，利用 8086(8088)的指令系统进行复杂的运算，如多字节的浮点运算、超越函数的运算等，往往是很费时间的。为了弥补这一缺陷，当时的 CPU 设计者开发了专门用于浮点运算的协处理器 8087。将 8086(8088)和 8087 结合起来，就可以组成运算速度很高的处理单元。为此，8086(8088)在结构和指令方面都已考虑了能与 8087 相连接的措施。

另一方面，为了能用 8086(8088)微处理器构成一个共享总线的多微处理器系统结构，以提高微型计算机的性能，同样，在微处理器的结构和指令系统方面也做了统一考虑。

总之，8086(8088)微处理器不仅将微处理器的内部寄存器扩充至 16 位，从而使寻址能力和算术逻辑运算能力有了进一步提高，而且由于采取了上述一些措施，使得微处理器的综合性能与 8 位微处理器相比有了明显的提高。

2.2.2　8086 CPU 的引线及其功能

8086 CPU 是一块具有 40 条引出线的集成电路芯片，各引出线的定义如图 2.2 所示。为了减少芯片的引线，许多引线都具有双重定义和功能，采用分时复用方式工作，即在不同时刻，这些引线上的信号是不同的。同时，8086 CPU 上有 MN/$\overline{\text{MX}}$ 输入引线，用以决定 8086 CPU 工作在哪种工作模式之下。当 MN/$\overline{\text{MX}}$ =1 时，8086 CPU 工作在最小模式之下。此时，构成的微型机中只包括一个 8086 CPU，且系统总线由 CPU 的引线形成，微型机所用的芯片少。当 MN/$\overline{\text{MX}}$ =0 时，8086 CPU 工作在最大模式之下。在此模式下，构成的微型计算机中除了有 8086 CPU 之外，还可以接另外的 CPU(如 8087、8089 等)，构成多微处理器系统。而且，这时的系统总线若由 8086 CPU 的引线和总线控制器(8288)共同形成，则可以构成更大规模的系统。

1．最小模式下的引线

在最小模式下，8086 CPU 的引线如图 2.2 所示(不包括括号内的信号)。现对各引脚介绍如下：

$A_{16} \sim A_{19}$ /$S_3 \sim S_6$：4 条时间复用、三态输出的引线。在 8086 CPU 执行指令过程中，某一时刻从这 4 条线上送出地址的最高 4 位 $A_{16} \sim A_{19}$。而在另外时刻，这 4 条线送出状态 $S_3 \sim S_6$。这些状态信息里，S_6 始终为低，S_5 指示状态寄存器中的中断允许标志的状态，它在每个时钟周期开始时被更新，S_4 和 S_3 用来指示 CPU 现在正在使用的段寄存器，其信息编码如表 2.1 所示。

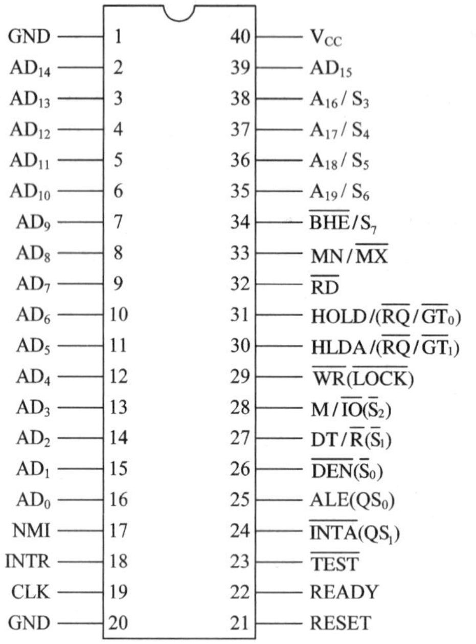

图 2.2　8086 CPU 的引线

表 2.1　S_4、S_3 的信息编码

S_4	S_3	所代表的段寄存器
0	0	数据段寄存器
0	1	堆栈段寄存器
1	0	代码段寄存器或不使用
1	1	附加段寄存器

在 CPU 进行输入/输出操作时,不使用这 4 位地址,故在送出接口地址的时间里,这 4 条线的输出均为低电平。

在一些特殊情况下(如复位或 DMA 操作时),这 4 条线还可以处于高阻(或浮空、或三态)状态。

$AD_0 \sim AD_{15}$:地址、数据时分复用的输入/输出信号线,其信号是经三态门输出的。由于 8086 微处理器只有 40 条引脚,而它的数据线为 16 位,地址线为 20 位,因此引线数不能满足信号输入/输出的要求。于是在 CPU 内部就采用时分多路开关,将 16 位地址信号和 16 位数据信号综合后,通过这 16 条引脚输出(或输入)。利用定时信号来区分是数据信号还是地址信号。通常,CPU 在读/写存储器和外设时,总是先给出存储器单元的地址或外设的端口地址,然后才读/写数据,因而地址和数据在时序上是有先后的。如果在 CPU 外部配置一个地址锁存器,在这 16 条引线出现地址信号的时候把地址信号锁存在锁存器中,利用锁存器的输出去选通存储器的单元或外设端口,那么在下一个时序间隔中,这 16 条引脚就可以作为数据线进行数据的输入或输出操作了。

$M/\overline{IO}$:CPU 的三态输出控制信号,用来区分当前操作是访问存储器还是访问 I/O 端口。若该引脚输出为低电平，则访问的是 I/O 端口；若该引脚输出为高电平，则访问的是存储器。

$\overline{\text{WR}}$：CPU 的三态输出控制信号。该引脚输出为低电平时，表示 CPU 正处于写存储器或写 I/O 端口的状态。

DT/$\overline{\text{R}}$：CPU 的三态输出控制信号，用于确定数据传送的方向。高电平为发送方向，即 CPU 写数据到内存或接口；低电平为接收方向，即 CPU 到内存或接口读数据。该信号通常用于数据总线驱动器 8286/8287(74245)的方向控制。

$\overline{\text{DEN}}$：CPU 经三态门输出的控制信号。该信号有效时，表示数据总线上有有效的数据。它在每次访问内存或接口以及在中断响应期间有效。它常用做数据总线驱动器的片选信号。

ALE：三态输出控制信号，高电平有效。当它有效时，表明 CPU 经其引线送出有效的地址信号。因此，它常作为锁存控制信号将 $A_0 \sim A_{19}$ 锁存于地址锁存器的输出端。

$\overline{\text{RD}}$：读选通三态输出信号，低电平有效。当其有效时，表示 CPU 正在进行存储器或 I/O 读操作。

READY：准备就绪输入信号，高电平有效。当 CPU 对存储器或 I/O 进行操作时，在 T_3 周期开始采样 READY 信号。若其为高电平，表示存储器或 I/O 设备已准备好；若其为低电平，表明被访问的存储器或 I/O 设备还未准备好数据，则应在 T_3 周期以后插入 T_{WAIT} 周期(等待周期)，然后在 T_{WAIT} 周期中再次采样 READY 信号，直至 READY 变为有效(高电平)，T_{WAIT} 周期才可以结束，进入 T_4 周期，完成数据传送。

INTR：可屏蔽中断请求输入信号，高电平有效。CPU 在每条指令执行的最后一个 T 状态采样该信号，以决定是否进入中断响应周期。这条引脚上的请求信号，可以用软件复位内部状态寄存器中的中断允许位(IF)加以屏蔽。

$\overline{\text{TEST}}$：可用 WAIT 指令对其进行测试的输入信号，低电平有效。当该信号有效时，CPU 继续执行程序；否则 CPU 进入等待状态(空转)。这个信号在每个时钟周期的上升沿由内部电路进行同步。

NMI：非屏蔽中断输入信号，边沿触发，正跳变有效。这条引脚上的信号不能用软件复位内部状态寄存器中的中断允许位(IF)予以屏蔽，所以其由低到高的变化将使 CPU 在现行指令执行结束后就引起中断。

RESET：CPU 的复位输入信号，高电平有效。为使 CPU 完成内部复位过程，该信号至少要在 4 个时钟周期内保持有效。复位后 CPU 内部寄存器的状态如表 2.2 所示，各输出引脚的状态如表 2.3 所示。表 2.3 中从 $\overline{\text{DEN}}$ (S_0) 到 $\overline{\text{INTA}}$ 各引脚均处于浮动状态。当 RESET 返回低电平时，CPU 将重新启动。

表 2.2　复位后 CPU 内部寄存器的状态

内部寄存器	内　容	内部寄存器	内　容
状态寄存器	清除	SS 寄存器	0000H
IP	0000H	ES 寄存器	0000H
CS 寄存器	FFFFH	指令队列寄存器	清除
DS 寄存器	0000H		

表 2.3　复位后各引脚的状态

引脚名	状　态	引脚名	状　态
$AD_0 \sim AD_7$	浮动	$\overline{RD}$	输出高电平后浮动
$AD_8 \sim AD_{15}$	浮动	$\overline{INTA}$	输出高电平后浮动
$A_{16}/S_3 \sim A_{19}/S_6$	浮动	ALE	低电平
$\overline{BHE}/S_7$	高电平	HLDA	低电平
$\overline{DEN}(\overline{S_0})$	输出高电平后浮动	$\overline{RQ}/\overline{GT_0}$	高电平
$DT/\overline{R}(\overline{S_1})$	输出高电平后浮动	$\overline{RQ}/\overline{GT_1}$	高电平
$M/\overline{IO}(\overline{S_2})$	输出高电平后浮动	QS_0	低电平
$\overline{WR}(\overline{LOCK})$	输出高电平后浮动	QS_1	低电平

$\overline{INTA}$：CPU 输出的中断响应信号，是 CPU 对外部输入的 INTR 中断请求信号的响应。在响应中断过程中，由 $\overline{INTA}$ 引出端送出两个负脉冲，可用做外部中断源的中断向量码的读选通信号。

HOLD：高电平有效的输入信号，用于向 CPU 提出保持请求。当某一部件要占用系统总线时，可通过这条输入线向 CPU 提出请求。

HLDA：CPU 对 HOLD 请求的响应信号，是高电平有效的输出信号。当 CPU 收到有效的 HOLD 信号后，就会对其做出响应：一方面使 CPU 的所有三态输出的地址信号、数据信号和相应的控制信号变为高阻状态(浮动状态)；另一方面输出一个有效的 HLDA，表示处理器现在已放弃对总线的控制。当 CPU 检测到 HOLD 信号变低后，就立即使 HLDA 变低，同时恢复对总线的控制。

$\overline{BHE}/S_7$：时间复用的三态输出信号。若该信号有效，则表示可以读/写数据的高字节 $(D_8 \sim D_{15})$，用以保证 8086 可以一次读/写一个字节(高字节或低字节)或者读/写一个字(16 位)。

CLK：时钟信号输入端。由它提供 CPU 和总线控制器的定时信号。8086 CPU 的标准时钟频率为 5 MHz。

V_{CC}：+5 V 电源输入引脚。

GND：接地端。

2. 最大模式下的引线

当 $MN/\overline{MX}$ 加上低电平时，8086 CPU 工作在最大模式下。此时，除引线 24 到 31 这几条引线之外，其他引线与最小模式完全相同。如图 2.2 所示，图中括号内的信号就是最大模式下重新定义的信号。

$\overline{S_2}$，$\overline{S_1}$，$\overline{S_0}$：最大模式下由 8086 CPU 经三态门输出的状态信号。这些状态信号加到 Intel 公司同时提供的总线控制器(8288)上，可以产生系统总线所需要的各种控制信号。$\overline{S_2}$，$\overline{S_1}$，$\overline{S_0}$ 的状态编码表示某时刻 8086 CPU 的状态，其编码如表 2.4 所示。

从表 2.4 可以看到，当 8086 CPU 进行不同操作时，其输出的 $S_2 \sim S_0$ 的状态是不一样的。因此，可以简单地理解为 8288 对这些状态进行译码，产生相应的控制信号。

在本章的后续内容中可以看到，8288 总线控制器利用 $S_2 \sim S_0$ 为构成系统总线提供了足够的控制信号。

表 2.4　$\overline{S}_0 \sim \overline{S}_2$ 的状态编码

$\overline{S}_2$	$\overline{S}_1$	$\overline{S}_0$	性　　能
0	0	0	中断响应
0	0	1	读 I/O 端口
0	1	0	写 I/O 端口
0	1	1	暂停
1	0	0	取指
1	0	1	读存储器
1	1	0	写存储器
1	1	1	无作用

$\overline{RQ}/\overline{GT}_0$，$\overline{RQ}/\overline{GT}_1$：总线请求/允许引脚。每一个引脚都具有双向功能，既是总线请求输入也是总线响应输出。但是 $\overline{RQ}/\overline{GT}_0$ 比 $\overline{RQ}/\overline{GT}_1$ 具有更高的优先权。这些引脚内部都有上拉电阻，所以在不使用时可以悬空。正常使用时的工作顺序大致如下：

● 由其他的总线控制设备(例如数字协处理器 8087)产生宽度为一个时钟周期的负向的总线请求脉冲，将它送给 RQ/GT 引脚，相当于 HOLD 信号。

● CPU 检测到这个请求后，在下一个 T_4 或 T_1 期间，在同一个引脚输出宽度为一个时钟周期的负向脉冲给请求总线的设备，作为总线响应信号，相当于 HLDA 信号。这样从下一个时钟周期开始，CPU 就释放总线，总线请求设备便可以利用总线完成某种操作。

● 总线请求设备在对总线操作结束后，再产生一个宽度为一个时钟周期的负向脉冲，通过该引脚送给 CPU，它表示总线请求已结束。CPU 检测到该结束信号后，从下一个时钟周期开始又重新控制总线，继续执行刚才因其他总线设备请求总线而暂时停止的操作。

$\overline{LOCK}$：一个总线封锁信号，低电平有效。该信号有效时，别的总线控制设备的总线请求信号将被封锁，不能获得对系统总线的控制。$\overline{LOCK}$ 信号由前缀指令“LOCK”使其有效，直至下一条指令执行完毕。

QS_1，QS_0：CPU 输出的队列状态信号。根据该状态信号输出，从外部可以跟踪 CPU 内部的指令队列。QS_1，QS_0 的编码如表 2.5 所示。队列状态在 CLK 周期期间有效。

表 2.5　QS_0，QS_1 的状态编码

QS_1	QS_0	性　　能
0	0	无操作
0	1	队列中操作码的第一个字节
1	0	队列空
1	1	队列中非第一个操作码字节

如上所述，引脚 24～31 随着不同模式有不同的定义，而 $\overline{RD}$ 信号线不再使用。

2.2.3　8088 CPU 的引线及其功能

8086 CPU 和 8088 CPU 的内部总线及内部寄存器均为 16 位，是完全相同的。但是，

8088 CPU 的外部数据线是 8 位的,即 $AD_0 \sim AD_7$,每一次传送数据只能是 8 位。而 8086 CPU 是真正的 16 位处理器,每一次传送数据既可以是 16 位也可以是 8 位(高 8 位或低 8 位)的。它们有相同的内部寄存器和指令系统,在软件上是互相兼容的。8088 CPU 的引线如图 2.3 所示。

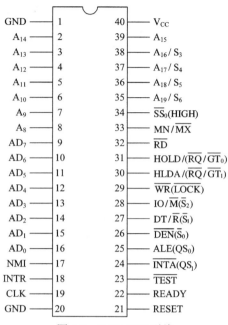

图 2.3　8088 CPU 引线

对照图 2.2 和图 2.3,可以发现它们之间的主要不同表现在引线上:

(1) 由于 8088 CPU 外部一次只传送 8 位数据,因此其引线 $A_8 \sim A_{15}$ 仅用于输出地址信号。而 8086 则将此 8 条线变为双向分时复用的 $AD_8 \sim AD_{15}$,即某一时刻送出地址 $A_8 \sim A_{15}$,而另一时刻则用这 8 条线传送数据的高 8 位 $D_8 \sim D_{15}$。在进行 16 位数据操作时,8088 CPU 必须用两个总线周期才能完成 16 位数据操作,而 8086 CPU 可能只用一个总线周期、一次总线操作就可完成。因此,8086 的速度较 8088 要快一些。

(2) 8086 CPU 上的 $\overline{\text{BHE}}/S_7$ 信号在 8088 上变为 $\overline{\text{SS}}_0$ (HIGH)信号。这是一条状态输出线。它与 $\text{IO}/\overline{\text{M}}$ 和 $\text{DT}/\overline{\text{R}}$ 信号一起,决定了 8088 CPU 在最小模式下现行总线周期的状态。它们的不同电平所表示的处理器操作情况如表 2.6 所示。

表 2.6　$\text{IO}/\overline{\text{M}}$,$\text{DT}/\overline{\text{R}}$,$\overline{\text{SS}}_0$ 状态编码

$\text{IO}/\overline{\text{M}}$	$\text{DT}/\overline{\text{R}}$	$\overline{\text{SS}}_0$	性　能
1	0	0	中断响应
1	0	1	读 I/O 端口
1	1	0	写 I/O 端口
1	1	1	暂停
0	0	0	取指
0	0	1	读存储器
0	1	0	写存储器
0	1	1	无作用

HIGH: 在最大模式时始终为高电平输出。

(3) 8088 的引线 28 是 $\text{IO}/\overline{\text{M}}$,即 CPU 访问内存时该引线输出低电平;访问接口时则输出高电平。对 8086 而言,该引线的状态刚好相反,即变为 $\text{M}/\overline{\text{IO}}$。

当然,两者内部的指令预取队列长度不一样,这在前面已经提到,8088 CPU 为 4 个字节而 8086 CPU 为 6 个字节。从应用的角度来说,这一不同并不重要。

以上讲述了 8086(8088) CPU 的外部引线。在描述外部引线功能时,涉及许多新的概念,其中绝大多数在本书的后面还会详细说明。因此,有些问题可以保留到后面逐一加以解决,暂时理解不好并没有太大问题。

2.2.4　8086 CPU 的内部结构

上面已经说明了关于 8086 CPU 的引线及功能。要特别强调的是从工程应用来说，为了便于以后硬件连接，构成系统，读者在学习任何集成芯片(包括这里的 8086 CPU)时，都必须仔细弄清它们的引线，以便使用时顺利地连接。至于芯片的内部结构，由于芯片集成度的提高，读者不可能也不必要弄清其结构细节，只要对它们有最低限度的了解，满足以后工程应用的需要也就足够了。为此，此处简单介绍一下 8086 CPU 的内部结构和对应用必不可少的内部寄存器。

1. 8086 CPU 的内部结构

8086 微处理器内部分为两个部分：执行单元(EU)和总线接口单元(BIU)，如图 2.4 所示。

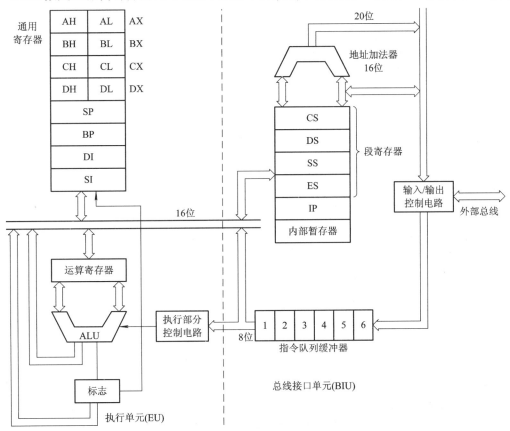

图 2.4　8086 微处理器的内部结构

EU 负责指令的执行。它包括 ALU(运算器)、通用寄存器和状态寄存器等，主要进行 16 位的各种运算及有效地址的计算。

BIU 负责与存储器和 I/O 设备的接口。它由段寄存器、指令指针、地址加法器和指令队列缓冲器组成。地址加法器将段和偏移地址相加，生成 20 位的物理地址。

前面已经提到，在 8086 微处理器中，取指令和执行指令是可以在时间上重叠的，也就是说，总线接口单元的操作与执行单元的操作是完全不同步的。通常，由 BIU 将指令先读入到指令队列缓冲器中。若此时执行单元刚好要求对存储器或 I/O 设备进行操作，那么在执行中的取指存储周期结束后,下一个周期将执行执行单元所要求的存储器操作或 I/O 操作。只要指令队列缓冲器不满,而且执行单元没有存储器或 I/O 操作要求,BIU 总是要到存储器中去取后续的指令。当 6 个字节的指令队列缓冲器满且执行单元又没有存储器或 I/O 操作请求时,总线接口单元将进入空闲状态。在执行转移、调用、返回指令时,指令队列缓冲器的内容将被清除。

2. 8086 处理器中的内部寄存器

在 8086 处理器中,用户能用指令改变其内容的主要是一组内部寄存器,其结构如图 2.5 所示。

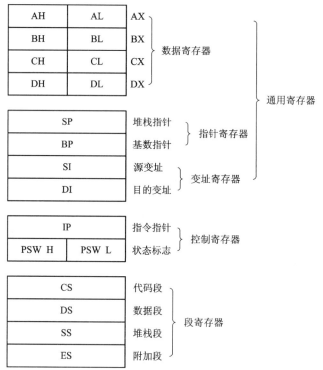

图 2.5 8086 CPU 内部寄存器

1) 数据寄存器

8086 有 4 个 16 位的数据寄存器,可以存放 16 位的操作数。其中 AX 为累加器,其他 3 个尽管也可以存放 16 位操作数,但它们的用途都有区别,具体说明如表 2.7 所示。

表 2.7 数据寄存器的一些专门用途

寄存器	用 途
AX	字乘法,字除法,字 I/O
AL	字节乘,字节除,字节 I/O,转移,十进制算术运算
AH	字乘法,字节除法
BX	转移
CX	串操作,循环次数
CL	变量移位或循环控制
DX	字乘法,字除法,间接 I/O

从图 2.5 中可以看到，4 个 16 位的寄存器在需要时可分为 8 个 8 位寄存器来用，这样就大大增加了使用的灵活性。

2) 指针寄存器

8086 的指针寄存器有两个：SP 和 BP。SP 是堆栈指针寄存器，由它和堆栈段寄存器一起来确定堆栈在内存中的位置。BP 是基数指针寄存器，通常用于存放基地址，以使 8086 的寻址更加灵活。

3) 变址寄存器

8086 的变址寄存器有两个：SI 和 DI。SI 是源变址寄存器，DI 是目的变址寄存器，它们都用于指令的变址寻址。顾名思义，SI 通常指向源操作数，DI 通常指向目的操作数。

4) 控制寄存器

8086 的控制寄存器有两个：IP 和 PSW。IP 是指令指针寄存器，用来控制 CPU 的指令执行顺序。它和代码段寄存器 CS 一起可以确定当前所要取的指令的内存地址。CPU 执行程序的地址总是为 $CS \times 16 + IP$。当顺序执行程序时，CPU 每从内存取一个指令字节，IP 自动加 1，指向下一个要读取的指令。

当 CS 不变、IP 单独改变时，会发生段内程序转移；当 CS 和 IP 同时改变时，会发生段间程序转移。

PSW 是程序(处理机)状态字，也有人称它为状态寄存器或标志寄存器，它用来存放 8086 CPU 在工作过程中的状态。PSW 各位标志如图 2.6 所示。

图 2.6　状态寄存器

标志寄存器是一个 16 位的寄存器，空着的 7 位暂未使用。8086 中所用的 9 位对了解 8086 CPU 的工作和用汇编语言编写程序是很重要的。这些标志位的含义如下：

C——进位标志位。若做加法时出现进位或做减法时出现借位，该标志位置 1；否则清 0。位移和循环指令也影响进位标志。

P——奇偶标志位。当结果的低 8 位中 1 的个数为偶数时，则该标志位置 1；否则清 0。

A——半加标志位。做加法时，当位 3 需向位 4 进位，或做减法时位 3 需向位 4 借位时，该标志位置 1；否则清 0。该标志位通常用于对 BCD 算术运算结果进行调整。

Z——零标志位。运算结果所有位均为 0 时，该标志位置 1；否则清 0。

S——符号标志位。当运算结果的最高位为 1 时，该标志位置 1；否则清 0。

T——陷阱标志位(单步标志位)。当该位置 1 时，将使 8086 执行单步指令工作方式。在每条指令执行结束时，CPU 总是去测试 T 标志位是否为 1。如果为 1，那么在本指令执行后将产生陷阱中断，从而执行陷阱中断处理程序。该中断处理程序的首地址由内存的 00004H～00007H 4 个单元提供。该标志位通常用于程序的调试。例如，系统调试软件 DEBUG 中的 T 命令，就是利用该标志位来进行程序的单步跟踪的。

I——中断允许标志位。如果该位置 1，则处理器可以响应可屏蔽中断请求；否则就不能响应可屏蔽中断请求。

D——方向标志位。当该位置 1 时，串操作指令为自动减量指令，即按从高地址到低地址的顺序处理字符串;否则串操作指令为自动增量指令。

O——溢出标志位。在算术运算中,带符号数的运算结果超出了 8 位或 16 位带符号数所能表达的范围,即字节运算大于 +127 或小于 −128,字运算大于 +32 767 或小于 −32 768 时,该标志位置位。

5) 段寄存器

8086 微处理器具有 4 个段寄存器:代码段寄存器 CS、数据段寄存器 DS、堆栈段寄存器 SS 和附加段寄存器 ES。这些段寄存器的内容与有效的地址偏移量一起可确定内存的物理地址。通常 CS 规定并控制程序区,DS 和 ES 控制数据区,SS 控制堆栈区。

2.2.5 存储器寻址

对只学过 8 位微处理器的读者来说,存储器的段、段寄存器、段内偏移地址等都是过去未涉及的新概念。要想弄清楚为什么 8086 能寻址 1 MB 的内存空间,并知道如何确定实际的物理地址,读者必须彻底理解这些概念及其相互间的关系。只有做到了这一点,才能正确地组织存储器和使用存储器。

1. 由段寄存器、段偏移地址确定物理地址

在本节开始我们已经提到,8086 可以具有 1 MB 的内存空间,可是内部寄存器只有 16 位,很显然,不采取特殊措施,是不能寻址 1 MB 存储空间的。为此引入了分段的概念。每个段具有 64 KB 的存储空间。段内的物理地址由 16 位的段寄存器内容和 16 位的地址偏移量来确定。

如图 2.7 所示,20 位的物理地址是这样产生的:

物理地址 = 段寄存器的内容 × 16 + 偏移地址

段寄存器的内容 × 16(相当于左移 4 位)变为 20 位,再在低端 16 位上加上偏移地址(也叫做有效地址 EA),便可得到 20 位物理地址。

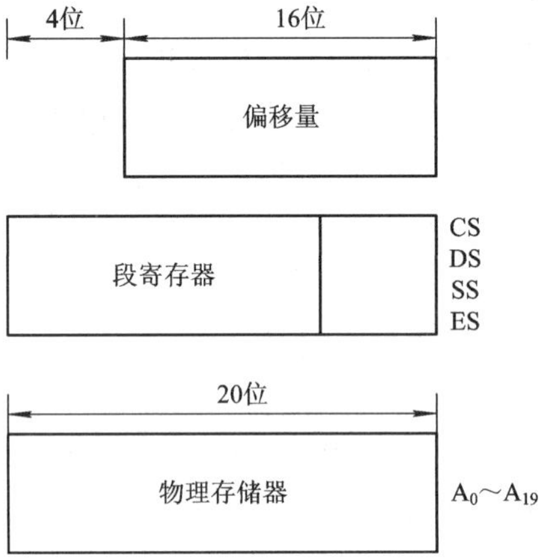

图 2.7 物理地址的形成

CPU 读程序的内存地址总是由下式来决定:

$$读程序的内存物理地址 = CS × 16 + IP$$

由此可以知道,当 8086(8088) CPU 复位启动时的复位启动地址(复位入口地址)可如下确定:由于复位时 CS=FFFFH,而 IP=0000H,则有

$$复位启动地址 = CS × 16 + IP = FFFF0H + 0000H = FFFF0H$$

也就是说,当 8086(8088)CPU 读程序时,其内存地址永远是由代码段(CS)寄存器×16 与 IP(指令指针)的内容作为偏移地址来决定的。

但是,当 8086(8088) CPU 读/写内存数据时,DS、SS 和 ES 三个段寄存器均可使用,而偏移地址又有多种不同的产生方法,有关内容将在下面的章节中做详细说明。

2. 段寄存器的使用

段寄存器的设立不仅使 8086(8088)的存储空间扩大到 1 MB,而且为信息按特征分段存储带来了方便。在存储器中,信息按特征可分为程序代码、数据、微处理器状态等。为了

操作方便，存储器可以相应地划分为：程序区，用来存放程序的指令代码；数据区，用来存放原始数据、中间结果和最后运算结果；堆栈区，用来存放压入堆栈的数据和状态信息。只要修改段寄存器的内容，就可以将相应的存放区设置在内存存储空间的任何位置上。这些区域可以通过段寄存器的设置而相互独立，也可以部分或完全重叠。需要注意的是，改变这些区域的地址时，是以 16 个字节为单位进行的。图 2.8 表示了各段寄存器的使用情况。

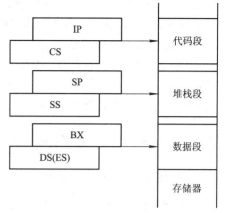

图 2.8　段寄存器的使用情况

在 8086 CPU 中，对不同类型存储器的访问所使用的段寄存器和相应的偏移地址的来源做了一些具体规定。它们的基本约定如表 2.8 所示。

表 2.8　段寄存器使用时的一些基本约定

访问存储器类 型	默认存储器类型	可指定段存储器	段内偏移地址来源
取指令码	CS	无	IP
堆栈操作	SS	无	SP
串操作源地址	DS	CS，ES，SS	SI
串操作目的地址	ES	无	DI
BP 用作基址寄存器	SS	CS，DS，ES	依寻址方式求得有效地址
一般数据存取	DS	CS，ES，SS	依寻址方式求得有效地址

下面对表 2.8 中的内容做简要说明。

(1) 在各种类型的存储器访问中，其段地址要么由"默认"的段寄存器提供，要么由"指定"的段寄存器提供。所谓默认段寄存器，是指在指令中不用专门的信息来指定使用某一个段寄存器的情况，这时就由默认段寄存器来提供访问内存的段地址。在实际进行程序设计时，绝大部分都属于这一种情况。在某几种访问存储器的类型中，允许由指令来指定使用另外的段寄存器，这样可为访问不同的存储器段提供方便。这种指定通常是靠在指令码中增加一个字节的前缀来实现的。有些类型的存储器访问不允许指定另一个段寄存器。例如，为取指令而访问内存时，一定要使用 CS；堆栈操作时，一定要使用 SS；形成字符串操作指令的目的地址时，一定要使用 ES。

(2) 段寄存器 DS、ES 和 SS 的内容是用传送指令送入的，但任何传送指令都不能向代码段寄存器 CS 送数。在后面的宏汇编中将讲到，伪指令 ASSUME 及 JMP、CALL、RET、INT 和 IRET 等指令可以设置和影响 CS 的内容。更改段寄存器的内容意味着存储区的移动。这说明无论程序区、数据区还是堆栈区都可以超过 64 KB 的容量，都可以利用重新设置段寄存器内容的方法加以扩大，而且各存储区都可以在整个存储空间中移动。

(3) 表中"段内偏移地址来源"一栏指明，除了有两种访问存储器类型是"依寻址方式来求得有效地址"外，其他都指明使用一个 16 位的指针寄存器或变址寄存器。例如，在取指令访问内存时，段内偏移地址只能由指令指针寄存器 IP 来提供；在堆栈进行压入或弹出操作时,段内偏移地址只能由 SP 提供;在字符串操作时,源地址和目的地址中的段内偏移地址分别由 SI 和 DI 提供。除上述情况以外,为存取操作数而访问内存时,将依不同寻址方式求得段内偏移地址。

到此为止,已经介绍了 8086(8088)的内部寄存器。有关它们的主要用途和具体使用方法,只做了概要说明。读者很可能理解得不好,可暂时保留有关问题,等学习了下一章后,再回到本章,就可以较为深刻地理解这些问题了。

2.2.6　8086 CPU 的工作时序

1. 指令周期与其他周期

前面已经提到,由指令集合而成的程序放在内存中,CPU 从内存中将指令逐条读出并执行。CPU 完整地执行一条指令所花的时间叫做一个指令周期。在后面的章节中可以看到,有的指令很简单,执行时间比较短,而有的指令很复杂,执行的时间比较长,但都称为一个指令周期,只不过时间长短不同而已。

如果再细分,一个指令周期还可以分成若干个总线周期,即一条指令是由若干个总线周期来完成的。那么什么是总线周期呢? 8086 CPU 通过其系统总线对存储器或接口进行一次访问所需的时间称为一个总线周期,也就是说 8086 CPU 将一个字节写入一个内存单元或一个接口地址,或者 8086 CPU 由内存或接口读出一个字节到 CPU 的时间,均为一个总线周期。

在正常情况下,一个总线周期由 4 个时钟周期组成。时钟周期就是前面提到的加在 CPU 芯片引脚 CLK 上的时钟信号的周期。

可以看到,一条指令是由若干个总线周期来完成的,而一个总线周期又由 4 个(正常情况)时钟周期来实现,从而建立了指令周期、总线周期和时钟周期的关系。

2. 几种基本时序

1) 写总线周期

写总线周期如图 2.9 所示。

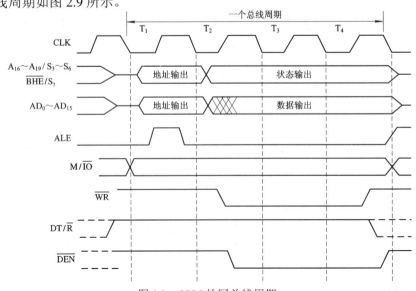

图 2.9　8086 的写总线周期

　　这里以 8086 的最小模式下的信号时序为例为说明问题。在最大模式下，控制信号由总线控制器(8288)来产生，这在概念及基本时间关系上是与最小模式下的情况一样的。读者只要理解了任何一种时序，就足以解决具体的工程问题。

　　首先，以 CPU 向内存写入一个字节的总线周期为例来简要说明。该总线周期从第一个时钟周期 T_1 开始，在 T_1 时刻 CPU 从 $A_{16} \sim A_{19}/S_3 \sim S_6$ 和 $\overline{BHE}/S_7$ 这 5 条引线上送出 $A_{16} \sim A_{19}$ 及 $\overline{BHE}$，并从 $AD_0 \sim AD_{15}$ 这 16 条引线上送出 $A_0 \sim A_{15}$。可见，在这个时钟周期里，CPU 从它的21条引线上送出了21位地址信号 $A_0 \sim A_{19}$ 和 $\overline{BHE}$(可以将 $\overline{BHE}$ 看成一个地址信号)，而且时钟 T_1 之后，这 21 条线上的信号将变为其他信号。因此，CPU 在 T_1 周期里送出 ALE 地址锁存信号，可以用这个信号将 $A_0 \sim A_{19}$ 及 $\overline{BHE}$ 锁存在锁存器中，使地址信号在整个总线周期里保持不变。在 T_1 期间，CPU 由 M/IO 送出高电平并在整个总线周期中一直维持高电平不变，表示该总线周期是一个寻址内存的总线周期。

　　在时钟周期 T_2 里，CPU 将写入内存的数据从 $AD_0 \sim AD_7$ 上送出来，加到数据总线 $D_0 \sim D_7$ 上。同时 CPU 还会送出 $\overline{WR}$ 控制信号，在地址信号 $A_0 \sim A_{19}$、IO/$\overline{M}$ 及 $\overline{WR}$ 的共同作用下，将 $D_0 \sim D_7$ 上的数据写入相应的内存单元中。写入内存的操作通常是在 $\overline{WR}$ 的后沿(其上升沿)来实现的。这时的地址、数据信号均已稳定，写操作的工作也就更加可靠。

　　以上就是在最小模式下正常的内存写入过程。但在实际应用中，可能内存的写入时间要求较长而 CPU 提供的写入时间却较短(最长也只有 4 个时钟周期)，则在这样短的时间里数据无法可靠地写入。为了解决这个问题，可以利用 CPU 的 READY 信号。当 CPU 的总线周期里的时钟周期 T_3 开始时(下降沿)，CPU 内部硬件测试 READY 信号的输入电平。若此时 READY 为低电平，则 CPU 在 T_3 之后不执行 T_4，而是插入一个等待时钟周期 T_{WAIT}。在 T_{WAIT} 的下降沿 CPU 继续检测 READY 输入电平，若它仍然为低电平，则继续插入等待时钟周期 T_{WAIT}。就这样一直等到 READY 为高电平时，则插入停止并执行总线周期 T_4。这样一来，一个写入内存的总线周期就可以由 4 个时钟周期延长为更多个时钟周期，以满足低速内存的要求。

　　2) 读总线周期

　　8086 CPU 读内存或读接口的总线周期如图 2.10 所示。

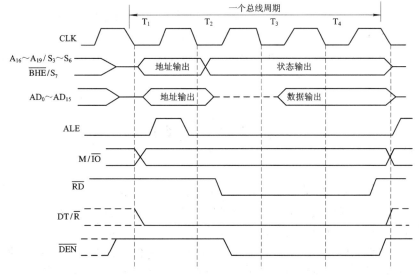

图 2.10　8086 的读总线周期

由图 2.10 可以看到，读内存的时序与图 2.9 的写总线周期十分相似。不同的是此时的 $DT/\overline{R}$ 信号为低电平，用于表示此时是从总线上读数据。同时，在 $AD_0 \sim AD_{15}$ 上，数据要在晚些时候才能出现。这是因为在地址信号和控制信号加到内存(或接口)后，需要一段读出时间才能将数据读出并传送到 CPU 的 $AD_0 \sim AD_{15}$ 上。

以上说明了 8086 CPU 的两种总线周期：内存的写周期和内存的读周期。接口的写周期和接口的读周期与上述情况十分相似，所不同的仅仅是：① 寻址接口最多用 16 位地址 $A_0 \sim A_{15}$ 和 $\overline{BHE}$，当时钟周期 T_1 时刻 CPU 送出接口地址 $\overline{BHE}$、$A_0 \sim A_{15}$ 时，高 4 位地址 $A_{16} \sim A_{19}$ 全为低电平；② 在读/写接口的总线周期里，$M/\overline{IO}$ 信号为低电平。

最大模式下的时序与最小模式下的时序非常类似，此处不再说明。

3) 中断响应周期

当 8086(8088)的 INTR 上有一有效的高电平向 CPU 提出中断请求且满足 IF=1(开中断)时，CPU 执行完一条指令后，就会对其做出响应。该中断响应需要两个总线周期，其时序如图 2.11 所示。

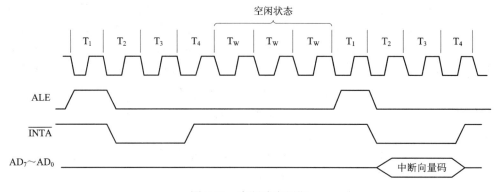

图 2.11　中断响应周期

中断响应周期由两个总线周期构成。每一个总线周期从 T_2 开始到 T_4 开始之后，CPU 从 $\overline{INTA}$ 输出一个负脉冲。第一个 $\overline{INTA}$ 负脉冲通知提出 INTR 请求的外设(通常是中断控制器)，它的请求已得到响应；在第二个 $\overline{INTA}$ 负脉冲期间，提出 INTR 请求的外设输出它的中断向量码到 $D_0 \sim D_7$ 数据总线上，由 CPU 从数据总线上读取该向量码。

在图 2.11 中，8086 CPU 有三个空闲周期，而 8088 CPU 不存在这三个空闲周期。8086 和 8088 的其他响应过程是完全一样的。

2.3　系统总线的形成

从图 2.1 可以看到，系统总线将微型计算机的各个部件连接起来。CPU 与微机内部各部件的通信是依靠系统总线来完成的。因此，系统总线的吞吐量(或称带宽)对微型机的性能产生直接的影响。自微型机出现以来，已有许多人致力于系统总线的研究，并先后制定出大量的系统总线标准。在这里，首先以 8086 CPU 为核心，介绍一种简单的系统总线的形成方式。有了这样的基础知识，再去了解其他系统总线就不会有什么困难了。

2.3.1 几种常用的芯片

为更好地说明系统总线的形成，首先介绍有关的集成电路芯片。要强调的是，为了更好地进行微型机的工程应用，尽量多地记住或理解一些现有的芯片是十分有益的。

1．带有三态输出的锁存器

在形成 8088(8086) 系统总线时，常用到具有三态输出的信号锁存器 8282 和 8283。除前者是正相输出而后者是反相输出外，8282 和 8283 的其他性能完全一样。其引线如图 2.12 所示。STB 为锁存信号，高电平有效，用于锁存数据。

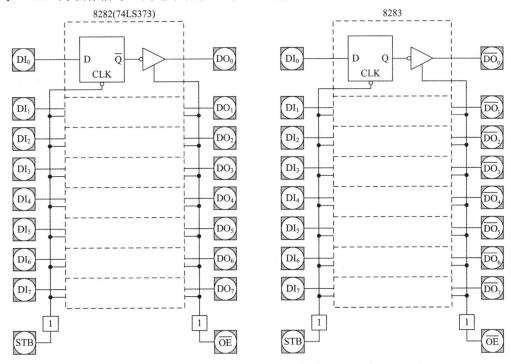

图 2.12 具有三态输出的锁存器

此外，在结构和逻辑上与 8282 相同的器件是 74 系列的 373(74LS373)，它在实际应用中用得非常广泛。

2．单向三态门驱动器

将数个三态门集成在一块芯片中便构成了单向三态门驱动器。单向三态门驱动器的种类非常多，其中 74 系列的 244 是经常使用的一种三态门驱动器，其引线如图 2.13 所示。

从图 2.13 可以看到，两个控制端分别控制 4 个三态门。当其控制端加上低电平时，相应的 4 个三态门导通；加高电平时，三态门呈高阻状态。

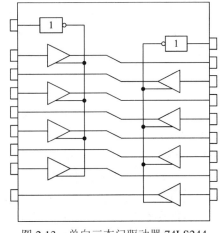

图 2.13 单向三态门驱动器 74LS244

3. 双向三态门驱动器

对于数据总线，可采用双向驱动器。在构成系统总线时，常用 8286 和 8287。两者除 8286 是正相的，8287 是反相的外，其他的性能完全相同。它们的框图如图 2.14 所示。

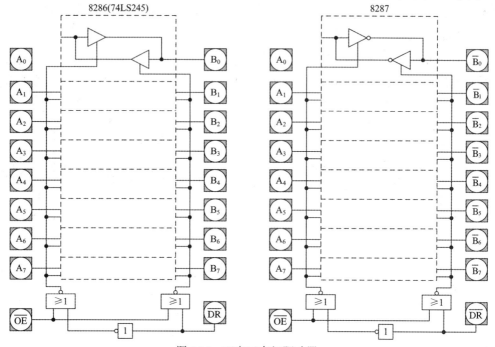

图 2.14　双向三态门驱动器

从图 2.14 可以看到，$\overline{OE}$ 是低电平有效，DR 是三态门传送方向控制。当 $\overline{OE}=0$，DR=0 时，由 B 边向 A 边传送；当 $\overline{OE}=0$，DR=1 时，由 A 边向 B 边传送。当 $\overline{OE}=1$ 时，A、B 两边均呈现高阻状态。与这样的驱动器类似的是工程上经常使用的 74 系列的 245，它在结构上与 8286 是一样的。

2.3.2　最小模式下的系统总线形成

在最小模式下，系统总线的形成方式如图 2.15 所示。

由图 2.15 可以看到，在最小模式下，20 条地址线和 1 条 $\overline{BHE}$ 信号线用三片 8282(或三片 74LS373)锁存器形成。当一个总线周期的 T_1 时刻 CPU 送出这 21 个地址信号时，CPU 同时送出 ALE 脉冲，就用此脉冲将这 21 个地址信号锁存在三个 373 的输出端，从而形成地址总线信号。

双向数据总线用 2 片 8286(或 2 片 74LS245)形成。利用最小模式下由 8086 CPU 所提供的 $\overline{DEN}$ 和 DT/$\overline{R}$ 分别来控制 2 片 74LS245 的允许端 $\overline{E}$ 和方向控制端 DR，从而实现了 16 位的双向数据总线 $D_0 \sim D_{15}$。

控制总线信号由 8086 CPU 提供。

这样就实现了最小模式下的系统总线。这里说明两点：

(1) 系统总线的控制信号是 8086 CPU 直接产生的。由于 8086 CPU 的驱动能力不够，因此需加上一片 74LS244 进行驱动。

(2) 在现在形成的系统总线上并不能进行 DMA 传送，因为未对系统总线形成电路中的芯片(图中的 373、245 及 244)做进一步控制。若需要时，可参阅本节后面的内容，当然也可以考虑用 HLDA 来参与控制。

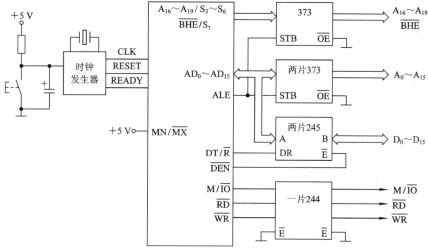

图 2.15　8086 在最小模式下的总线形成方式

2.3.3　最大模式下的系统总线形成

为了实现最大模式，要使用厂家提供的总线控制器 8288 形成系统总线的一些控制信号。总线的形成方式如图 2.16 所示。

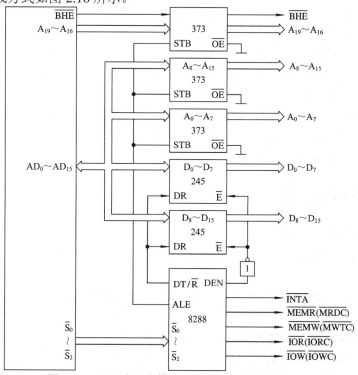

图 2.16　8086 在最大模式下的系统总线的形成方式

由图 2.16 可以看到，在形成最大模式下的系统总线时，地址线 $A_0 \sim A_{19}$ 和 $\overline{BHE}$ 同最小模式时一样，利用三片 74LS373 构成锁存器，所不同的是，此时的锁存脉冲 ALE 是由总线控制器 8288 产生的。利用三片 74LS373 的输出形成了最大模式下的地址总线 $A_0 \sim A_{19}$ 和 $\overline{BHE}$。

在形成最大模式下双向数据总线时，同样使用了两片双向三态门 74LS245，而且 74LS245 的允许信号 $\overline{E}$ 和方向控制信号 DR 分别是总线控制器 8288 提供的 $\overline{DEN}$ 和 DT/$\overline{R}$ 信号，因为当 8086 CPU 工作在最大模式时，CPU 上已不再提供 DT/R 和 DEN 信号。值得注意的是，8086 CPU 工作在最小模式时，CPU 上提供的 DEN 是低电平有效，而当它工作在最大模式时，由总线控制器 8288 所产生的 DEN 是高电平有效，故在图 2.16 中要在总线控制器 8288 输出的 DEN 的后面接一个反相门，然后再接到 74LS245 上。

最大模式下的控制信号主要由总线控制器 8288 产生，它所提供的控制信号主要是：中断响应 $\overline{INTA}$、内存读 $\overline{MEMR}$、内存写 $\overline{MEMW}$、接口读 $\overline{IOR}$ 和接口写 $\overline{IOW}$。应当注意到，在总线控制器 8288 输出的控制信号中，对内存操作的控制信号和对接口的控制信号已经分开，而不像最小模式时用于内存和用于接口的读/写控制信号是共用的，在那里需要用 M/$\overline{IO}$ 信号来区别对内存操作还是对接口操作。

还需要说明的是，若所形成的系统总线中还需要其他一些控制信号，例如复位信号 RESET、CPU 时钟信号 CLK、振荡器信号 OSC 等所有系统工作所需要的信号，都可以利用 74244 三态门驱动后加到系统总线上。

同时，总线上还需要接上系统工作时所需要的电源(例如 ±5 V、±12 V 等)和多条地线。

显然，以上所描述的系统总线是一种自行设计的专用总线。在这样的系统总线上，接上内存、接口及相应的外设便可以构成图 2.1 所示的微型计算机。除上述专用总线外，在本书的后续章节中将介绍各种总线标准。

如前所述，当系统总线形成之后，构成微型机的内存及各种接口就可以直接与系统总线相连接，从而构成所需的微型机系统。在后面的章节中会有直接采用这样的系统总线信号来叙述问题的内容，而不再另外做出说明。

在图 2.16 中，74LS373 和 74LS245 可以用其他类似的器件来代替，例如可分别用 8282 和 8286 代替。在此图中，同样没有考虑在此系统总线上实现 DMA 传送。有关 DMA 传送留待后面的章节再做说明。

2.3.4　8088 的系统总线形成

前面详细说明了 8086 系统总线的形成过程。现在再就 8088 系统总线的形成做简要说明。由于两者只有很小的差异，这里仅将 8088 在最大模式下的系统总线的形成电路列出，如图 2.17 所示。

由图 2.17 可以看到，8088 CPU 与 8086 CPU 在最大模式下系统总线形成的不同主要表现在以下三个方面：

一是由于 8088 CPU 外部数据线是 8 位的，不存在高字节，因此地址锁存器上不再有 $\overline{BHE}$ 信号，也就不需要锁存 $\overline{BHE}$ 信号；

二是地址信号 $A_8 \sim A_{15}$ 可以锁存，也可以不锁存，用三态门直接驱动也是可以的。这是因为在 8088 CPU 上，这 8 条信号线只用来传送地址 $A_8 \sim A_{15}$，而在 8086 CPU 上，这 8 条线是分时复用的，既用于传送地址 $A_8 \sim A_{15}$，又用于传送数据 $D_8 \sim D_{15}$，故必须用锁存储器加以锁存；

三是数据总线是 8 位的，只需用一片 74LS245(或其他类似器件)进行驱动，同时对这片驱动器的 DR 和 $\overline{E}$ 控制端进行控制，即可实现数据的双向传送。对 74LS245 的控制方式是相同的。

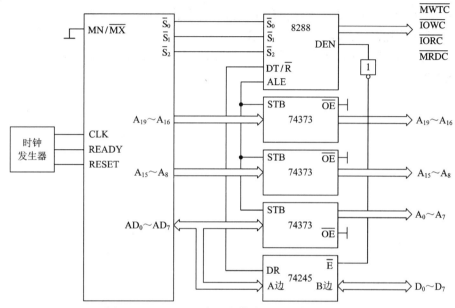

图 2.17　8088CPU 在最大模式下的总线形成方式

早期的 PC 多选择 8088 CPU，并使 8088 CPU 工作在最大模式下，在类似于上述总线的基础上构成微型机系统。

习　题

2.1　8086 CPU 的 RESET 信号的作用是什么？

2.2　当 8086 CPU 工作在最小模式时，

(1) 当 CPU 访问存储器时，要利用哪些信号？

(2) 当 CPU 访问外设接口时，要利用哪些信号？

(3) 当 HOLD 有效并得到响应时，CPU 的哪些信号置高阻？

2.3　当 8086CPU 工作在最大模式时，

(1) $\overline{S_2}$、$\overline{S_1}$、$\overline{S_0}$ 可以表示 CPU 的哪些状态？

(2) CPU 的 $RQ/\overline{GT}$ 信号的作用是什么？

2.4　说明 8086 CPU 上的 READY 信号的功能。

2.5　8086 CPU 的 NMI 和 INTR 的不同之处有哪几点？

2.6　叙述 8086 CPU 内部的标志寄存器各位的含义。

2.7　说明 8086 CPU 内部 14 个寄存器的作用。

2.8 试画出 8086 工作在最小模式和最大模式时的系统总线形成框图。

2.9 试画一个基本的存储器读总线周期的时序图。

2.10 试说明 8086(8088) CPU 上引脚信号 $\overline{\text{TEST}}$ 的作用。

2.11 说明 8086 CPU 与 8088 CPU 的主要差别表现在哪些方面。

2.12 在 8086(8088) CPU 工作时，ALE 信号的作用是什么？在一个总线周期里它在何时出现有效信号？

2.13 当 8086(8088) CPU 工作在最小模式时，从内存读出一个数据字节要用到哪些控制信号？这些控制信号在哪段时间里有效？

2.14 当 8086(8088) CPU 工作在最大模式时，三个状态信号 $\overline{S_2}$、$\overline{S_1}$、$\overline{S_0}$ 可表示 CPU 的哪些状态？

第 3 章   指令系统及汇编语言程序设计

本章首先介绍 8088(8086)的寻址方式及指令系统，然后简要介绍一些基本的程序设计方法。希望读者通过本章的学习能够掌握一些最基本的指令，并运用这些基本的指令编写出简单的程序。

3.1   8088 的寻址方式

指令中说明操作数所在地址或者指令转移地址的方法就称为指令的寻址方式。8088(8086)的寻址方式主要从以下两个侧面加以说明。

3.1.1   决定操作数地址的寻址方式

1. 立即寻址

立即寻址方式所提供的操作数直接包含在指令中，它紧跟在操作码的后面，与操作码一起放在代码段区域中。在 CPU 从内存读出指令操作码后，在其下面的地址中可立即读出操作数。

立即寻址方式的操作数叫做立即数。立即数可以是 8 位的，也可以是 16 位的。例如：

```
MOV  AL,  05H
MOV  DX，8000H
```

2. 直接寻址

直接寻址方式的操作数地址的 16 位段内偏移地址直接包含在指令中，与操作码一起存放在代码段区域中。操作数一般在数据段区域中，它的地址为数据段寄存器 DS 加上这 16 位的段内偏移地址。例如：

```
MOV  BX,  DS：[2000H]
```

这种寻址方法以数据段的段地址为基础，故可在多达 64 KB 的范围内寻找操作数。

在本例中，取数的物理地址就是：DS 的内容 ×16(即左移 4 位)，变为 20 位，再在其低端 16 位上加上偏移地址 2000H。偏移地址 2000H 是由指令直接给出的。

3. 寄存器寻址

寄存器寻址方式的操作数包含在 CPU 的内部寄存器 AX、BX、CX、DX 中。例如：

```
MOV  DS, AX
MOV  AL，BL
```

虽然操作数可存放在 CPU 内部任意一个通用寄存器中，而且它们都能参与算术或逻辑运算并存放运算结果，但是，AX 是累加器，若将结果存放在 AX 中的话，通常指令的执行时间要短一些。

4. 寄存器间接寻址

在寄存器间接寻址方式中，操作数存放在存储器中，操作数的 16 位段内偏移地址存放在 4 个寄存器 SI、DI、BP、BX 之一中。由于上述 4 个寄存器所默认的段寄存器不同，故又可以分成两种情况：

(1) 若以 BX、SI、DI 这三个寄存器进行寄存器间接寻址，则操作数通常放在 DS 所决定的数据段中。此时数据段寄存器内容乘 16 加上 SI、DI、BX 中的 16 位段内偏移地址，即得操作数的地址。例如：

    MOV   AX, 2000H

    MOV   DS, AX

    MOV   SI,   1000H

    MOV   AX，[SI]

上面第 4 条指令执行时，操作数的地址为 DS × 16 + SI = 21000H，即从 21000H 单元取一个字节放入 AL，从 21001H 单元取一个字节放入 AH。

(2) 若以寄存器 BP 间接寻址，则操作数存放在堆栈段区域中。此时，堆栈寄存器 SS 的内容乘 16 加上 BP 中的 16 位段内偏移地址，即得操作数的地址。例如：

    MOV   DX, 4000H

    MOV   SS, DX

    MOV   BP, 500H

    MOV   BX, [BP]

在执行上面的指令时，第 4 条指从 40500H 单元取一个字节放入 BL，从 40501H 单元取一个字节放入 BH。

在这里说明段超越的问题。在对存储器操作数寻址时，存储单元的物理地址由段寄存器的内容和偏移地址来决定。8088(8086)指令系统对段寄存器有基本规定，即默认状态，如上面(1)、(2)所述(更详细的情况可见表 2.8)。指令中的操作数也可以不在基本规定的默认段内，这时就必须在指令中明确指定段寄存器，这就是段超越。例如：

    MOV AX, ES：[SI]

该指令中 ES 为段超越前缀，指令功能就是从 ES × 16 + SI 形成的物理地址及其下一个地址中取一个字放入 AX 中。

在指令中，默认段寄存器是可以缺省的，而段超越的前缀是不能缺省的，必须明确指定。当使用段超越前缀时，指令代码增加一个字节，从而也增加了指令的执行时间。因此，能不用段超越时尽量不用。

5. 寄存器相对寻址

在寄存器相对寻址方式中，操作数存放在存储器中，操作数的地址是由段寄存器内容乘 16 加上 SI、DI、BX、BP 之一的内容，再加上由指令中所给出的 8 位或 16 位带符号的位移量而得到的。

在一般情况下，若用 SI、DI 或 BX 进行相对寻址，默认数据段寄存器 DS 作为地址基准；若用 BP 寻址，则默认堆栈段寄存器 SS 为地址基准。例如：

```
MOV   BX，3000H
MOV   DS，BX
MOV   SI，1000H
MOV   AL，[SI-2]
```

则执行寄存器相对寻址指令时，操作数的物理地址为

$$DS \times 16 + SI - 2 = 30000H + 1000H - 2 = 30FFEH$$

即从地址 30FFEH 单元取一个字节放入 AL。

6．基址、变址寻址

在 8088(8086)中，通常把 BX 和 BP 作为基址寄存器，而把 SI 和 DI 作为变址寄存器。将这两种寄存器联合起来进行的寻址就称为基址、变址寻址。操作数的地址应该是段寄存器内容乘 16 加上基址寄存器内容(BX 或 BP 内容)，再加上变址寄存器内容(SI 或 DI 内容)而得到的。

同理，若用 BX 作为基地址，则操作数应放在数据段 DS 所决定的内存区域中；若 BP 作为基地址，则操作数应放在堆栈段 SS 所决定的内存区域中。例如：

```
MOV   DX，8000H
MOV   SS，DX
MOV   BP，1000H
MOV   DI，0500H
MOV   AX，[BP][DI]
```

则在执行基址变址指令时，就是从 81500H 和 81501H 单元分别取一个字节放入 AL 和 AH 中。

7．基址、变址、相对寻址

这种方式实际上是第 6 种寻址方式的扩充。操作数的地址是由基址、变址方式得到的地址再加上由指令指明的 8 位或 16 位的相对偏移地址而得到的。例如：

```
MOV   AX，DISP[BX][SI]
```

8．隐含寻址

在有些指令的指令码中，不仅包含操作码信息，而且还隐含了操作数地址的信息。例如乘法指令 MUL 的指令码中只需指明一个乘数的地址，另一个乘数和积的地址是隐含固定的。再如 DAA 指令隐含对 AL 的操作。

这种将操作数的地址隐含在指令操作码中的寻址方式就称为隐含寻址。

3.1.2　决定转移地址的寻址方式

由于 8088(8086)对内存的寻址是利用段寄存器对内存分段来实现的，CPU 执行的程序存放在代码段寄存器所决定的内存代码段中，因此就存在着程序的转移可以在段内进行也可以在段间进行的情况。8088(8086) CPU 支持这两种情况的转移，下面分别加以说明。

1. 段内转移

前面已经说明,CPU 执行程序的地址永远都是 CS×16+IP,而且 IP 具有 CPU 每从内存取出一个指令字节,IP 自动加 1 并指向下一个字节的特性。如果保持 CS 不变而只改变 IP,必然产生段内的转移。

1) 段内相对寻址

在这种寻址方式中,指令应指明一个 8 位或 16 位的相对地址位移量 DISP(它有正负符号,用补码表示)。此时,转移地址应该是代码段寄存器 CS 的内容乘 16 加上指令指针 IP 的内容,再加上相对地址位移量 DISP。例如:

　　　　JMP　SHORT　ARTX

这条指令中,ARTX 表示要转移到的符号地址;而 SHORT 表示地址位移量 DISP 为 8 位带符号数。

上面的指令为一条两字节指令:

　　　　EB——指令操作码

　　　　DISP——位移量

此时转移指令的偏移地址为 IP+DISP8。此时的 IP 就是该转移指令的下一条指令第一个指令字节所在的偏移地址,或称其为下一条指令的首地址。

在这种情况下,转移地址就是以当前 IP 的内容(就是下一条指令的首地址)为基准加上 DISP(一个 8 位的正数或负数)。由于 DISP8 是 8 位带符号的数,其数值范围在 −128～+127 之间,以此为基准向上(地址减小的方向)转移只能跳 128 个单元,向下(地址增大的方向)转移只能跳 127 个单元,也就是说这种类型的指令跳不远。

若是用 JMP　NEAR　PTR　PROM 指令,则可以跳得更远一些。

在上面的指令中,使用的操作符 NEAR　PTR 就表示地址位移量用 16 位带符号数来表示。由于 16 位带符号数可表示的数值范围为 −32 768～+32 767,因此,该指令以当前 IP 的内容(即下一条指令的首地址)为基准向上最大可跳 32 768 个单元,向下最大可跳 32 767 个单元。转移的目的地址就是当前的 IP 加上 DISP16。

可以看到,后面的指令转移的范围覆盖前面一条指令的转移范围,但后者的目的码为三个字节(前者为两个字节),执行时间也长一些。

2) 段内间接寻址

在这种寻址方式中,转移地址的段内偏移地址要么存放在一个 16 位的寄存器中,要么存放在存储器的两个相邻单元中。存放偏移地址的寄存器和存储器的地址将按指令码中规定的寻址方式给出。此时,寻址所得到的不是操作数,而是转移地址。例如:

　　　　JMP　CX

　　　　JMP　WORD　PTR [BX]

可以看到,在段内转移的情况下,CS 的内容保持不变,仅仅是 IP 的内容发生了变化。在段内相对转移时,相当于给 IP 加上带符号的位移量。上面的指令 JPM　CX 相当于用 CX 的内容取代 IP 原先的内容。而 JMP　WORD PTR [BX]指令,则是用 DS 作为段寄存器,DS×16 加上 BX 内容形成一个地址,并将该地址和它的下一个单元的内容(共 16 位)放入 IP 中。由于 IP 的内容改变了,必然产生转移。

2．段间转移

在程序执行中，从内存的一个代码段转移到内存的另一代码段便是段间转移。当发生段间转移时，必定是 CS 和 IP 同时发生改变。段间转移的寻址也分为两种情况。

1）段间直接寻址

在这种寻址方式中，指令码中将直接给出 16 位的段地址和 16 位的段内偏移地址。例如：

    JMP　FAR　PTR　ADD1

在执行段间直接寻址指令时，该指令由五个字节构成，指令操作码后的第二个字的两个字节将赋予代码段寄存器 CS，第一个字的两个字节将赋予指令指针寄存器 IP，最后，CS×16 和 IP 内容相加则得转移地址。指令中用 FAR　PTR 操作符指明这是一条远转移指令。当 8088(8086) CPU 执行一条远转移指令时，将从指令码下面的 4 个顺序单元中取出 4 个字节，分别放入 IP 和 CS。这样就改变了两个寄存器的内容。这 4 个字节是由汇编程序事先放好的段间转移的目标地址。

2）段间间接寻址

这种寻址方式和段内间接寻址相似。但是，由于确定转移地址需要 32 位信息，因此只适用于存储器寻址方式。用这种寻址方式可计算出存放转移地址的存储器的首地址，与此相邻的 4 个单元中，前两个单元存放 16 位的段内偏移地址，而后两个单元存放的是 16 位的段地址。例如：

    JMP　DWORD　PTR[BP][DI]

同样，上述指令表示同时改变 CS 和 IP 的内容。但是，在上面这个例子中，段间转移的目的地址是按如下方式获得的：堆栈段寄存器 SS×16 再加上 BP 的内容和 DI 的内容形成物理地址；由该地址开始的顺序的 4 个单元的内容分别放入 IP 和 CS，即前两个单元的内容形成一个字放入 IP，后两个单元的内容构成一个字放入 CS，由此 CS 和 IP 形成的地址就是转移的目的地址(或称目标地址)。

显然，上例中存放在堆栈段的目的地址(也就是放入 IP 和 CS 的字)是在程序执行前事先放好的。

3.2　8088(8086)的指令系统

本节对 8088(8086)指令系统进行简要介绍。通过本节的学习，读者应掌握一些常用的指令以便编写简单的程序，并更多地认识一些指令，以便读懂别人编写的程序。8088(8086)的指令系统可分为 7 类，下面将逐一加以说明。

3.2.1　传送指令

1．MOV　OPRD1，OPRD2

MOV 是操作码，OPRD1 和 OPRD2 分别是目的操作数(或目的操作数的地址)和源操作数(或源操作数的地址)。该指令可把一个字节或一个字操作数从源地址传送到目的地址。

  源操作数可以放在累加器、寄存器、存储器中，也可是立即数，而目的操作数可放在累加器、寄存器和存储器中。数据传送示意图如图 3.1 所示。

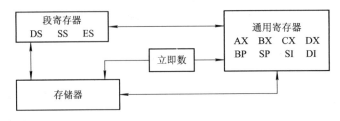

图 3.1 数据传送示意图

各种数据传送指令列举如下：

(1) 在 CPU 各内部寄存器之间传送数据(除代码段寄存器 CS 和指令指针 IP 以外)：

    MOV AL，BL

    MOV DL，CH

    MOV AX，DX

    MOV CX，BX

    MOV DX，BX

    MOV DX，ES

    MOV BX，DI

    MOV SI，BP

(2) 立即数传送至 CPU 的内部通用寄存器(即 AX、BX、CX、DX、BP、SP、SI、DI、AL、AH、BL、BH、CL、CH)，给这些寄存器赋值：

    MOV CL，4   ；8 位数据传送(1 个字节)

    MOV AX，03FFH   ；16 位数据传送

    MOV SI，057BH   ；16 位数据传送(1 个字)

(3) CPU 内部寄存器(除了 CS 和 IP 以外)与存储器(所有寻址方式)之间的数据传送，与前述一样可以传送一个字节，也可以传送一个字。

  ● 在 CPU 的通用寄存器与存储器之间传送数据：

    MOV AL，BUFFER

    MOV AX，[SI]

    MOV [DI]，CX

    MOV SI，BLOCK[BP]

  ● 在 CPU 的段寄存器与存储器之间传送数据：

    MOV DS，DATA[SI+BX]

    MOV DEST[BP+DI]，ES

  需要注意的是，MOV 指令不能在两个存储器单元之间进行数据直接传送。为了实现存储器单元之间的数据传送，必须用内部寄存器作为中介。例如，为了将同一段内的偏移地址为 AREA1 的数据传送到偏移地址为 AREA2 的单元中去，就需要执行以下两条传送指令：

    MOV AL，AREA1

    MOV AREA2，AL

　　如果要求将内存中一个数据块搬移到另一个内存数据区中去，例如要将以 AREA1 为首地址的 100 个字节数据搬移到以 AREA2 为首地址的内存中去，可以用带有循环控制的数据传送程序来实现。为此采用间接寻址方式，用 SI 存放源数据地址，用 DI 存放目的数据地址，用 CX 作为循环计数控制单元。其程序如下：

```
        MOV   SI，OFFSET   AREA1
        MOV   DI，OFFSET   AREA2
        MOV   CX，100
AGAIN：  MOV   AL，[SI]
        MOV   [DI]，AL
        INC   SI
        INC   DI
        DEC   CX
        JNZ   AGAIN
        HLT
```

　　程序中 INC、DEC 分别为加 1 和减 1 指令；OFFSET AREA1 是指地址单元 AREA1 在 DS 段内的地址偏移量。在寻址方式的介绍中已经提到，在 8088(8086)中，要寻址内存中的操作数时，必须以段地址(放于某个段寄存器中)加上该单元的段内地址偏移量，才能确定内存单元的实际物理地址。

2．交换指令

```
        XCHG   OPRD1，OPRD2
               目的      源
```

　　交换指令把一个字节或一个字的源操作数与目的操作数相交换。这种交换能在通用寄存器与累加器之间、通用寄存器之间、通用寄存器与存储器之间进行，XCHG 指令不能实现段寄存器与段寄存器、存储器与存储器之间的数据交换。例如：

```
        XCHG   AL，CL
        XCHG   AX，DI
        XCHG   BX，SI
        XCHG   AX，BUFFER
        XCHG   BX，DATA[SI]
```

3．地址传送指令

8088 有 3 条地址传送指令。

1)　LEA 指令

```
        LEA   OPRD1，OPRD2
```

该指令把源操作数 OPRD2 的地址偏移量传送至目的操作数 OPRD1 中。源操作数必须是一个内存操作数，目的操作数必须存放在一个 16 位的通用寄存器中。这条指令通常用来建立串指令操作所需的寄存器指针。例如：

```
        LEA   BX，BUFR
```

该指令把变量 BUFR 的地址偏移量送到 BX 中。

2) LDS 指令

该指令完成一个地址指针的传送。地址指针包括段地址和地址偏移量。指令执行时，将段地址送入 DS，地址偏移量送入一个 16 位的通用寄存器。这条指令通常用来建立串指令操作所需的寄存器指针。例如：

     LDS　SI，[BX]

该指令利用 DS×16+BX 的内容构成内存地址，把由此地址开始的顺序的 4 个单元的前两个单元的内容送入 SI，后两个单元的内容送入 DS。

3) LES 指令

这条指令除将地址指针的段地址送入 ES 外，其他操作与 LDS 指令类似。例如：

     LES　DI，[BX+CONT]

该指令利用 DS×16+BX+CONT 构成内存地址，把由此地址开始的顺序的 4 个单元的前两个单元的内容送入 DI，后两个单元的内容送入 ES。

4．堆栈操作指令

堆栈是内存中的一个特定区域，由 SS 的内容和 SP 的内容来决定。堆栈操作具有先入后出的特点。用于堆栈操作的指令主要是：

    PUSH　OPRD(压入堆栈指令)

    POP　　OPRD(弹出堆栈指令)

堆栈操作指令中的操作数可以是段寄存器(除 CS)的内容、16 位的通用寄存器的内容(标志寄存器有专门的出入栈指令)以及内存的 16 位字。例如：

    MOV　　AX，8000H

    MOV　　SS，AX

    MOV　　SP，2000H

    MOV　DX，3E4AH

    PUSH　DX

    PUSH　AX

当执行完两条压入堆栈的指令后，堆栈中的内容如图 3.2 所示。

由图 3.2 可以解释压入堆栈指令的执行过程包括：

① SP $-1 \rightarrow$ SP

② DH$\rightarrow$M$_{(SP)}$

③ SP $-1 \rightarrow$ SP

④ DL$\rightarrow$M$_{(SP)}$

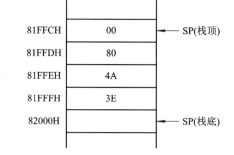

图 3.2　堆栈操作示意图

这就是把 DX 压入堆栈的过程。AX 的压栈过程是一样的。

弹出堆栈的过程与此刚好相反，例如 POP　AX 指令的执行过程包括：

① M$_{(SP)}$$\rightarrow$AL

② SP $+ 1 \rightarrow$SP

③ M$_{(SP)}$$\rightarrow$AH

④ SP $+ 1 \rightarrow$SP

　　可见，SP 的内容总是指向堆栈的顶。

　　以上堆栈操作是对 8088 而言的。由于它的外部只有 8 位数据线，堆栈操作一定分两次进行，每次完成一个字节。对 8086 来说，适当地选好堆栈的底，则 8086 CPU 一次可压入或弹出一个字，可以节省时间，而操作过程及堆栈的内容均与 8088 一样。

5．字节、字转换指令

　　有一条指令能将 AL 的符号位(bit 7)扩展到整个 AH 中，它就是 CBW 指令，即将字节转换成一个字。例如：

```
MOV   AL，4FH
CBW
```

在执行完 CBW 之后，AX=004FH。

　　另一条指令是将 AX 的符号位(bit 15)扩展到整个 DX，它就是 CWD 指令，即将字转换成双字。例如：

```
MOV   AX，834EH
CWD
```

执行完 CWD 之后，DX=FFFFH，DXAX=FFFF834EH。

　　以上这些包括在传送指令中的五类指令的执行不影响标志位。

6．标志寄存器传送指令

　　(1) LAHF。该指令的功能是将标志寄存器的低字节传送到 AH 中。

　　(2) SAHF。该指令将 AH 的内容传送到标志寄存器的低字节。

　　(3) PUSHF。该指令将标志寄存器的内容压入堆栈。

　　(4) POPF。该指令由堆栈弹出一个字放入标志寄存器。

　　利用上面的指令可以设置标志寄存器中的标志位。例如，利用下面的指令可使 T 标志置 1 而其他标志不变：

```
PUSHF
POP   AX
OR    AH，01H
PUSH  AX
POPF
```

程序中 OR 为或指令，后面即将说明。

7．XLAT 换码指令

　　执行该指令是在 DS 决定的数据段中，并以 BX 的内容与 AL 的内容相加作为偏移地址，构成内存地址，也就是 DS×16+BX+AL 为内存地址，由该地址取一个字节放入 AL 中。该指令用于将一种代码转换为另一种代码。

3.2.2　算术运算指令

　　8088(8086)可提供加、减、乘、除 4 种基本算术运算的操作指令。这些指令可以实现字节或字的运算，也可以用于符号数和无符号数的运算。

8088(8086)还提供各种校正操作，故可以进行十进制的算术运算。

进行加、减运算的源操作数和目的操作数的关系如图3.3所示。

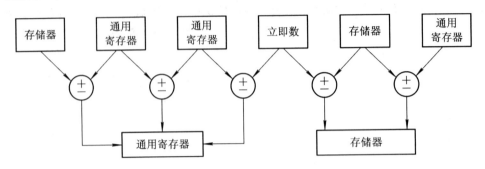

图3.3　加、减运算操作数之间的关系

1．加法指令

1) ADD　OPRD1，OPRD2(加法)

这条指令完成两个操作数相加，结果送至目的操作数 OPRD1，即

OPRD1←OPRD1+OPRD2

目的操作数可以是累加器、任一通用寄存器或存储器中的操作数。

具体地说，ADD 指令可以实现累加器与立即数、累加器与任一通用寄存器、累加器与存储单元内容相加，其和放回累加器中。例如：

ADD　AL，30

ADD　AX，3000H

ADD　AX，SI

ADD　AL，DATA[BX]

ADD 指令也可以实现任一通用寄存器与立即数、累加器或别的寄存器、存储单元的内容相加，其和放回寄存器中。例如：

ADD　BX，3FFFH

ADD　SI，AX

ADD　DI，CX

ADD　DX，DATA[BX+SI]

ADD 指令还可以实现存储器操作数与立即数、累加器或别的寄存器的内容相加，其和放回存储单元中。例如：

ADD　BYTE PTR[SI]，100

ADD　BETA[SI]，AX

ADD　BETA[SI]，DX

上述所有加法指令执行时，对标志位 CF、OF、PF、SF、ZF 和 AF 都会产生影响。

2) ADC 指令(带进位加法)

ADC 指令与 ADD 指令基本相同，只是在对两个操作数进行相加运算时还应加上进位标志的当前值，然后再将结果送至目的操作数。

ADC 指令主要用于多字节运算。在 8088(8086)中可以进行 8 位运算，也可以进行 16 位运算。但是，16 位二进制数的表示范围仍然是有限的，为了扩大数的表示范围，仍然需要进行多字节运算。例如，两个四字节的数相加，应分两次进行。先进行低两个字节的相加，然后再做高两个字节的相加。在高两个字节相加时，要把低两个字节相加所出现的进位考虑进去，这就要用到带进位的加法指令 ADC。

```
MOV   AX，FIRST
ADD   AX，SECOND
MOV   THIRD，AX
MOV   AX，FIRST+2
ADC   AX，SECOND+2
MOV   THIRD+2，AX
```

ADC 指令对标志位的影响与 ADD 指令对标志位的影响相同。

3) INC   OPRD 指令(加 1)

这条指令对指定的操作数进行加 1 操作，在循环程序中常用于修改地址指针和循环次数等。其操作数可以在通用寄存器中，也可以在内存单元中。

该指令的执行结果对标志位 AF、OF、PF、SF 和 ZF 有影响，而对 CF 位不产生影响。例如：

```
INC   AL
INC   BYTE   PTR [SI]
```

2．减法指令

1) SUB   OPRD1，OPRD2(减法)

该指令实现两个操作数的相减，即从 OPRD1 中减去 OPRD2，其结果放于 OPRD1 中。

具体地说，可以从累加器中减去立即数，或从寄存器、内存操作数中减去立即数，或从寄存器操作数中减去寄存器或内存操作数，或从寄存器或内存操作数中减去寄存器操作数等，其类型完全与 ADD 指令相同。例如：

```
SUB   CX，BX
SUB   [BP+2]，CL
```

2) SBB 指令(带借位减法)

该指令与 SUB 相类似，只不过在两个操作数相减时，还应减去借位标志 CF 的当前值。与 ADC 一样，这条指令主要用于多字节的减法运算。在前面的四字节加法运算的例子中，若用 SUB 代替 ADD，用 SBB 代替 ADC，那么就可以实现两个四字节数的减法运算。

SBB 指令对标志位 AF、CF、OF、PF、SF 和 ZF 都将产生影响。

3) DEC OPRD 指令(减 1)

该指令实现对操作数的减 1 操作，所用的操作数可以是寄存器，也可以是内存单元。在相减时，把操作数看做无符号的二进制数。该指令的执行结果将影响标志位 AF、OF、PF、SF 和 ZF，但对 CF 标志位不产生影响。例如：

```
DEC   BX
DEC   WORD   PTR   [DI]
```

4) NEG OPRD

该指令用来对操作数进行求补操作，即用 0 减去操作数，然后再将结果送回。例如：

    NEG   AL

    NEG   MULRE

该指令对字节操作时，对 –128 求补，对字操作时，对 –32 768 求补，则操作数不变，但是此时溢出标志位 OF 将置位。

该指令影响标志位 AF、CF、OF、PF、SF 和 ZF。执行结果一般总是使标志位 CF=1，除非在操作数为 0 时，才会使 CF=0。

5) CMP OPRD1，OPRD2

该指令为比较指令，完成 OPRD1 –OPRD2 的操作，这一点与减法指令相同，而且相减结果也同样反映在标志位上，但是与减法指令 SUB 的主要不同点是，相减后不送回结果，即执行比较指令以后，两个操作数的内容是不改变的。

比较指令可以用于累加器与立即数、累加器与任一通用寄存器或任一内存操作数之间的比较。例如：

    CMP   AL，100

    CMP   AX，SI

    CMP   AX，DATA[BX]

该指令也可以用于任一寄存器与立即数或别的寄存器及任一内存操作数之间的比较。例如：

    CMP   BX，04FEH

    CMP   DX，DI

    CMP   CX，COUNT[BP]

该指令还可以用于内存操作数与立即数及任一寄存器中操作数之间的比较。例如：

    CMP   DATA，100

    CMP   COUNT[SI]，AX

    CMP   POINTER[DI]，BX

比较指令主要用来确定两个数之间的关系，如两者是否相等，两个中哪一个大等。在进行比较运算以后，通常要对标志位进行检查。标志位的不同状态，代表着两个操作数的不同关系。如果标志位 ZF=1，表明两个进行比较的操作数是相等的。

如果对两个无符号数进行比较，则在比较指令之后，可以根据 CF 标志位的状态来判断两个数的大小。例如：

    CMP   AX，BX

执行以后，若 CF 标志位置位，则可以确定 AX 中的数小于 BX 中的数；反之则 AX 中的数大于或等于 BX 中的数。

两个带符号数的比较判别就比较麻烦了。因为此时无法根据某一标志位的状态(SF 或 CF)来判断两个数的大小。此时应分成几种情况加以判断。

例如，在 CMP   AX，BX 比较指令中，若 AX 与 BX 中数的符号相同，即 AX>0，BX>0 或 AX<0，BX<0，则 AX –BX 不会产生溢出，此时可根据 SF 标志位的状态判断两个数的大小，即 SF=0，则 AX≥BX；SF=1，则 AX<BX。

若 AX 和 BX 中数的符号不同，即 AX>0，BX<0 或 AX<0，BX>0，那么 AX −BX 就可能产生溢出。若 AX −BX 没有产生溢出，则仍可用 SF 标志位判别两个数的大小，仍可沿用上述规律；但是若 AX −BX 产生了溢出，则当 SF=1 时，AX≥BX；SF=0 时，AX<BX。

综上所述，可以归纳出如下结论：

当没有溢出时(OF=0)，若 SF=0，则 AX≥BX；若 SF=1，则 AX<BX。

当产生溢出时(OF=1)，若 SF=0，则 AX<BX；若 SF=1，则 AX≥BX。

用逻辑表达式又可简化为：

若 OF $\oplus$ SF=0，则 AX≥BX。

若 OF $\oplus$ SF=1，则 AX<BX。

在程序设计中，利用比较指令可以产生程序转移的条件。CPU 中有专门的指令来判断上述条件并产生转移。

例如，若自 BLOCK 开始的内存缓冲区中有 100 个带符号的十六位数，希望找到其中最大的一个值，并将它放到 MAX 单元中。

编制该程序的思路是这样的：先把数据块中的第一个数取到 AX 中，然后从第二个存储的数据开始，依次与 AX 中的内容进行比较。若 AX 中的值大，则接着比较；若 AX 中的值小，则把内存单元中的内容送到 AX 中。这样经过 99 次比较，在 AX 中必然存放着数据块中最大的一个数，然后利用传送指令将它放到 MAX 单元中去。

这是一个循环程序。循环程序开始应置初值，包括循环次数为 99 次。在循环体中应包括比较指令和转移控制指令。满足上述功能要求的程序如下：

```
              MOV   BX, OFFSET  BLOCK
              MOV   AX, [BX]
              INC   BX
              INC   BX
              MOV   CX, 99
    AGAIN:    CMP   AX, [BX]
              JG    NEXT
              MOV   AX, [BX]
    NEXT:     INC   BX
              INC   BX
              DEC   CX
              JNZ   AGAIN
              MOV   MAX, AX
              HLT
```

8088(8086)除了上述算术运算指令以外，还有几条功能很强的乘、除法指令和校正指令。

3．乘法指令

8088(8086)的乘法指令分为无符号数乘法指令和带符号数乘法指令两种。

1) 无符号数乘法指令 MUL

(1) 8 位乘法。被乘数隐含在 AL 中，乘数为 8 位寄存器或存储单元的内容，乘积一定放在 AX 中。例如：

   MUL BL

(2) 16 位乘法。被乘数隐含在 AX 中，乘数为 16 位寄存器或两个顺序存储单元构成的 16 位字，乘积放在 DX 和 AX 连在一起构成的 32 位寄存器中。例如：

   MUL CX

2) 带符号数乘法指令 IMUL

这是一条带符号数的乘法指令，它和 MUL 指令一样可以进行字节和字节、字和字的乘法运算(即 8 位带符号数乘法和 16 位带符号数乘法)。结果放在 AX 或 DX、AX 中。

4. 除法指令

除法指令包括无符号除法指令和带符号除法指令。

1) 无符号除法指令 DIV

DIV 指令可实现 8 位除法和 16 位除法运算。

(1) 8 位除法。被除数隐含在 AX 中，除数可以是 8 位寄存器或存储单元的 8 位无符号数。指令执行结果为商放在 AL 中，余数放在 AH 中。例如：

   MOV AX，1000
   MOV BL，190
   DIV BL

则在 AL 中的商为 5，而 AH 中有余数 50。

(2) 16 位除法。被除数放在 DX、AX 连在一起的 32 位寄存器中(隐含)，除数为 16 位寄存器的内容或两连续存储单元构成的 16 位字。指令执行结果为商放在 AX 中，余数放在 DX 中。例如：

   MOV AX，1000
   CWD
   MOV BX，300
   DIV BX

则执行结果 AX=3，DX=100。

2) 带符号除法指令 IDIV

该指令是带符号的除法指令。除后，余数符号与被除数相同，其他同 DIV 指令。

5. 调整指令

8088(8086)的调整指令主要用于十进制数的调整。

AAA——对 AL 中 ASCII 未压缩的十进制和进行调整；

AAS——对 AL 中 ASCII 未压缩的十进制差进行调整；

AAD——在除法指令前对 AX 中 ASCII 未压缩的十进制数进行调整；

AAM——对 AX 中两个 ASCII 未压缩的十进制相乘结果进行调整；

DAA——对 AL 中的两个压缩十进制数相加之和进行调整，得到压缩十进制和；

DAS——对 AL 中的两个压缩十进制数相减之差进行调整，得到压缩十进制差。

3.2.3　逻辑运算和移位指令

这类指令包括逻辑运算、移位和循环移位三部分。

1. 逻辑运算指令

1) NOT 指令

该指令对操作数进行求反操作，然后将结果送回。操作数可以是寄存器或存储器的内容。该指令对标志位不产生影响。例如：

   NOT　AL

2) AND 指令

该指令对两个操作数进行按位相"与"的逻辑运算。即只有参加相"与"的两位全为"1"时，相"与"的结果才为"1"；否则相"与"结果为"0"。指令将相"与"的结果送回目的操作数地址中。

AND 指令可以进行字节操作，也可以进行字操作。AND 指令的一般格式为

   AND　OPRD1，OPRD2

其中，目的操作数 OPRD1 可以是累加器，也可以是任一通用寄存器，还可以是内存操作数。源操作数 OPRD2 可以是立即数、寄存器，也可以是内存操作数。例如：

   AND　AL，0FH

   AND　AX，BX

   AND　SI，BP

   AND　AX，DATA_WORD

   AND　DX，BUFFER[SI+BX]

   AND　BLOCK[BP+DI]，DX

某一个操作数，如果自己与自己相"与"，则操作数不变，但可以使进位标志位 CF 清 0。

AND 指令主要用于使操作数若干位不变，而使某些位为 0 的场合。此时，不变的那些位应和 1 相"与"，而需要置 0 的那些位应与 0 相"与"。例如，要使 AL 中最低两位置 0，而其他位不变，可以使用如下的相"与"指令：

   AND　AL，0FCH

该指令执行以后，标志位 CF=0，OF=0，标志位 PF、SF、ZF 反映操作的结果，而标志位 AF 未定义。

3) TEST 指令

该指令的操作功能与 AND 指令相同，但结果不送回。其结果将反映在标志位上，即 TEST 指令将不改变操作数的值，只影响 CF、PF、ZF、SF、OF 标志位。这条指令通常是在不希望改变操作数的前提下，用来检测某一位或某几位的状态。

TEST 指令的一般格式为

   TEST　OPRD1，OPRD2

例如，若要检测 AL 中的最低位是否为 1，若为 1 则转移。在这种情况下，可以用如下指令：

        TEST　AL，01H

        JNZ　THERE

          ⋮

    THERE：　MOV BL，05H

4) OR 指令

该指令对两个操作数进行按位相"或"的逻辑操作，即进行相"或"的两位中的任一位为 1 时，则相"或"的结果为 1；两位都为 0 时，其结果才为 0。OR 指令的操作结果将送回目的操作数的地址中。

OR 指令允许对字节或字进行相"或"运算。

OR 指令使标志位 CF=0；相"或"操作的结果反映在标志位 PF、SF 和 ZF 上；对 AF 标志位未定义。

OR 指令的一般格式为

    OR　OPRD1，OPRD2

其中，目的操作数 OPRD1 可以是累加器，也可以是任一通用寄存器，还可以是一个内存操作数。源操作数 OPRD2 可以是立即数，也可以是寄存器，还可以是内存操作数。例如：

    OR　AL，30H

    OR　AX，00FFH

    OR　BX，SI

    OR　BX，DATA_WORD

    OR　BUFFER[BX]，SI

    OR　WORD PTR[BX+SI]，8000H

操作数自身相"或"将不改变操作数的值，但可使进位标志位 CF 清 0。

相"或"操作主要用于要求使某一操作数的若干位不变，而另外某些位置 1 的情况。请注意，那些需要维持不变的位应与 0 相"或"，而需置 1 的那些位应与 1 相"或"。

利用"或"操作可以对两个操作数进行状态组合。这一点在微机控制系统中经常用到。

5) XOR 指令

该指令对两个操作数进行按位"异或"操作，即进行"异或"操作的两位值不同时，其结果为"1"；否则就为 0。操作结果送回目的操作数的地址中。

XOR 指令的一般形式为

    XOR　OPRD1，OPRD2

其中，目的操作数 OPRD1 可以是累加器、任一个通用器，也可以是一个内存操作数。源操作数可以是立即数、寄存器，也可以是内存操作数。例如：

    XOR　AL，0FH

    XOR　AX，BX

    XOR　DX，SI

    XOR　CX，CONNT_WORD

    XOR　BUFFER[BX]，DI

    XOR　BUFFER[BX+SI]，AX

当操作数自身进行"异或"时，由于每一位都相同，因此"异或"结果一定为 0，且使进位标志位也为 0。这是对操作数清 0 的常用方法。例如：

  XOR AX，AX

  XOR SI，SI

指令执行后可使 AX、SI 清 0。

  若要求一个操作数中的若干位维持不变，而某一些位取反，就可用"异或"操作来实现。要维持不变的那些位应与"0"相"异或"；而要取反的那些位应与"1"相"异或"。

  XOR 指令执行后，标志位 CF=0，OF=0，标志位 PF、SF、ZF 将反映"异或"操作的结果，标志位 AF 未定义。

2．移位指令

8088(8086)有 3 条移位指令。

算术左移和逻辑左移指令：

  SAL/SHL OPRD，m   ；m 是移位次数，可以是 1 或寄存器 CL 中的内容

算术右移指令：

  SAR OPRD，m   ；m 是移位次数，可以是 1 或寄存器 CL 中的内容

逻辑右移指令：

  SHR OPRD，m；   ；m 是移位次数，可以是 1 或寄存器 CL 中的内容

  上述指令可以对寄存器操作数或内存操作数进行指定次数的移位，可以进行字节操作，也可以进行字操作。这些指令可以一次只移 1 位，也可以按 CL 寄存器中内容所指定的次数进行移位。

  1) SAL/SHL 指令

  这两条指令的操作是完全一样的。每移位一次，在右面最低位补一个 0，而左面最高位则移入标志位 CF，如图 3.4 所示。

图 3.4 SAL/SHL 操作示意图

  左移位次数为 1 的情况下，若移位完了以后，操作数的最高位与标志位 CF 不相等，则溢出标志位 OF=1；否则 OF=0。这主要用于判别移位前和移位后的符号位是否一致。

  标志位 PF、SF、ZF 表示移位以后的结果。

  2) SAR 指令

  该指令每执行一次移位操作，就使操作数右移一位，但符号位保持不变，而最低位移至进位标志位 CF，如图 3.5 所示。

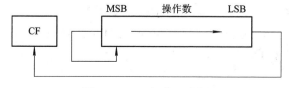

图 3.5 SAR 操作示意图

SAR 可移位由 m 所指定的次数，结果影响标志位 CF、OF、PF、SF 和 ZF。

3) SHR 指令

该指令每执行一次移位操作，就使操作数右移一位，最低位移至标志位 CF 中。与 SAR 不同的是，该指令每做一次移位，左面的最高位将补 0，如图 3.6 所示。

图 3.6　SHR 操作示意图

该指令可以执行由 m 所指定的移位次数，结果影响标志位 CF、OF、PF、SF 和 ZF。

3．循环移位指令

8088(8086)有 4 条循环移位指令：

左循环移位指令：

　　ROL　OPRD，m　　　　　　　　；m 是移位次数，可以是 1 或寄存器 CL 中的内容

右循环移位指令：

　　ROR　OPRD，m　　　　　　　　；m 是移位次数，可以是 1 或寄存器 CL 中的内容

带进位左循环移位指令：

　　RCL　OPRD，m　　　　　　　　；m 是移位次数，可以是 1 或寄存器 CL 中的内容

带进位右循环移位指令：

　　RCR　OPRD，m　　　　　　　　；m 是移位次数，可以是 1 或寄存器 CL 中的内容。

前两条循环指令未把标志位 CF 包含在循环中，后两条循环指令把标志位 CF 也包含在循环中，作为整个循环的一个部分。

循环指令可以进行字节操作，也可以进行字操作；操作数可以是寄存器，也可以是内存单元；可以循环一次，也可以由寄存器 CL 的内容来决定循环次数。

1) ROL 指令

该指令每做一次移位，总是将最高位移入进位标志位 CF 中，并且还将最高位移入操作数的最低位，从而构成一个环，如图 3.7(a)所示。

当规定的循环次数为 1 时，若循环以后的操作数的最高位不等于标志位 CF，则溢出标志位 OF=1；否则 OF=0。这可以用来判断移位前后的符号位是否改变。

ROL 指令只影响标志位 CF 和 OF。

2) ROR 指令

该指令每做一次移位，总是将最低位移入进位标志位 CF 中，另外，还将最低位移入操作数的最高位，从而构成一个环，如图 3.7(b)所示。

当规定的循环次数为 1 时，若循环移位后，操作数的最高位和次高位不相等，则标志位 CF=1；否则 OF=0。这可以用来判别移位前后操作数的符号是否有改变。

该指令只影响 CF 和 OF 标志位。

3) RCL 指令

该指令是把标志位 CF 包含在内的循环左移指令。每移位一次，操作数的最高位移入

进位标志位 CF 中，而原来 CF 的内容则移入操作数的最低位，从而构成一个大环，如图 3.7(c)所示。

当规定的循环次数为 1 时，若循环移位后的操作数的最高位与标志位 CF 不相等，则 OF=1；否则 OF=0。这可以用来判别循环移位前后的符号位是否发生了改变。

该指令只影响标志位 CF 和 OF。

4) RCR 指令

该指令是把进位标志位 CF 包含在内的循环右移指令。每移位一次，标志位 CF 中的原内容就移入操作数的最高位，而操作数的最低位则移入标志位 CF 中，如图 3.7(d)所示。

当规定的循环次数为 1 时，若循环移位后的操作数的最高位与次高位不同，则 OF=1；否则 OF=0。这可以用来判别循环移位前后的符号位是否发生了改变。

该指令只影响标志位 CF 和 OF。

在左移操作时，每左移一位，只要左移以后的数未超出一个字节或一个字所能表示的数值范围，则相当于将原来的数乘以 2；而右移一位则相当于将原来的数除以 2。例如：

```
MOV    AL，08H
SAL    AL，1        ；左移一位，相当于乘以 2，该指令执行后，AL 中内容为 16
MOV    AL，16
SAR    AL，1        ；右移一位，相当于除以 2
                    ；该指令执行后，AL 中的内容为 8
```

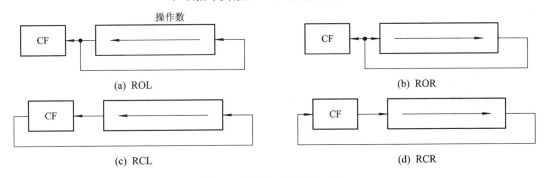

图 3.7　循环移位指令示意图

3.2.4　串操作指令

在存储器中存放的一串字或字节，可以是二进制数，也可以是 BCD 码或 ASCII 码。它们存放在某一个连续的内存区中，若对它们的每个字或字节均做同样的操作，就称为串操作。我们把能完成这样功能的指令称为字符(或字)串操作指令或简称为串操作指令。

在串操作中，一般假定源串在数据段(DS)中，而目的串在附加段(ES)中，用 SI 作指针对源串寻址，用 DI 作指针对目的串寻址。每做一次串操作后，若是对字节进行操作，则 SI 和 DI 的值会自动加 1 或减 1；若是对字进行操作，则 SI 和 DI 的值就自动加 2 或减 2。是加还是减由标志寄存器的方向标志位决定。若 DF=0，则做加；否则，则做减。在操作前可用 STD 指令使 DF 位置 1，也可以用 CLD 指令使 DF 位清 0。

1. MOVS/MOVSB/MOVSW

该类指令是串传送指令，用于内存区之间字节串或字串的传送。

该类指令执行时，将把 DS 决定的数据段中用 SI 指针指出的源串的一个字节或一个字传送到由 ES 决定的数据段中用 DI 指针指向的目的地址中去。

当 DF=0 且是字节传送时，传送后 SI、DI 加 1，以使指针指向下一个地址；当 DF=0 且是字传送时，则 SI、DI 加 2。若 DF=1，则 SI、DI 减 1 或减 2。

可见，上述指令只做两件事：从源地址传送字节或字到目的地址；修改地址。做完这两件事，这条指令就执行完了。该类指令的一般格式为

```
MOVS    OPDR1，OPRR2      ；OPDR2 是源串，OPDR1 是目的串
MOVSB                    ；字节传送
MOVSW                    ；字传送
```

2. CMPS/CMPSB/CMPSW

该类指令是串比较指令，常用于内存区之间的数据、字符等的比较。

该类指令执行时，将由 DS 决定的数据段用 SI 所指出的字节和字同由 ES 所决定的附加段用 DI 所指出的目的串的字节或字进行比较，比较结果将改变标志位，但不改变操作数的值。

执行该指令就是用由 DS 和 SI 所决定的源操作数(字节或字)减去由 ES 和 DI 所决定的目的操作数(字节或字)，相减的结果只影响标志位而不进行传送。

该指令执行后，也将使 SI、DI 加减 1 或 2，具体加减多少由 DF 的值决定。该类指令的一般格式为

```
CMPS    OPRD1，OPRD2      ；OPRD1 是源串，OPRD2 是目的串
CMPSB                    ；字节比较
CMPSW                    ；字比较
```

同样，上述指令每执行一次仅做两件事：比较(相减)两字节或字；自动修改地址。

3. SCAS/SCASB/SCASW

该类指令是串扫描指令或串搜索指令，用于寻找内存区中指定的数据或字符。

该类指令执行时，将 AL 或 AX 的值减去附加段中由 DI 所指定的字节或字，结果将改变标志位，但不改变操作数的值。目的串指针 DI 将作修改，修改规则同上。

该类指令的一般格式为

```
SCAS    OPRD
SCASB                    ；字节操作
SCASW                    ；字操作
```

4. LODS/LODSB/LODSW

该类指令是串装入指令。它将由 DS 和 SI 所指定的源串字节或字装入到累加器 AL 或 AX 中，并根据 DF 的值修改指针 SI，以指向下一个要装入的字节或字。

该类指令的一般格式为

```
LODS    OPRD             ；OPRD 为源串
LODSB                    ；字节操作
LODSW                    ；字操作
```

5. STOS/STOSB/STOSW

该类指令是字串存储指令。它将 AL 或 AX 中的字节或字存储到由 ES 和 DI 所指定的附加段的存储单元中去，且根据 DF 的值来修改 DI。

该类指令的一般格式为

```
STOS    OPRD                ；OPRD 为目的串
STOSB                       ；字节操作
STOSW                       ；字操作
```

上面提到的所有指令，每执行一次均只做两件事：完成某种操作；自动修改地址。因此，这些指令未能对一串数据进行连续操作。若想对串操作数据进行连续操作，则可以利用下面的重复前缀来实现。

6. REP

它是串操作指令的重复前缀。当某一条串指令需要多次重复时，就可以加上该前缀。重复次数应放在寄存器 CX 中。这样每重复执行一次，CX 的内容减 1，直到 CX=0，才停止重复。例如：

```
MOV    DX，8000H
MOV    DS，DX
MOV    DX，4000H
MOV    ES，DX
MOV    SI，1000H
MOV    DI，3000H
MOV    CX，2000H
CLD                         ；使 DF=0
REP    MOVSB
HLT                         ；停机指令
```

上面的程序用了重复前缀，可将 81000H 开始的顺序的 8 KB 内容传送到以 43000H 开始的顺序单元中。

7. REPE/REPNE

它们是条件重复前缀。当条件满足时，才重复执行后面的串指令；一旦条件不满足，重复就停止。

REPE 前缀是相等重复前缀。每执行一次，CX −1→CX，若 CX≠0，并且指令的执行结果使 ZF=1，则串指令就重复执行。只要 CX≠0 和 ZF=1 这两个条件中有一个条件不满足，重复立即停止。

REPNE 前缀是不相等重复前缀。每执行一次，CX −1→CX，若 CX≠0，并且指令的执行结果使 ZF=0，则串指令就重复执行。只要 CX≠0 和 ZF=0 这两个条件中有一个条件不满足，重复立即停止。

上述两条前缀有两个等效的名字 REPZ/REPNZ，两者都可使用，都具有相同的效果。

条件重复前缀通常用在 CMPS 和 SCAS 串操作指令之前，用以判断这些指令的执行结果。例如，在上面利用 REP 前缀进行内存数据块搬移的基础上，现欲测试搬移的结果是否正确。若全对，则使 CL=00H；若有错，则使 CL=EEH。程序如下：

```
                MOV   SI，1000H
                MOV   DI，3000H
                MOV   CX，2000H
                REPE    CMPSB
                JCXZ   NEXT
                MOV   CL，OEEH
                JMP   ERROR      ；发现有错，转到 ERROR
        NEXT：  MOV   CL，00H     ；传送全对，则转到此
```

3.2.5　程序控制指令

该类指令主要是指程序转移指令、子程序调用、返回等一系列重要指令。

8088(8086)使用 CS 段寄存器和 IP 指令指针寄存器的值来寻址，用以取出指令并执行之。转移类指令可改变 CS 与 IP 的值或仅改变 IP 的值，以改变指令执行的顺序。

1. 无条件转移、调用和返回指令

这些指令都将引起程序执行顺序的改变。转移有段内和段间转移之分。段内转移是指段地址不变，仅 IP 发生改变；而段间转移则是指 CS 和 IP 均发生改变。

1) 无条件转移指令 JMP

该指令分直接转移和间接转移两种。直接转移又可分短程(SHORT)、近程(NEAR)和远程(FAR)3 种形式。当程序执行到 JMP 指令时，就无条件地转移到所指的目的地址。

该指令的一般格式为

    JMP OPRD　　　　；OPRD 是转移的目的地址

(1) 直接转移。直接转移的 3 种形式为：

● 短程转移

    JMP SHORT NEXT

在短程转移中，目的地址与 JMP 指令所处的地址的距离应在 −128～+127 范围之内。

● 近程转移

    JMP NEAR PTR LOOP1

或　　　　JMP LOOP1　　　　　　；NEAR 可省略

近程转移的目的地址与 JMP 指令应处于同一地址段范围之内。近程转移的 NEAR 往往予以省略。

● 远程转移

    JMP FAR PTR LOOP2

远程转移是段间的转移，目的地址与 JMP 指令所在地址不在同一段内。执行该指令时要修改 CS 和 IP 的内容。

(2) 间接转移。间接转移指令的目的地址可以由存储器或寄存器给出。

● 段内间接转移指令

    JMP CX

    JMP WORD PTR [BX]

● 段间间接转移指令

  JMP DWORD PTR [BP][DI]

该指令指定的双字指针的第一个字单元内容送入 IP, 第二个字单元内容送入 CS, 所定义的单元必定是双字单元。

  2) 调用和返回指令

  子程序调用指令 CALL 用来调用一个过程或子程序。当调用的过程或子程序结束时, 可使用返回指令 RET, 使程序从调用的过程或子程序返回。由于过程或子程序有段间(即远程 FAR)和段内(即近程 NEAR)调用之分, 因此 CALL 指令也有 FAR 和 NEAR 之分。这由被调用过程的定义所决定。RET 指令也分段间和段内返回两种。

  调用指令的一般格式为

    CALL NEAR PTR OPRD ;段内调用

    CALL FAR PTR OPRD ;段间调用

其中, OPRD 为被调用的过程或子程序的首地址。

  在段内调用时, CALL 指令首先将当前的 IP 内容压入堆栈。当执行 RET 指令而返回时, 从堆栈中取出一个字放入 IP 中。在段间调用时, CALL 指令先把 CS 压入堆栈, 再把 IP 压入堆栈。当执行 RET 指令返回时, 从堆栈中取出一个字放入 IP 中, 然后从堆栈中取出第二个字放入 CS 中, 作为段间返回地址。

  下面我们举两个使用近程调用指令和远程调用指令的实例。

```
        ;主程序(近程调用)
            ⋮
            CALL    NEAR    PTR    PROAD
            ⋮
        ;过程 PROAD 定义
PROAD   PROC    NEAR
        PUSH    AX
        PUSH    CX
        PUSH    SI
        LEA     SI, ARY
        MOV     CX, COUNT
        XOR     AX, AX
NEXT:   ADD     AX, [SI]
        ADD     SI, 2
        LOOP    NEXT
        MOV     SUM, AX
        POP     SI
        POP     CX
        POP     AX
        RET
PROAD   ENDP
```

可以看到，CALL 指令出现在主程序中，而 RET 指令出现在子程序中。调用子程序时，由于是近程调用(主程序与子程序同在一个内存代码段中)，压入堆栈中的 IP 的内容一定指向 CALL 指令的下一条指令的首地址。当子程序执行 RET 指令时，将该首地址弹回到 IP 中，则一定执行 CALL 的下一条指令(主程序)。

```
; 主程序(远程调用)
          ⋮
          CALL    FAR  PTR  PROADD
          ⋮
; 过程 PROADD 定义(远程调用过程)
PROADD  PROC  FAR
          PUSH  AX
          PUSH  CX
          PUSH  SI
          PUSH  DI
          MOV   SI，[BX]
          MOV   DI，[BX+2]
          MOV   CX，[DI]
          MOV   DI，[BX+4]
          XOR   AX，AX
NEXT1：  ADD   AX，[SI]
          ADD   SI，2
          LOOP  NEXT1
          MOV   [DI]，AX
          POP   DI
          POP   SI
          POP   CX
          POP   AX
          RET
PROADD  ENDP
```

上例中，由于是远程调用，说明主程序和子程序不在同一内存代码段中。调用时，将 CALL 指令的下一条指令的首地址(CS 和 IP)压入堆栈。子程序结束时，利用 RET 指令再返回到这条指令上执行。

2. 条件转移指令

8088(8086)有 18 条不同的条件转移指令。它们根据标志寄存器中各标志位的状态，决定程序是否进行转移。条件转移指令的目的地址必须在现行的代码段(CS)内，并且以当前指令指针寄存器 IP 的内容为基准，转移范围在 −128～+127 之内。因此条件转移指令的范围是有限的，不像 JMP 指令那样可以转移到内存的任何一个位置上。转移指令的格式比较简单，如表 3.1 所示。

表 3.1 条件转移指令的格式和条件

指令助记符格式	条件说明	测试标志
JZ/JE OPRD	结果为零	ZF=1
JNZ/JNE OPRD	结果不为零	ZF=0
JS OPRD	结果为负	SF=1
JNS OPRD	结果为正	SF=0
JP/JPE OPRD	结果中 1 的个数为偶数	PF=1
JNP/JPO OPRD	结果中 1 的个数为奇数	PF=0
JO OPRD	结果溢出	OF=1
JNO OPRD	结果无溢出	OF=0
JB/JNAE，JC OPRD	结果低于/不高于或有进位(无符号)	CF=1
JNB/JAE，JNC OPRD	结果不低于/高于或无进位(无符号)	CF=0
JBE/JNA OPRD	结果低于或等于/不高于(无符号)	$CF \lor ZF=1$
JNBE/JA OPRD	结果不低于或不等于/高于(无符号)	$(CF=0) \land (ZF=0)$
JL/JNGE OPRD	小于/不大于或不等于(带符号)	$SF \lor OF=1$
JNL/JGE OPRD	不小于/大于或等于(带符号)	$SF \lor OF=0$
JLE/JNG OPRD	小于或等于/不大于(带符号)	$(SF \lor OF) \lor ZF=1$
JNLE/JG OPRD	不小于等于/大于(带符号)	$(SF \lor OF) \lor ZF=0$

从该表可以看到，条件转移指令是根据两个数的比较结果和某些标志位的状态来决定转移的。

在条件转移指令中，有的指令根据对符号数进行的比较和测试的结果实现转移。这些指令通常对溢出标志位 OF 和符号标志位 SF 进行测试。对无符号数而言，这类指令通常测试标志位 CF。对于带符号数，分大于、等于、小于 3 种情况；对于无符号数，分高于、等于、低于 3 种情况。在使用这些条件转移指令时，一定要注意被比较数的具体情况及比较后所能出现的预期结果。对于初学者来说，对带符号数进行比较后，最好使用带符号数的转移指令；对无符号数进行比较后，最好使用无符号数的转移指令。当然，在熟悉这些指令的功能以后，就不一定受这种条件约束了。

有的指令既能用于带符号数也能用于无符号数，例如 JZ/JE 和 JNZ/JNE。还有专门测试 CX 的转移指令 JCXZ。

3. 循环控制指令

这类指令用于控制程序的循环，其控制转向的目的地址是在以当前 IP 内容为中心的 −128～+127 的范围内。这类指令用 CX 作计数器，每执行一次指令，CX 内容减 1。有以下三条循环控制指令：

1) LOOP   OPRD

每执行一次该指令，CX 减 1，若 CX≠0，则循环。

2) LOOPE/LOOPZ   OPRD

每执行一次该指令，CX 减 1，若 CX≠0 且前面指令的执行结果使 ZF=1，则循环；两者之一或同时不满足，则停止循环。

3) LOOPNE/LOOPNZ　OPRD

每执行一次该指令，CX 减 1，若 CX≠0 且前面指令的执行结果使 ZF=0，则循环；两者之一或同时不满足，则停止循环。

后两条指令常用在比较指令之后。

4. 软中断指令及中断返回指令

在 8088(8086)微机系统中，当程序执行到中断指令 INT 时，便中断当前程序的执行，转向由 256 个中断向量码(或称中断类型码)所提供的中断入口地址之一去执行。

软中断指令的一般格式为

　　　　INT　OPRD　　　　　；OPRD 可以取 00H~FFH 中的值，即中断向量码

该指令执行时，首先将当前的标志寄存器的一个字压入堆栈，并且清除标志位 IF 和 TF。接着将代码段寄存器 CS 压入堆栈，然后再将 IP 压入堆栈。这样就完整地保护了中断点的状态，以便返回。保护好中断点以后，就转向中断向量表，即从 OPRD×4 地址开始，取一个字放入 IP，再从 OPRD×4+2 地址取一个字放入 CS。此后就从该中断起始地址开始执行中断处理程序。详细情况见第 5 章。

中断处理程序结束时，要执行一条中断返回指令 IRET，才可返回原程序。在执行 IRET 指令时，将从堆栈中取出原先压入的指针寄存器 IP、代码段寄存器 CS 和标志寄存器中的内容，并恢复到相应寄存器中，这样就又可以从原中断点开始执行原来的程序了。

INTO 是溢出中断指令。执行该指令时，CPU 测试溢出标志位 OF。当 OF=1 时，便进入溢出中断处理程序。其中断响应过程和 INT 指令的响应过程相同。当 OF=0 时，不产生溢出中断，CPU 继续执行 INTO 下面的指令。

3.2.6　处理器控制指令

处理器控制指令用来控制处理器与协处理器之间的交互作用，修改标志寄存器，以及使处理器与外部设备同步等。该类指令如表 3.2 所示。

表 3.2　处理器控制指令

汇编格式		操　　作
标志位操作指令	STC	置进位标志，使 CF=1
	CLC	清进位标志，使 CF=0
	CMC	进位标志求反
	STD	置方向标志，使 DF=1
	CLD	清方向标志，使 DF=0
	STI	开中断标志，使 IF=1
	CLI	清中断标志，使 IF=0
外部同步指令	HLT	使 8088 处理器处于暂停状态，不执行指令
	WAIT	使处理器处于等待状态
	ESC	使协处理器可从 8088 指令流中取得它的指令
	LOCK	封锁总线指令，可放在任一指令前作为前缀
	NOP	空操作指令，处理器什么操作也不做

1．标志位操作指令

标志位操作指令共有 7 条，分别对 CF 位、DF 位及 IF 位进行操作。

2．外部同步指令

1) 暂停指令 HLT

执行该指令将使 8088(8086)处于暂停状态，只有在重新启动或一个外部中断发生时，8088(8086)才能退出暂停状态。HLT 指令常用来等待中断产生。

2) 空操作指令 NOP

执行该指令并不产生任何结果，仅仅消耗 3 个时钟周期的时间，常用于程序的延时等。

3) 等待指令 WAIT

执行该指令，使 8088(8086)处于空操作状态，但每隔 5 个时钟周期要检测一下 8088(8086)的 TEST 输入引线。若该引线输入为高电平，则仍继续检测等待；若为低电平，则退出等待状态。该指令主要用于 8088(8086)与协处理器和外部设备之间的同步。

4) 封锁总线指令 LOCK

LOCK 指令是一个前缀，可放在任何一条指令的前面。这条指令执行时，就封锁了总线的控制权，其他的处理器将得不到总线控制权，这个过程一直持续到指令执行完毕为止。LOCK 指令常用于多机系统。

5) 处理器交权指令 ESC

该指令执行时，可使协处理器从 8088(8086)的指令流中取出一部分指令，并在协处理器上执行。该指令的一般格式为

      ESC   EXTERNAL_OPCODE, OPRD

执行这条指令时，8088(8086)除了取一个内存操作数并把其放在总线上以外，其他什么事也不做。

3.2.7　输入/输出指令

有的书中将输入/输出指令归属于传送指令。这里为了强调它的重要性，将它另立为一类指令，专门予以详细介绍。

输入/输出指令是专门用于对接口进行输入/输出操作的，其一般格式为

      IN   ACC, PORT

      OUT PORT，ACC

1．直接寻址

在这种方式之下，输入/输出指令中直接给出接口地址，且接口地址由一个字节表示。例如：

      IN   AL，35H

      OUT 44H，AX

由于指令中只能用一个字节表示接口地址，故在此种寻址方式下，可寻址的接口地址空间只有 256 个，即由 00H 到 FFH。

2．寄存器间接寻址

在这种寻址方式下，接口地址由 16 位寄存器 DX 的内容来决定。例如：

```
MOV   DX，03F8H
IN    AL，DX
```

上述指令表示由接口地址 03F8H(DX 的内容作为接口地址)读一个字节到 AL。由于 DX 是一个 16 位的寄存器，其内容可以从 0000H 到 FFFFH，故其接口的地址范围为 64 KB。

要提醒读者注意的是：直接寻址时，接口地址直接给出，最大为 256 个接口地址；寄存器间接寻址只能用 DX，最大寻址空间可达 64 KB。两种寻址方式下，字节传送用 AL，而字传送用 AX。

3.3　汇　编　语　言

用指令的助记符、符号地址、标号、伪指令等符号书写程序的语言称为汇编语言。用汇编语言书写的程序叫做汇编语言源程序或称源程序。把汇编语言源程序翻译成在机器上能执行的机器语言程序(目的代码程序)的过程叫做汇编。完成汇编过程的系统程序称为汇编程序。

汇编程序在对源程序进行汇编的过程中，除了将源程序翻译成目的代码外，还能给出源程序书写过程中所出现的语法错误信息，如非法格式，未定义的助记符、标号，漏掉操作数等。另外，汇编程序还可以根据用户要求，自动分配各类存储区域(如程序区、数据区、暂存区等)，自动进行各种进制数至二进制数的转换，自动进行字符至 ASCII 码的转换及计算表达式的值等。

汇编程序可以用汇编语言书写，也可以用其他高级语言书写。汇编程序的种类很多，但主要的功能是一致的。例如：在 PC 中常配有两种汇编程序 ASM 和 MASM。前者需要 64 KB 内存支持，称为小汇编；后者则需 96 KB 内存支持，称为宏汇编。实际上，后者是前者的功能扩展。宏汇编增加了宏处理功能、条件汇编及某些伪指令，且可支持 8087 协处理器的操作。汇编程序也随 CPU 的更新而不断更新，版本不断提高，且是向上兼容的。

根据运行汇编程序的宿主机的不同，汇编程序可以分为交叉汇编和驻留汇编两种。

(1) 交叉汇编程序。运行这种汇编程序的计算机与该汇编程序所要汇编成目的程序的机器是不同的。例如，汇编程序可以在 IBM-PC/XT 系统上运行，而所汇编成的目的代码是在 MCS-51 系列微机上执行的。

(2) 驻留汇编程序。运行这种汇编程序的微机系统就是执行汇编后形成目的代码程序的系统。例如，在 PC 上对 8088(8086)的汇编语言源程序进行汇编，汇编后的目的程序就在 PC 上执行。

3.3.1　汇编语言的语句格式

由汇编语言编写的源程序是由许多语句(也可称为汇编指令)组成的。每个语句由 1～4 个部分组成，其格式是：

　　　　　[标号] 指令助记符 [操作数] [；注解]

其中用方括号括起来的部分，可以有，也可以没有(请读者注意：方括号在语句中并不出现，只是为了便于解释而在此加的标注，在以后的格式说明中也采用此方法)。每个部分之间用空格(至少一个)分开，这些部分可以在一行的任意位置输入，一行最多可有 132 个字符，最好少于 80 个字符。这样做便于用户阅读源程序。

1．标号

标号也叫做名称，是给指令或某一存储单元地址所起的名字。名称可由下列字符组成：

　　　　　英文字母：A～Z 或 a～z

　　　　　数字：0～9

　　　　　特殊字符：? ，．，@ ，－，$

数字不能作名称的第一个字符，而圆点仅能用作第一个字符。标号最长为 31 个字符。

当名称后带冒号时，表示是标号。它代表该行指令的起始地址，其他指令可以引用该标号，作转移的符号地址。

当名称后不带冒号时，可能是标号，也可能是变量。伪指令前的名称不加冒号，当标号用于段间调用时，后面也不能跟冒号。例如：

　　　　　段内调用　OUTPUT：IN　AL，DX

　　　　　段间调用　OUTPUT　IN　AL，DX

2．指令助记符

指令助记符表示不同操作的指令，可以是 8088(8086)的指令助记符，也可以是伪指令。如果指令带有前缀(如 LOCK、REP、REPE/REPE、REPNE/REPNZ)，则指令前缀和指令助记符要用空格分开。

3．操作数

操作数是指令执行的对象，依指令的要求，可能有一个、两个或者没有。例如：

　　　　　标号　　　　指令助记符　　　操作数　　　　　；注解

　　　　　　　　　　RET　　　　　　　　　　　　　；无操作数

　　　COUNT：INC　　　　　　　CS　　　　　　　；一个操作数

　　　　　　　　　　MOV　　　　　　CX，DI　　　　；两个操作数

如果是伪指令，则可能有多个操作数，例如：

　　　　　COST　DB　3，4，5，6，7　　　　　　；5 个操作数

当操作数超过一个时，操作数之间应用逗号分开。

操作数可以是常数、寄存器名、标号、变量，也可以是表达式。例如：

　　　　　MOV　　AX，[BP+4]　　　　　　　　　；第二个操作数为表达式

4．注解

该项可有可无，是为源程序所加的注解，用于提高程序的可读性。在注解前面要加分号，它可位于操作数之后，也可位于一行的开头。汇编时，对注解不做处理，仅在列源程序清单时列出，供编程人员阅读。例如：

　　　　　；读端口 B 数据

　　　　　　IN　AL，PORTB　　　　　　　　　　；读 B 口到 AL 中

注解一般都使用英文，在支持汉字的操作系统中，也可使用中文。

3.3.2 常数

汇编语言语句中出现的常数可以有 7 种。

1. 二进制数

二进制数字后跟字母 B，如 0 1 0 0 0 0 0 1 B。

2. 八进制数

八进制数字后跟字母 Q 或 O，如 202Q 或 202O。

3. 十进制数

十进制数字后跟 D 或不跟字母，如 85D 或 85。

4. 十六进制数

十六进制数字后跟 H，如 56H 或 0FFH。注意，当数字的第一个字符是 A～F 时，在字符前添加一个数字 0，以示和变量的区别。

5. 十进制浮点数

十进制浮点数的一个例子是 25E −2。

6. 十六进制实数

十六进制实数后跟 R，数字的位数必须是 8、16 或 20。在第一位是 0 的情况下，数字的位数可以是 9、17 或 21，如 0FFFFFFFFR。

以上第 5 项和第 6 项中，两种数字格式只允许在 MASM 中使用。

7. 字符和字符串

字符和字符串要求用单引号括起来，如'BD'。

3.3.3 伪指令

伪指令用来对汇编程序进行控制，即对程序中的数据实现条件转移、列表、存储空间分配等处理。其格式和汇编指令一样，但是一般不产生目的代码，即不直接命令 CPU 去执行什么操作，这就是"伪"的含义。伪指令很多，有七八十种之多，现仅介绍常用的几种。

1. 定义数据伪指令

该类伪指令用来定义存储空间及其所存数据的长度。

DB——定义字节，即每个数据是 1 个字节。

DW——定义字，即每个数据占 1 个字(2 个字节)。

DD——定义双字，即每个数据占 2 个字。低字部分在低地址，高字部分在高地址。

DQ——定义 4 字长，即每个数据占 4 个字，8 个字节。

DT——定义 10 个字节长，用于压缩式十进制数。例如：

    DATA1 DB 5，6，8，100

表示从 DATA1 单元开始，连续存放 5、6、8、100，共占 4 个字节地址。

定义一个存储区时，也可以不放数据。例如：

    TABLE DB ?

表示在 TABLE 单元中存放的内容是随机的。

当一个定义的存储区内的每个单元要放置同样的数据时，可用 DUP 操作符。例如：

    BUFFER   DB   100   DUP(0)

表示以 BUFFER 为首地址的 100 个字节中存放 00H 数据。

2. 符号定义伪指令 EQU

EQU 伪指令给符号定义一个值。在程序中，凡是出现该符号的地方，汇编时均用其值代替。例如：

    TIMES   EQU   50

    DATA   DB   TIMES   DUP(?)

上述两个语句实际等效于如下一条语句：

    DATA   DB   50   DUP(?)

3. 包含伪指令 INCLUDE

包含伪指令 INCLUDE 用来在程序中指明包含另一个程序。若用户编写的某一个汇编语言源程序已用文件形式存在磁盘上，则其他汇编语言源程序可以用 INCLUDE 伪指令来使用它。例如，把 ASCII 码至二进制的转换程序存放在 B 盘上，其文件名定为 CONVERT.LIB。如果在用户所编写的程序中，某些地方需要这种转换程序，在该处写一条伪指令

    INCLUDE   B：CONVERT.LIB

即可。汇编程序在汇编时，一旦遇到该指令，就在 B 盘上寻找 CONVERT.LIB 程序，找到后就将这个程序包含在用户程序中。

4. 段定义伪指令 SEGMENT 和 ENDS

一般来说，一个完整的汇编语言源程序至少由 3 个段组成，即堆栈段、数据段和代码段。段定义伪指令可将源程序划分为若干段，以便生成目的代码和连接时将各同名段进行组合。

段定义伪指令的一般格式为

    段名   SEGMENT   [定位类型][组合类型][类别]

           ⋮

    段名   ENDS

SEGMENT 和 ENDS 应成对使用，缺一不可。伪指令各部分的书写规定如下：

(1) 段名。段名是不可省略的。其他是可选项，是赋予段名的属性，可以省略。段名是给定义的段所起的名称。例如：

    STACK   SEGMENT   STACK

             DW   20 DUP(?)

    STACK   ENDS

(2) 定位类型。定位类型表示该段起始地址位于何处，它可以是字节型(BYTE)的，即段起始地址可位于任何地方；可以是字型(WORD)的，段起始地址必须位于偶地址，即地址最后一位是 0(二进制的)；也可以是节型(PARA)的，即段起始地址必须能被 16 除尽；也可以是页型(PAGE)的，即段起始地址可被 256 除尽(1 页为 256 个字节)；也可以缺省。缺省时，段起始地址便定位为 PARA 型的。

(3) 组合类型。组合类型用于告诉连接程序，该段和其他段的组合关系。连接程序可

以将不同模块的同名段进行组合。根据组合类型，可将各段连接在一起或重叠在一起。组合类型有：

NONE——表明本段与其他段逻辑上不发生关系，当组合类型项省略时，便指定为这一组合类型。

PUBLIC——表明该段与其他模块中用 PUBLIC 说明的同名段连接成一个逻辑段，运行时装入同一个物理段中，使用同一段地址。

STACK——每个程序模块中必须有一个堆栈段。因此连接时，将具有 STACK 类型的同名段连接成一个大的堆栈，由各模块共享。运行时，SS 和 SP 指向堆栈的开始位置。

COMMON——表明该段与其他模块中由 COMMON 说明的所有同名段连接时，被重叠放在一起，其长度是同名段中最长者的长度。这样可使不同模块的变量或标号使用同一存储区域，便于模块间通信。

MEMORY——由 MEMORY 说明的段在连接时，被放在所装载的程序的最后存储区(最高地址)。若几个段都有 MEMORY 组合类型，则连接程序以首先遇到的具有 MEMORY 组合类型的段为准，其他段则认为是 COMMON 型的。

AT 表达式——表明该段的段地址是表达式所给定的值。这样，在程序中就可由用户直接定义段的地址。但这种方式不适用于代码段。

(4) 类别。类别是用单引号括起来的字符串，以表示该段的类别，如代码段(CODE)、数据段(DATA)、堆栈段(STACK)等。当然也允许用户在类别中使用其他的名，这样进行连接时，连接程序便将同类别的段(但不一定同名)放在连续的存储区内。

5. 设定段寄存器伪指令 ASSUME

ASSUME 为段寄存器定义伪指令。它可通知汇编程序，哪一个段寄存器是该段的段寄存器，以便对使用变量或标号的指令汇编出正确的目的代码。其格式为

ASSUME 段寄存器：段名[，段寄存器：段名，…]

在编程时，若定义 CODE 段为代码段，DATA 段为数据段，STACK 段为堆栈段，则在段定义伪指令后，应紧接着加一条 ASSUME 伪指令，以告诉汇编程序，相应段的地址存于哪一个段寄存器中。由于 ASSUME 伪指令只是指明某一个段地址应存于哪一个段寄存器中，并没有包含将段地址送入该寄存器的操作，因此要将真实段地址装入段寄存器还需要用汇编指令来实现，这一步是不可缺少的。例如：

```
CODE    SEGMENT
        ASSUME   CS: CODE，DS: DATA，SS: STACK
        MOV   AX，DATA
        MOV   DS，AX
          ⋮
CODE    ENDS
```

当程序运行时，由于 DOS 的装入程序负责把 CS 初始化为正确的代码段地址，SS 初始化为正确的堆栈段地址，因此用户在程序中就不必设置。但是，在装入程序中，由于 DS 寄存器被用作其他用途，因此在用户程序中必须用两条指令对 DS 进行初始化，以装入用户的数据段地址。当使用附加段时，也要用 MOV 指令给 ES 赋段地址。

6. 定义过程的伪指令 PROC 和 ENDP

在程序设计中,可将具有一定功能的程序段看作一个过程(相当于一个子程序)。它可以被别的程序调用(用 CALL 指令)或由 JMP 指令转移到此执行,也可以由程序顺序执行,还可以作为中断处理程序,在中断响应后转至此处执行。一个过程由伪指令 PROC 和 ENDP 来定义,其格式为

```
过程名   PROC   [类型]
          ⋮   过程体
          RET
过程名   ENDP
```

其中过程名是为过程所起的名称,不能省略;过程的类型由 FAR 和 NEAR 来确定;ENDP 表示过程结束。请读者注意,过程体内至少有一条 RET 指令,以便返回被调用处。过程可以嵌套,即一个过程可以调用另一个过程;过程也可以递归使用,即过程可以调用过程本身。

与前面所述的转移指令 JMP 相似,过程也分近过程(类型为 NEAR)和远过程(类型为 FAR)。前者只在本段内调用,后者为段间调用。如果过程为缺省类型,则该过程就默认为近过程。

例如一个延时 100 ms 的子程序,可利用软件延时的办法来实现。

假定 8088(8086) CPU 的时钟频率为 5 MHz,查厂家的手册可知,LOOP 指令周期为 17 个时钟周期,定义过程如下:

```
SOFTDLY  PROC    NEAR
          MOV     BL,10
; 内环延时 10 ms
DELAY:    MOV     CX,2941
WAITS:    LOOP    WAITS
          DEC     BL
          JNZ     DELAY
          RET
SOFTDLY  ENDP
```

7. 模块间通信的伪指令 PUBLIC 和 EXTRN

当多个目的程序连接时,为了使连接程序正确地连接,必须互相提供一些信息:指出哪些标识符(即名称)是当前模块的,哪些标识符是来自其他模块的,模块内的哪些标识符可供其他模块使用,即通过标识符的相互使用来交换信息。PUBLIC 和 EXTRN 伪指令可完成此功能,其一般格式为

```
PUBLIC   名称[,名称,⋯]
EXTRN    名称:类型[,名称:类型⋯]
```

其中名称可以是变量名或标号。若是变量名,则类型可以是 BYTE、WORD、DWORD;若是标号,则类型是 NEAR 或 FAR。

PUBLIC 伪指令所指出的名称是在本模块中定义的,可供其他模块使用。凡未用 PUBLIC 定义的名称,不能被别的模块采用,若采用则会出错。这样可以避免由于不同人

编写的模块可能有重名的变量或标号而出现混乱。因为没有该 PUBLIC 伪指令说明，虽然不同模块有重名，但是别的模块不能用，即各自用各自的名称，故不会出错。

EXTRN 伪指令告知连接程序，其后面所指的名称在本模块中没有定义，而是由外部其他模块定义的名称，但本模块要使用它。该伪指令的类型部分是对变量进行说明的，以便汇编程序在汇编时能根据所指的类型生成正确的机器代码。应该注意，该伪指令在程序中必须在使用该外部名称之前进行说明，否则会出现未定义名称的错误。

8. 条件伪指令

汇编语言提供了一组条件伪指令，用来指示汇编程序应该测试的条件，使汇编程序能根据测试结果有选择地对源程序的语句进行汇编处理。所有条件伪指令都采用如下格式：

IF××××[<表达式>]
⋮
ELSE
⋮
ENDIF

条件伪指令以 IF 开始，以 ENDIF 结束，而 ELSE 及其省略部分不是必需的。

汇编时将对条件进行检测，若满足条件，则汇编从 IF××××到 ELSE 之间的部分；若不满足条件，则只汇编 ELSE 以下的部分(如果有这一部分的话)。

9. 宏命令伪指令

在汇编语言书写的源程序中，若有的程序段要多次使用，为了简化程序书写，该程序段可以用一条宏命令来代替，而汇编程序汇编到该宏命令时，仍会产生源程序所需的代码。例如：

MOV　CL，4
SAL　　AL，CL

若该两条指令在程序中要多次使用，就可以用一条宏命令来代替。当然在使用宏命令前首先要对宏命令进行定义。例如：

SHIFT　　MACRO
　　　　MOV　CL，4
　　　　SAL　　AL，CL
　　　　ENDM

这样定义以后，凡是要使 AL 中内容左移 4 位的操作都可用一条宏命令 SHIFT 来代替。宏命令的一般格式为

宏命令名　　MACRO[形式参量表]
　　　　⋮ (宏体)
　　　　ENDM

其中，宏命令名是一个定义调用(或称宏调用)的依据，也是不同宏定义互相区别的标志，是必须有的。对于宏命令名的规定与对标号的规定相一致。

宏定义中的形式参量表是任选的，可以有，也可以没有。表中可以只有一个参量，也可以有多个参量。在有多个参量的情况下，各参量之间应用逗号分开。

需要注意的是，在调用时的实参量如果多于一个，也要用逗号分开，并且它们与形式参量在顺序上要一一对应。但是 IBM 宏汇编中并不要求它们在数量上一致。若调用时的实参量多于形式参量，则多余部分就被忽略；若实参量少于形式参量，则多余的形式参量变为 NULL(空)。

MACRO 是宏定义符，是和 ENDM 宏定义结束符成对出现的。这两者之间就是宏体，也就是该宏命令要代替的那一段程序。例如：

```
GADD    MACRO    X，Y，ADD
        MOV    AX，X
        ADD    AX，Y
        MOV    ADD，AX
        ENDM
```

其中 X、Y、ADD 都是形式参量。调用时，下面的宏命令书写格式是正确的：

```
GADD   DATA1，DATA2，SUM
```

这里 DATA1、DATA2、SUM 是实参量。实际上与该宏命令对应的源程序为

```
MOV   AX，DATA1
ADD   AX，DATA2
MOV   SUM，AX
```

宏命令与子程序有许多类似之处。它们都是一段相对独立的、完成某种功能的、可供调用的程序模块，定义后可多次调用。但在形成目的代码时，子程序只形成一段目的代码，调用时转来执行。而宏命令是将形成的目的代码插到主程序调用的地方。因此，前者占内存少，但执行速度稍慢；后者刚好相反。

10. 汇编结束伪指令 END

该伪指令表示源程序的结束，令汇编程序停止汇编。因此，任何一个完整的源程序均应有 END 指令，其一般格式为

```
END    [表达式]
```

其中表达式表示该汇编程序的启动地址。例如：

```
    ⋮
END   START
```

则表明该程序的启动地址为 START。

若几个模块连接在一起时，只有主模块可以有启动地址。

3.3.4　汇编语言的运算符

汇编语言的运算符有算术运算符(如 +、−、×、/ 等)、逻辑运算符(AND、OR、XOR、NOT)、关系运算符(EQ、NE、LT、GT、GE)、取值运算符和属性运算符等。前面 3 种运算符与高级语言中的运算符类似，此处不再做介绍。后两种运算符是 8088(8086)汇编语言特有的，下面对这两种运算符做简单介绍。

1. 取值运算符 SEG 和 OFFSET

这两个运算符给出了一个变量或标号的段地址和偏移量。例如，定义标号 SLOT 为

                SLOT   DW   25

则下面的指令:

                MOV   AX, SLOT

将从 SLOT 地址中取一个字送入 AX 中。假如要将 SLOT 标号所在段的段地址送入 AX 寄存器,则可使用运算符 SEG,其指令如下:

                MOV   AX, SEG   SLOT

若要将 SLOT 在段内的偏移地址送入 AX 寄存器,则可使用运算符 OFFSET,其指令如下:

                MOV   AX, OFFSET   SLOT

2. 属性运算符

属性运算符用来给指令中的操作数指定一个临时属性,而暂时忽略当前的属性。常用的有:

指针运算符 PTR: 作用于操作数时,则忽略操作数当前的类型(字节或字)及属性(NEAR 或 FAR),而给出一个临时的类型或属性。例如:

                SLOT   DW   25

此时 SLOT 已定义成字单元。若想取出它的第一个字节内容,则可用 PTR 对其作用,使它暂时改变为字节单元,即

                MOV   AL, BYTE   PTR   SLOT

改变属性的例子如下:

                JMP   FAR   PTR   STEP

这样,即使标号 STEP 原先是 NEAR 型的,使用 FAR PTR 后,这个转移也会变成段间转移。又如:

                MOV   [BX], 5

对该指令,汇编程序不能知道传送的是一个字节还是一个字。若是一个字节,则应写成:

                MOV   BYTE   PTR [BX], 5

若是字,则应写成:

                MOV   WORD   PTR [BX], 5

SHORT 运算符: 仅用于无条件转移指令,指出转移的标号不仅是 NEAR 型的,并且是在下一条指令地址的 −128～+127 个字节范围内的。例如,在源程序中有一条 JMP 指令,若转移目标是它之前的某一短程标号,则汇编程序可以知道它是短程转移;若转移目标是其后某个标号,此时汇编还未扫描到该编号,则在汇编 JMP 指令时,便会汇编成 3 个字节的指令。若事先对标号做了说明,则会汇编成 2 个字节的转移指令。这样既省了单元又加快了执行速度,如:

                H1:   ⋮
                         JMP   H1
                         ⋮
                         JMP   SHORT   H2
                         ⋮

```
H2:        MOV AX, 0
           ⋮
```

3.3.5　汇编语言源程序的结构

　　一般来说，一个完整的汇编程序至少应由 3 个程序段组成，即代码段、数据段和堆栈段。每个段都以 SEGMENT 开始，以 ENDS 结束。代码段包括了许多以符号表示的指令，其内容就是程序要执行的指令。堆栈段用来在内存中建立一个堆栈区，以便在中断、调用子程序时使用。堆栈段一般占用几十个字节至几千字节。堆栈段如果太小，则可能导致程序执行中的堆栈溢出错误。数据段用来在内存中建立一个适当容量的工作区，以存放常数、变量等程序需要对其进行操作的数据，还用来建立运算工作区及用于 I/O 接口的数据发送和接收的缓冲工作区。有的程序并不需要数据段和堆栈段，或仅需其中之一，不需要的可以省略。数据段应放在代码段之前，这是因为在数据段中先定义了变量，然后才能在代码段中使用，否则汇编时，在代码段中用到的变量将不能确定其类型，致使汇编时得不到正确的机器代码。例如：

```
       MOV   AL, WA
```

汇编程序不能确定 WA 是字节还是字，因而将给出错误信息。只有在数据段中将 WA 定义为字节型变量时，这条指令才能正确汇编。

　　由上述内容可知，一个源程序模块一般都应有一个相同的结构，它可以复制。编程时只要改变有关的名称，填入自己的程序内容即可。一个标准的程序结构如下：

```
STACK    SEGMENT   PARA STACK 'STACK'
         DB   500 DUP(0)
STACK    ENDS
DATA     SEGMENT
             ⋮
DATA     ENDS
CODE     SEGMENT
MAIN     PROC   FAR
         ASSUME  CS: CODE, DS: DATA, ES: DATA, SS: STACK
         PUSH   DS
         MOV   AX, 0
         PUSH   AX
         MOV   AX, DATA
         MOV   DS, AX
         MOV   ES, AX
             ⋮
         RET
MAIN     ENDP
CODE     ENDS
END      MAIN
```

当然，上述标准结构仅仅是一个框架，形成实际程序模块时，还需要对它进行修改，如堆栈大小，数据段是否需要，其组合类型、类别等。但是作为主模块，下面几个部分是必不可少的：

(1) 必须用 ASSUME 伪指令告诉汇编程序，哪一个段和哪一个段寄存器相对应，某一段地址应放入哪一个段寄存器。这样对源程序模块进行汇编时，才能确定段中各项的偏移量。

(2) DOS 的装入程序在装入执行时，将把 CS 初始化为正确的代码段地址，把 SS 初始化为正确的堆栈段地址，因此在源程序中不需要再对它们进行初始化。因为装入程序已将 DS 寄存器留作他用(这是为了保证程序段在执行过程中数据段地址的正确性)，故在源程序中应利用以下两条指令对 DS 进行初始化：

    MOV　AX, DATA
    MOV　DS, AX

(3) 在执行模块时，通常先由 DOS 的装入程序将执行模块装入内存；同时，为了在调用程序和被调用程序之间传送参数并为 RET 指令提供返回 DOS 的地址，在执行程序之前还要建立一个 256 个字节的程序段前缀 PSP，并使 DS 和 ES 的内容指向 PSP 的起始地址。

由于 PSP 的第一字和第二字存放着一条 INT　20H 软中断指令，执行该指令即可返回 DOS 状态，因此，为了主模块能正确返回 DOS 状态，必须将 PSP 的段地址压入堆栈。另外，还需将 INT　20H 所在地址的偏移量也压入堆栈，这样主模块在执行 RET 指令以后，即可返回 DOS 状态。

由上述内容可知，PSP 的段地址为 DS 中的值，而该地址又指向 INT　20H 指令，因此偏移量应该为 0。

    PUSH　DS　　　　　;压入 PSP 的段地址
    MOV　AX, 0
    PUSH　AX　　　　　;压入 INT　20H 的偏移量

以上 3 条指令就是为主模块返回 DOS 所做的准备。当然，如果不是主模块，这 3 条指令是不需要的。

3.4　汇编语言程序设计

在这一节里，将运用前面所介绍的指令及汇编语言的具体规定，说明一些常用的程序设计方法。通过前面的描述，应当注意到，一旦 CPU 制造出来，其指令系统也就确定了，是不可改变的。每一条指令的功能均已确定，不可改变。相应的汇编语言的所有规定也是不能改变的，而程序就是以它们为基础设计出来的。用汇编语言编写的程序可以完成各种各样不同的需求。

可见，利用不变的指令可以实现变化多样的程序。汇编语言和指令系统类似于基本原料，原料是不可改变的，但用这些原料可生产出花样繁多的产品。例如，大米和面粉是原料，不可改变，但用这些原料可以做出各种花样的食品来。因此，读者首先要记住汇编语言和指令系统中一些不可改变的规定，再掌握一些基本的程序设计方法，就可以设计出满足用户要求的程序了。

3.4.1　程序设计概述

在这里，我们不谈软件工程的具体问题，只简单介绍程序设计的入门知识。程序设计一般可以按下面的步骤进行：

1) 仔细了解用户的需求

有时这也称为需求调查，目的是为了弄清楚问题(或用户)的要求。后面所做工作的依据就来自于此，因此这一步对于实际工作是十分重要的。

2) 制定方案

这一步确定解决问题的算法、思路、程序设计方法及程序流程图。对各种方法进行仔细论证和比较后，最后确定某一最佳方案。

3) 编写程序

在前面方案及流程图的基础上，动手编写程序。对于汇编语言源程序来说，目前仍需要设计人员逐条编写。

4) 查错

对于汇编语言源程序而言，首先利用汇编程序进行汇编，给出汇编过程中发现的明显的语法错误，如非法指令、标号重复等，然后利用专门的调试工具(例如 DEBUG)查找逻辑及算法上的错误。

5) 测试

在各种条件下，测试当各种数据输入时程序运行是否正确。对程序的测试必须全面，找出程序中所有可能的漏洞。

6) 形成文件

当程序研制成功提交使用时，除了可执行文件之外，还应提供程序的研制报告、程序的使用说明、程序流程图、程序清单及参数定义说明、内存分配表、程序测试方案及结果说明和程序维护说明。文件中还可以包括程序员所设计的详细流程图、程序结构及数据流程图。有时用户要求提供程序逻辑手册、用户使用指南及维护手册。程序逻辑手册是进一步简述软件的书面说明，其内容一般包括：系统设计的目的，实现这些目的所用的算法以及完成这些算法所做的权衡考虑，数据结构及其处理方法的详细说明，最后还应包括代码转换、状态图等的解释。

3.4.2　程序设计的基本方法

任何复杂的程序都是由一些简单的、基本的程序构成的。在汇编语言程序设计中经常会用到这些基本方法。下面将对它们逐一加以简单介绍。

1. 顺序程序

顺序程序也称为简单程序，它是程序中最简单的形式。这种程序在 CPU 中执行时，是以指令的排列顺序逐条执行的。实际上，在上一节中已经遇到过这种程序，例如在加法指令的描述中就已用过。现再举一例。

例 1 若 m、n、w 分别为三个 8 位无符号数，现欲求 Q = m × n − w。若 m、n、w 存放在当前 DS 所决定的数据段、偏移地址为 DATA 的顺序单元中，而且 Q 可放在 AX 中，则程序如下：

```
LEA   SI, DATA
MOV   AL, [SI]        ; 取 m 放 AL
MOV   BL, [SI+1]      ; 取 n 放 BL
MUL   BL             ; m×n 放 AX
MOV   BX, 0
MOV   BL, [SI+2]     ; 取 w 放 BL
SUB   AX, BX         ; m×n−w 放 AX
```

上面的程序就是顺序程序，CPU 执行时从上到下依次顺序执行。

2. 分支程序

分支程序的基本结构如图 3.8 所示。

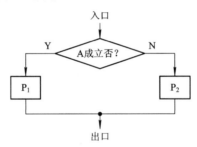

图 3.8   分支程序的基本结构

由图 3.8 可知，分支程序的基本思路就是判断条件 A 是否成立，若成立，则执行 P_1；若不成立，则执行 P_2。下面举例说明。

例 2 从接口 03F0H 中取数，若此数大于等于 90，则将 00H 送接口 03F7H；若此数小于 90，则将 FFH 送接口 03F7H。

程序如下：

```
        MOV   DX, 03F0H
        IN    AL, DX         ; 从接口取数
        CMP   AL, 90         ; 判断数的大小
        JNC   NEXT1          ; ≥90, 转向 NEXT1
        MOV   AL, 0FFH
        JMP   NEXT2
NEXT1:  MOV   AL, 00H
NEXT2:  MOV   DX, 03F7H
        OUT   DX, AL
        HLT
```

在分支程序中，若存在多种条件，则可以将其推广为如图 3.9 所示的选择程序。

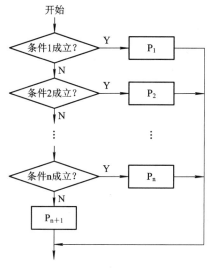

图 3.9　选择程序结构图

例 3　在 DS 数据段，从偏移地址 DATA 开始的顺序 80 个单元中，存放着某班 80 个同学的微型机原理考试成绩。现欲编程序统计大于等于 90 分、89 分～70 分、69 分～60 分和小于 60 分的人数，并将统计的结果存放在当前数据段偏移地址为 BUFFER 的顺序单元中。

程序如下：

```
START:  MOV   DX，0000H
        MOV   BX，0000H
        MOV   CX，80
        LEA   SI，DATA
        LEA   DI，BUFFER
GOON:   MOV   AL，[SI]
        CMP   AL，90      ；≥90 分?
        JC    NEXT3       ；<90 分转移
        INC   DH          ；≥90 分计数加 1
        JMP   STOR
NEXT3:  CMP   AL，70
        JC    NEXT5
        INC   DL
        JMP   STOR
NEXT5:  CMP   AL，60
        JC    NEXT7
        INC   BH
        JMP   STOR
```

```
NEXT7:  INC   BL
STOR:   INC   SI
        LOOP  GOON
        MOV   [DI], DH
        MOV   [DI+1], DL
        MOV   [DI+2], BH
        MOV   [DI+3], BL
        HLT
```

3．循环程序

循环程序是强制 CPU 重复执行某一指令集合的一种程序结构。它可以使要完成许多重复工作的程序大为简化。

循环程序通常有两种结构方式，如图 3.10(a)和(b)所示。

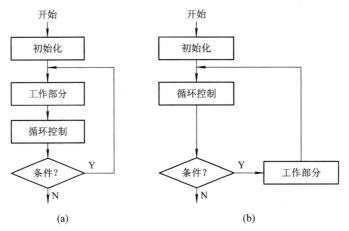

图 3.10　循环控制的两种结构形式

(a) 后判断条件；(b) 先判断条件

循环程序的两种结构形式仅仅体现在工作部分上。图 3.10(a)的工作部分至少执行一次，而图 3.10(b)的工作部分有可能一次都不执行。

循环程序的初始化用来规定循环次数、设置地址指针、使某些存储单元或寄存器置初始值等。

循环控制部分要对变量或指针进行修改。修改指针是为下次循环做好准备。

条件判断用于对循环条件进行判别，决定循环继续进行还是结束。

工作部分则是循环程序要完成的基本功能。

图 3.10 所示是单一的循环。在解决实际问题中还会出现二重循环甚至多重循环的情况。只要清楚单一循环的概念，二重及多重循环也就容易解决。在此仅以简单的例子加以说明。

例 4　在 DS 所决定的数据段，从偏移地址 BUFFER 开始顺序存放 100 个无符号 16 位数。现欲编写程序将这 100 个数按大小顺序排序。

程序如下：

```
          LEA     DI，BUFFER
          MOV     BL，99
NEXT0：    MOV     SI，DI
          MOV     CL，BL
NEXT3：    MOV     AX，[SI]
          ADD     SI，2
          CMP     AX，[SI]
          JNC     NEXT5
          MOV     DX，[SI]
          MOV     [SI−2]，DX
          MOV     [SI]，AX
NEXT5：    DEC     CL
          JNZ     NEXT3
          DEC     BL
          JNZ     NEXT0
          HLT
```

当执行 HLT 指令时，所要求的排序——按由大到小的顺序排列即告完成。

同样的问题，可用不同的程序来实现，这是软件的重要特点。排序还有许多种方法，读者可参考其他教程。

4．子程序

在前面 8088(8086)指令系统的介绍中已经提到有关子程序(或过程)的调用及返回。在编写较为复杂的程序时，采用子程序可以简化程序设计，减少某些程序段的多次重复，使程序便于编写和阅读，同时也为查错和测试带来了方便。因此，在编程中采用子程序是编程的基本方法之一。

子程序就是由程序设计者定义的完成某种功能的程序模块。一旦定义了，该子程序可被任意调用。

编写子程序如同前面提到的程序设计一样，应有一定的规范。在本书中只提醒读者在使用子程序时应注意的几个问题：

(1) 子程序如何调用和返回。

(2) 子程序的入口条件(或称入口信息)和出口条件(出口信息)。

(3) 子程序中使用了哪些寄存器，调用之前是否需要保护。

(4) 其他诸如占内存多少、执行时间长短、影响哪些标志、出错如何处理等问题。

正如前面已经提到的，在 8088(8086)汇编语言中有专门的伪指令来定义子程序，后面还将进一步说明。在此只定义一个通过查询向接口输出数据的输出子程序：

```
SENDAT     PROC    FAR
           PUSH    AX
           PUSH    DX
           PUSH    SI
           LEA     SI，BUFR
```

```
GOON:    MOV      DX，03FBH
WAITR：  IN       AL，DX
         TEST     AL，20H
         JZ       WAITR
         MOV      AL，[SI]
         MOV      DX，03F8H
         OUT      DX，AL
         INC      SI
         CMP      AL，OAH
         JNE      GOON
         POP      SI
         POP      DX
         POP      AX
         RET
SENDAT   ENDP
```

在上面的例子中，子程序开始部分用于保护本子程序要用到的寄存器，并在子程序返回以前加以恢复。这种保护和恢复也可以在主程序中进行。当主程序要调用子程序时，要注意到子程序中所用到的寄存器在调用前后是否需要保持一致。若需要，可在主程序调用前保护，调用后恢复；不需要时，可以不加保护。

可见，调用子程序时的寄存器保护可在主程序中实现，也可在子程序中完成。

同时，将寄存器保护放在子程序中，主程序的编写将更加简单，调用时不必考虑保护。这样做的缺点是，有可能使子程序占用的内存单元多一些，执行时间长一些。

主程序在调用子程序时，一方面初始数据要传递给子程序，另一方面子程序的运行结果要传递给主程序。尽管没有初始数据或没有运行结果的情况也有，但一般情况下必须予以考虑。参数传递可用以下 3 种方式：

- 利用寄存器；
- 利用内存单元；
- 利用堆栈。

上面所述的例子，就是利用内存单元将要输出的初始数据传递给子程序的。对于以其他方式传送参数的例子这里不再给出。

读者肯定会想到，在编写较为复杂程序的过程中，会出现子程序中调用子程序的情况，这就称为子程序嵌套。有时会出现如图 3.11 所示的多层子程序嵌套。

原则上讲，子程序嵌套的层次深度只受堆栈大小的影响。在程序运行时，要考虑各种因素(例如程序中随机压栈、中断嵌套等)，使堆栈不致发生溢出。

由于调用子程序要进行堆栈操作，在子程序中也会发生对堆栈的操作，因此读者在编程时应加倍小心，以免出错。

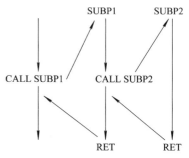

图 3.11　多层子程序嵌套示意图

5. 表

在微型计算机应用中，经常用到表的运算。例如，温度传感器的一个温度对应输出一个电压，温度值与电压之间如果有较复杂的函数关系，那么要计算出某一电压(假定用 10 位二进制数表示)的温度往往要进行复杂运算。若将温度电压曲线转变为一个表，查表求出温度就方便多了。对于表，存在对表中元素进行排序、从表中求元素个数、表的分割与组合等多种应用，现举例说明表的应用。

例 5　在当前数据段(DS 所决定)偏移地址为 TABLE 开始的顺序单元中存放着用一个字(16 位二进制数)所表示的温度值，此段数据按顺序对应温度传感器电压值的 10 位二进制值：000H～3FFH。若在当前数据段偏移地址为 DATAB 的顺序单元中已存放着温度电压值的 10 位编码，试编程序将其转换成实际的温度值并放回原存储单元。程序如下：

```
START:   LEA    SI, TABLE
         MOV    AX, DATAB
         ADD    SI, AX
         MOV    AX, [SI]
         MOV    DATAB, AX
         HLT
```

6. DOS 的功能调用

在 PC 系统软件中，有很多功能子程序可供用户在编制用户汇编语言程序时调用，其中包含用户最关心的一些常用的 I/O 子程序。熟悉这些功能子程序的调用类型和方法，可以大大方便用户进行汇编语言程序的设计。

在 PC 系统软件中，有两种功能调用：高级功能调用和低级功能调用。所谓高级功能调用，就是该功能调用不依赖于硬件的具体实现，只需对功能调用设置一些信息字就可以了。也就是说，凡是配置 DOS 操作系统的微型计算机，不管其硬件具体配置如何，高级功能调用的方法和形式完全一样。这就使得用户编制的汇编程序具有较好的兼容性。高级功能调用子程序一般都配置在 IBM DOS.COM 中。所谓低级功能调用，是指这些功能子程序可供用户调用，这些程序都固化在 BIOS 的 ROM 中。与高级功能调用不同的是，用这些 BIOS 中的功能子程序所编制的用户程序只能在与 IBM-PC/XT ROM BIOS 兼容的计算机上运行。下面我们分别对这两种功能调用作一简要介绍。

1) 高级功能调用(DOS 功能调用)

DOS 功能调用大多数是通过软中断 21H(INT 21H)来完成的。利用这些调用，用户程序可以对各种标准输入/输出设备进行读/写操作，检查硬盘目录，创建和删除文件，读写文件中的记录，设置或读实时时钟等。它们能以与硬件无关的方式实现许多功能调用。

DOS 的 INT　21H 已标准化，可以在任何 DOS 系统上使用。由这些功能所编写的所有 I/O 程序都可以在任何支持 DOS 的计算机上运行。

在 DOS 功能调用中，不同的功能调用是用功能号来区分的。因此在典型的 DOS 功能调用中，规定在进行功能调用时，按功能不同，应事先将功能号放于 AH 中，在其他寄存器中应放入指定的调用参数，随后执行一条 INT　21H 指令即可实现对应的功能调用。例如：

```
        MOV    AH，功能号
         ⋮      对各寄存器设置调用参数：
        INT    21H
```

一般除返回结果的寄存器外，调用 DOS 功能时将保护全部寄存器内容。对 DOS 2.0 以上的版本，功能调用时的状态标志用于表示成功或失败。

2) 低级功能调用

低级功能调用也就是用户编程序对 BIOS 中的功能子程序的调用。其调用格式为

```
        MOV    AH，功能号
         ⋮      对各寄存器设置调用参数：
        INT    中断类型       ；不同中断类型对应不同对象操作
```

BIOS 可提供给用户调用的软件中断类型。在每种软中断下，赋予 AH 不同的功能类型即可实现不同的操作。前面已经提到，该功能调用是调用 BIOS 中的功能子程序，因此，它与硬件有紧密的依赖关系。若微机系统不与 BIOS 的 ROM 兼容，那么就不能使用这类功能调用。

3) 功能调用实例

例 6　带显示的键盘输入子程序 KSDIN。

功能：接收从键盘输入的一个字符并在显示器上显示该字符。

输入：从键盘输入一个 ASCII 码字符。

输出：输入符送缓冲区，并显示该字符。

```
    KSDIN   PROC   NEAR
            MOV    AH，1              ；置功能号
            INT    21H               ；输入结果放 AL 中
            MOV    IN-BUFF，AL        ；输入字符送缓冲区
            RET
    KSDIN   ENDP
```

例 7　设置系统日期的子程序 SETTIME。

功能：将变量 YEAR、MONTH、DAY 的内容作为时间，设置系统日期。

```
    SETTIME PROC   NEAR
            MOV    AH，2BH            ；置功能号
            MOV    CX，YEAR           ；置年参数(字)
            MOV    DH，MONTH          ；置月参数(字节)
            MOV    DL，DAY            ；置日参数(字节)
            INT    21H               ；
            OR     AL，AL            ；检查状态
            JNZ    ERROR             ；日期无效转
            ⋮
            RET
    ERROR：  ⋮
```

```
                    RET
                    ⋮
                    YEAR        DW 0
                    MONTH       DB 0
                    DAY         DB 0
            SETTIME ENDP
```

例 8 用户程序终止返回 DOS。

功能：用户程序结束返回 DOS 操作系统。

```
            PREOEND: MOV    AH, 0            ;置功能号
                     INT    21H             ;返回操作系统
```

例 9 置 CRT 显示方式子程序 SETCRT。

功能：根据不同类型码设置不同的显示方式。

若本系统显示卡为 EGA 卡，现要将显示器设置成 640×200 分辨率、彩色 16 色图形方式。

```
            SETCRT  PROC    NEAR
                    MOV     AH, 0           ;设置功能类型
                    MOV     AL, 0EH         ;设置调用参数
                    INT     10H             ;调用 BIOS 功能
                    RET
            SETCRT  ENDP
```

例 10 写一个字符到指定通信口子程序 WCOMI。

功能：将缓冲区 BUFF 中的字符送串行通信口输出。

输入：将要发送的字符放于缓冲区 BUFF 中。

输出：将缓冲区中的字符送 COM1 串行口输出。

```
            WCOMI   PROC    NEAR
                    MOV     AH, 01H         ;功能 1 为写字符
                    MOV     AL, BUFF        ;字符送 AL
                    MOV     DX, 0           ;用 COM1 通信口发送
                    INT     14H             ;调用 BIOS 功能
                    RET
            WCOMI   ENDP
```

在这里强调指出，DOS 的功能调用有上百个子程序可供使用。当读者在 DOS 下开发应用程序时，可充分利用这些资源，达到事半功倍的效果。但是，要用好这些功能，还必须知道许多细节，本书限于篇幅不再涉及。读者在今后要应用时，可参考有关程序员手册。

3.4.3 汇编语言程序举例

下面将介绍一些汇编语言程序的例子，供读者阅读。通过这些例子，读者能基本了解和掌握一些简单的基本程序的编写方法及指令和宏命令的使用方法。

在这里再次说明，在本章的前几节里，为了使问题更加简洁，所提供的程序并不完整。下面的一些例子才符合汇编语言源程序的要求。

例 11　二进制加法程序。

两个多字节的二进制数分别放在以 ADD1 和 ADD2 为首地址的存储单元中，两个数的字长度放在 CONT 单元中，程序欲求两数之和，最后将相加结果放在以 SUM 为首地址的单元中。所有数的低字节在前，高字节在后。

程序如下：

```
DATA      SEGMENT
ADD1      DB   FEH，86H，7CH，44H，56H，1FH
ADD2      DB   56H，49H，4EH，0FH，9CH，22H
SUM       DB   6DUP(0)
CONT      DB   3
DATA      ENDS
STACK     SEGMENT  PARA  STACK  'STACK'
          DB   100DUP(?)
STACK     ENDS
CODE      SEGMENT
          ASSUME  CS：CODE，DS：DATA，ES：DATA，SS：STACK
MADDB：    MOV   AX，DATA
          MOV   DS，AX              ；初始化数据段寄存器
          MOV   ES，AX              ；初始化附加段寄存器
          MOV   SI，OFFSET ADD1     ；被加数地址→SI
          MOV   DI，OFFSET ADD2     ；加数地址→DI
          MOV   BX，OFFSET SUM      ；和地址→BX
          MOV   CL，BYTE PTR CONT
          MOV   CH，0               ；初始化相加字长度
          CLC
MADDB1：   MOV   AX，[SI]
          ADC   AX，[DI]            ；16 位相加
          INC   SI
          INC   SI
          INC   DI
          INC   DI
          MOV   [BX]，AX            ；相加结果送结果单元
          INC   BX
          INC   BX
          LOOP  MADDB1             ；执行循环
          HLT
          CODE   ENDS
          END    MADDB
```

例 12　两个非压缩 BCD 数加法程序。

设非压缩 BCD 数的被加数放在以 SBCD1 为首地址的顺序单元中，加数放在以 SBCD2 为首地址的顺序单元中。

程序如下：

```
DATA     SEGMENT
SBCD1    DB   5，6，9，2
SBCD2    DB   2，3，7，8
SSUM     DB   4DUP(0)
CONT     DB   4
DATA     ENDS
STACK    SEGMENT  PARA  STACK 'STACK'
         DB   200DUP(?)
STACK    ENDS
CODE     SEGMENT
         ASSUME  CS：CODE，DS：DATA，SS：STACK，ES：DATA
SBCDAD：MOV   AX，DATA
         MOV   DS，AX
         MOV   ES，AX
         CLC
         CLD
         MOV   SI，OFFSET  SBCD1
         MOV   DI，OFFSET  SBCD2
         MOV   BX，OFFSET  SSUM
         MOV   CL，CONT
         MOV   CH，0
SBCDAD1：LODSB
         ADC   AL，[DI]    ；加法运算
         AAA
         INC   DI
         MOV   BYTE  PTR [BX]，AL
         INC   BX
         LOOP  SBCDAD1
         HLT
CODE     ENDS
         END   SBCDAD
```

例 13　二进制整数乘法程序。

两个二进制整数相乘，每个数的字长度放在 CONT 中，被乘数放在以 DATA1 为首地址的存储单元中，乘数放在以 DATA2 为首地址的存储单元中，乘积放在以 DATA3 为首地址的存储单元中。

程序如下：

```
        DATA    SEGMENT
        DATA1   DW    403EH，1F51H
        DATA2   DW    10F5H，111EH
        DATA3   DW    4 DUP(0)
        CONT    DW    2
        DATA    ENDS
        STACK   SEGMENT   PARA   STACK   'STACK'
        DB      100DUP(?)
        STACK   ENDS
        CODE    SEGMENT
                ASSUME CS：CODE，DS：DATA，ES：DATA，SS：STACK
        MUL：   MOV   AX，DATA
                MOV   DS，AX
                MOV   ES，AX
                MOV   SI，OFFSET   DATA1
                MOV   DI，OFFSET   DATA2
                MOV   BX，OFFSET   DATA3
                MOV   CX，CONT
                CLD
        MUL1：  PUSH   CX
                MOV   DX，[SI]
                INC   SI
                INC   SI
                PUSH   BX
                PUSH   DI
                MOV   CX，CONT
        MUL2：  PUSH   CX
                PUSH   DX
                MOV   AX，[DI]
                INC   DI
                INC   DI
                MUL   DX
                ADD   [BX]，AX
                INC   BX
                INC   BX
                ADC   [BX]，DX
                POP   DX
                POP   CX
```

```
        LOOP   MUL2
        POP    DI
        POP    BX
        INC    BX
        INC    BX
        POP    CX
        LOOP   MUL1
        HLT
        CODE   ENDS
        END    MUL
```

例 14 二进制数转换成 ASCII 码程序。

编制程序,将一个字长的二进制数转换成一个 ASCII 码表示的字符串。二进制数放在 BINNUM 中,其转换结果放在以 ASCBCD 为首地址的顺序单元中。

程序如下:

```
        DATA     SEGMENT
        BINNUM   DW   4FFFH
        AXCDCD   DB   5 DUP(0)
        DATA     ENDS
        STACK    SEGMENT  PARA  STACK  'STACK'
                 DB   200  DUP(?)
        STACK    ENDS
        CODE     SEGMENT
                 ASSUME  CS：CODE, DS：DATA, ES：DATA, SS：STACK
        BINASC：MOV  AX，DATA
                MOV  DS，AX
                MOV  ES，AX
                MOV  CX，5
                XOR  DX，DX
                MOV  AX，BINNUM
                MOV  BX，10
                MOV  DI，OFFSET  ASCBCD
        BINASC1：DIV  BX
                ADD  DL，30H
                MOV  [DI]，DL
                INC  DI
                AND  AX，AX
                JZ  STOP
                MOV  DL，0
                LOOP  BINASC1
```

```
STOP:     HLT
CODE      ENDS
          END   BINASC
```

例 15　ASCII 码转换成十六进制数的程序。

将一个 4 位 ASCII 码数字转换成十六进制数，ASCII 码数字存放在以 ASCSTG 为首地址的内存单元中(共有 4 位)，转换结果放在以 BIN 为首地址的内存单元中。

程序如下：

```
DATA      SEGMENT
ASCSTG DB   '5', 'A', '6', '1'
BIN       DB   2 DUP(0)
DATA      ENDS
STACK     SEGMENT  PARA  STACK STACK
          DB   100 DUP(?)
STACK     ENDS
CODE      SEGMENT
          ASSUME CS：CODE, DS：DATA, SS：STACK
ASCB:     MOV   AX，DATA
          MOV   DS，AX
          MOV   CL，4
          MOV   CH，CL
          MOV   SI，OFFSET  ASCSTG
          CLD
          XOR   AX，AX
          XOR   DX，DX
ASCB1:    LODS  ASCSTG
          AND   AL，7FH
          CMP   AL，'0'
          JL    ERROR
          CMP   AL，'9'
          JG    ASCB2
          SUB   AL，30H
          JMP   SHORT  ASCB3
ASCB2:    CMP   AL，'A'
          JL    ERROR
          CMP   AL，'F'
          JG    ERROR
          SUB   AL，37H
ASCB3:    OR    DL，AL
          ROR   DX，CL
```

```
            DEC   CH
            JNZ   ASCB1
            MOV   WORD  PTR  BIN, DX
            HLT
CODE        ENDS
            END   ASCB
```

在上面的例子中，是以某种方式实现要求的。除上述方法之外，完全可以用其他形式来实现，例如子程序调用等。读者可以自行练习，以期掌握基本方法。

3.4.4　汇编语言程序的查错与调试

在上一节中给出了程序开发的几个步骤。在此，将对其中最重要的查错及调试方面的内容作进一步说明。

1. 编写源程序

在弄清问题的要求并确定方案后，汇编语言程序设计者便可依据前面的指令系统和汇编语言的规定，逐个模块地编写汇编语言源程序。

2. 将源程序输入微型机

在编辑软件(例如 EDLIN、EDIT 或其他软件)的支持下，将源程序输入到计算机中。通常，汇编语言源程序的扩展名为.ASM。

3. 汇编

利用汇编程序(或宏汇编程序)(ASM 或 MASM)对汇编语言源程序进行汇编，产生扩展名为 .OBJ 的可重定位的目的代码。

同时，如果需要，宏汇编还可以产生扩展名为 .LST 的列表文件和扩展名为 .CRF 的交叉参考文件。前者列出了汇编产生的目的代码及有关的地址、源语句和符号表；后者再经 CREF 文件处理即可得到各定义符号与源程序号的对应清单。

在对源程序进行汇编的过程中，汇编程序会对源程序中的非逻辑性错误给出提示，例如源程序中使用了非法指令、标号重复、相对转移超出转移范围等。利用这些提示，设计者可以方便地修改源程序，消除这些语法上的错误。

程序设计者在改正源程序中的错误的过程中，需重新编辑源程序，形成新的 .ASM 文件，然后重新汇编，直到汇编程序显示无错误为止。

4. 连接

利用连接程序(LINK)可将一个或多个.OBJ 文件进行连接，生成扩展名为.EXE 的可执行文件。

在连接过程中，LINK 同样会给出错误提示。设计者应根据错误提示，分析发生错误的原因，然后去修改源程序。在编辑软件的支持下，对源程序进行修改，然后重复前面的过程——汇编、连接，最后得到正确的.EXE 可执行文件。

5. 调试

对于稍大一些的程序来说，经过上述步骤所获得的.EXE 可执行文件，在运行过程中难免有错。也就是说，前面只能发现一些明显的语法上的错误，而对程序的逻辑错误以及能否达到预期的功能还无法得知。因此，必须对目的文件(.EXE 文件)进行调试。通过调试来证明程序确实能达到预期的功能且没有漏洞。

调试汇编程序最常用的工具是动态调试程序 DEBUG。

DEBUG 有许多功能可供设计者调试其研制的软件，其中从某地址运行程序、设置断点、单步跟踪等功能均十分有用，可以很好地支持对程序的调试。

程序调试通过，则可进入试运行。在试运行过程中不断进行观察、测试，发现问题及时解决，堵塞可能的设计漏洞。最后一步是形成文件，最终完成软件的开发。

对于上述汇编语言源程序的查错与调试，可以用图 3.12 加以综合说明。

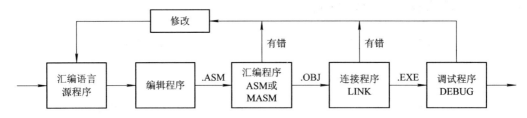

图 3.12　程序的查错与调试过程

在本章最后，再次强调一下，汇编语言是最基础的程序语言，掌握起来要困难一些。对指令系统、基本的程序设计方法须认真学习和理解，明确它们的关系，以便于更好地学习本章。在本书后面的章节中还将反复应用本章的有关内容。

习　题

3.1　判断下列指令的寻址方式:

MOV　AX，00H

SUB　AX，AX

MOV　AX，[BX]

ADD　AX，TABLE

MOV　AL，ARAY1[SI]

MOV　AX，[BX+6]

3.2　若 1 KB 的数据存放在 TABLE 之下，试编程序将该数据搬到 NEST 之下。

3.3　试编写 10 个字(16 位二进制数)之和的程序。

3.4　某 16 位二进制数放在 DATA 连续两单元中，试编程序求其平方根和余数，将其分别存于 ANS 和 REMAIN 中。

3.5　试编程序将 BUFFER 中的一个 8 位二进制数转换为 ASCII 码，并按位数高低顺序存放在 ANSWER 之下。

3.6　在 DATA1 之下顺序存放着以 ASCII 码表示的千位数，现欲将其转换成二进制数，试编程序。

3.7　试编程序将 MOLT 中的一个 8 位二进制数乘以 20，乘积放在 ANS 单元及其下一个单元中(用 3 种方法来完成)。

3.8　在 DATA 之下存放 100 个无符号 8 位数，试编程序找出其中最大的数并将其放在 KVFF 中。

3.9　上题中，若要求将数据按大小顺序排序，试编程序。

3.10　在 BVFF 单元中有两位 BCD 数 A，试编写程序计算 Y，结果送 DES 单元。其中：

$$Y = \begin{cases} 3A & A < 20 \\ A - 20 & 20 \leqslant A < 60 \\ 80 & A \geqslant 60 \end{cases}$$

3.11　在当前数据段(DS 决定)偏移地址为 DATAB 开始的顺序 80 个单元中，存放着某班 80 个同学某门课程的考试成绩。

(1) 编写程序统计大于等于 90 分、80 分～89 分、70 分～79 分、60 分～69 分、小于 60 分的人数各为多少，并将结果放在同一数据段偏移地址为 BTRX 开始的顺序单元中。

(2) 试编程序，求该班这门课的平均成绩(整数部分)，并放在该数据段的 LEVT 单元中。

3.12　在当前数据段(DS 所决定)的 DAT1 和 DAT2 中分别存放着两个带符号的 8 位数，现欲求两数差的绝对值，并将其放在 DAT3 中，试编程序。

3.13　试编程序将内存从 40000H 到 4BFFFH 的每个单元中均写入 55H，并逐个单元读出比较，看写入的与读出的是否一致。若全对，则将 AL 置 7EH；只要有错，就将 AL 置 81H。

3.14　接口 03FBH 的 BIT5 为状态标志，当该位为 1 时，表示外设忙；当其为 0 时，表示可以接收数据。当 CPU 向接口 03F8H 写入一个数据时，上述标志就置 1；当它变为 0 状态时，又可以写入下一个数据。

根据上述要求，编写程序，将当前数据段偏移地址为 SEDAT 的顺序 50 个单元中的数据由接口输出。

3.15　上题中，若要发送的数据由 0AH 结束，试重新编程序将包括 0AH 在内的、由偏移地址 SEDAT 开始的数据逐个发送出去。

3.16　若接口 02E0H 的 BIT2 和 BIT5 同时为 1，表示外设接口 02E7H 有一个准备好的 8 位数据。当 CPU 从该接口读走数据后，02E0H 接口的 BIT2 和 BIT5 就不再同时为 1；只有当又有一个准备好的数据时，它们才再次同时为 1。

试编程序，从上述接口读入 32 个数据，顺序放在以 A0100H 单元开始的各单元中。

3.17　在内存以 4000H 开始的 16 KB 单元中存放一组数据，试编程序将它们顺序搬移到以 A0000H 开始的顺序 16 KB 单元中。

3.18　在上题的基础上，将两个数据块逐个单元进行比较，若有错则将 BL 置 00H，全对则将 BL 置 FFH，试编程序。

3.19　试编程序，统计由 40000H 开始的 16 KB 单元中所存放的字符 "A" 的个数，并将结果存放在 DX 中。

3.20　编写一个子程序，对 AL 中的数据进行偶校验，并将经过校验的结果放回 AL 中。

3.21　利用上题的子程序，对以 80000H 开始的 256 个单元的数据加上偶校验，试编程序。

第4章 存储系统

目前，在构成各种微型计算机内部存储器时，几乎无一例外地采用半导体存储器。本章主要介绍各类半导体存储器并着重说明这些存储器在工程上如何使用，同时将简要介绍外存卡等有关内容。为此，要求读者掌握各半导体存储器芯片的外部特征，能熟练地将它们连接到微型机的总线上，构成所要求的内存空间，并了解外存卡及其接口的有关内容。

4.1 概　述

4.1.1 存储器的分类

根据存储器是设在主机内部还是外部，可将其分为内部存储器(简称内存)和外部存储器(简称外存)。内存用来存储当前运行所需要的程序和数据，以便直接与 CPU 交换信息。相对外存而言，内存的容量小、工作速度高。外存刚好相反，用于存放当前不参加运行的程序和数据。外存与内存经常成批交换数据。外存容量很大，存取速度比较慢。

按照构成存储器的材料不同，存储器可分为半导体存储器、磁存储器、激光存储器和纸卡存储器等。目前，构成内存的材料无一例外都采用半导体存储器，因此下面介绍用于构成内存的半导体存储器。

按照工作方式的不同，半导体存储器分为读写存储器(RAM)和只读存储器(ROM)。

1. 读写存储器 RAM

RAM 最重要的特性就是其存储信息的易失性(又称挥发性)，即去掉它的供电电源后其存储的信息也随之丢失。在使用中应特别注意这种特性。

读写存储器 RAM 按其制造工艺又可以分为双极型 RAM 和金属氧化物 RAM。

1) 双极型 RAM

双极型 RAM 的主要特点是存取时间短，通常为几纳秒(ns)甚至更短。与下面提到的 MOS 型 RAM 相比，其集成度低、功耗大，而且价格也较高。因此，双极型 RAM 主要用于要求存取时间很短的微型计算机中。

2) 金属氧化物(MOS)RAM

用 MOS 器件构成的 RAM 又可分为静态读写存储器(SRAM)和动态读写存储器(DRAM)。

SRAM 的主要特点是，其存取时间为几纳秒到几百纳秒(ns)，集成度比较高。目前经常使用的 SRAM 每片的容量为几十字节到几十兆字节。SRAM 的功耗比双极型 RAM 低，价格也比较便宜。

DRAM 的存取速度与 SRAM 的存取速度差不多。其最大的特点是集成度特别高。目前单片 DRAM 芯片已达 4 GB。其功耗比 SRAM 低，价格也比 SRAM 便宜。

DRAM 在使用中需要特别注意的是，它是靠芯片内部的电容来存储信息的。由于存储在电容上的信息总是要泄漏的，所以每隔 2～4 ms 就要对 DRAM 存储的信息刷新一次。

由于用 MOS 工艺制造的 RAM 集成度高，存取速度能满足目前用到的各种类型微型机的要求，而且其价格也比较便宜，因此这种类型的 RAM 广泛用于各类微型计算机中。

2. 只读存储器 ROM

只读存储器 ROM 的重要特性是其存储信息的非易失性。存放在 ROM 中的信息不会因去掉供电电源而丢失，当再次加电时，其存储的信息依然存在。

1) 掩膜工艺 ROM

这种 ROM 是芯片制造厂根据 ROM 要存储的信息，设计固定的半导体掩膜版进行生产的。一旦制出成品之后，其存储的信息即可读出使用，但不能改变。这种 ROM 常用于批量生产，生产成本比较低。微型机中一些固定不变的程序或数据常采用这种 ROM 存储。

2) 可一次编程 ROM(PROM 或 OTP)

为了使用户能够根据自己的需要来写 ROM，厂家生产了一种 PROM，允许用户对其进行一次编程——写入数据或程序。一旦编程之后，信息就永久性地固定下来。用户只可以读出和使用，但再也无法改变其内容。

3) 可擦去重写的 PROM

这种可擦去重写的 PROM 是目前使用最广泛的 ROM。这种芯片允许将其存储的内容利用物理的方法(通常是紫外线)或电的方法(通常是加上一定的电压)擦去。擦去后可以重新对其进行编程，写入新的内容。擦去和重新编程可以多次进行。一旦写入新的内容，就又可以长期保存下来(一般均在 10 年以上)，不会因断电而消失。

利用物理方法(紫外线)可擦去的 PROM 通常用 EPROM 来表示；用电的方法可擦除的 PROM 用 EEPROM(或 E^2PROM 或 EAROM)来表示。这些芯片集成度高、价格低、使用方便，尤其适合科研工作的需要。

4.1.2　存储器的主要性能指标

1. 存储容量

这里指的是存储器芯片的存储容量，其表示方式一般为：芯片的存储单元数×每个存储单元存储数据的位数。

例如，6264 静态 RAM 的容量为 8 K×8 bit，即它具有 8 K 个单元(1 K=1024)，每个单元存储 8 bit(一个字节)数据。动态 RAM 芯片 NMC41257 的容量为 256 K×1 bit。

现在，各厂家为用户提供了许多种不同容量的存储器芯片，在构成微型计算机内存系统时可以根据要求加以选用。当计算机的内存确定后，选用容量大的芯片则可以少用几片，这样不仅使电路连接简单，而且还可以降低功耗和造价。

2．存取时间

存取时间就是存取芯片中某一个单元的数据所需要的时间。

当拿到一块存储器芯片的时候，可以从其手册上得到它的存取时间。CPU 在读写 RAM 时，它所提供给 RAM 芯片的读写时间必须比 RAM 芯片所要求的存取时间长。如果不能满足这一点，微型机则无法正常工作。

3．可靠性

微型计算机要正确地运行，必然要求存储器系统具有很高的可靠性。内存的任何错误都足以使计算机无法工作。而存储器的可靠性直接与构成它的芯片有关。目前所用的半导体存储器芯片的平均故障间隔时间(MTBF)大概为 $5\times10^6\sim1\times10^8$ h 左右。

4．功耗

使用功耗低的存储器芯片构成存储系统，不仅可以减少对电源容量的要求，而且还可能提高存储系统的可靠性。

5．价格

构成存储系统时，在满足上述要求的情况下，应尽量选择价格便宜的芯片。

其他如体积、重量、封装方式等不再说明。

4.2　常用存储器芯片的连接使用

在这一节里，我们将从工程应用的角度出发，阐述微型机中常用的一些存储器芯片的连接和使用以及使用中的一些问题。

由于技术的发展，不管是 SRAM 还是 DRAM，其集成度愈来愈高。目前，16 MB、32 MB 的 SRAM 已很容易买到，而 128 MB、256 MB 的 DRAM 芯片早已成为商品了。实验室中已制造出几十 GB 的 DRAM 组件。同时，不同容量、不同速度、不同功能的各种存储器芯片有成千上万种。尽管这为用户提供了选择上的灵活性，但同时也为在技术上掌握它们带来了一定的困难。

学习本节的目的在于：掌握好存储器芯片的外部特性，在工程上用好它们。也就是说，要掌握好它们的引线，以便能将它们连接到你的系统中，为你所用。而对于其内部构造，从工程应用角度来说，可以不必深究。

由于存储器种类繁多，不可能也没必要介绍每种芯片。本节采取从特殊到一般的手法，仔细介绍某种芯片。读者在掌握了它的应用之后，再去使用其他芯片也就不会感到困难了。

4.2.1　静态读写存储器(SRAM)

1．概述

静态读写存储器(SRAM)使用十分方便，在微型计算机领域获得了极其广泛的应用。现以一块典型的 8 K×8 bit 的 CMOS SRAM 芯片 6264(或 6164)为例说明其外部特性及工作过程。

(1) 引线功能。如图 4.1 所示，6264(6164)有 28 条引出线，它们包括：

$A_0 \sim A_{12}$：13 条地址信号线。芯片上的这 13 条地址线决定了该芯片有多少个存储单元。因为 13 条地址线上的地址信号编码最大可以到 8192(8 K)个，所以芯片上的 13 条地址线上的信号经过芯片的内部译码，可以决定 8 K 个单元。这 13 条地址线在使用时通常接总线的低位地址，以便 CPU 来寻址该芯片拥有的 8 K 个单元。

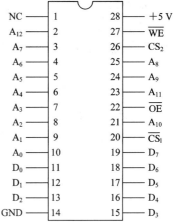

图 4.1　6264 的引脚图

$D_0 \sim D_7$：8 条双向数据线。正如上面所说，静态 RAM 芯片上的地址线的数目决定了该芯片有多少个存储单元；而芯片上的数据线的数目决定了芯片中每个存储单元存储了多少个二进制位。6264 有 8 条数据线，说明该芯片的每个单元存放一个字节。在使用中，芯片的数据线与总线的数据线相连接。当 CPU 写芯片的某个单元时，将数据传送到该芯片内部这个指定的单元中。当 CPU 读某一单元时，又能将被选中芯片该单元中的数据传送到总线上。

$\overline{CS_1}$、CS_2：两条片选信号引线。当两个片选信号同时有效，即 $\overline{CS_1} = 0$、$CS_2 = 1$ 时，才能选中该芯片。不同类型的芯片，其片选信号多少不一，但要选中芯片，只有使芯片上所有片选信号同时有效才行。一台微型计算机的内存空间要比一块芯片的容量大。在使用中，通过对高位地址信号和控制信号的译码产生(或形成)片选信号，把芯片的存储容量放在设计者所希望的内存空间上。简言之，就是利用片选信号将芯片放在所需的地址范围上。这一点，在下面的叙述中将会看到。

$\overline{OE}$：输出允许信号。只有当 $\overline{OE} = 0$，即有效时，才允许该芯片将某单元的数据送到芯片外部的 $D_0 \sim D_7$ 上。

$\overline{WE}$：写允许信号。当 $\overline{WE} = 0$ 时，允许将数据写入芯片；当 $\overline{WE} = 1$ 时，允许芯片的数据读出。

以上信号的功能如表 4.1 所示。NC 为没有使用的空脚。芯片上还有+5 V 电压和接地线。

表 4.1　6264 真值表

$\overline{WE}$	$\overline{CS_1}$	CS_2	$\overline{OE}$	$D_0 \sim D_7$
0	0	1	×	写入
1	0	1	0	读出
×	0	0	×	
×	1	1	×	三态(高阻)
×	1	0	×	

注：×表示不考虑。

(2) 6264(6164)的工作过程。从表 4.1 可以看到，写入数据的过程是：在芯片的 $A_0 \sim A_{12}$ 上加上要写入单元的地址；在 $D_0 \sim D_7$ 上加上要写入的数据；使 $\overline{CS_1}$ 和 CS_2 同时有效；在 $\overline{WE}$ 上加上有效的低电平，此时 $\overline{OE}$ 可为高也可为低。这样就将数据写到了地址所选中的单元中。

从芯片中某单元读出数据的过程就是：在 $A_0 \sim A_{12}$ 上加上要读出单元的地址；使 $\overline{CS_1}$ 和 CS_2 同时有效；使 $\overline{OE}$ 有效(为低电平)；使 $\overline{WE}$ 为高电平，这样即可读出数据。

以上读出或写入过程，实际上是 CPU 发出的信号加到存储器芯片上的过程。

顺便提及的是，这类 CMOS 的 RAM 芯片功耗极低。在未选中时仅有 $10~\mu W$，在工作时也只有 $15~mW$，而且只要电压在 2 V 以上即可保证数据不会丢失(NMC6164 数据)，因此很适合由电池不间断供电的 RAM 电路使用。

2. 连接使用

对于使用人员来说，在了解存储器芯片的外部特性之后，重要的是必须掌握存储器芯片与总线的连接，即按照用户的要求，主要是按规定的内存地址范围，将存储器芯片正确地接到总线上。前面已经提到，芯片的片选信号是由高位地址和控制信号译码形成的，由它们决定芯片在内存的地址范围。以下介绍决定芯片存储地址空间的方法和实现译码的方法。

1) 全地址译码方式

全地址译码方式使存储器芯片的每一个存储单元唯一地占据内存空间的一个地址，或者说利用地址总线的所有地址线来唯一地决定存储芯片的一个单元。先来看一下图 4.2 所示的芯片连接图。

从图 4.2 可以看到，6264 这一 8 KB 的芯片唯一地占据从 F0000H 到 F1FFFH 这 8 KB 内存空间；芯片的每一个存储单元唯一地占据上述地址空间中的一个地址。该图接在 8088 CPU 最大模式下的系统总线上。

从图 4.2 中可以看到，低位地址($A_0 \sim A_{12}$)经芯片内部译码，可以决定芯片内部的每一个单元；高位地址($A_{19} \sim A_{13}$)利用译码器来决定芯片放置在内存空间的什么位置上。图 4.2 中，6264 的地址在 F0000H$\sim$F1FFFH 范围内。若其他连线不变，仅将连接 $\overline{CS_1}$ 的译码器改为图 4.3 所示的样子，则 6264 的地址范围就唯一地定位于 80000H$\sim$81FFFH 之内。

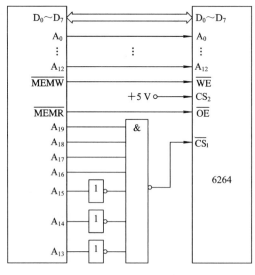

图 4.2　6264 全地址译码器

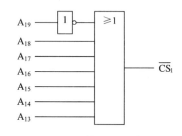

图 4.3　另一种译码电路

从以上叙述可见，只要采用适当的译码电路，即可将 6264 这 8 KB 地址单元放在内存空间的任一 8 KB 范围内。

2) 部分地址译码

部分地址译码就是只用部分地址线译码控制
片选来决定存储器地址。一种部分地址译码的连接
图如图 4.4 所示。

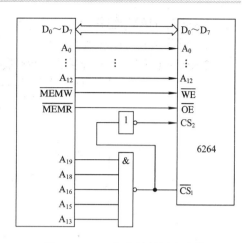

分析图 4.4 的连接可以发现,此时 8 KB 的 6264
所占的空间内存地址空间为:

DA000H～DBFFFH

DE000H～DFFFFH

FA000H～FBFFFH

FE000H～FFFFFH

可见,8 KB 的芯片占了 4 个 8 KB 的内存空间。
为什么会发生这种情况呢? 原因就在于决定存储

图 4.4　6264 部分地址译码连接

芯片的存储单元并没有利用地址总线上的全部地址,而只利用了地址信号的一部分。在图
4.4 中,A_{14} 和 A_{17} 并未参加译码,这就是部分地址译码的含义。

部分地址译码由于少用了地址线参加译码,致使一块 8 KB 的芯片占据了多个 8 KB 的
地址空间,这就产生了地址重叠区。图 4.4 中,芯片占用了 4 个 8 KB 的区域,在使用时,
重叠的区域绝不可再分配给其他芯片,只能空着不用。否则,会造成总线及存储芯片的竞
争而使微机无法正常工作。

部分地址译码使地址出现重叠区,而重叠的部分必须空着不准使用,这就破坏了地址
空间的连续性并减小了总的地址空间。但这种方式的译码器比较简单。在图 4.4 中就少用
了两条译码输入线。可以说,部分译码方式是以牺牲内存空间为代价来换得译码的简单化。

可以推而广之,参加译码的高位地址愈少,译码愈简单,一块芯片所占的内存地址空
间就愈多。极限情况是,只有一条高位地址线接在片选信号端。在图 4.4 中,若只将 A_{19}
接在 $\overline{CS_1}$ 上,这时一片 6264 芯片所占的地址范围为 00000H～7FFFFH。这种只用一条高位
地址线接片选信号的连接方法叫做线性选择,现在很少使用。

3) 译码器电路

前面所用的译码器电路都是用门电路构成的,这仅仅是构成译码器的一种方法。在工
程上常用的译码电路还有如下几种类型:

(1) 利用厂家提供的现成的译码器芯片。例如,74 系列的 138、139、154 等可供使用。
这些现成的译码器性能稳定可靠,使用方便,故常被采用。

(2) 利用厂家提供的数字比较器芯片。例如,74 系列的 682～688 均可使用。在那些需
要方便地改变地址的应用场合下,这种芯片是很合适的。

(3) 利用 ROM 作译码器。这种方式通过事先在 ROM 的固定单元中固化好适当的数据,
使它在连接中作为译码器使用。这在批量生产中用起来更合适,而且也具有一定的保密性。
但它需要专门制作或编程,在科研中使用略显麻烦。

(4) 利用 PLD。利用 PLD 编程器可以方便地对 PLD 器件编程,使它满足译码器的要
求。只要有 PLD 编程器,原则上可以构成各种逻辑功能,当然也可构造译码器,而且其保
密性能会更好一些。

在本书以后的章节中,会利用上面提到的某些器件作为译码器。

3．静态 RAM 连接举例

1) 利用现成的译码器的连接

2 K×8 bit 芯片 6116 连接在 8088 系统总线上的连接图如图 4.5 所示。

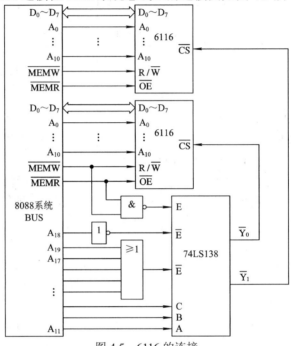

图 4.5　6116 的连接

在图 4.5 中，采用的是 3-8 译码器 74LS138 作为片选信号的译码器，使两片 6116 所占的内存地址分别为 40000H～407FFH 和 40800H～40FFFH。各种现成的译码器均可采用。

2) 利用 ROM 作译码器

如上所述，74SL138 和 74LS154 都可以作为存储器的译码电路。但是，这些译码器一旦输入地址线连接完毕，其输出端所选择的地址空间也就再也不能改变了；如果改变，就必须改变所输入的地址线。因此，人们设想是否能设计一种可编程的地址译码器，其输出端的选择地址空间可以随编程不同而不同。符合这种设计的地址译码器就是由 ROM 构成的地址译码器。下面举一个实例加以说明。

利用前面提到的 6264 芯片，如果现在要用 4 片 6264 构成一个 32 KB 存储容量的存储器，其地址空间为 E0000H～E7FFFH。现在用一块 63S241 PROM 作为 ROM 译码器，其连接电路如图 4.6 所示。从图中可以看到，63S241 是一块 512×4 bit 的 PROM 芯片，具有地址线 $A_0 \sim A_8$，$\overline{E}$ 为片选端，低电平有效，$Q_1 \sim Q_4$ 为 4 位数据输出。现在图中 $\overline{E}$ 端接 $\overline{MEMW}$ 和 $\overline{MEMR}$ 信号，63S241 的 A_7、A_8 接地。$A_0 \sim A_6$ 分别与微处理器的高地址线 $A_{13} \sim A_{19}$ 相连，$Q_1 \sim Q_4$ 分别接 4 块 6264 的片选端。如果在 63S241 的 070H～073H 单元分别写入如下内容：

     (070H)=1110B

     (071H)=1101B

     (072H)=1011B

     (073B)=0111B

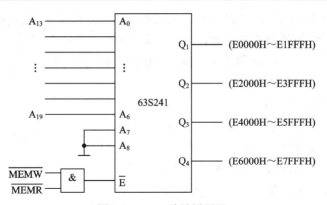

图 4.6　ROM 地址译码器

除上述 4 个单元外,其余单元都写上全"1"的数据,那么当微处理器的地址总线选中 E0000H~E1FFFH 的存储空间时,由图 4.6 可知,此时恰好选中了 63S241 芯片的 070H 单元。该单元内容为 $Q_4Q_3Q_2Q_1$=1110B,Q_1 端输出低电平,选中第 1 块存储器芯片 6264。当微处理器的地址总线选中 E2000H~E3FFFH 的存储空间时,就会选中 63S241 芯片的 071H 单元。该单元内容为 $Q_4Q_3Q_2Q_1$=1101B,Q_2 端输出低电平,选通第 2 块 6264 芯片。依此类推,就可以正确地完成地址译码功能。在这种情况下,4 块 6264 芯片所占有的地址空间分别为

　　　　第 1 块 6264——E0000H~E1FFFH

　　　　第 2 块 6264——E2000H~E3FFFH

　　　　第 3 块 6264——E4000H~E5FFFH

　　　　第 4 块 6264——E6000H~E7FFFH

画出完整的连接电路如图 4.7 所示。

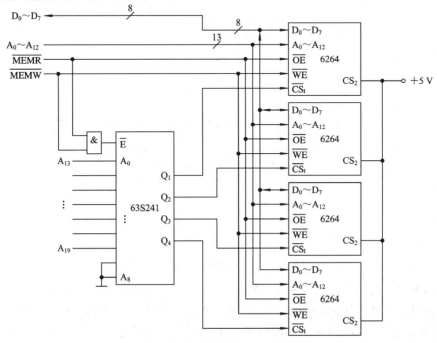

图 4.7　ROM 作译码器的连接电路图

在这里强调一下, 尽管本章描述的是 RAM 连接, 在此均未考虑驱动问题, 但将来构成微机系统时, 系统设计者必须考虑, 只有那些规模很小的系统才不需要加驱动。在多数情况下, 设计者必须仔细考虑和估算, 决定是否需要加总线驱动。有关问题将在总线的章节中说明。

3) 利用数字比较器作译码器

厂家为用户生产了许多种数字比较器, 这些器件可以用作译码电路, 而且给用户带来了许多方便。下面就以其中一个过去曾用过的电路为例, 说明如何利用数字比较器作为译码器。数字比较器 74LS688 的引线如图 4.8 所示。

74LS688 将 P 边输入的 8 位二进制编码与 Q 边输入的 8 位二进制编码进行比较。当 P=Q, 即两边输入的 8 位二进制数相等时, "=" 引出脚为低电平。芯片上的 $\overline{G}$ 端为比较器有效控制端。只有当 $\overline{G}$ =0 时, 74LS688 才能工作, 否则 "=" 为高电平。

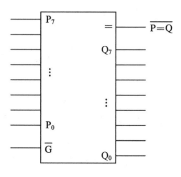

图 4.8   数字比较器 74LS688

利用 74LS688 作译码器的内存连接电路如图 4.9 所示。

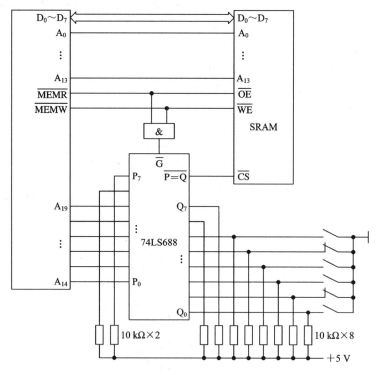

图 4.9   利用数字比较器作译码器的 SRAM 连接器

在图 4.9 中, 将高位地址接在 74LS688 的 P 边。由于本例中高位地址只有 6 条, 故将 P 边多余的两条线接到固定的高电平上(也可以直接接到地上)。74LS688 的 Q 边通过短路插针, 接成所需编码。如图 4.9 所示的情况: Q_4 和 Q_1 接地(零电平), 其余的全接高电平, 则图中所示的 16 K × 8 bit 的芯片的内存地址为 B4000H~B7FFFH。

4) 利用 PLD 作译码器

早期的 PLD(可编程逻辑器件)主要包括 PLA(可编程逻辑阵列)、PAL(可编程阵列逻辑)和 GAL(门阵列逻辑)，集成度比较低，功能弱，很适合用作译码器。新近的 CPLD(复杂可编程逻辑器件)的集成度已达每片近千万个器件，引出脚有千条之多，可以完成非常复杂的功能，本书将不涉及有关问题。

这里只是说明，利用简单的 PLD 可以实现译码器的功能。

顾名思义，PLD 是可编程器件。厂家提供的产品可供用户按自己的需求编程使用，而且后期产品大多是可多次编程的。同时，厂家或第三方为这些产品配有专门的编程软件，用户使用起来是很方便的。

现以简单的 PAL 16L8 为例来说明如何将它用做译码器。假如利用 62256(32 K × 8 bit)芯片构成 64 KB 的内存，其地址范围为 A0000H～AFFFFH。画出电路连接图如图 4.10 所示。

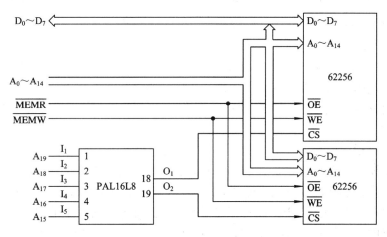

图 4.10　利用 PLD 作译码器

由图 4.10 可以看到，用 32 K × 8 bit 的芯片构成 64 KB 的内存需要两片。图中用 PAL 16L8 作为译码器。定义其 5 个输入分别接 A_{19}～A_{15}；两个输出为 O_1 和 O_2。PAL 的编程如下：

```
DATE      95.6.6
CHIP      DECORDER   PAL16L8

; pins     1     2     3     4     5     6     7     8     9    10
          A19   A18   A17   A16   A15   NC    NC    NC    NC   GND
; pins    11    12    13    14    15    16    17    18    19    20
          NC    NC    NC    NC    NC    NC    NC    O1    O2   VCC
    EQUATIONS
        /O1 = A19*/A18*A17*/A16*/A15;
        /O2 = A19*/A18*A17*/A16*A15
```

利用厂家提供的软件及编程器，对 PAL 16L8 进行编程。保证 O_1 输出加到 62256 的 CS 上，使其地址为 A0000H～A7FFFH；而 O_2 对应的 62256 的地址为 A8000H～AFFFFH。

4. SRAM 的时序

在这里要介绍 SRAM 的工作时序，在此基础上强调在工程应用时应注意的问题。

厂家生产的每一种 SRAM 芯片都有其各自工作时序的要求，不同的芯片是不一样的。图 4.11 和图 4.12 分别画出了芯片 6264 的写入和读出的时间顺序。

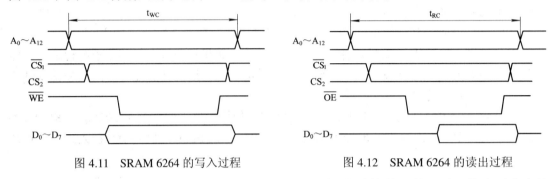

图 4.11　SRAM 6264 的写入过程　　　　　图 4.12　SRAM 6264 的读出过程

由图 4.11 和图 4.12 可以看到，当需要读写该 RAM 芯片的某一单元时，芯片要求在地址线 $A_0 \sim A_{12}$ 上加上要写入(或要读出)的地址，使两片选信号 $\overline{CS_1}$ 和 CS_2 同时有效。当写入时，须在芯片的数据线 $D_0 \sim D_7$ 上加上要写入的数据，在这期间要使芯片的写允许信号 $\overline{WE}$ 有效。经过一定的时间，数据就写入到地址所指定的单元中了。读出时，在加上地址、片选有效的同时使输出允许 $\overline{OE}$ 有效，经过一定的时间，数据就被从地址所指定的单元中读出来。

在对芯片进行读写时，芯片对各信号的持续时间都有一定的要求。图 4.11 和图 4.12 中仅标出了最重要的时间 t_{WC} 和 t_{RC}，它们分别是该芯片的写周期和读周期。

在这里我们特别强调每一块存储器芯片都有它自己的 t_{WC} 和 t_{RC} 。同时，在第 2 章中描述 CPU 时序时，曾说明 CPU 读写存储器时，加到存储器芯片上的时间必须比存储器芯片所要求的时间长。粗略地估计可用 $4T > t_{WC}$(或 t_{RC})。其中 4T 是 CPU 正常情况下一次读(写)内存所用的时间。工程上在估算时常用 $4T = t_{WC}$(或 t_{RC})。

如果不能满足上面的估计条件，那就是快速 CPU 遇上了慢速内存，其读写一定会不可靠。这时，就必须采取措施：如利用 READY 信号插入等待时钟同期 T_W；或者放慢 CPU 的速度——降低 CPU 的时钟频率；或者更换更快的也就是 t_{WC}(或 t_{RC})更短的存储器芯片。上述讨论是描述存储器芯片时序的主要目的。

4.2.2　EPROM

正如在 4.1 节中所提到的，只读存储器(ROM)有多种类型。EPROM 和 EEPROM 的存储容量大，可多次擦除后重新对它进行编程而写入新的内容，使用十分方便。尤其是厂家为用户提供了独立的擦除器、编程器或插在各种微型机上的编程卡，大大方便了用户。因此，这种类型的只读存储器得到了极其广泛的应用。本小节将介绍 EPROM 的使用和编程。

EPROM 是一种可以擦去重写的只读存储器。通常用紫外线对其窗口进行照射，即可把它所存储的内容擦去。之后，又可以用电的方法对其重新编程，写入新的内容。一旦写入，其存储的内容可以长期(几十年)保存，即使去掉电源电压，也不会影响到它所存储的内容。下面以一种典型的 EPROM 芯片为例来做介绍,其他 EPROM 芯片在使用上是十分类似的。

1. EPROM 2764 的引线

2764 是一块 8 K×8 bit 的 EPROM 芯片,只要稍加注意,就可发现它的引线与前面提到的 RAM 芯片 6264 是可以兼容的,这对于使用者来说是十分方便的。在软件调试时,将程序先放在 RAM 中,以便在调试中进行修改。一旦调试成功,可把程序固化在 EPROM 中,再将 EPROM 插在原 RAM 的插座上即可正常运行。这是系统设计人员所希望的。EPROM 的制造厂家已为用户提供了许多种不同容量、能与 RAM 相兼容的 EPROM 供使用者选用。EPROM 2764 的引线图如图 4.13 所示。

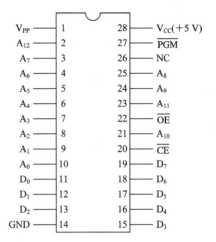

图 4.13 EPROM 2764 引线图

$A_0 \sim A_{12}$ 为 13 条地址信号输入线,说明芯片的容量为 8 K 个单元。

$D_0 \sim D_7$ 为 8 条数据线,表明芯片的每个存储单元存放一个字节(8 位二进制数)。在其工作过程中,$D_0 \sim D_7$ 为数据输出线;当对芯片编程时,由此 8 条线输入要编程的数据。

$\overline{CE}$ 为输入信号。当它有效(低电平)时,能选中该芯片,故 $\overline{CE}$ 又称为片选信号(或允许芯片工作信号)。

$\overline{OE}$ 是输出允许信号,当 $\overline{OE}$ 为低电平时,芯片中的数据可由 $D_0 \sim D_7$ 输出。

$\overline{PGM}$ 为编程脉冲输入端。当对 EPROM 编程时,由此加入编程脉冲,读数据时 $\overline{PGM}$ 为 1。

2. EPROM 2764 的连接使用

2764 在使用时,仅用于将其存储的内容读出。读出过程与 RAM 的读出十分类似,即送出要读出的地址,然后使 $\overline{CE}$ 和 $\overline{OE}$ 均有效(低电平),则在芯片的 $D_0 \sim D_7$ 上就可以输出要读出的数据。

2764 芯片与 8088 总线的连接图如图 4.14 所示。从图中可以看到,该芯片的地址范围在 F0000H～F1FFFH 之间。其中 RESET 为 CPU 的复位信号,高电平有效;$\overline{MEMR}$ 为存储器读控制信号,当 CPU 读存储器时有效(低电平)。

前面还曾提到,6264 和 2764 是可以兼容的。要做到这一点,只要在连接 2764 时适当加以注意就行。例如,在图 4.14 中,若将 $\overline{PGM}$ 端不接 V_{CC}(+5 V),而是与系统的 $\overline{MEMW}$ 存储器写信号接在一起,则插上 2764 只读存储器即可,读出其存储的内容。当在此插座插上 6264 时,又可以对此 RAM 进行读或写。

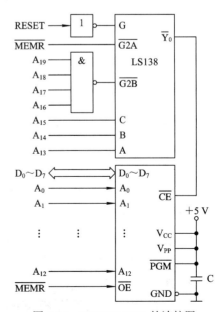

图 4.14 EPROM 2764 的连接图

这为程序的调试带来很大的方便。

为了说明 EPROM 的连接，来看下面一个连接实例：利用 2732 和 6264 构成 00000H～02FFFH 的 ROM 存储区和 03000H～06FFFH 的 RAM 存储区。试画出与 8088 系统总线的连接图(注：可不考虑板内的总线驱动)。

从以上题目可以看到，要形成的 ROM 区域范围为 12 KB，而使用的 EPROM 芯片是容量为 4 KB 的 EPROM 2732，因此，必须用 3 片 2732 才能构成这 12 KB 的 ROM。

同样，要构成的 RAM 区域为 16 KB，而使用的 RAM 芯片是静态读写存储器 SRAM 6264，它是一片 8 K × 8 bit 的芯片，故必须用 2 片 6264 才能构成所要求的内存范围。

根据上面的分析，画出连接电路图，如图 4.15 所示。

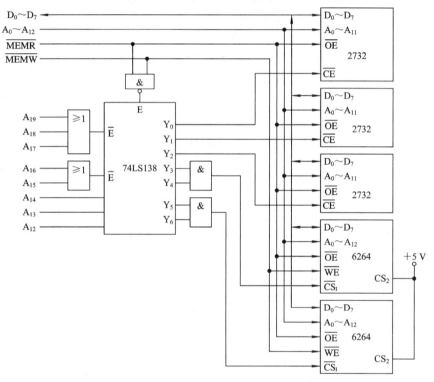

图 4.15   EPROM 与 SRAM 的连接

上面例子中使用的 2732 与 2764 在引线功能上略有不同，此处不做说明，感兴趣的读者可查阅有关手册。

在 EPROM 的连接使用中，同样应注意时序的问题。必须保证 CPU 读出 EPROM 时所提供给芯片的时间比 EPROM 芯片所要求的时间长。否则，必须采取其他措施来保证这一点。

3. EPROM 的编程

EPROM 的一个重要优点就是可擦除重写，而且对其某一个存储单元来说，允许擦除重写的次数超过万次。

1) 擦除

那些刚出厂未使用过的 EPROM 芯片均是干净的，干净的标志就是芯片中所有单元的内容均为 FFH。

若 EPROM 芯片已使用过,则在对其编程前必须将其从系统中取下来,放在专门的擦除器上进行擦除。擦除器利用紫外线照射 EPROM 的窗口,一般 15~20 min 即可擦除干净。

2) 编程

对 EPROM 的编程通常有两种方式,即标准编程和快速编程。

(1) 标准编程。标准编程过程为:将 EPROM 插到专门的编程器上,V_{CC} 加到 +5 V,V_{PP} 加上 EPROM 芯片所要求的高电压(如 +12.5 V、+15 V、+21 V、+25 V 等),然后在地址线加上要编程单元的地址,在数据线上加上要写入的数据,使 $\overline{CE}$ 保持低电平,$\overline{OE}$ 为高电平;在上述信号全部达到稳定后,在 $\overline{PGM}$ 端加上 50 ± 5 ms 的负脉冲,这样就将一个字节的数据写到了相应的地址单元中。重复上述过程,即可将要写入的数据逐一写入相应的存储单元中。

每写入一个地址单元,在其他信号不变的条件下,将 $\overline{OE}$ 变低,可以立即读出校验;也可在所有单元均写完后再进行最终校验;还可采用上述两种方法进行校验。若写入数据有错,则可从擦除开始,重复上述过程再进行一次写入编程过程。

标准编程用在早期的 EPROM 中。这种方式编程有两个重要的缺点:其一是编程时间太长,当 EPROM 容量很大时,每个单元 50 ms 的编程时间,使写一块大容量芯片的时间长得令人无法接受;其二是不够安全,编程脉冲太宽致使功耗过大而损坏 EPROM。

(2) 快速编程。随着技术的进步,EPROM 芯片的容量愈来愈大。同时,人们也研制出相应的快速编程方法。

EPROM TMC27C040 是一块 512 KB 的芯片,其引线如图 4.16 所示。图中,V_{PP} 为编程高电压,编程时加 +13 V 电压,正常读出时与 V_{CC} 接在一起。$\overline{G}$ 为输出允许信号。$\overline{E}$ 为片允许信号,编程时加编程脉冲。该芯片在正常读出时,其连接与 2764 类似。

27C040 的编程时序如图 4.17 所示。

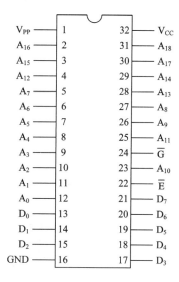

图 4.16   27C040 引脚图

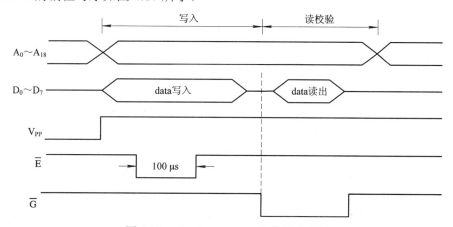

图 4.17   EPROM 27C040 的编程时序图

　　由图 4.17 可以看到，27C040 所用的编程脉冲只有 100 μs。因此，27C040 的编程时间是很短的。

　　27C040 的生产厂家提供的编程流程如图 4.18 所示。

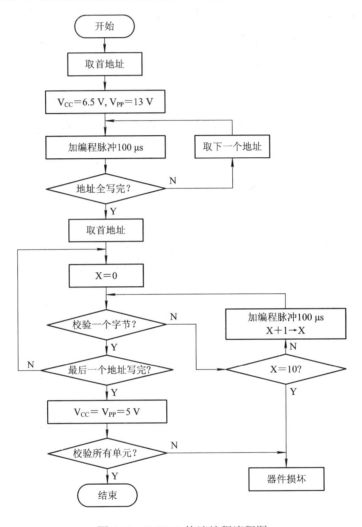

图 4.18　27C040 快速编程流程图

　　由图 4.18 可以看到，27C040 的编程分为三大步。第一步是用 100 μs 的编程脉冲依次写完全部要写的单元。第二步是从头开始校验每个写入的字节。若没有写对，则用 100 μs 的编程脉冲重写一次，立即校验；没有写对则再次重写；若连续 10 次仍未写对，则认为芯片已损坏。这样，对那些第一步未写对的单元进行补写。第三步则是从头到尾对每一个编程单元校验一遍，全对，则编程即告结束。

　　请读者注意，不同厂家、不同型号的 EPROM 芯片的编程要求可能略有不同。例如，前面提到的 2764 也可以采用快速编程,但它所用的编程脉冲宽度为 1~3 ms 而不是 27C040 的 100 μs，但这种编程思路是可以借鉴的。同时，现在已有许多智能化的编程器。它们可以自适应地判断 EPROM 芯片编程时所要求的 V_{PP} 和编程脉冲宽度，这将为使用者带来更大的方便。

4.2.3　EEPROM(E²PROM)

EEPROM 是电擦除可编程只读存储器的英文缩写。EEPROM 在擦除及编程上比 EPROM 更加方便。因为 EPROM 在擦除时必须将芯片取下，放在特定的擦除器中，利用紫外线灯进行照射才能将内容擦除干净，而 EEPROM 可以进行在线擦除与编程，使用起来极为方便。

1. 典型 EEPROM 芯片介绍

EEPROM 以其制造工艺及芯片容量的不同而有多种型号。有的与相同容量的 EPROM 完全兼容，例如 2864 与 2764 就完全兼容，有的则具有自己的特点。下面仅以其中一种芯片为例加以说明。读者在掌握了这种芯片的使用之后，对类似的芯片也就不难理解和使用了。

1) 引线及功能

以 8 K × 8 bit 的 EEPROM NMC98C64A 为例来加以说明。这是一片 CMOS 工艺的 EEPROM，其引线如图 4.19 所示。

$A_0 \sim A_{12}$ 为地址线，用于选择片内的 8 K 存储单元。

$D_0 \sim D_7$ 为 8 条数据线，表明每个存储单元存储一个字节的信息。

$\overline{CE}$ 为片选信号。当 $\overline{CE}$ 为低电平时，选中该芯片；当它为高电平时，该芯片不被选中。芯片未被选中时，芯片的功耗很小，仅为 $\overline{CE}$ 有效时的 1/1000。

$\overline{OE}$ 为输出允许信号。当 $\overline{CE}=0$，$\overline{OE}=0$，$\overline{WE}=1$ 时，可将选中的地址单元的数据读出。这与 6264 很相似。

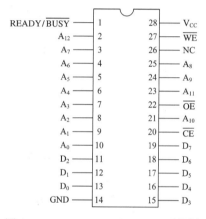

图 4.19　EPROM NMC98C64A 引线图

$\overline{WE}$ 是写允许信号。当 $\overline{CE}=0$，$\overline{OE}=1$，$\overline{WE}=0$ 时，可以将数据写入指定的存储单元。

READY/$\overline{BUSY}$ 是漏极开路输出端，当写入数据时，该信号变低；写完数据后，该信号变高。

2) 工作过程

EEPROM NMC98C64A 的工作过程如下所述：

(1) 读出数据。由 EEPROM 读出数据的过程与从 EPROM 及 RAM 中读出数据的过程是一样的。当 $\overline{CE}=0$，$\overline{OE}=0$，$\overline{WE}=1$ 时，只要满足芯片所要求的读出时序关系，就可从选中的存储单元中将数据读出。

(2) 写入数据。将数据写入 EEPROM NMC98C64A 有两种方式。

第一种是按字节编程方式，即一次写入一个字节的数据。按字节方式写入的时序如图 4.20 所示。

从图 4.20 中可以看出，当 $\overline{CE}=0$，$\overline{OE}=1$ 时，在 WE 端加上 100 ns 的负脉冲，便可以将数据写入规定的地址单元。这里要特别注意的是，$\overline{WE}$ 脉冲过后，并非表明写入过程已经完成，直到 READY/$\overline{BUSY}$ 端的低电平变高，才完成一个字节的写入。这段时间里包括了对本单元数据擦除和新数据写入的时间。不同芯片所用的时间略有不同，一般是几百微秒到几十毫秒。98C64A 需要的时间为 5 ms，最大为 10 ms。

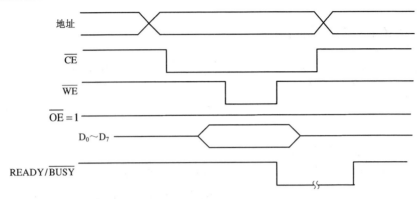

图 4.20   EEPROM 字节写入时序图

在对 EEPROM 编程的过程中,可以通过程序查询 READY/$\overline{\text{BUSY}}$ 信号或利用它产生中断来判断一个字节的写入是否已经完成。对于那些不具备 READY/$\overline{\text{BUSY}}$ 信号的芯片,则可用软件或硬件延时的方式,来保证写入一个字节所需要的时间。

可以看到,对 EEPROM 编程时可以在线操作,即可在微机系统中直接进行,从而减少了不少麻烦。

第二种编程方法称为自动按页写入。在 98C64A 中,一页数据最多可达 32 个字节,要求这 32 个字节在内存中是顺序排列的,即 98C64A 的高位地址线 $A_{12} \sim A_5$ 用来决定一页数据,低位地址 $A_4 \sim A_0$ 就是一页所包含的 32 个字节。因此,$A_{12} \sim A_5$ 可以称为页地址。

页编程的过程是:利用软件首先向 EEPROM NMC98C64A 写入页的一个数据,并在此后的 300 µs 内连续写入本页的其他数据,然后利用查询或中断看 READY/$\overline{\text{BUSY}}$ 信号是否已变高。若变高,则写周期完成,表明这一页——最多可达 32 个字节的数据已写入 98C64A。接着可以写下一页,直到将数据全部写完。利用这样的方法,对 8 K×8 bit 的 98C64A 来说,写满该芯片也只用 2.6 s,是比较快的。

3) 连接使用

EEPROM 可以很方便地接到微机系统中。图 4.21 就是将 98C64A 连接到 8088 总线上的连接图。当读本芯片的某一单元时,只要执行一条存储器读指令,就会满足 $\overline{\text{CE}}$ =0、$\overline{\text{MEMW}}$ =1 和 $\overline{\text{MEMR}}$ =0 的条件,将存储的数据读出。

当需要对 EEPROM 的内容重新编程时,可在图 4.21 的连接下直接进行。可以以字节方式来编程,也可以以页方式来编程。图中 READY/$\overline{\text{BUSY}}$ 信号通过一个接口(三态门)可以读到 CPU,用以判断一个写周期是否结束。

EEPROM NMC98C64A 有写保护电路,加电和断电不会影响 EEPROM 的内容。EEPROM 一旦编程,即可长期保存(10 年以上)。每一个存储单元允许擦除/编程 10 万次。若希望一次将芯片

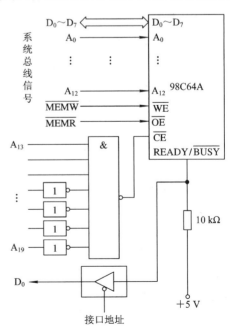

图 4.21   EEPROM NMC98C64A 的连接

所有单元的内容全部擦除干净，可利用 EEPROM 的片擦除功能，即在 $D_0 \sim D_7$ 上加上 FFH，使 $\overline{CE}$ =0，$\overline{WE}$ =0，并在 $\overline{OE}$ 上加上 +15 V 电压，使这种状态保持 10 ms，即可将芯片所有单元擦除干净。

在图 4.21 中，对 EEPROM 编程时可以利用 READY/$\overline{BUSY}$ 状态产生中断，利用接口查询其状态(见后面章节)，也可以采用延时的方法。只要延时时间能保证芯片写入即可。例如下面的程序可将 55H 写满整片 98C64A。

```
START:   MOV   AX, 0E000H
         MOV   DS, AX
         MOV   SI, 0000H
         MOV   CX, 2000H
GOON:    MOV   AL, 55H
         MOV   [SI], AL
         CALL  T20MS          ；延时 20 ms
         INC   SI
         LOOP  GOON
         HLT
```

上面这种利用延时等待的编程方式很简单，但要浪费一些 CPU 的时间。

以上仅以 98C64A 为例说明 EEPROM 的应用，实际上有许多种 EEPROM 可供选择，它们的容量不同，写入时间有短有长，有的重复写入可达千万次，有的一页可包括更多字节。例如，此前笔者用过一页为 1024 个单元的 EEPROM，连续写满一页只需等待 6 ms。希望读者掌握书中所描述的基本原理，这样就能用好任何一种 EEPROM。

除上面讲述的并行 EEPROM(其数据并行读写)外，还有串行 EEPROM。串行 EEPROM 由于其读写的数据是串行的，无法用做内存，只用来当做外存使用，在简单的 IC 卡中应用十分广泛。由于篇幅所限，在此不做介绍。

2. 闪速(Flash)EEPROM

前面介绍的 EEPROM 使用单一电源，可在线编程，但其最主要的缺点就是编程时间太长。尽管有一些 EEPROM 有页编程功能，但仍感编程时间长得无法忍受，尤其是在编程大容量芯片时更是如此。为此，人们研制出闪速(Flash)EEPROM，其容量大、编程速度快，获得了广泛的应用。下面仅以 EEPROM 28F040 为例进行简单说明。

1) 28F040 的引线

闪速 EEPROM 28F040 的引脚如图 4.22 所示。

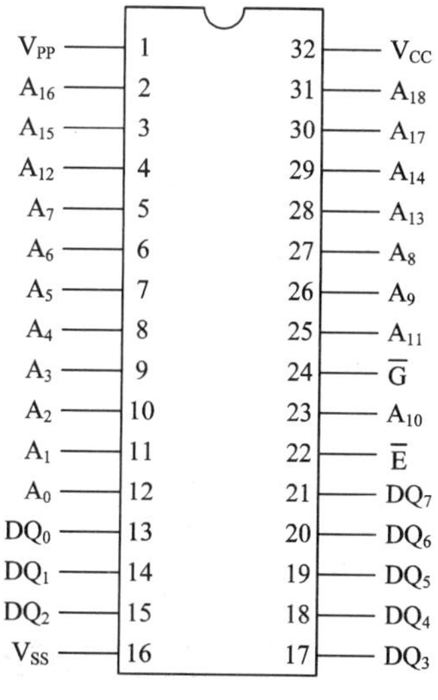

由图 4.22 可以看到，28F040 与 27C040 的引线是相互兼容的。但前者可以做到在线编程，而后者是无法做到的。

28F040 是一块 512 KB 的闪速 EEPROM 芯片，其

图 4.22 闪速 EEPROM 28F040 引脚图

内部可分成 16 个 32 KB 的块(或者称为页),每一块可独立进行擦除。

2) 工作过程

(1) 工作类型。28F040 主要有如下几种工作类型:

① 读出类型。它包括从 28F040 中读出某个单元的数据、读出芯片内部状态寄存器中的内容、读出芯片内部的厂家标记和器件标记 3 种情况。

② 写入编程类型。它包括对 28F040 进行编程写入及对其内部各 32 KB 块的软件保护。

③ 擦除类型。可以整片一次擦除,也可以只擦除片内某些块以及在擦除过程中使擦除挂起和恢复擦除。

(2) 命令和状态。要使 28F040 工作,需要首先向芯片内部写入命令,然后再运行,以实现具体的工作。28F040 的命令如表 4.2 所示。

表 4.2　28F040 的命令

命　　令	总线周期	第一个总线周期			第二个总线周期		
		操作	地址	数据	操作	地址	数据
读存储单元	1	写	×	00H			
读存储单元	1	写	×	FFH			
标记	3	写	×	90H	读	IA	
读状态寄存器	2	写	×	70H	读	×	SRD
清除状态寄存器	1	写	×	50H			
自动块擦除	2	写	×	20H	写	BA	B0H
擦除挂起	1	写	×	B0H			
擦除恢复	1	写	×	D0H			
自动字节编程	2	写	×	10H	写	PA	PD
自动片擦除	2	写	×	32H	写		30H
软件保护	2	写	×	0FH	写	BA	PC

注:

　IA:　厂家标记地址为 0000H,器件标记地址为 00001H

　BA:　选择块的任意地址

　PA:　欲编程存储单元的地址

　SRD:　由状态寄存器读得的数据

　PD:　写入 PA 单元的数据

　PC:　保护命令

　　　00H——清除所有的保护

　　　FFH——置全片保护

　　　F0H——清地址所规定的块保护

　　　0FH——置地址所规定的块保护

除命令外,28F040 的许多功能需要根据其内部状态寄存器来决定。先向 28F040 写入命令 70H,接着便可以读出寄存器的各位。状态寄存器各位的含义见表 4.3。

表 4.3　状态寄存器各位含义

位	高(1)	低(0)	功　能
$SR_7(D_7)$	准备好	忙	用于写命令
$SR_6(D_6)$	擦除挂起	正在擦除/已完成	用于擦除挂起
$SR_5(D_5)$	块或片擦除错误	片或块擦除成功	用于擦除
$SR_4(D_4)$	字节编程错误	字节编程成功	用于编程状态
$SR_3(D_3)$	V_{PP} 太低，操作失败	V_{PP} 合适	用于监测 V_{PP}
$SR_2 \sim SR_0$			保留未用

(3) 外部条件。28F040 在工作时要求在其引线控制端加入适当电平。只有这些条件在将来的连接使用中得到满足，才能保证芯片正常工作。

不同工作类型的 28F040 的工作条件是不一样的，具体如表 4.4 所示。

表 4.4　28F040 工作条件

	E	G	V_{PP}	A_9	A_0	$D_0 \sim D_7$
只读存储单元	V_{IL}	V_{IL}	V_{PPL}	×	×	数据输出
读	V_{IL}	V_{IL}	×	×	×	数据输出
禁止输出	V_{IL}	V_{IH}	V_{PPL}	×	×	高阻
准备状态	V_{IH}	×	×	×	×	高阻
厂家标记	V_{IL}	V_{IL}	×	V_{ID}	V_{IL}	97H
芯片标记	V_{IL}	V_{IL}	×	V_{ID}	V_{IH}	79H
写入	V_{IL}	V_{IH}	V_{PPH}	×	×	数据写入

注：V_{IL} 为低电平；V_{IH} 为高电平(V_{CC})；×表示高低电平均可；
　　V_{PPL} 为 0～V_{CC}；V_{PPH} 为+12 V；V_{ID} 为+12 V

3) 主要功能的实现

当介绍完表 4.2～表 4.4 之后，读者对其主要功能的实现已有所了解。下面对其几种主要功能的实现加以说明。

(1) 只读存储单元。在初始加电以后或在写入 00H 或者 FFH 命令之后，芯片就处于只读存储单元的状态。这时就如同读 SRAM 或 EPROM 一样，很容易读出所要读出地址单元的数据。这时的 V_{PP} 可以是 V_{PPH} 或 V_{PPL}。

(2) 编程写入。28F040 采取字节编程方式，其编程过程如图 4.23 所示。

由图 4.23 可以看到，28F040 先写入命令 10H，再向写入的地址单元写入相应数据。接着查询状态，判断这个字节是否写好。写好一个字节后，重复这种过程，逐个字节地写入。28F040 一个字节的写入时间最快为 8.6 μs。请读者注意，这种写入与前面

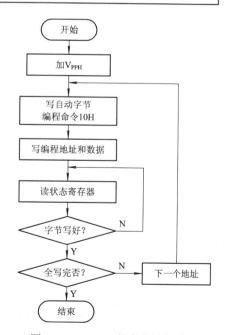

图 4.23　28F040 的字节编程过程

提到的 98C64A 的字节编程十分类似，即一条指令足以将数据、地址锁存于芯片内部。在这里，用 E 的下降沿锁存地址，用上升沿锁存数据。指令过后，芯片进行内部操作，98C64A 由 READY/$\overline{BUSY}$ 信号指示其忙的过程；而 28F040 则以状态寄存器的状态来标志其是否写好。显然，28F040 的编程速度要快得多，这也许就是它称为闪速的缘由吧！

(3) 擦除。在字节编辑过程中，写入数据的同时就对该字节单元进行了擦除，而 28F040 还有两种方式可进行擦除。

a. 整片擦除。28F040 可以对整片进行一次性擦除，擦除时间最快只用 2.6 s。擦除后各单元的内容均为 FFH，受保护的内容不被擦除。

b. 块擦除。前面已提到，28F040 每 32 KB 为一块，每块由 A_{15}～A_{18} 的编码来决定。可以有选择地擦除某一块或某些块。在擦除时，只要给出该块的任意一个地址(实际上只关心 A_{15}～A_{18})即可。

整片擦除及块擦除流程图分别如图 4.24 中的(a)和(b)所示。

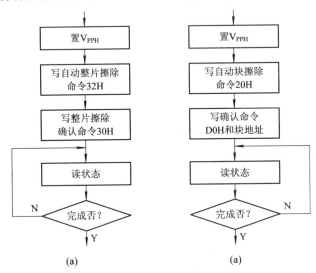

图 4.24　28F040 的擦除

(a) 整片擦除过程；(b) 块擦除过程

很显然，擦除一块只用很少的时间，最快为 100 ms。

(4) 其他。28F040 具有写保护功能，只要利用命令将某一块或某些块规定为写保护，或者设置为整片写保护，则可以保证被保护的内容不被擦除和编程。

所谓擦除挂起，是指在擦除过程中需要读数据时，可以利用命令暂时挂起擦除。当读完数据后，又可以利用命令恢复擦除。

28F040 当 $\overline{E}$ 为高电平时，处于准备状态。在此状态下，其功耗比工作时小两个数量级，只有 0.55 mW。

4) 应用

在这里再次提醒读者，上面所提到的闪速存储器 EEPROM 是 TMS28F040，它是一块具体的芯片，它所表现的特性既有闪速 EEPROM 的共性，又有它自己的个性。因此，不同的闪速 EEPROM 之间会有些小的差别。只要了解这一点，对其他的芯片，只要仔细阅读厂家提供的资料，相信掌握并用好它们是不困难的。

(1) 用做外存储器。由于闪速 EEPROM 的集成度已经做得很高，因此利用它构成存储卡已十分普遍。利用这样的芯片构成固态盘，完全可以替代机械硬磁盘，而且目前除价格稍高外，其他各方面都优于机械硬磁盘。

(2) 用于内存。闪速 EEPROM 用做内存时，可用来存放程序或常量数据，存放写入时间不受限制或不频繁改变的数据。

为了说明 28F040 的连接，将其接到 8088 最小模式下的系统总线上，画出连接图如图 4.25 所示。

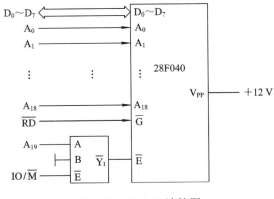

图 4.25   28F040 连接图

在图 4.25 中，利用了 8088 最小模式下的 IO/$\overline{\text{M}}$ 信号和 2-4 译码器 74LS139 产生片选控制信号。

4.2.4 其他存储器

在多微处理器系统中，经常利用多端口存储器实现处理器之间的快速数据交换。多端口存储器包括双端口、三端口、四端口等多种。微型机中还会用到其他类型的存储器，本节仅对双端口等几种常见存储器做简要介绍。

1. 双端口存储器

双端口存储器有多个厂家生产的多种型号，这里仅以一种为例说明它的应用。

1) 引线

双端口存储器 DS1609 的引线如图 4.26 所示。

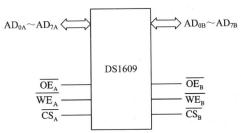

图 4.26   双端口存储器 DS1609 的引线

由图 4.26 可以看到，双端口存储器的引线分为两个独立的端口，分别画在图 4.26 的两侧。

引线 $AD_0 \sim AD_7$ 为复用引线，这 8 条线上既可以输入地址信号，也可以传送数据。其他控制信号均已经熟悉，不再说明。

2) 读写操作

DS1609 的任一端口的读操作，都可用图 4.27 所示的时序图来表示。由图 4.27 可以看到 DS1609 的读出过程：在 $AD_0 \sim AD_7$ 上加上地址信号，利用 $\overline{CS}$ 的下降沿锁存地址于芯片内部。然后，在 $\overline{CS}$ 和 $\overline{OE}$ 同时为低电平时，将地址单元中的内容读出。

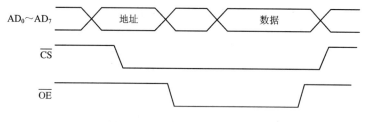

图 4.27　DS1609 的读出时序

在写入数据时，时序与图 4.27 类似。首先在 $AD_0 \sim AD_7$ 上加上地址信号，由 $\overline{CS}$ 下降沿锁存。然后在 $AD_0 \sim AD_7$ 上加上要写入的数据，在 $\overline{CS}$ 和 $\overline{WE}$ 同时为低的作用下，将数据写入相应的地址单元。写入的时序如图 4.28 所示。

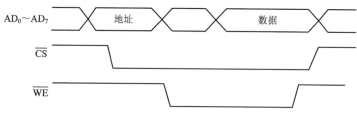

图 4.28　DS1609 的写入时序

3) 同时操作

双端口存储器存在 A、B 两端口，对其存储单元同时操作，下面分别说明。

(1) 对不同存储单元允许同时读或写。

(2) 允许对同一单元同时读。

(3) 当一个端口写某单元而另一端口同时读该单元时，读出的数据要么是旧数据，要么是新写入的数据。因此，这种情况也不会发生混乱。

(4) 当两个端口同时对同一单元写数据时，就会引起竞争，产生错误。因此，这种情况应想办法加以避免。

4) 竞争的消除

对于 DS1609 来说，竞争发生在对同一单元同时写数据时。为了防止竞争的发生，可以另外设置两个接口，这两个接口能保证一个端口只写而另一个只读。例如，用带有三态门输出的锁存器(74LS373、74LS374)均可实现。如果可能，也可在 DS1609 中设置两个单元，一个单元 A 端口只写而 B 端口只读，另一个单元则相反，B 端口只写而 A 端口只读。

在 A 端口向 DS1609 写数据时，先读 B 端口的写状态。若 B 端口不写，则将自己的写状态写到存储单元中。当 B 端口写入时，同样需要查询 A 端口的状态。其过程可用图 4.29 所示的流程图来说明。

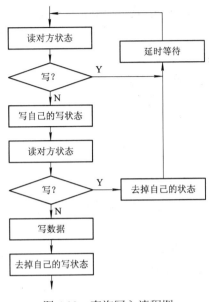

图 4.29　查询写入流程图

5) 连接使用

在了解上述情况的基础上，连接使用相对就比较容易了。将 DS1609 直接与 8088 CPU 相连接，而另一端口与单片机相连接，构成多机系统框图，如图 4.30 所示。

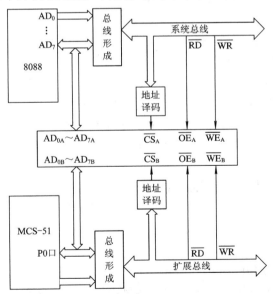

图 4.30　DS1609 的连接框图

以上以 DS1609 为例说明双端口存储器的应用。使用的关键是避免发生竞争而造成错误。对于其他型号的双端口存储器亦可用类似的思路去解决问题。

2. 先进先出(FIFO)存储器

在数字电路中,有利用移位寄存器实现 FIFO 的产品,这种产品的电路的工作方式是通过移位来实现的。这里要说明的 FIFO 存储器是由若干存储单元构成的,数据写入之后就保持不动,而 FIFO 是利用芯片内部的地址指针的自动修改来实现的。下面仅以异步 FIFO 存储器 DS2009 为例加以说明。

1) DS2009 的引线及功能

DS2009 FIFO 存储器也是双端口存储器,只是它的一个端口是只写的,而另一个端口是只读的。其引线如图 4.31 所示。

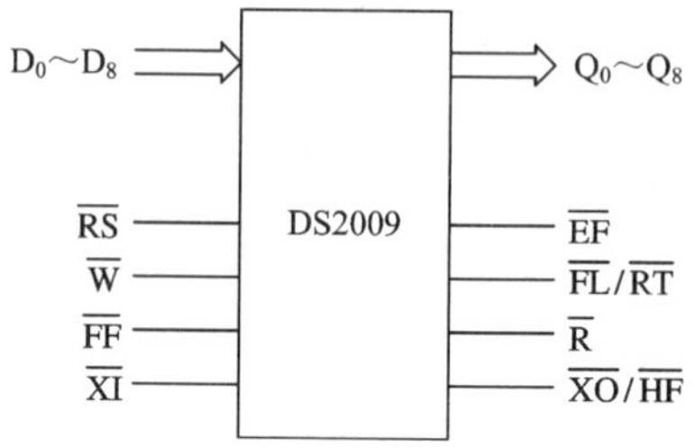

$D_0 \sim D_8$ 为 9 条输入数据线。

$Q_0 \sim Q_8$ 为 9 条输出数据线。

图 4.31 FIFO 存储器 DS2009 引线图

$\overline{RS}$ 为复位输入端,低电平有效,使写入地址回到 000H。DS2009 的容量为 512×9 bit,每写入一个 9 位数据,地址自动加 1;当加到 1FFH 后再加 1,又可回到 000H 从头开始。

$\overline{FL}/\overline{RT}$ 在多片 DS2009 级联增加 FIFO 深度时,用 $\overline{FL}$ 低电平首先加载该芯片。$\overline{RT}$ 加上负脉冲可使读出地址复位回到 000H。

$\overline{EF}$ 为空标志,当它为低电平时表示 FIFO 存储器中的数据已空,无数据可读。

$\overline{FF}$ 为满标志,当它为低电平时表示 FIFO 存储器的各单元已写满。当有数据读出后,$\overline{FF}$ 才变为高电平。

$\overline{XI}$ 和 $\overline{XO}$ 用于多片级联扩展数据宽度或容量深度。$\overline{HF}$ 为半满标志,当 FIFO 存储器已写入的数据达到或超过一半(250 个)时,$\overline{HF}$ 有效(低电平),常用于单片或字宽扩展。

2) 具体操作

① 写操作。在 FIFO 非满($\overline{FF}=1$)的条件下,利用 $\overline{W}$ 脉冲的上升沿可将数据写入。每写入一个数据,内部地址指针自动加 1,并在 512 个单元内循环。

② 读操作。在 FIFO 非空($\overline{EF}=1$)的状态下,利用 $\overline{R}$ 脉冲下降沿可将数据读出。每读出一个数据,内部地址指针自动加 1,并在 512 个单元内循环。

芯片的满与空是利用芯片内部写地址指针和读地址指针的距离来判定的。同时,对芯片的写与读是完全独立的,可以同时进行,也可以各自操作。利用芯片所提供的状态信号,可以方便地实现 FIFO 的数据传送。

③ 级联操作。可以利用多片 DS2009 实现字宽的扩展。利用两片级联即可实现 18 位(两个 9 位)数据的扩展,即形成 512×18 bit 的 FIFO 存储器。

同样,利用多片也可以实现深度的扩展。例如,利用 4 片 DS2009 级联即可达到 2048 × 9 bit 的深度扩展。

3. 铁电存储器(FRAM)

铁电存储器(FRAM)是最近几年研制的新型存储器,其核心是铁电晶体材料,它使得 FRAM 既可以进行非易失性数据存储,又可以像 RAM 一样操作。也就是说,FRAM 可以像 SRAM 那样既能写入又能读出,又能像 ROM 那样,数据一旦写入能长期保留下来,即使断掉电源,其存储的信息也不会丢失。FRAM 兼有 RAM 和 ROM 的双重特性,这将为使用者提供极大的方便。因此，近年来已有不少技术人员将其应用在嵌入式计算机系统中。可以预测，将来这种存储器定会得到更加广泛的应用。

1) 典型芯片

作为典型的 FRAM 芯片，由 Ramtron 公司研制的并行铁电存储器(FRAM)FM1808 的引线如图 4.32 所示。

FM1808 的主要特性如下：

- 采用 32 K × 8 bit 的存储结构；
- 低电压，使用 2.7～3.6 V 电源供电；
- 可无限次读写；
- 掉电数据保存 10 年；
- 写数据无延时，以总线速度进行读写，无需页写及数据查询；
- 内存访问时间可达 70 ns；
- 先进的高可靠性铁电存储方式；
- 低功耗，小于 20 μA 的静态工作电流；
- 读写操作的功耗相同。

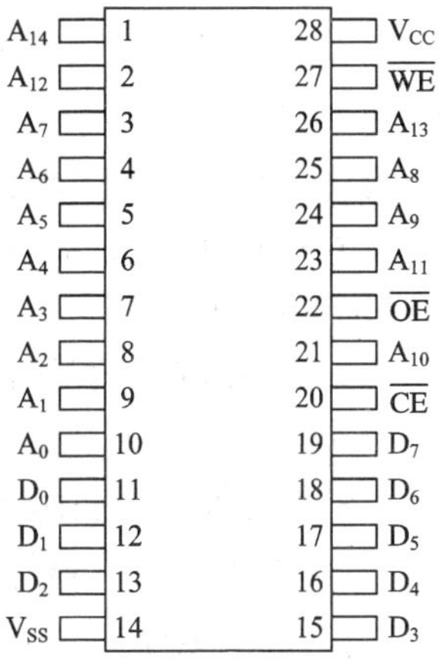

图 4.32 FM1808 引线图

由图 4.32 可以看到，铁电存储器 FM1808 的信号与 SRAM 没有什么区别，它们是：

$A_0 \sim A_{14}$：地址引线；

$D_0 \sim D_7$：双向数据引线；

$\overline{WE}$：写允许信号引线；

$\overline{OE}$：输出允许信号引线；

$\overline{CE}$：片选信号引线；

V_{CC}：电源引线，2.7～3.6 V；

V_{SS}：地线。

由于 FRAM FM1808 的引线与前面讲述的 SRAM 没有区别，在连接使用上也没有什么区别，故此处不再说明。

2) 关于 FRAM 的几点说明

(1) 早期的 FRAM 读写速度不一样，写入时间更长一些，在使用上要注意。近期的 FRAM 读写速度是一样的。例如，上述 FM1808 的一次读写时间为 70 ns。一般来说，一次读写时间短而连续的，读写周期要长一些。例如，Ramtron 公司新近推出的 128 K × 8 bit 的 FRAM 芯片 FM20L08 的一次读写时间为 60 ns，而其连续的读写周期为 150 ns。对多数工控机来说，速度还是可以满足要求的。

(2) 与 EPROM 或 EEPROM 相比，FRAM 在功耗、写入速度等许多方面都远远优于 EPROM 或 EEPROM。这里特别提出的是写入次数，FRAM 比 EPROM 或 EEPROM 要大得多。EPROM 的写入次数在万次左右，而 EEPROM 的写入次数一般为 1 万到 10 万次，个别芯片能达到 100 万次。早期的 FRAM 的写入次数为几百亿次，而目前的芯片可达万亿次甚至是无限多次。

(3) 在 FRAM 家族中，除了上述的并行 FRAM 芯片外，还有串行 FRAM 芯片。与串行 EEPROM 一样，串行 FRAM 只能用作外存。显然，利用串行 FRAM 可以构成 IC 卡。

4.2.5 80x86 及奔腾处理器总线上的存储器连接

在前面所有对 SRAM、EPROM 或 EEPROM 存储器芯片的连接使用中，均针对的是 8088 CPU 系统总线。该总线是一条 8 位系统总线，其数据线只有 8 位 $D_0 \sim D_7$。在连接及译码选片上均比较简单。从 16 位的 8086 CPU 开始，80x86 由 16 位到 32 位直到 64 位。在这样的 CPU 构成的系统中，CPU 的特性决定了存储器的结构比较复杂，存储器的连接也有许多不同，本小节将一一予以说明。

1. 8086 的内存接口

8086 CPU 是真正的 16 位处理器，它既能按字节访问内存又能按字(16 位)访问内存。前面第 2 章图 2.15 和图 2.16 所示为 8086 的系统总线的构成方式，其数据线是 16 位的，即 $D_0 \sim D_{15}$。

1) 8086 系统中内存奇偶分体

在 8086 系统中，为了能够实现既能一次访问一个字(16 位)，又能一次访问一个字节(8 位)，将其内存地址空间分成偶存储体和奇存储体。前者对应的地址为偶数，而后者对应的地址为奇数。整个 1 MB 的内存空间就分为 512 KB 偶存储体和 512 KB 奇存储体。在 8086 系统中，无论实际构成的内存有多大，为了保证 CPU 能一次读写数据的高字节、一次读写数据的低字节或一次读写数据的高低两个字节(即一个 16 位的字)，内存必须分成奇、偶两个存储体。例如，若构成的内存为 64 KB，则必须分成 32 KB 偶地址体和 32 KB 奇地址体。

同时，为做到上面所描述的奇偶分体，在 8086 的引线上增加了一个 $\overline{BHE}$ 信号。前面第 2 章已经提到，当 8086 读写偶地址字节时，$A_0=0$，$\overline{BHE}=1$；当读写奇地址字节时，$A_0=1$，$\overline{BHE}=0$；当读写一个 16 位字时，$A_0=0$，$\overline{BHE}=0$。

在 8086 内存的具体连接上就体现出上述特点。作为例子，将两片 6264 接到 8086 的系统总线上，构成 16 KB 的内存，其连接如图 4.33 所示。

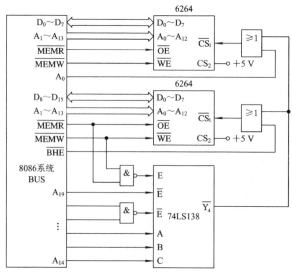

图 4.33　6264 与 8086 系统总线的连接

在图 4.33 中，将 16 KB 的内存分为两个体，8 KB 偶地址利用高位地址 A_{19}～A_{14} 和 A_0 译码构成片选信号；而 8 KB 奇地址利用 A_{19}～A_{14} 和 $\overline{BHE}$ 译码构成片选信号。形成的内存地址范围为 70000H～73FFFH。

显然，图 4.33 所示的译码连接并不是唯一的，还可以有其他的译码方式，本书不再说明。

2) 8086 的内存读写操作

(1) 在 8086 系统中，对内存进行字节操作时，一个总线周期即可完成。当读写的字节在偶地址时，8086 CPU 利用 D_0～D_7 进行传送；而当此字节在奇地址时，8086 CPU 利用 D_8～D_{15} 进行传送。

(2) 当 8086 进行 16 位的字操作时，就存在两种情况。

① 该字是一个规则字或称为对准字。所谓规则字，是指该字的低字节放偶地址而高字节在其下一个奇地址单元中。读写这样的字只需一个总线周期，数据由 D_0～D_{15} 传送，其中 D_0～D_7 传送低字节，D_8～D_{15} 传送高字节(此时 A_0、$\overline{BHE}$ 同时为低)。

② 该字是一个非规则字(未对准字)。此时该字的低字节放奇地址而高字节存放下一个偶地址单元。8086 读写非规则字需要两个总线周期：第一个总线周期 8086 送奇地址，$\overline{BHE}$ =0，由 D_8～D_{15} 传送低字节，完成一个字节的传送；第二个总线周期 8086 送出下一个偶地址，A_0=0，由 D_0～D_7 传送高字节，完成一个字节的传送。

上面所提到的内存操作是由 CPU 自动完成的，对使用者来说是透明的。但是，希望读者知道，8086 在读写一个字时，由于字在内存中的位置不同，其读写所花的时间是不一样的。

2. 80386、80486 的内存接口

对于 80386 和 80486，它们都是典型的 32 位处理器。在这里我们不准备仔细介绍这些处理器，只说明在这样的处理器构成的系统中，内存接口的特点及其实现。

1) 与内存接口相关的信号

在 80386、80486 构成的系统中，与内存有关的信号主要有：

(1) 地址信号 A_2～A_{31}，共 30 个地址信号，其编码可寻址 1G 个 32 位的存储单元。这里没有 A_0 和 A_1，这两个信号已在 80386、80486 内部译码产生 4 个体选择信号。

(2) 体选择信号 $\overline{BE_0}$～$\overline{BE_3}$。与前面提到的 8086 相类似，在 32 位的 80386、80486 系统中，为了灵活地寻址一个字节、一个 16 位的字或一个 32 位的字，内存必须分成 4 个体。而 4 个体选择信号 $\overline{BE_0}$～$\overline{BE_3}$ 分别用于选择一个体。很显然，每个体选择信号对应一个字节。当读写一个 8 位的字节时，4 个体选择信号只有一个有效，选中 1 个体的 8 位数据。当读写一个 16 位的字时，4 个体选择信号有两个有效，同时选中 2 个体的 16 位数据。当读写一个 32 位的字时，4 个体选择信号均有效，同时选中 4 个体共 32 位数据。

(3) 32 位的数据信号 D_0～D_{31}，这 32 位数据分为 4 个字节，分别是 D_0～D_7、D_8～D_{15}、D_{16}～D_{23} 和 D_{24}～D_{31}。

(4) 控制信号：M/$\overline{\text{IO}}$(内存/接口选择信号，与 8086 一样)；D/$\overline{\text{C}}$(数据/控制)信号，低电平表示处理器中止或正在响应中断，高电平表示正在传送数据；W/$\overline{\text{R}}$(读/写)信号，低电平表示读内存或接口，高电平表示写内存或接口。在 80486 中，它们的功能如表 4.5 所示。

表 4.5　控制信号编码表示的总线周期

M/$\overline{\text{IO}}$	D/$\overline{\text{C}}$	W/$\overline{\text{R}}$	总　线　周　期
0	0	0	中断响应
0	0	1	停机
0	1	0	I/O 读
0	1	1	I/O 写
1	0	0	取指令操作码
1	0	1	保留
1	1	0	存储器读
1	1	1	存储器写

2) 内存的连接

这里还需要再次强调一下，在 32 位的 80386、80486 系统中，内存必须分成 4 个体。这与前面所描述的 8 位处理器 8088 不一样，在 8 位机中内存是不分体的或者说就是一个体。16 位机分为两个体，32 位机分成 4 个体，后面的 Pentium 机内存将分为 8 个体。

80386、80486 系统中内存分体组织如图 4.34 所示。

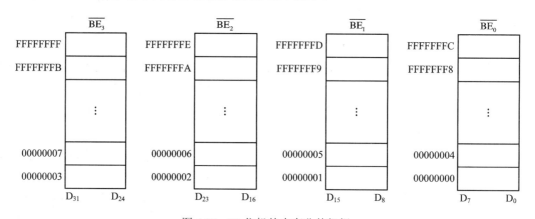

图 4.34　32 位机的内存分体组织

在 80x86 中，内存都是按字节编址的。因此，32 位的数据要占 4 个内存地址。由图 4.34 可以看到，一个 32 位的数据分别放在 4 个不同的体中。

在 80486 系统中，利用 4 片容量为 128 K×8 bit 的 SRAM 芯片构成 512 KB 的内存，连接图如图 4.35 所示。

在图 4.35 中，4 片 SRAM 构成 4 个存储体，利用 $\overline{\text{BE0}}$～$\overline{\text{BE3}}$ 译码选中一个体。显然，在图 4.35 中，还可以有其他的译码形式，只要逻辑上是正确的，采用什么形式的译码电路并不重要。

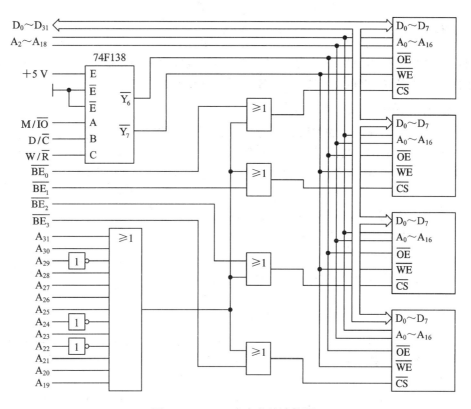

图 4.35   80486 内存芯片连接图

3. Pentium 处理器的内存组织

在 Pentium 处理器中,与访问内存有关的是地址信号 $A_3 \sim A_{31}$、体选择信号 $\overline{BE_0} \sim \overline{BE_7}$、64 位数据信号 $D_0 \sim D_{63}$ 及控制信号 $M/\overline{IO}$、$D/\overline{C}$ 和 $W/\overline{R}$。

由上面的信号我们注意到,Pentium 处理器对外部的数据线是 64 位的,可用 8 个字节来表示。同样,为了增加访问内存(或接口)的灵活性,须将内存分成 8 个体。为了方便对 8 个存储体的寻址,在处理器内部已将地址信号 $A_0 \sim A_2$ 进行译码,形成了 8 个存储体的选择信号 $\overline{BE_0} \sim \overline{BE_7}$。这与上面介绍的 80386、80486 的情况非常类似,所不同的是在 Pentium 处理器系统中内存要由 8 个体(bank)来构成,每个体对应一个体选择信号。具体内存芯片的连接可参考图 4.35,这里不再说明。

4.3   动态读写存储器(DRAM)

动态读写存储器(DRAM)以其速度快、集成度高、功耗小、价格低等特性,在微型计算机中得到极其广泛的使用。PC 中的内存无一例外地采用动态存储器,现在的许多嵌入式计算机系统中也越来越多地使用这种存储器。本节将介绍动态存储器及内存条方面的内容。

4.3.1　概述

目前，大容量的 DRAM 芯片已研制出来，为构成大容量的存储器系统提供了便利的条件。下面以一种简单的 DRAM 芯片为例来说明 DRAM 的工作原理。

1. 动态存储器芯片 2164 的引线

2164 是一块 64 K×1 bit 的 DRAM 芯片，与其相类似的芯片有许多种，如 3764、4164 等。这种存储器芯片的引线与 SRAM 有所不同，请读者注意。2164 的引线如图 4.36 所示。

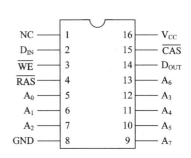

图 4.36　DRAM 2164 引线图

A_0～A_7 为地址输入端。在 DRAM 芯片的构造上，芯片上的地址引线是复用的。可以看到，2164 的容量为 64 K 个单元，每个单元存储一位二进制数。如何来寻址这 64 K 个单元呢？在存取芯片的某单元时，其操作过程是将存取的地址分两次输入到芯片中去，每一次都由 A_0～A_7 输入。两次加到芯片上去的地址分别称为行地址和列地址。

可以想象在芯片内部，各存储单元呈一种矩阵结构排列。行地址在片内译码选择一行，列地址在片内译码选择一列，这样由选中的行和列来决定所选中的单元。可以简单地认为该芯片有 256 行和 256 列，共同决定 64 K 个单元。对于其他 DRAM 芯片也可以同样来考虑。例如，NMC21257 是 256 K × 1 bit 的 DRAM 芯片，有 256 行，每行为 1024 列。

综上所述，动态存储器芯片的地址引线是复用的，CPU 对它寻址时的地址信号分为行地址和列地址，分别由芯片上的地址线送入芯片内部进行锁存、译码而选中要寻址的单元。

D_{IN} 和 D_{OUT} 是芯片上的数据线。其中 D_{IN} 为数据输入线，当 CPU 写芯片的某一单元时，要写入的数据由 D_{IN} 送到芯片内部。同样，D_{OUT} 是数据输出线，当 CPU 读芯片的某一单元时，数据由此引线输出。

$\overline{RAS}$ 为行地址锁存信号。利用该信号将行地址锁存在芯片内部的行地址缓冲寄存器中。$\overline{CAS}$ 为列地址锁存信号。利用该信号将列地址锁存在芯片内部的列地址缓冲寄存器中。$\overline{WE}$ 为写允许信号。当 $\overline{WE}$ =0 时，允许将数据写入；当 $\overline{WE}$ =1 时，可以从芯片读出数据。

2. DRAM 的工作过程

1) 读出数据

当要从 DRAM 芯片读出数据时，CPU 首先将行地址加在 A_0～A_7 上，然后送出 $\overline{RAS}$ 锁存信号，该信号的下降沿将行地址锁存在芯片内部。接着将列地址加到芯片的 A_0～A_7 上，再送 $\overline{CAS}$ 锁存信号，该信号的下降沿将列地址锁存在芯片内部。然后保持 $\overline{WE}$ =1，则在 $\overline{CAS}$ 有效期间(低电平)数据输出并保持。其过程如图 4.37 所示。

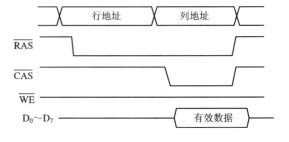

图 4.37　DRAM 2164 的读出过程

2) 写入数据

当需要把数据写入芯片时，锁存地址的过程与读出数据时的一样，行、列地址先后由 $\overline{RAS}$ 和 CAS 锁存在芯片内部。然后 $\overline{WE}$ 有效(为低电平)，加上要写入的数据，则将该数据写入选中的存储单元，如图 4.38 所示。

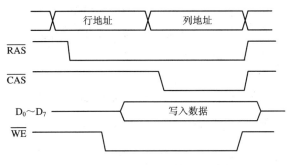

图 4.38   DRAM 2164 的写入过程

图 4.38 中，$\overline{WE}$ 变为低电平是在 $\overline{CAS}$ 有效之前，通常称为提前写。这能够将输入端 D_{IN} 的数据写入，而 D_{OUT} 保持高阻状态。若 $\overline{WE}$ 有效(低电平)出现在 $\overline{CAS}$ 有效之后，且满足芯片所要求的滞后时间，则 $\overline{WE}$ 开始是处于读状态，然后才变为写状态。在这种情况下，能够先从选中的单元读出数据，出现在 D_{OUT} 上，然后再将 D_{IN} 上的数据写入该单元。这种情况可一次同时完成读和写，故称为读变写操作周期。对于 DRAM 芯片来说，厂家还介绍了一些其他功能，本书不再赘述。

3) 刷新

动态 RAM 的一个重要的问题是，它所存储的信息必须定期进行刷新。因为 DRAM 所存储的信息是放在芯片内部的电容上的，即每比特信息存放在一个小电容上，而电容要缓慢地放电，因此时间久了就会使存放的信息丢失。将动态存储器所存放的每一比特信息读出并照原样写入原单元的过程称为动态存储器的刷新。通常 DRAM 要求每隔 2~4 ms 刷新一次。

动态存储器芯片的刷新过程是，每次送出行地址加到芯片上去，利用 $\overline{RAS}$ 有效将行地址锁存于芯片内部，这时 $\overline{CAS}$ 保持无效(高电平)。这样就可以对这一行的所有列单元进行刷新。每次送出不同的行地址，顺序进行，则可以刷新所有行的存储单元。也就是说行地址循环一遍，则可将整个芯片的所有地址单元刷新一遍。只要保证在芯片所要求的刷新时间内(2~4 ms)刷新一遍，也就达到定期刷新的目的。刷新波形如图 4.39 所示。

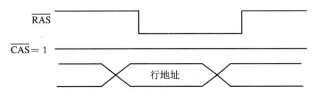

图 4.39   DRAM 2164 的刷新过程

图 4.39 中，$\overline{CAS}$ 保持无效，只利用 $\overline{RAS}$ 锁存刷新的行地址，进行逐行刷新。尽管还有其他一些刷新方法，但 2164 推荐这种简单有效的刷新过程。其他方法这里不再说明。

4.3.2 动态存储器的连接使用

在使用动态存储器时,在硬件连接上必须按照上述要求产生$\overline{RAS}$、$\overline{CAS}$及地址复用控制等信号,以保证 DRAM 能正确地读写。同时,必须产生一系列的刷新控制信号,能定时对 DRAM 进行刷新,而且在刷新过程中不允许 CPU 对 DRAM 进行读写操作。因此,DRAM的连接使用要比 SRAM 复杂得多。下面以 PC/XT 微型机动态存储器的使用为例做最简单的说明,以使读者对 DRAM 的使用有所了解。

1. 行列控制信号的形成

PC/XT 动态存储器行列地址锁存信号形成的简化电路图如图 4.40 所示。

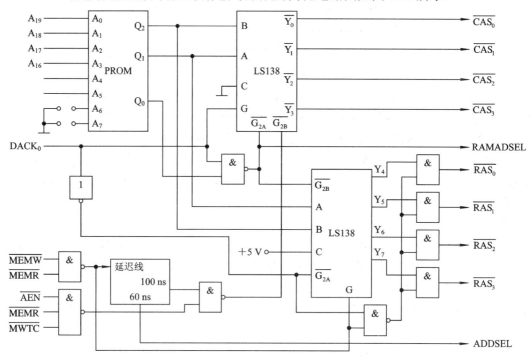

图 4.40 PC/XT 微型机 DRAM 行($\overline{RAS}$)列($\overline{CAS}$)形成电路

从图 4.40 中可以看到,在 PROM 中对应其地址的单元里存放不同的内容。当其外部 $A_{16}\sim A_{19}$ 状态不同时,可读出 PROM 中的内容。利用后面的两个 3-8 译码器,可以获得 $\overline{RAS}$ 和 $\overline{CAS}$。每一行列信号,选通一个 64 KB 的 DRAM 范围。PROM 中的内容不同,可以将 64 KB DRAM 放在 8088 CPU 的 1 MB 范围内的任意一个 64 KB 位置上。

在图 4.40 中,当 8088 CPU 正常工作时,$DACK_0=1$。当 CPU 读写内存时,首先使产生行锁存信号的译码器有效,产生相应的 $\overline{RAS_0}\sim\overline{RAS_3}$。然后,经延迟线延迟 100 ns,使另一译码器产生 $\overline{CAS_0}\sim\overline{CAS_3}$,两者的时间关系恰好与前面提到的 DRAM 的读写时序是一致的。

2. DRAM 的读写

PC/TX 微型机的 DRAM 读写简化电路如图 4.41 所示。图中只画了一个 64 KB 的 DRAM组,而且省略了内存的硬件奇偶校验电路。

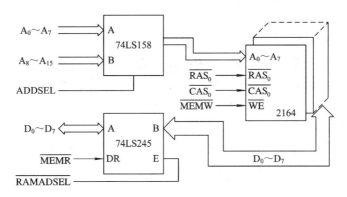

图 4.41 DRAM 读写简化电路

当 CPU 读写图 4.41 所示内存的某个单元时，数据选择器 LS158 在 ADDSEL=0 的控制下，先将 8 位行地址输出并加到存储器芯片上，在 $\overline{RAS_0}$ 的作用下锁存于芯片内部；60 ns 之后，ADDSEL=1，使 LS158 选择列地址输出；再过 40 ns 后，由 $\overline{CAS_0}$ 将其锁存于芯片的内部；最后在 $\overline{MEMW}$ 信号作用下，实现数据的读写。

3．刷新

在 PC/XT 微型机中，DRAM 刷新是利用 DMA 实现的。首先，利用可编程定时器 8253 的计数器 1，每隔 15.08 μs 产生一次 DMA 请求，该请求加在 DMA 控制器 8237 的 0 通道上。

当 DMA 控制器 0 通道的请求得到响应时，DMA 控制器使 DACK$_0$ 为低电平。由图 4.40 可看到，这时 $\overline{CAS_0} \sim \overline{CAS_3}$ 均为高电平(无效)。同时，在 $\overline{MEMW}$ 有效时，$\overline{RAS_0} \sim \overline{RAS_3}$ 均为有效。同时，DMA 控制器的 0 通道还送出刷新的行地址。这样，就可同时刷新 DRAM 一行的所有各单元，完成一次刷新。

4．关于使用 DRAM 的建议

由于 DRAM 在使用上的复杂性，特提出如下建议供读者在今后的工作中参考。

(1) 在将来设计构成微机系统(如嵌入式系统)时，能不用 DRAM 的尽量不用，可用 SRAM 代替 DRAM。尤其是在构成的内存不是很大时，SRAM 的价格是可以接受的。

(2) 采用系统集成的方式，尽量采用已经做好的产品。例如，购买 PC 主板或直接购买 PC。产品供应商已做好了一切，读者只是拿来用，无需考虑 DRAM 如何读写、如何刷新。

(3) 采用可提供 $\overline{RAS}$、$\overline{CAS}$ 和刷新控制的处理器。有一些处理器、单片机为用户提供了动态存储器使用的各种信号和控制功能，在进行系统设计时选用这种处理器是十分方便的。例如，过去笔者曾用过的 T6668 语言信号处理器以及后面将要讲述的 PAX270，内部集成了动态存储器的控制逻辑电路，只需外接 DRAM 芯片即可。

(4) 采用 DRAM 控制器。利用小规模集成电路搭建 DRAM 接口信号(如 $\overline{RAS}$、$\overline{CAS}$、刷新控制等)是不明智的。好在厂家提供了各种型号的动态存储器控制器，例如 Intel 公司的 8203、8207、82C08 等。利用 DRAM 控制器就可以省去形成 $\overline{RAS}$、$\overline{CAS}$、刷新控制等信号的麻烦，可以直接将 DRAM 芯片接在控制器上。由于篇幅所限，本书就不再说明，相信读者在学好本书的基础上，一定能够用好这些芯片。

4.3.3 内存条

内存条是 PC 的重要组成部分。它将多片存储器芯片焊接在一小条印刷电路板上，构成容量不一的小条。使用时将小条插在主板的内存条插座上。由于 PC 的内存要求容量大、速度快、功耗低且造价低廉，而动态存储器恰恰具备这些性能，因此 PC 的内存条无一例外地都采用动态存储器。

随着 PC 的发展，构成内存条的 DRAM 也经历了若干代的变更。早期的 PC 所用的 PM DRAM、EDO DRAM 已经不再使用，这里不做说明，只介绍当前正在用的芯片 SDRAM 和 DDR SDRAM。

1. SDRAM

1) 概述

SDRAM 又称为同步动态存储器。尽管它也是动态存储器，信息也存放在电容上，也需要定时刷新，甚至它也有行选通 RAS、列选通信号 CAS，地址信号线也是复用的，即它与前面提到的标准 DRAM 有许多相同的地方，但它在内部结构及使用上又与标准 DRAM 有很大不同。引起不同的基本出发点就是希望 SDRAM 的速度更快一些，满足 PC 对内存速度的要求。两者的不同主要表现在：

(1) 异步与同步。前面介绍的标准 DRAM 是异步 DRAM，也就是说对它读写的时钟与 CPU 的时钟是不一样的。而在 SDRAM 工作时，其读写过程是与 CPU 时钟(PC 中是由北桥提供的时钟)严格同步的。

(2) 内部组织结构。SDRAM 芯片在内部存储单元的组织上与标准 DRAM 有很大的不同。在 SDRAM 内部，一般要将存储芯片的存储单元分成两个以上的体(bank)。最少 2 个，目前一般做到 4 个。这样一来，当对 SDRAM 进行读写时，选中的一个体在进行读写时，其他没有被选中的体便可以预充电，做必要的准备工作。当下一个时钟周期选中它读或写时，它可以立即响应，不必再做准备。显然，这必然提高了 SDRAM 的读写速度。而前面提到的标准 DRAM 在读写时，当一个读写周期结束后，RAS 和 CAS 都必须停止激活，然后要有一个短暂的预充电期才能进入下一次的读写周期中，显然其速度就会很慢。前述标准的 DRAM 可以看成内部只有一个体的 SDRAM。

为了实现内部的多体并使它们能有效工作，SDRAM 就需要增加对于多个体的管理，这样就可以实现控制其中的体进行预充电，并且在需要使用的时候随时调用。这样一个具有两个体的 SDRAM 一般会多一条叫做 BA_0 的引脚，实现在两体之间的选择：通常 BA_0 是低电平表示 $Bank_0$ 被选中，而 BA_0 是高电平表示 $Bank_1$ 被选中。显然，若芯片内有 4 个体时，就需要两条引线来选择，通常就是 BA_0 和 BA_1。

(3) 读写方式。标准的 DRAM 的读写都是按照图 4.37 和图 4.38 来进行的，也就是说每读写一个存储单元，都是按照那样的一个先后时间顺序，在 DRAM 规定的读写周期内完成存储单元读写的。这一过程与 CPU 的时钟是异步的，不管 CPU 用几个时钟周期，只要满足 CPU 加到芯片上的读写时间比 DRAM 所要求的长就可以。

对于 SDRAM 来说，对它的某一单元的读写要与 CPU 时钟严格同步。所以，PC 的北桥芯片组主动地在每个时钟的上升沿发给引脚控制命令。这种情况在下面的时序中可以看到。

除了能够像标准 DRAM 那样一次只对一个存储单元读写外,重要的是 SDRAM 还有突发读写功能。突发(Burst)是指在同一行中相邻的存储单元连续进行数据传输的方式,连续传输所涉及的存储单元(列)的数量就是突发长度(Burst Lengths,BL)。这种读写方式在高速缓存 Cache、多媒体等许多应用中非常有用。

(4) 智能化。在 SDRAM 芯片内部设置有模式寄存器,利用命令可对 SDRAM 的工作模式进行设置。一般标准 DRAM 只有一种工作模式,无需对其进行设置。

2) 典型芯片

一种典型的 SDRAM 芯片如图 4.42 所示。

(1) 引线。图 4.42 所示的 HYB25L356160AC-7.5 是一片有 54 条引线的 SDRAM 芯片,它的各引线的功能如下:

$A_0 \sim A_{12}$:地址输入引线,当执行 ACTIVE 命令和 READ/WRITE 命令时,用来决定使用某个体内的某个基本存储单元。

CLK:时钟信号输入引线。

CKE:时钟允许引线,高电平时有效。当这个引脚处于低电平期间,提供给所有体预充电和刷新的操作。

nCS:片选信号引线,用 SDRAM 构成的内存条一般都是多存储芯片架构,这个引脚用于选择进行存取操作的芯片。

nRAS:行地址选通信号线。

nCAS:列地址选通信号线。

nWE:写允许信号线。

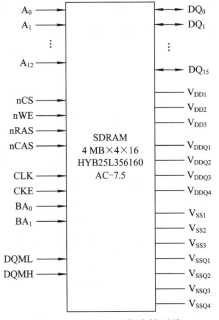

图 4.42　SDRAM 芯片的引线

$DQ_0 \sim DQ_{15}$:数据输入/输出信号线。

BA_0、BA_1:体地址输入信号引脚,BA 信号决定了激活哪一个体、进行读写或者预充电操作;BA 也用于定义 Mode 寄存器中的相关数据。两个 BA 信号就表明芯片内部有 4 个体。

DQML、DQMH:主要用于屏蔽输入/输出,功能相当于 OE(输出允许)信号。它们分别用于屏蔽 $D_0 \sim D_7$ 和 $D_8 \sim D_{15}$。

V_{DDQ}:DQ 供电引脚,可以提高抗干扰强度。

V_{SSQ}:DQ 供电接地引脚。

V_{SS}:内存芯片供电接地引脚。

V_{DD}:内存芯片供电引脚,提供 $+3.3 \pm 0.3$ V 电压。

(2) 功能。利用 CS、RAS、CAS、WE、ADDR(或操作编码),可以实现各种功能,如表 4.6 所示。

表 4.6   SDRAM 功能列表

功　能	CS	RAS	CAS	WE	ADDR(或操作编码)
COMMAND INHIBIT(命令禁止)	1	X	X	X	X
NOP(空操作)	0	1	1	1	X
ACTIVE(选择 bank 并且激活相应的行)	0	0	1	1	bank/row 指定体及相应的行
READ(选择 bank 和列地址，并开始读取)	0	1	0	1	bank/col 指定体及相应的列
WRITE(选择 bank 和列地址，并开始写入)	0	1	0	0	bank/col 指定体及相应的列
BURST TERMINATE(停止当前的突发状态)	0	1	1	0	X
AUTO REFRESH(进入自动刷新模式)	0	0	0	1	X
LOAD MODE REGISTER(加载模式寄存器)	0	0	0	X	操作编码
PRECHARGE(对体的列或行预充电)	0	0	1	0	操作编码

3) 常见指标

(1) 容量。SDRAM 的容量经常用下式表示：XX 存储单元×X 体×每个存储单元的位数。例如某 SDRAM 芯片的容量为 4 M×4×8 bit，表明该存储器芯片的容量为 16 MB，或 128 Mb。图 4.42 表示的 SDRAM 的容量为 4 M×4×16，即 16 兆字(16 位)。

(2) 时钟周期。时钟周期代表 SDRAM 所能运行的最大频率。显然，这个数字越小说明 SDRAM 芯片所能运行的频率就越高。对于一片普通的 PC 100 SDRAM 来说，其芯片上的标识 −10 代表了它的运行时钟周期为 10 ns，即可以在 100 MHz 的外频下正常工作。图 4.42 芯片上标有 −7.5，表示它可以运行在 133 MHz 的频率上。

(3) 存取时间。目前大多数 SDRAM 芯片的存取时间为 5、6、7、8 或 10 ns。存取时间不同于系统时钟频率。比如芯片厂家给出的存取时间为 7 ns，则它的系统时钟周期要长一些，例如 10 ns，即外频为 100 MHz。

(4) CAS 的延迟时间。这是列地址脉冲的反应时间，现在大多数的 SDRAM(在外频为 100 MHz 时)都能运行在 CAS Latency(CL)=2 或 3 的模式下，也就是说这时它们读取数据的延迟时间可以是两个时钟周期也可以是三个时钟周期。在 SDRAM 的制造过程中，可以将这个特性写入 SDRAM 的 EEPROM 中，在开机时主板的 BIOS 就会检查此项内容，并以 CL=2 这一默认的模式运行。详见后面的图 4.43。

(5) 综合性能的评价。对于 PC 100 内存来说，要求当 CL=3 的时候，t_{CK}(时钟周期)的数值要小于 10 ns，t_{AC} 要小于 6 ns。之所以要强调是 CL=3 的时候，是因为对于同一个内存条，当设置不同 CL 数值时，t_{CK} 的值很可能是不相同的，当然 t_{AC} 的值也可能不同。总延迟时间一般用下式计算：

总延迟时间 = 系统时钟周期×CL 模式数 + 存取时间

例如，某 PC 100 内存的存取时间为 6 ns，我们设定 CL 模式数为 2(即 CAS Latency=2)，则总延迟时间 = 10 ns×2 + 6 ns = 26 ns。这就是评价内存性能高低的重要数值。

4) 时序

SDRAM 最大的特点是与时钟同步，下面将会看到，在写入数据的时候是严格同步的。但在读出时就有所不同，下面逐一加以说明。

(1) 读出数据时的延迟。SDRAM 读出一个数据时的时序如图 4.43 所示。

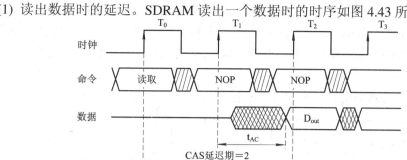

图 4.43　SDRAM 读出数据时的延迟

读出数据时，在 T_0 时刻，片选、地址及 RAS、CAS 均已加到芯片上，确定了列地址后，也就确定了具体的存储单元，剩下的事情就是将数据通过数据 I/O 通道(DQ)输出到内存总线上了。但是，在 CAS 发出之后，仍要经过一定的时间才能有数据输出，从 CAS 与读取命令发出到第一个数据输出的这段时间，被定义为 CL(CAS Latency，CAS 延迟期)。由于 CL 只在读取时出现，所以 CL 又被称为读取延迟期。

参看图 4.43，在时钟 T_0 时刻，上升沿信号加到芯片上，被选中存储单元的数据在 T_1 的上升沿已从存储单元送出，加到芯片内部的放大器上。经过一定的驱动时间最终传向数据 I/O 总线进行输出，这段时间我们称为 t_{AC}(时钟触发后的延迟时间)。t_{AC} 的单位是 ns，不同的频率各有不同的明确规定，但必须小于一个时钟周期，否则会因访问时间过长而使效率降低。比如 PC 133 的时钟周期为 7.5 ns，t_{AC} 则是 5.4 ns。需要强调的是，每个数据在读取时都有 t_{AC}，包括在连续读取中，只是在进行第一个数据传输的同时就开始了第二个数据的 t_{AC}，详见后面所述。

(2) 数据的读出。数据的读出分为两种情况：一般非突发读出和突发读出。

图 4.43 所示可以看做是一般非突发单个数据的读出过程。在一般非突发的连续读出时，其时序如图 4.44 所示。

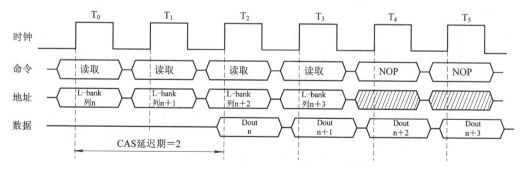

图 4.44　SDRAM 以一般非突发方式连续读出数据

图 4.44 描述了连续读出 4 个数据的过程。我们注意到：

① 读出命令、要读出的存储单元的地址的输入乃至数据的输出都是一个时钟周期完成的，它们是与时钟同步进行的。

② 每一个要读出存储单元的地址，包括行、列、体都必须加到芯片上，这与突发方式

是不一样的。这必然要用到更多的软硬件资源。

③ 正如前面已提到的,读出第 1 个数据时图 4.44 中标出 CL 为 2。也就是说数据与 CAS 之间有两个时钟周期的延迟。而后面的数据的延迟已在前面的数据读出时完成了所需要的延迟。

图 4.45 所描述的是利用突发方式读出数据的时序。

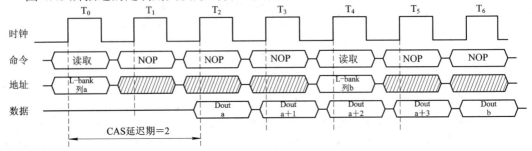

图 4.45   SDRAM 以突发方式读出数据

图 4.45 所表示的是突发长度(BL)为 4 的情况,也就是说为读某一个存储单元而使存储器芯片加上行、体、列地址信号后,就能够连续读出此地址及其以下连续的 4 个地址的内容。在连续读出时,芯片内部的列地址会自动加 1,以便读出下一个地址的数据。

由图 4.45 可以看到,突发方式读出与一般非突发方式的不同表现在两个方面:一是突发读取命令只需发一次,而不像一般非突发方式读取时读几次就需发几个读取命令;二是地址也只需发一次,后续的地址是由 SDRAM 芯片内部自动形成的。显然,突发方式读出的效率要更高一些,所需资源也更少。

(3) 数据写入。SDRAM 数据的写入是与时钟同步的,没有延时。一般非突发写入相对比较简单,给出写命令、地址及要写入的数据,一个时钟周期就可将数据写入,此处不再说明。

突发方式写入,除了没有 CL 之外,在时序上与突发方式读出非常类似。突发方式写入的时序如图 4.46 所示。

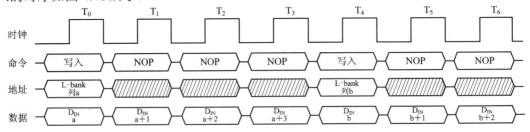

图 4.46   SDRAM 以突发方式写入数据(BL=4)

同样,图 4.46 所表示的突发长度为 4。可以看到突发方式下写命令只需发一个,地址也只需发一个,其后的地址是由芯片内部通过列地址加 1 自动形成的。这时,必须保证每一个时钟周期都能将要写入的数据加到芯片上。

5) 连接举例

利用 SDRAM 芯片 HYB25L356160AC-7.5 构成内存的连接图如图 4.47 所示。

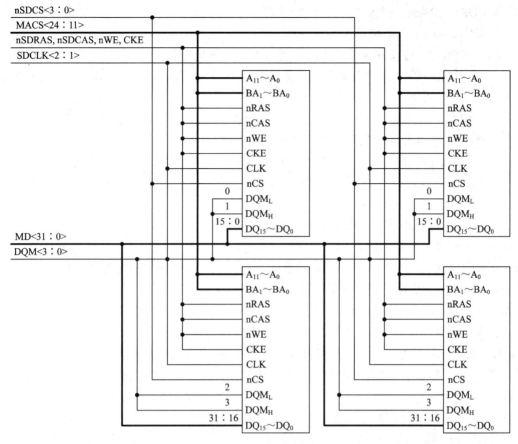

图 4.47　SDRAM 的连接图

在图 4.47 中，用 4 片 4 M×4×16 bit 的 HYB25L356160AC-7.5 构成 128 MB 的内存，该内存分为 4 个体，每个体为 32 MB。

从图 4.47 中可以看到，存储器芯片上的各引线直接接到相应的信号线上。这些信号是嵌入式处理器 PAX270 芯片内部集成的 SDRAM 控制器产生的(有关 PAX270 芯片将在后面的章节中介绍)，这里不做说明。在 PC 中，这些信号是北桥产生的。

在这里要再次强调，不要试图用中小规模集成电路去产生这些信号。应选用具有这些信号的处理器，购买厂商为我们提供的 SDRAM 控制器芯片或者用 CPLD(或 FPGA)芯片自己编程来构成 SDRAM 控制器。

2. DDR SDRAM

何谓 DDR SDRAM 内存？首先从字面上理解，DDR SDRAM 就是双倍数据传输率的 SDRAM，是更先进的 SDRAM。SDRAM 只在时钟周期的上升沿传输指令、地址和数据。而 DDR 内存的数据线有特殊的电路，可以让它在时钟的上下沿都传输数据。所以 DDR 在每个时钟周期可以传输两个数据，而 SDRAM 只能传输一个数据。所以 DDR 代表 Double Data Rate——双倍数据速率。举例来说，DDR266 能提供 266 MHz×2×4 B=2.1 GB/s 的内存带宽。另外，由于它是基于 SDRAM 的设计制造技术，因此厂房、流水线等设备的更新成本也可降到最低。这就使得 DDR SDRAM 的价格比普通的 SDRAM 贵不了多少(10%左右)。

因此，DDR SDRAM 在当前得到非常广泛的应用。

1) DDR SDRAM 与 SDRAM 的不同

DDR SDRAM 与 SDRAM 的不同主要体现在以下几个方面。

(1) 初始化。SDRAM 在开始使用前要初始化，这项工作主要是对模式寄存器进行设置，即 MRS。DDR SDRAM 与 SDRAM 一样，在开机时也要进行 MRS，不过由于操作功能的增多，DDR SDRAM 在 MRS 之前还增加了一个扩展模式寄存器设置(EMRS)过程。这个扩展模式寄存器对 DLL 的有效与禁止、输出驱动强度等功能实施控制。

(2) 时钟。前面介绍 SDRAM 时已经提到，SDRAM 的读写采用的是单一时钟。而 DDR SDRAM 工作时采用的是差分时钟，也就是两个时钟，一个是 CLK，另一个是与之反相的 CK#。

CK# 并不能理解为第二个触发时钟(可以在讲述 DDR 原理时简单地这么比喻)，而是起到触发时钟校准作用的时钟。由于数据在 CK 的上下沿触发，造成传输周期缩短了一半，因此必须保证传输周期的稳定以确保数据的正确传输，这就要求 CK 的上下沿间距要有精确的控制。但因为温度、电阻性能的改变等原因，CK 上下沿间距可能发生小的变化，此时与其反相的 CK#就起到纠正的作用(CK 上升快下降慢，CK#则是上升慢下降快)。而由于上下沿触发的原因，也使 CL=1.5 和 2.5 成为可能，并容易实现。

(3) 数据选取脉冲。数据选取脉冲(DQS)是 DDR SDRAM 中的重要信号，其功能主要用来在一个时钟周期内准确地区分出每个传输周期，并使数据得以准确接收。每一块 DDR SDRAM 芯片都有一个双向的 DQS 信号线。在写入时它用来传送由北桥发来的 DQS 信号。读取时，则由芯片生成 DQS 向北桥发送。可以说，DQS 就是数据的同步信号。

(4) 写入延时。在写入时，与 SDRAM 的 0 延时不一样，DDR SDRAM 的写入延迟已经不是 0 了。在发出写入命令后，DQS 与待写入数据要等一段时间才会送达，这个周期被称为 DQS 相对于写入命令的延迟时间。

为什么会有这样的延迟呢？原因在于同步，毕竟一个时钟周期两次传送数据，需要很高的控制精度，必须等接收方做好充分的准备才可发送数据。t_{DQSS} 是 DDR 内存写入操作的一个重要参数，太短的话恐怕接收有误，太长则会造成总线空闲。t_{DQSS} 最短不能小于 0.75 个时钟周期，最长不能超过 1.25 个时钟周期。

(5) 突发长度与写入掩码。在 DDR SDRAM 中，突发长度只有 2、4、8 三种选择，没有了 SDRAM 的随机存取的操作(突发长度为 1)和全页式突发方式。同时，突发长度的定义也与 SDRAM 不一样，它不再指所连续寻址的存储单元数量，而是指连续的传输周期数。

对于突发写入，如果其中有不想存入的数据，则仍可以运用 DM 信号进行屏蔽。DM 信号和数据信号同时发出，接收方在 DQS 的上升与下降沿来判断 DM 的状态，如果 DM 为高电平，那么之前从 DQS 中部选取的数据就被屏蔽了。

(6) 延迟锁定回路(DLL)。DDR SDRAM 对时钟的精确性有着很高的要求，而 DDR SDRAM 有两个时钟，一个是外部的总线时钟，一个是内部的工作时钟。在理论上，DDR SDRAM 这两个时钟应该是同步的，但由于种种原因，如温度、电压波动而产生延迟使两者很难同步，更何况时钟频率本身也有不稳定的情况。这就需要根据外部时钟动态修正内部时钟的延迟来实现与外部时钟的同步。为此专门设置了 DLL，利用这种电路，使内部时钟与外部时钟保持同步。

  2) DDR SDRAM 的时序

  (1) 读出。DDR SDRAM 的读出时序关系与 SDRAM 很相似，如图 4.48 所示。

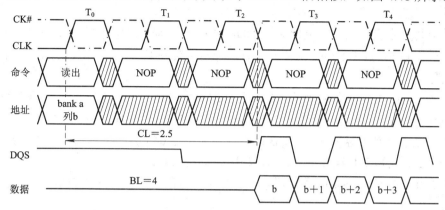

图 4.48   DDR SDRAM 的实发方式读出

  由图 4.48 可以看到，DDR SDRAM 是用双向差分时钟工作的，并且每个时钟周期传送两个数据。正如上面所提到的，在读出过程中需要数据选取脉冲 DQS。

  同样，读出时会有 CL 延时，在图 4.48 中所标出的是 2.5 个周期。突发长度 BL 为 4。

  (2) 写入。突发写入的时序如图 4.49 所示。

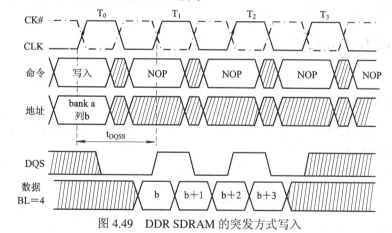

图 4.49   DDR SDRAM 的突发方式写入

  在图 4.49 中表示的是突发写入的过程，突发长度为 4。由图 4.49 我们注意到，在写入第一个数据前有一段写入延时 t_{DQSS}。同样，DDR SDRAM 是每个时钟周期写入两个数据。

  最后要说明的是，为了使用户用好 DDR SDRAM，厂家为我们开发了有关的控制器芯片，在将来连接使用时可以选用。在 PC 中，厂家开发出支持 DDR SDRAM 的北桥芯片，该芯片能提供 DDR SDRAM 工作所要求的信号，这为用户带来了很大的方便。

  为了用好 DDR SDRAM，需要注意选用该类存储器的控制器芯片，或者选择芯片内部已集成了 DDR SDRAM 控制器的处理器。同时，仔细地按照厂家给出的规范，用好这样的芯片。

  3) 内存条的说明

  目前，PC 上的内存条主要是由 SDR SDRAM(单倍速率同步 DRAM)或 DDR SDRAM

芯片构成的。

标准的 DDR 内存条是有 184 引脚线的 DIMM(双面引脚内存条)。它很像标准的有 168 引脚线的 SDRAM DIMM，只是用了一个凹槽而不是 SDR 上的两个凹槽。组件的长度也是 5.25 英寸。

标准化协会定义了两种不同配置的 DDR 内存条。第一种是无缓冲 DDR DIMM，它成本低，可应用在 PC 和 Internet 设备上。第二种是有缓冲 DDR DIMM，应用于较高存储密度的服务器上。

新近的 DDR-4 内存条所用的 DDR 芯片的速度更高一些。目前的工作频率为 2113～3400 MHz，分别可以达到的速率从十几 GB/s 到 64 GB/s。所有的 DDR-4 内存条均工作在 1.35 V 电压之下，单条容量均在 2 GB 以上，最大可达 64 GB。DDR-2，3 内存条的引脚线有 200 线、220 线和 240 线几种。DDR-4 引脚多达 288 个。

以上介绍了主流内存条的存储器。构成内存条的存储器还有其他类型，本书不再说明。

4.4 存 储 卡

目前，在手机、数码相机、数码摄像机及各种手持的多媒体设备中广泛使用存储卡。在工业企业的嵌入式控制系统中也经常会用到存储卡。本节将介绍多媒体存储卡 MMC 和安全数字卡 SD。

4.4.1 多媒体存储卡 MMC

1. 概述

1) 系统结构

多媒体存储卡 MMC，顾名思义，这种卡的主要功能就是用作外存储器。包含 MMC 的简化的系统结构如图 4.50 所示。

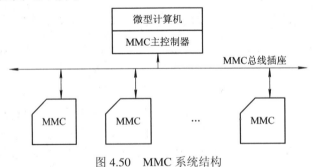

图 4.50　MMC 系统结构

由图 4.50 可以看到，在 MMC 系统中有一个 MMC 的主控制器，它产生 MMC 总线信号加到 MMC 总线插座上，并对插座上的 MMC 进行管理，保证 MMC 正常工作。

MMC 就插在总线插座上，由主控制器对它进行初始化，并且接收主控制器的命令，在控制信号控制下完成命令所要求的功能。

2) MMC 的主要性能

多媒体存储卡的主要性能如下：

(1) 用于便携式设备中的存储，目前的最大存储容量为 2 GB；

(2) 工作电压：工作高电压为 2.7~3.6 V，工作低电压为 1.65~1.95 V，可选；

(3) 卡与主控制器间串行传送数据，工作时钟频率为 0~20 MHz；

(4) MMC 总线上最多可识别 64 K 个 MMC，在总线上不超过 10 个卡时，可运行到最高频率；

(5) 提供几十种操作命令；

(6) 具有数据保护和差错校验功能；

(7) 两种卡尺寸：24 mm × 32 mm × 1.4 mm 和 24 mm × 18 mm × 1.4 mm；

(8) 总线结构简单，只有 7 个信号接点。

3) 总线信号及卡的结构

MMC 的总线接点信号如表 4.7 所示。

表 4.7　MMC 的信号定义

接点号	名称	功　　能
1	RSV	保留空脚，留作以后扩展功能使用
2	CMD	命令及响应信号接点
3	V_{SS1}	地线接点
4	V_{DD}	电源输入接点
5	CLK	工作时钟
6	V_{SS2}	地线接点
7	DAT	双向数据线接点

工作时钟 CLK 信号的每一个周期，可使 CMD 线或 DAT 线上传送 1 bit 的信号。该信号的频率可以非常低(直到 0 Hz)，也可高到其最高值 20 MHz。

双向的 CMD 引线上有主控制器传送给卡的各种命令及卡的响应信号。

数据线 DAT 是双向的，并且是利用推挽方式进行驱动的。尽管该信号是双向的，但该信号线某一时刻要么由主控制器驱动要么由 MMC 驱动。

MMC 的结构如图 4.51 所示。

图 4.51 表示出了 MMC 的形状及卡外面的 7 个信号接点。同时，图 4.51 还表示出了 MMC 内部的主要组成部分：卡里面集成了卡接口控制器、5 个卡内寄存器以及存储器核等。

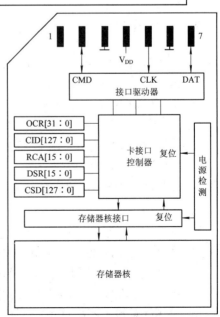

图 4.51　MMC 的结构

2. MMC 的命令

1) 命令格式

MMC 系统包含几十种命令，所有的命令都是 48 位的。一个 48 位的命令字分为若干个字段，其格式可用表 4.8 来表示。

表 4.8 MMC 命令的构成格式

bit 位置	47	46	[45:40]	[39:8]	[7:1]	0
bit 宽度	1	1	6	32	7	1
值	0	1				1
表示含义	起始位	传送方向	命令序号	量值	7 位 CRC	结束位

由表 4.8 可以看到，命令由最高位为 0 起始；命令由主控制器发出，则次高位(46 位)为 1；接下来的 6 位编码表示命令的序号，6 位编码可表示 0 到 63 共 64 种命令编码；有些命令需要跟随某种量值，则由后面的 32 位编码表示，例如，可用这 32 位表示地址；再下来的 7 位是该命令的循环冗余校验编码，用以保证命令在传输过程中的正确性；最后用 1 位高电平表示命令的结束。

当 MMC 系统工作时，在主控制器向卡发出命令之后，卡会向主控制器发回一个响应信号。响应也是沿 CMD 信号线传送的。不同的命令其响应信号不一样，规范中规定了 5 种响应信号，最长的响应信号有 136 位，一般为 48 位。有的响应信号包含有 127 位的卡鉴别字(CID)。关于响应信号的细节本书不再说明。

2) 命令集

为了更好地支持 MMC 的工作，实现有关的功能，MMC 的命令有几十种，分为十几类，每类命令里面又包含了多条命令。详细情况此处不再说明。

4.4.2 安全数字卡 SD

SD 卡是 Secure Digital Card 的简称，直译成汉语就是"安全数字卡"，是由日本和美国的三家公司共同开发的存储卡。SD 存储卡是一个完全开放的标准(系统)，可用于 MP3、数码摄像机、数码相机、电子图书、AV 器材等。SD 卡在外形上同 MMC 卡保持一致，尺寸比 MMC 卡略厚，容量也大一些，并且兼容 MMC 卡接口规范。可以认为 SD 卡是 MMC 的升级版。另外，SD 卡为 9 引脚，目的是通过把传输方式由串行变成并行来提高传输速度。它的读写速度比 MMC 卡要快一些，同时，安全性也更高。SD 卡最大的特点就是通过加密功能，可以保证数据资料的安全保密。

1) SD 卡的主要性能

SD 卡的主要性能如下：

(1) 用于便携式设备中的存储，目前的最大存储容量为 128 GB；

(2) 工作电压：不同用途的 SD 卡工作电压不一样，范围在 1.6～3.6 V 之间；

(3) 卡的工作时钟频率为 0～25 MHz；

(4) 在 SD 总线上不超过 10 个卡时，可达到 150 MB/s 的传输速率(4 线并行)；

(5) 提供几十种操作命令；

(6) 具有数据保护和差错校验功能，采用最高安全的 SDMI 标准；

(7) 卡尺寸：薄卡为 24 mm×32 mm×1.4 mm，厚卡为 24 mm×32 mm×2.1 mm；

(8) 总线结构简单，使用 9 个信号接点。

从性能上可以看出，SD 卡与 MMC 卡十分类似，性能上要好一些。

2）总线信号及卡的结构

SD 卡接口总线信号有 9 条，各信号的定义如表 4.9 所示。

对照表 4.7 和表 4.9 可以发现，原来 MMC 定义的各个信号的接点位置没有改变，CMD、CLK、电源、地线均未改变，原 MMC 只有一个数据信号线接点，在 SD 卡上定义为 DAT0。所不同的是 SD 利用了 MMC 原来未用的空脚，并新增加两个接点，定义为数据线接点。这样一来，SD 卡上的数据线就增加到 4 条。

表 4.9　SD 的信号定义

接点号	名称	功　　　能
1	CD/DAT_3	双向数据线接点
2	CMD	命令及响应信号接点
3	V_{SS1}	地线接点
4	V_{DD}	电源输入接点
5	CLK	工作时钟
6	V_{SS2}	地线接点
7	DAT_0	双向数据线接点
8	DAT_1	双向数据线接点
9	DAT_2	双向数据线接点

由前面 SD 的信号定义可以看到，SD 信号完全可以兼容 MMC 的信号，再加上两者的尺寸也是一样的(只是厚 SD 卡略厚一点)，因此，在 SD 卡的插座上，插上 MMC，在相应的软件支持下，MMC 是可以正常工作的。

SD 卡的结构如图 4.52 所示。

由图 4.52 可以看到，SD 卡的结构与 MMC 卡非常相似；外形上是一样的，仅多了两个信号接点；内部结构基本相同，只是多了一个内部寄存器 SCR。

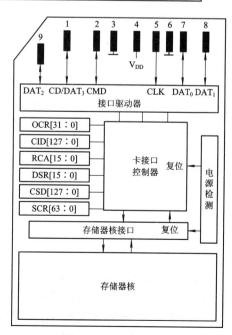

图 4.52　SD 卡结构图

3）SD 与 MMC 的主要不同

前面已经提到，SD 系统向上兼容 MMC，从卡的结构、接点定义、工作命令、响应信号、内部寄存器直到初始化、读写过程，两者大部分都是一样的，这里不必重复。当然，在许多地方，尤其是一些细节上还是有很多不同。在这里介绍一些主要的不同。

(1) 总线宽度。MMC 的数据线只有 1 条，只能一条线串行传送数据。而 SD 有 4 条数据线，它既可以只用 1 条数据线串行传送数据，也可以用 4 条数据线同时并行传送数据。

(2) 系统总线结构。MMC 采用的是图 4.50 所示的总线结构。SD 系统采用的是如图 4.53 所示的星形结构。

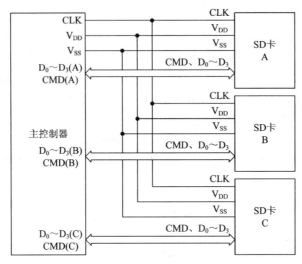

图 4.53　SD 系统的星形结构

由图 4.53 可以看到，在主控制器上接有 3 个从属的 SD 卡。时钟信号和电源是共用的，而 CMD、$D_0 \sim D_3$ 是各自分别连接的。

(3) 初始化命令。MMC 和 SD 的初始化命令都是 CMD_0、CMD_1、CMD_2 和 CMD_3。

(4) 操作命令。SD 比 MMC 多出几条操作命令，而增加的这些命令使 SD 的性能更好。

(5) 工作频率。SD 的工作频率为 25 MHz，而 MMC 的工作频率为 20 MHz。

(6) 数据保护。SD 有防复制保护和写保护开关，数据更安全。MMC 没有这样的功能。

(7) 1 号接点。MMC 的 1 号接点空着没用，而 SD 将它用于数据传送和卡的检测。

(8) 内部寄存器。SD 的 CSD 和 CID 在结构上与 MMC 的 CSD 和 CID 不相同。同时，SD 增加了一个 SD 卡配置寄存器 SCR。这是一个 16 位的寄存器，其各位的功能不再说明。

(9) 流读写功能。前面描述过 MMC 支持数据流的读和写，而 SD 系统中不支持这种读写功能。

(10) I/O 模式。MMC 可以工作在 I/O 模式下，而 SD 系统中不支持这种工作模式。

习　题

4.1　某以 8088 为 CPU 的微型计算机内存 RAM 区为 00000H～3FFFFH，若采用 6264、62256、2164 或 21256 各需要多少片芯片？

4.2　利用全地址译码将 6264 芯片接在 8088 的系统总线上，其所占地址范围为 BE000H～BFFFFH，试画连接图。

4.3　试利用 6264 芯片在 8088 系统总线上实现 00000H～03FFFH 的内存区域,试画连接电路图。若在 8086 系统总线上实现上述内存,试画其连接电路图。

4.4　说明 EEPROM 的编程过程。

4.5　已有两片 6116,现欲将它们接到 8088 系统中去,其地址范围为 40000H～40FFFH,试画连接电路图。写入某数据并读出与之比较,如有错,则在 DL 中写入 01H;若每个单元均对,则在 DL 中写入 EEH。试编写此检测程序。

4.6　若利用全地址译码将 EPROM 2764(128 或 256)接在首地址为 A0000H 的内存区,试画出它与 8 位 CPU 总线连接的电路图。

4.7　内存地址从 40000H～BBFFFH 共有多少字节?

4.8　试判断 8088 系统中存储系统译码器 74LS138 的输出 $\overline{Y_0}\,\overline{Y_4}\,\overline{Y_6}$ 和 $\overline{Y_7}$ 所决定的内存地址范围,见图 4.54。

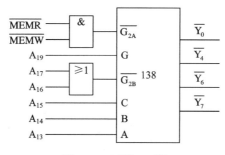

图 4.54　习题 4.8 图

4.9　若要将 4 块 6264 芯片连接到 8088 微处理器的 A0000H～A7FFFH 的地址空间中,现限定要采用 74LS138 作为地址译码器,试画出包括板内总线驱动的连接电路图。

4.10　将 4 片 6264 连接到 8086 系统总线上,要求其内存地址范围为 70000H～77FFFH,画出连接图。

4.11　简述 EPROM 的编程过程及在编程中应注意的问题。

4.12　若在某 8088 微型计算机系统中,要将一块 2764 芯片接到 E0000H～E7FFFH 的空间中去,利用局部译码方式使它占有整个 32 KB 的空间,试画出地址译码器及 2764 芯片与 8088 总线的连接图。

4.13　EEPROM 98C64A 芯片各引脚的功能是什么?如果要将一片 98C64A 与 8088 微处理器相连接,并能随时改写 98C64A 中各单元的内容,试画出 98C64A 和 8088 的连接电路图(地址空间为 40000H～41FFFH)。

4.14　在上题连接图的基础上,试编程序,调用 20 ms 延时子程序,将内存 B0000H 开始的顺序 8 KB 的内容写入 98C64A 中。

4.15　与 RAM 或 EEPROM 相比,铁电存储器 FRAM 有什么不同?

4.16　现有容量为 32 K×4 bit 的 SRAM 芯片,在 8086 系统中,利用这样的芯片构成从 88000H 到 97FFFH 的内存,画出最大和最小模式下该芯片与系统总线的连接图。

4.17　在 40486 系统中,某 SRAM 芯片的容量为 256 K×8 bit,试用这样的芯片构成 40000000H～400FFFFFH 的内存,画出电路连接图。

4.18　就本书中提到的动态存储器 2164,说明动态存储器的读、写过程。

4.19 对于动态存储器的使用，书中提出哪些建议？

4.20 标准的动态存储器 DRAM 与同步动态存储器 SDRAM 的主要不同表现在哪些方面？

4.21 SDRAM 的突发读写与一般的连续读写有什么不同？

4.22 DDR SDRAM 的 DDR 是什么意思？与一般的 SDRAM 相比。DDR SDRAM 有些什么不同？

4.23 描述 MMC 的系统结构，并说明 MMC 的接点信号及结构。

4.24 说明 SD 与 MMC 的主要不同。

第5章 输入/输出技术

现如今，计算机已渗透到人们工作和生活的每一个角落并产生了极大的影响，这依赖于计算机与外部世界的联系。通过输入/输出可实现计算机与外部世界的信息交换，完成人们所期望的各种功能。因此，输入/输出在整个微型计算机系统中占有极其重要的地位。同时，由于外部设备的多样性，它们输入或输出的信号形式、电平、功率、速率等有很大差别。利用合理的包括输入/输出技术在内的方法，可使微型机系统可靠、高效地工作。

5.1 概　　述

5.1.1　外设接口的编址方式

在微型计算机系统中，主要采用两种不同的外设接口的编址方式。

1. 外设地址与内存地址统一编址

这种编址方式又称为存储器映射编址方式。在这种编址方式中，将外设接口地址和内部存储器地址统一安排在内存的地址空间中，即把内存地址分配给外设，由外设来占用这些地址。用于外设的内存地址，存储器不能再使用。这样一来，计算机系统的内存空间一部分留做外设地址来使用，而剩下的内存空间可为内部存储器所使用。

外设与内存统一编址的方法占用了部分内存地址，将外设看做是一些内存单元。因此，原则上说，用于内存的指令都可以用于外设，这给使用者提供了极大的方便。但由于外设占用的内存地址，内存不能再用，就相对地减少了内存的可用范围。而且，从指令上不易区分是寻址内存的指令还是用于输入/输出的指令。这种编址方式在68系列和65系列的微型机中得到了广泛的应用。

2. 外设与内存独立编址

在这种编址方式中，内存地址空间和外设地址空间是相互独立的。例如，在8086(8088) CPU中，内存地址是连续的1 MB，即00000H～FFFFFH，而外设的最大地址范围为0000H～FFFFH。它们相互独立，互不影响。这是由于CPU在寻址内存和外设时，使用了不同的控制信号来加以区分。8086 CPU的M/$\overline{\text{IO}}$信号为1时，表示地址总线上有一个内存地址；当它为0时，则表示地址总线上的地址是一个有效的外设地址。而8088 CPU由IO/$\overline{\text{M}}$信号决定，请读者注意。

内存与外设独立编址，各有自己的寻址空间。用于内存和用于外设的指令是不一样的，很容易辨认。但用于外设的指令功能比较弱，一些操作必须由外设首先输入到 CPU 的寄存(或累加)器后才能进行。这种编址方式在 Z80 系列及 Intel 80 系列微机中得到广泛应用。

除了上述两种最常用的编址方式外，还有其他一些方式。例如，在 MCS-51 单片机中，存放程序的内存地址是独立的 64 K，而存放数据的内存与接口统一编址占另外独立的 64 K。只要理解了前面所描述的两种方法，再去理解其他的方法将是十分容易的。

5.1.2 外设接口的基本模型

外设经接口与微型机的连接框图如图 5.1 所示。

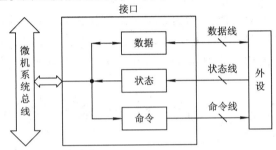

图 5.1 外设经接口与微型机的连接框图

由图 5.1 可以看到，接口是实现 CPU 与外设间数据交换的通道，或者称为两者间的界面。接口的一边接在系统总线上，另一边与外设相连接。接口与外设间通常有三种信息：

(1) 数据信息。在微机系统中通常有三种数据信息，即数字量、开关量和模拟量。数字量是以二进制编码表示的信息。开关量是用两个状态表示的信息，用一位二进制编码即可表示。模拟量是在时间上和幅度上均连续的信息，它必须经过转换，变为二进制编码才能被 CPU 识别和处理。这些数据信息在本书后面的章节中会逐一加以介绍。

(2) 状态信息。状态信息用来表示外设所处的状态。例如利用 BUSY(忙)信号、READY(就绪)信号来表示外设是否正在忙或外设已经就绪。

(3) 控制信息。通常这类信息是 CPU 经接口发出的，是用于控制外设工作的信号。

数据信息、控制信息和状态信息通常利用系统总线在 CPU 与接口之间进行传送。后面将会看到，在微型计算机中是如何利用这些信号实现 CPU 与外设间的数据交换的。

通常，一个接口可能有多个寄存器分别存放数据信息、控制信息和状态信息。CPU 能够对这些寄存器读或写。人们还将这些能被 CPU 读或写的寄存器称为"端口"。可见，一个接口可能包含几个端口，也可能只有一个端口。

5.2 程序控制输入/输出

在微型计算机中，有四种基本的输入/输出方法，它们是：

- 无条件传送方式；
- 查询传送方式；

- 中断方式;
- DMA(直接存储器存取)方式。

通常把前两种方式归类为程序控制输入/输出。它们都是利用 CPU 执行程序,实现微机与外设的数据传送的。下面分别予以说明。

5.2.1 无条件传送方式

在微机系统中有一些简单的外设,当它们工作时,随时都准备好接收 CPU 的输出数据或它们的数据随时都是准备好的,CPU 什么时候读它们的数据均可以正确地读到。也就是说,外设无条件准备好向 CPU 提供数据或接收 CPU 送来的数据。所以 CPU 可以无条件地向这样的外设传送数据。在 CPU 与这样的外设交换数据的过程中,数据交换与指令的执行是同步的,故有人也称其为同步传送。

在与这类外设进行数据交换时,可以认为只有数据的输入和输出而不再需要图 5.1 所示的控制信息和状态信息。正如在本书的后面将要看到的,在无条件传送方式下,经接口输出的数据常作为控制信号使用,而由接口输入的数据又常作为状态信号来使用。常采用无条件传送的简单外设有许多种,例如发光二极管、数码管、开关、继电器、步进电机等。

1. 输入接口

作为无条件传送方式数据输入的例子,先来看一下图 5.2 所示的电路。在图中,把开关 S 看做是一个简单的外设。S 的状态是确定的,要么闭合,要么打开。当计算机通过外设接口读 S 的状态时,一定会读到指令执行时刻 S 的状态。

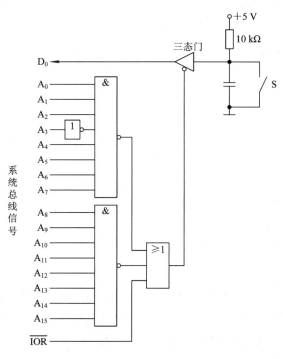

图 5.2 开关 S 的输入接口

在图 5.2 中，利用三态门构成输入接口，它可以是第 2 章中所讲的 74LS244。图 5.2 中输入接口的地址为 FFF7H。当 CPU 读接口地址 FFF7H 时，加在三态门低电平有效的控制端上的或门的输出为低电平。该电平使三态门导通，则开关 S 的状态就通过数据总线 D_0 读到 CPU。判断读入数据 D_0 的状态，即可知 S 的状态。当 $D_0=0$ 时，S 闭合；$D_0=1$ 时，S 打开。例如，可以利用 S 的状态来控制 CPU 执行不同的程序：当 S 闭合时，执行 PROG1；当 S 打开时执行 PROG2。可用下述指令来实现：

```
MOV   DX，0FFF7H
IN    AL，DX
TEST  AL，01H
JZ    PROG1
JMP   PROG2
```

结合第 2 章中所描述的时序不难看出，在执行上面程序的过程中，只有在执行 IN AL，DX 指令时，才会使图 5.2 中的三态门导通，即使在从内存中读 IN AL,DX 指令操作码(ECH)时，也不会使三态门导通。

2. 输出接口

无条件传送方式实现数据输出的例子如图 5.3 所示。

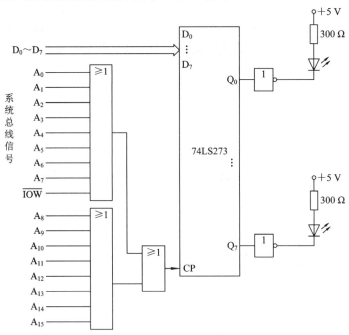

图 5.3　锁存器输出接口

在图 5.3 中，发光二极管可以认为是一种最简单的外设，它总是处于准备好的状态，在输出接口的控制下发光或熄灭。图中锁存器接口使用 74LS273，请特别注意 273 是利用 CP 端的上升沿来锁存数据的。根据图 5.3 中译码器(或门)的输出可以断定，该锁存器输出接口的地址为 0000H。

因为只用锁存器的 Q_0 和 Q_7 输出来控制发光二极管的亮灭，利用下面的程序可使两发光二极管亮灭各 1 s 进行闪烁：

```
DIPDP:  MOV     DX，0000H
GOON:   MOV     AL，81H
        OUT     DX，AL          ; 点亮发光二极管
        CALL    TIS            ; 延时 1 s
        MOV     AL，00H
        OUT     DX，AL          ; 熄灭发光二极管
        CALL    TIS            ; 延时 1 s
        JMP     GOON
```

当执行 OUT 指令时，译码器会在 CP 端产生负脉冲，利用该负脉冲的上升沿，将 $D_0 \sim D_7$ 上的数据锁存于 273 的 Q 边。可以认为 CP 端上的负脉冲具有与 $\overline{IOW}$ 脉冲相同的波形。参照第 2 章中的时序，必须用 $\overline{IOW}$ 的后沿(上升沿)将数据总线上已稳定的数据写到接口上，而 $\overline{IOW}$ 前沿(下降沿)所对应的数据还不稳定或还没有加到锁存器的输入端上，因此，构成锁存器地址译码器时必须注意时序的问题，使设计出来的译码器是安全可靠的。

综上所述，开关 S 或发光二极管总是准备好的。当读接口时，总可以读到那一时刻 S 的状态。当写锁存器时，二极管总是准备好随时接收发来的数据，点亮或熄灭。以上是两个最简单的例子，用以说明无条件传送的过程。对于其他类似的外设，如继电器、电机等，需要根据它们的工作特性来决定是否可以采用无条件传送这种输入/输出手段。

5.2.2　查询传送方式

无条件传送对于那些慢速的或总是准备好的外设是适用的。但是，许多外设并不总是准备好的。CPU 与这类外设交换数据可以采用查询传送方式。

查询传送方式是指微型计算机利用程序不断地询问外部设备的状态，根据它们所处的状态来实现数据的输入和输出。

为了实现这种工作方式，要求外部设备向微型计算机提供一定的状态信息(或称状态标志)，如图 5.1 中所表示的那样。下面对单一外设和多个外设在查询传送方式下的工作情况分别加以说明。

1. 单一外设的查询工作

最简单的情况是单一外设的情况。其采用查询方式传送数据的过程如下所述。如果 CPU 要从外设接收一个数据，则 CPU 首先查询外设的状态，看外设数据是否准备好。若没有准备好，则等待；若外设已将数据准备好，则 CPU 从外设读取数据。接收数据后，CPU 向外设发出响应信号，表示数据已被接收。外设收到响应信号之后，即可开始下一个数据的准备工作。

若 CPU 需要向外设输出一个数据，CPU 首先查询外设的状态，看其是否空闲。若正忙，则等待；若外设准备就绪，处于空闲状态，则 CPU 向外设送出数据和输出就绪信号。就绪信号用来通知外设：由 CPU 送来有效数据。外设接收数据后，向 CPU 发出数据已收到的状态信息。这样，一个数据的输出过程即告结束。

以上所描述的查询传送方式的输入/输出过程，可简要地用图 5.4 所示的流程图来说明。CPU 先查询外设的状态，然后决定是否传送数据。

为了说明查询传送方式工作的过程，现举一简单的例子加以说明。图 5.5(a)为外设的工作时序。当它不忙时，其状态信号 BUSY=0，CPU 可经接口向外设输出数据。而当数据被加到外设上时，必须利用 $\overline{STB}$ 负脉冲将数据锁存于外设，并命令外设接收该数据。

图 5.5(b)所示是该外设与接口的连接电路。图中利用锁存器输出数据到外设；利用另一片锁存器的 Q_0 输出产生控制信号 $\overline{STB}$；同时，利用三态门 244 构成输入接口，由数据线 D_7 读进外设的忙状态。通过查询外设的状态，实现数据的输出。现将从数据段 40000H 单元开始的顺序 50 个字节，利用查询传送方式输出到图 5.5(b)所示的接口，程序如下：

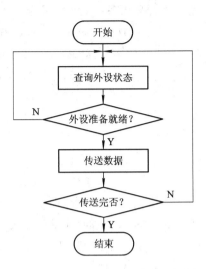

图 5.4 单一外设查询工作流程框图

```
PRODAT: MOV    AX，4000H
        MOV    DS，AX
        MOV    SI，0
        MOV    CX，50
        MOV    DX，02F9H
        MOV    AL，01H
        OUT    DX，AL          ; 使 STB =1
GOON:   MOV    DX，02FAH
WAITA:  IN     AL，DX
        TEST   AL，80H         ; 查询外设状态
        JNZ    WAITA           ; 忙，则等待
        MOV    DX，02F8H
        MOV    AL，[SI]
        OUT    DX，AL          ; 输出数据
        MOV    DX，02F9H
        MOV    AL，00H
        OUT    DX，AL          ; 输出 STB 负脉冲
        MOV    AL，01H
        OUT    DX，AL
        INC    SI
        LOOP   GOON
        RET
```

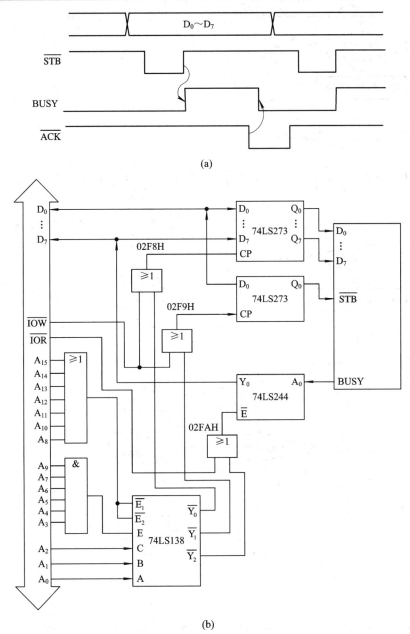

图 5.5　查询传送方式工作示例

(a) 外设时序图；(b) 外设与接口连接图

2．多个外设的查询工作

以上介绍的是单个外设查询传送工作的过程。当微机系统中存在多个外设，需利用查询传送方式工作时，可采用图 5.6 所示的某种方法来实现。

由图 5.6 可以看到，图中所表示的多个外设查询传送方式工作均是对各外设逐个进行轮流查询，并根据其状态决定对其服务。但三种方法又略有不同，最终表现在对外设服务的优先级上。不同的应用场合，可采用不同的查询方法。

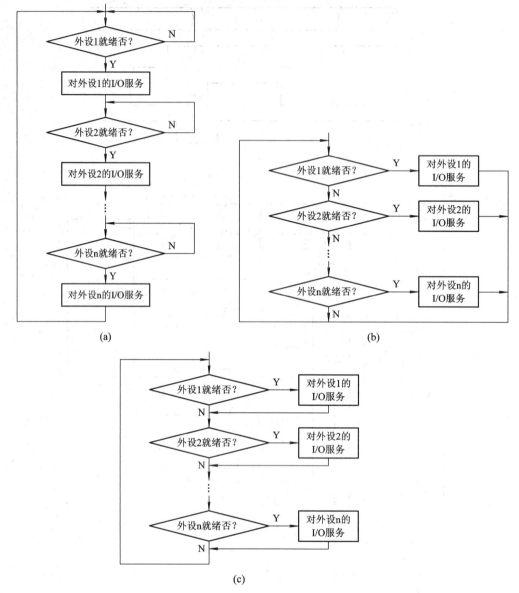

图 5.6　查询方式的几种方式

　　从以上分析可以看到，无条件传送适合于简单的外设，不需要专门的状态及控制信息，仅利用简单的接口通过程序即可实现输入或输出。

　　就查询传送方式来说，当采用这种方式工作时，CPU 对外设的状态逐一进行查询，发现哪个外设需要服务便对它服务，然后再继续查询。在这种情况下，CPU 就像采用查询传送方式工作的厂长。在此方式下，厂长一上班就一个科室接一个科室地逐个询问有无需要处理的问题，若有，则厂长加以处理；若没有，则转到下一个科室。询问完科室再逐个车间进行询问。也就是说，厂长不做别的事，就是一个科室接一个科室、一个车间接一个车间不停地轮流询问和处理各部门的问题，就如同图 5.6(c)所示的那样。

　　从上面对查询传送方式的描述可以看到，这种工作方式有两大缺点：

(1) 降低了 CPU 的效率。在这种工作方式下，CPU 不做别的事，只是不断地对外设的状态进行查询。在实际工程应用中，对于那些慢速的外设，在不影响外设工作的情况下，CPU 可以抽空做一些别的事。

(2) 对外部的突发事件无法做出实时响应。如上面提到的厂长，在他询问一车间无厂长要处理的问题刚刚离开时，一车间发生爆炸(或大火)等突发事件需要厂长处理，而这时厂长(也就是 CPU)根本不知道事件的发生，也就无法做出处理，必须等到他把全厂其他所有车间和科室询问处理完再回到一车间，才能发现事故，对发生的爆炸(或大火)进行处理，也许这时一切都已经晚了。

查询传送方式的优点在于这种工作方式原理很易理解，实现起来也很容易。因此，在那些对实时性要求不高的工程应用中经常被采用。

一般来说，查询及无条件传送方式多用于慢速的外设。

5.2.3　中断方式

中断是计算机中一个非常重要的概念，而且在微型机中应用得极为广泛。掌握好中断的概念及其应用是每一个学习微型计算机的人必须做到的，尤其是在微型机的监测控制系统中，经常会需要实时处理各种突发事件。因此，在这些系统中一般都会用到中断。一个没有采用中断的监测控制系统要么是一个非常小的系统，要么是一个性能很差的系统。

在微型机系统中，采用中断的优点就在于既能提高 CPU 的效率又能对突发事件做出实时处理。这就如同前面提到的那位厂长。在中断方式下，他上班后直接进入办公室，做他的工作或阅读有关企业管理方面的书。某时刻下面的科室或车间发生需要厂长处理的问题，于是电话铃响了，厂长暂停读书并用书签插在正在阅读的那一页上，接电话处理下面发生的问题。当问题处理完后，厂长放下电话，找到书签的位置接着读书。

中断方式具有上面所提到的优点，但中断实现起来比较麻烦，调试也比较困难，一旦出现故障需认真仔细地进行排除。

在本节里，首先介绍中断的一般概念，接着说明 8086(8088)的中断系统，最后介绍可编程中断控制器 8259，旨在使读者能熟练地应用中断解决具体的工程问题。

1. 中断的基本概念

1) 中断的概念及中断源分类

在 CPU 执行程序的过程中，由于 CPU 内部或其外部发生了某种事件，强迫 CPU 暂时停止正在执行的程序而转向对发生的事件进行处理，事件处理结束后又能回到原来中止的程序，接着中止前的状态继续执行原来的程序，这一过程称为中断。

引起中断的事件就称为中断源。中断源的分类没有统一标准，但不外乎内部中断源和外部中断源两大类。

由处理器内部产生的中断事件称为内部中断源。例如，当 CPU 进行算术运算时，除数太小，致使商无法表示、运算发生溢出或执行软件中断指令等情况，都认为是内部中断。

若中断事件是发生在处理器外部，如由处理器的外部设备(广义地说)产生的，这类中断源称为外部中断源。例如，某些外设请求输入/输出数据，硬件时钟定时时间到，某些设备出现故障等，均属于这种情况。这里所说的外部设备含义比较广泛，例如硬件定时器、A/D 变换器等均可看做外部设备。

外部中断源产生引起中断的事件，事件发生后，如何告诉 CPU 以便让它做出处理呢？在 CPU 上有专门的中断请求输入引线，不同 CPU 的中断请求引线多少不一，多的可多达十几条而少的则有一两条。如前所述，8088(8086) CPU 有两条输入信号线：INTR 和 NMI。外部中断源利用 INTR 和 NMI 告诉 CPU 已发生了中断事件。

2) 中断的一般过程

在这里以 INTR 为例说明中断的一般过程。所谓一般过程，就是指无论哪种 CPU(或处理器)都存在这样一个过程，并且通过对一般过程的描述，可加深对中断方式工作的理解。可屏蔽中断的一般过程按先后顺序分为如下几步。

● 中断请求

当外部设备要求 CPU 对它服务时，便产生一个有效的中断请求信号，将其加到 CPU 的中断请求输入端，即可对 CPU 提出中断请求。

对于中断请求信号，应注意两个问题：其一是有效的中断请求电平必须保持到被 CPU 发现；其二是当 CPU 响应请求后，应当把有效的请求电平去掉，这样才能保证 CPU 不会对同一请求造成多次响应，而且也为下一次请求做好了准备。在使用可编程中断控制器(如下面要介绍的 8259)时，CPU 的中断响应信号就能做到这一点。若用户自己构成中断请求硬件，则必须注意到这个问题。

● 中断承认

CPU 在每条指令执行的最后一个时钟周期，检测中断请求输入端有无请求发生，然后决定是否对它做出响应。CPU 承认 INTR 中断请求，必须满足以下 4 个条件：

(1) 一条指令执行结束。CPU 在一条指令执行的最后一个时钟周期对请求进行检测，当满足此处所说的 4 个条件时，本指令结束，即可响应。

(2) CPU 处于开中断状态。只有在 CPU 的 IF=1，即处于开中断时，CPU 才有可能响应可屏蔽中断请求。

(3) 没有发生复位(RESET)、保持(HOLD)和非屏蔽中断请求(NMI)。在复位或保持请求时，CPU 不工作，不可能响应中断请求；而 NMI 的优先级比 INTR 高，CPU 响应 NMI 而不响应 INTR。

(4) 开中断指令(STI)、中断返回指令(IRET)执行完，还需要执行一条指令才能响应 INTR 请求。另外，一些前缀指令，如 LOCK、REP 等，将它们后面的指令看做一个整体，直到这种指令执行完，方可响应 INTR 请求。

● 断点保护

中断事件的发生是随机的，尤其是外部中断。由于要求在中断事件处理结束后必须回到被中断的程序，接着中断前的状态继续向下执行，因此必须进行断点保护。断点保护一般分为两部分：一部分工作由 CPU 硬件在中断响应过程中自动完成；另一部分由程序员在中断服务程序中利用指令来完成。

CPU 在响应中断时，会由 CPU 硬件自动保护断点的部分信息(又称为保护现场)，如图

5.7 所示。如果图 5.7 中所示中断事件出现在指令"MOV AL，81H"执行过程中，该指令执行结束且满足其他条件，则 CPU 便对该中断做出响应。CPU 保护该指令执行结束时的断点信息。不同的 CPU 利用其硬件自动保护的断点信息是不一样的。例如 8086(8088) CPU 保护的是"MOV AL，81H"指令执行结束时，也就是下一条指令第一个指令字节所对应的 CS 和 IP，同时保护这时的标志寄存器 F。而 MCS-51 则只保护当时的 PC(它指向下一条指令的第一个字节)。

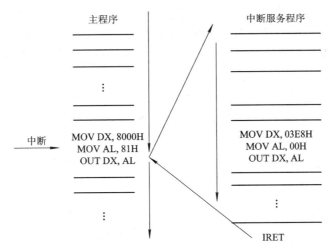

图 5.7 中断过程示意图

一般情况下，CPU 硬件自动保护的信息是不够的。由图 5.7 可以看到，中断在"MOV AL，81H"指令执行结束得到响应，经过一系列工作(见后述)转向中断服务程序。在中断服务程序中又用到了寄存器 DX 和 AL，改变了它们的内容，则中断返回到被中断的程序，接着中断前的"OUT DX，AL"指令执行时，DX 和 AL 的内容均已被修改。因此，若不采取保护措施必然会发生错误。由于中断是随机发生的，在中断服务程序一开始，要由程序设计者保护在本服务程序中所用到的所有寄存器，然后才能使用这些寄存器。

可见，断点保护一部分由 CPU 硬件自动完成，另一部分则由程序设计者完成。这些保护通常是用压入堆栈的方法来实现的。

● 中断源识别

当微型机系统中存在多个中断源，例如有多个中断源通过一条中断请求线 INTR 向 CPU 提出请求时，一旦做出响应就必须弄清楚是哪一个中断源提出的请求，以便有针对性地对它服务，这就是中断源识别。常用的中断源识别方法有以下两种：

(1) 软件查询。利用输入接口将多个中断源的状态读入，逐个进行查询，查询到是谁就转向对谁服务。

(2) 中断矢(向)量法。所谓中断矢量，就是中断服务程序的入口地址(也就是中断服务程序的起始地址)。可以给每一个中断源分配一个特定的中断服务程序的入口地址，将中断源的中断服务程序区分开来。在 8088 CPU 中是给每一个中断源分配一个中断向量码(或叫做中断类型码)，中断向量码不是中断矢量，但与中断矢量有密切的关系，后面将会看到，可通过中断向量表将两者联系到一起。

目前,许多 CPU(或单片机)都采用矢量法进行中断源识别。

● 对中断源服务

确定了中断源并且进行了断点保护后,接下来就是对具体的中断源的服务。不同的中断源服务不一样,一般根据预先确定的要求编写程序予以实现。其详细情况将在中断优先级控制中说明。

● 断点恢复和中断返回

这里的断点恢复是指恢复那些由设计者在断点保护时所保护的内容。前面已经提到,在断点保护时一部分寄存器的内容是 CPU 硬件自动保护的,另一些寄存器的内容是由设计者(或程序员)通过程序保护的。这里的断点恢复是恢复设计者所保护的内容,通常用弹出堆栈指令来完成(与保护时的压入堆栈操作相反)。

中断返回是一条 IRET 指令,它的功能就是命令 CPU 自动恢复在断点保护时自动保护的内容。可见,CPU 自动保护的内容由中断返回指令来恢复,而程序员所保护的内容由程序员编程来恢复。

以上就是中断的一般过程。

3) 中断优先级控制

在具有多个中断源的微型机中,不同的中断源对服务的要求紧迫程度是不一样的。在这样的微型机系统中,需要按中断源的轻重缓急来对它们服务。举日常生活中的例子来说,假如医院的急诊医生就是 CPU,在其值班时,一个患感冒的病人和一个因车祸大出血的病人同时进入急诊室,则医生一定会首先抢救更加危重的病人,待大出血的病人处理好后再来诊治患感冒的病人。另一种情况是医生正在对患感冒的病人进行诊断,这时抬进来因车祸大出血的病人,则医生一定会暂时放下患感冒的病人而去处理更加危重的病人,待危重病人处理结束后再来继续为感冒患者服务。

根据上述思想,在微型机中提出了中断优先级的控制问题。中断优先级控制应当解决这样两种可能出现的情况:

(1) 当不同优先级的多个中断源同时提出中断请求时,CPU 首先响应最高优先级的中断源;

(2) 当 CPU 正在对某一中断源服务时,有比它优先级更高的中断源提出中断请求,CPU 能够中断正在执行的中断服务程序而去对优先级更高的中断源进行服务,服务结束后再返回原优先级较低的中断服务程序继续执行。

上面的第(2)种情况,就是优先级高的中断源可以中断优先级低的中断服务程序,这就形成了中断服务程序中套着中断服务程序的情况,这就是所谓的中断嵌套。中断嵌套可以在多级上进行,形成多级中断嵌套,其示意图如图 5.8 所示。

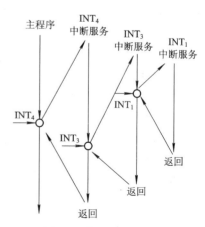

图 5.8　中断嵌套示意图

在这种情况下,中断服务程序有两种形式:一种是允许中断的中断服务程序;另一种是不允许中断的中断服务程序。两种形式的服务程序框图分别如图 5.9(a)和(b)所示。

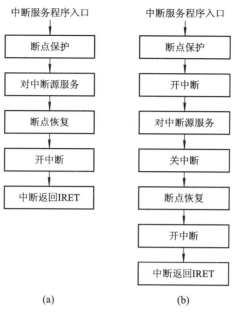

图 5.9　中断服务程序框图

(a) 不允许中断的中断服务程序框图；(b) 允许中断的中断服务程序框图

由图 5.9 可以看到，两种中断服务程序的区别仅在于不允许中断的中断服务程序一直是关中断的，仅在中断返回前开中断，则整个中断服务程序均不会响应中断。而允许中断的中断服务程序中有开中断指令，则允许中断。

对于图 5.9，更重要的是读者必须记住并理解一个中断服务程序的基本框架：开始必须有断点保护，这就是前面提到的由程序员利用指令完成的那一部分；然后要有对中断源的具体服务；服务完后必定要有断点恢复；最后则是中断返回。这个基本框架是设计人员必须遵循的，是非常重要的。

当微型机系统需要中断嵌套工作时，需要编写前面提到的允许中断的中断服务程序。同时，要特别注意，每一次嵌套都要利用堆栈来保护断点，使堆栈内容不断增加，因此，要充分估计堆栈的大小，不要使堆栈发生溢出。

2．8086(8088)的中断系统

8086(8088)具有功能很强的中断系统，可以处理 256 个不同方式的中断。每一个中断赋予一个字节的中断向量码(也称中断类型码)，CPU 根据向量码的不同来识别不同的中断源。8086(8088)中断源分为两大类，下面将逐一加以介绍。

1) 内部中断源

8086(8088)的内部中断主要有 5 种。

● 除法错中断

在 8086(8088)执行除法指令时，若除数太小，致使所得的商超过了 CPU 所能表示的数值范围，则 CPU 立即产生一个向量码为 0 的中断。因此，除法错中断又称为方式 0 中断。中断向量码 0 是由 CPU 内部硬件自动产生的。

● 单步中断

8086(8088)CPU 的标志寄存器中有一位 TF 标志——陷阱状态标志。CPU 每执行完一条指令后都检测 TF 的状态。如果发现 TF=1，CPU 产生中断向量码为 1 的中断，使 CPU 转向单步中断的程序。单步中断广泛应用于程序的调试，使 CPU 一次执行一条指令。单步中断的中断向量码 01H 也是由 CPU 内部硬件自动产生的。

● 断点中断

8086(8088)的指令系统中有一条专门用来设置断点的指令，其操作码为单字节 CCH。CPU 执行该指令时产生向量码为 3 的中断(即方式 3 中断)。断点中断在调试过程中用于设置断点。断点中断向量码 03H 亦是由 CPU 内部硬件自动产生的。

● 溢出中断

当 CPU 进行算术运算时，如果发生溢出，则会使标志寄存器的 OF 标志位置 1。如果在算术运算后加一条溢出中断指令 INTO，则溢出中断指令测试 OF 位。若发现 OF=1，则发生向量码为 4 的中断(即方式 4 中断)。溢出中断的中断向量码 04H 同样是由 CPU 内部硬件自动产生的。若发现 OF=0，则不发生中断并继续执行该指令后面的指令。

● 用户自定义的软件中断

用户可以用 INT n 这样的指令形式来自定义软件中断。其中 INT 为助记符，形成一个字节的操作码；n 为由用户确定的、一个字节的中断向量码。INT n 是由用户自己确定的两个字节的软件中断指令。可见，软件中断指令的中断向量码是由程序员(用户)决定的。

总之，内部中断的中断向量或者是 CPU 指定的，如除法出错、单步、断点和溢出中断，或者是由用户预先给定的。当 CPU 响应这些中断时，CPU 本身或通过软件指令即可获得中断向量码。

2) 外部中断

8086(8088)有两个信号输入端供外部中断源提出中断请求，下面分别予以说明。

● 非屏蔽中断 NMI

如前所述，8086(8088)的 NMI 不受 IF 标志的限制。只要 CPU 在正常执行程序，一旦 NMI 请求发生，CPU 在一条指令执行结束后将对它做出响应。NMI 的请求输入为上升沿有效。

8086(8088)CPU 响应 NMI 中断请求时，由 CPU 内部硬件自动产生中断向量码 02H，该向量码决定非屏蔽中断服务程序的入口地址。

● 可屏蔽中断请求 INTR

该中断通常简称为中断请求，它受中断允许标志位 IF 的约束。只有当 IF=1 时，CPU 才有可能响应 INTR 请求。INTR 高电平有效。

8086(8088)CPU 响应 INTR 中断请求与响应内部中断和外部 NMI 中断的方法不同。在 CPU 响应内部中断和 NMI 中断时，是由 CPU 硬件自动形成或由软件指令提供中断向量码的。根据该中断向量码可决定中断服务程序的入口地址，转向相应的中断服务程序去执行。可以认为，中断源在得到 CPU 响应时是与外部没有关系的。

但是，INTR 中断响应则不一样，CPU 的响应过程要做两方面的工作：其一，CPU 首先产生两个连续的中断响应总线周期。在第一个中断响应总线周期，CPU 将地址总线及数据总线置高阻，送出第一个中断响应信号 $\overline{\text{INTA}}$。在第二个中断响应总线周期，CPU 送出第二个 $\overline{\text{INTA}}$ 信号。该信号启动外部中断系统，通知它将提出中断请求的中断源的一个字节的中断向量码放到数据总线上，CPU 由数据总线即可获得该中断源的中断向量码。外部中断系统(通常是可编程中断控制器)预先对不同的中断源赋予不同的中断向量码。因此，CPU 获得不同的中断向量码也就可以区分不同的中断源。其二，当 CPU 获得中断源的中断向量码后，再由 CPU 硬件进行断点保护(FLAG，CS，IP)并关中断。然后，根据中断向量码，获得中断源的服务程序入口地址，转向对中断源进行服务。

可见，在获得中断向量码的方式上，INTR 与内部中断和 NMI 中断是不同的。$\overline{\text{INTA}}$ 的时序如图 5.10 所示。

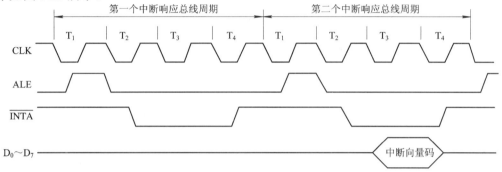

图 5.10　8088 CPU 的 INTR 中断响应时序

由图 5.10 可见，响应 INTR 的过程需要两个总线周期。每个总线周期送出一个 $\overline{\text{INTA}}$ 负脉冲。第一个负脉冲用于响应提出中断请求的外设(接口)。第二个负脉冲期间，提出中断请求的外设将其中断源的中断向量码送到数据总线上。CPU 可从数据总线上获取该向量码。

顺便提一句，图 5.10 是 8088 CPU 的中断响应时序。8086 与其不同之处仅仅在于在两个总线周期间多加了三个空闲的时钟周期。

综上所述，可利用图 5.11 表示 8088(8086) CPU 的中断响应的全过程。对这一过程，总结如下：

(1) 由图 5.11 可见，CPU 利用硬件查询各中断源。一条指令执行结束后，先查询的优先级比后面的高。因此，除单步外的内部中断(除法、断点、溢出及软件中断指令)的优先级最高，然后依次是 NMI、INTR，优先级最低的是单步中断。

(2) 各种中断源在响应过程中获取中断向量码的途径是不一样的。除法、溢出、断点、单步及 NMI 均由 CPU 内部硬件产生；软件中断指令的中断向量码包含在指令中；而 INTR 的中断向量码是由 CPU 从数据总线上读取得到的。

获得中断源的中断向量码以后的过程则全都是一样的(见图 5.11)。

(3) 特别提醒读者注意的是，图 5.11 的整个过程——从 CPU 硬件查询中断源到 CPU 转到中断服务程序这一复杂的过程，全部都是由 CPU 硬件自动完成的。读者必须记住这个过程，在今后利用中断解决具体的工程问题时，设计人员的工作就在于利用硬件和软件配合 CPU 的这个过程，最终使中断顺利地实现。后面将会看到这一点。

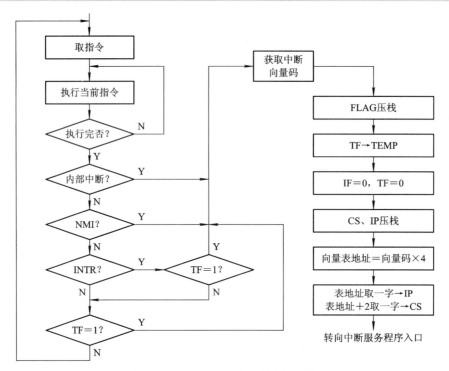

图 5.11   8088(8086)的中断响应过程

3) 中断向量表

前面已提到,中断服务程序的入口地址称为中断向量(或中断矢量),每一个中断源都具有它自己的中断服务程序及其入口地址。前面又提到,每一个中断源都具有它自己的中断向量码。那么,中断向量码和中断向量两者有什么关系呢?

中断向量码和中断向量(即中断服务程序的入口地址)是通过图 5.12 所示的中断向量表建立联系的。

从图 5.12 可以看到,中断向量表是内存 00000H～003FFH 的一段大小为 1024 个存储单元的区域。存储单元的地址(00000H～003FFH)叫做中断向量表地址,在这些地址中存放着中断向量。中断向量也就是中断服务程序的入口地址,它如何存放呢?每一个中断源都按其中断向量码所决定的地址存放其服务程序的入口地址:

中断服务程序入口的偏移地址→向量码×4＝中断向量表地址及加 1 的地址

中断服务程序入口的段地址→向量码×4＝中断向量表地址加 2 及加 3 的地址

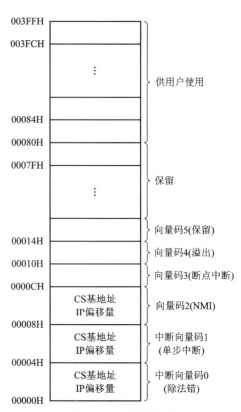

图 5.12   中断向量表

　　如上所述,除法中断服务程序入口地址的偏移地址就存放在00000H和00001H单元中,而入口地址的段地址就存放在00002H和00003H单元中。参见图5.11,当除法中断发生后,CPU响应的最后步骤就是中断向量码(00H)×4构成中断向量表地址,即从00000H和00001H单元取出事先放好的中断服务程序入口的偏移地址放进IP,而从00002H和00003H单元中取出事先放好的中断服务程序的段地址放到CS中。则从下一个总线周期开始,CPU一定转向除法中断服务程序的入口地址,开始执行服务程序。对于其他中断源,其思路与除法中断一样。

　　中断服务程序的入口地址(即中断矢量)必须事先填写到中断向量表中。填写中断向量表可用下面两种方法:

● 直接编程序填写中断向量表

　　若某中断源的中断向量码为 48H,而该中断的中断服务程序名称为 TIME,则可编写如下程序填写中断向量表:

```
SEDITV: MOV  DX, 0000H
        MOV  DS, DX
        MOV  SI, 0120H            ; 中断向量码 48H×4=0120H
        MOV  DX, OFFSET  TIME     ; 取服务程序入口的偏移地址
        MOV  [SI], DX
        MOV  DX, SEG  TIME        ; 取服务程序入口的段地址
        MOV  [SI+2], DX
```

　　在该程序中,将 TIME 的移偏地址放在了向量码 48H × 4 = 0120H 及其加 1 的单元中,也就是中断向量表地址 00120H 和 00121H 中,而把 TIME 所在段的段地址放在了向量码 48H × 4 = 0120H 的加 2 和加 3 的单元中,即 00122H 和 00123H 中。

● 采用 DOS 系统调用填写中断向量表

　　若在 DOS 下工作,则可采用 DOS 系统调用填写中断向量表:

INT 21H 的功能 25H

25H → AH

中断向量码 → AL

中断服务程序段: 偏移量 → DS: DX

程序如下:

```
MOV  AH, 25H             ; 功能号
MOV  AL, 48H             ; 中断向量码
MOV  DX, SEG  TIME
MOV  DS, DX
MOV  DX, OFFSET  TIME
INT  21H
```

　　这样一来,就将中断向量码和中断服务程序的入口地址通过中断向量表联系在一起,而且每个中断向量码(也就是每个中断源)在中断向量表中占有 4 个地址,其中 2 个地址放中断服务程序入口地址的偏移地址,另 2 个地址放中断服务程序入口地址的段地址。由于

8088 CPU 有 00H～FFH 共 256 个中断源，所以中断向量表也只有 1 KB 大小。

3. 中断控制器 8259

前面曾经提到，可编程中断控制器是当前最常用的解决中断优先级控制的器件。中断控制器 8259 具有很强的控制功能，它能对 8 个或通过级联对更多的中断源实现优先级控制。通过提供不同的中断向量码来识别这些中断源，为用户构成中断系统提供强有力的手段。

从现在开始，我们将介绍一些功能强大的可编程器件。这些可编程器件结构复杂，使用灵活。从应用角度出发，主要介绍如何用它们来完成所需的功能。读者应从以下几个方面来认识并最终用好它们：

(1) 弄清楚芯片外部引线的功能。只有熟悉每一条引线，在将来工程应用中才有可能将芯片连接到系统总线上。

(2) 了解芯片的工作方式或工作特点，以便将来遇到具体的工程问题时能够知道利用芯片的哪种工作方式或哪些工作特性来解决问题。

(3) 理解芯片内部的控制字、命令字、状态字，以便在具体应用时能选择控制字、命令字并利用状态字对芯片编程。

(4) 了解芯片所占的接口地址，以利于对芯片的具体连接。

(5) 在上述基础上，实现对芯片的初始化及具体应用。

上述几个方面是学习和应用每一块可编程芯片必须注意的。但由于还没有具体介绍芯片，读者不一定能理解。当学到本书后面的章节时会逐渐有所体会。

下面开始具体介绍可编程中断控制器 8259。

1) 8259 的外部引线

可编程中断控制器 8259 外部引线及内部结构简图分别如图 5.13(a)和(b)所示。

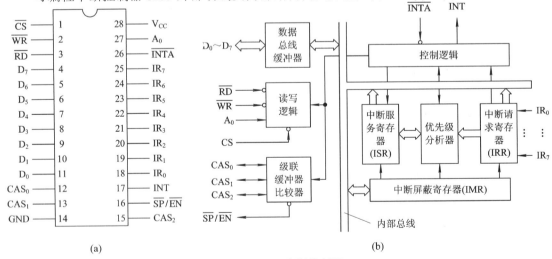

图 5.13   8259 中断控制器

(a) 8259 引线图；(b) 8259 内部结构简图

8259 中断控制器的引线及功能说明如下：

D_0～D_7 为双向数据线，与系统总线的数据线相连接。编程时控制字、命令字由此写入；中断响应时，8259 的中断向量码由此送到数据总线上，提供给 CPU。

$\overline{WR}$、$\overline{RD}$ 为写和读控制信号，与系统总线的写、读信号相连接。

$\overline{CS}$ 为片选信号，只有 $\overline{CS}$ 为低电平时，才能实现 CPU 对 8259 的写或读操作，通常在系统中连接地址译码器。

A_0 是 8259 内部寄存器的选择信号，它的不同状态对应不同的内部寄存器，使用中通常接地址总线的某一位，例如 A_1 或 A_0 等。

INT 为 8259 的中断请求输出信号，可直接接到 CPU 的 INTR 输入端。

$\overline{INTA}$ 为中断响应输入信号。在中断响应过程中，CPU 的中断响应信号由此端进入 8259。

$CAS_0 \sim CAS_2$ 为级联控制线。当多个 8259 级联工作时，其中一片为主控级芯片，其他均为从属级芯片。主控级芯片的 $CAS_0 \sim CAS_2$ 作为输出，连接到各从属级芯片 $CAS_0 \sim CAS_2$ 上。当某从属级 8259 提出中断请求时，主控级 8259 的 $CAS_0 \sim CAS_2$ 送出相应的编码给从属级，使从属级中断被允许。

$\overline{SP}/\overline{EN}$ 为双功能引线。当工作在缓冲模式时，它为输出，用以控制缓冲传送；在非缓冲模式时，它用做输入。当 $\overline{SP}/\overline{EN}=1$ 时，指定 8259 芯片为主控级；$\overline{SP}/\overline{EN}=0$ 时，指定它为从属级。

$IR_0 \sim IR_7$ 为中断请求输入端。其他外设中断请求可加在 8259 的 $IR_0 \sim IR_7$ 的任一端上。该信号可以是上升沿有效提出中断请求，也可以是高电平有效提出中断请求，由程序指定。

图 5.13(b)给出了 8259 的内部结构简图。芯片内部结构并不要求全部掌握，只要求了解其中三个状态寄存器：

(1) 中断请求寄存器(IRR)。该寄存器是一个 8 位寄存器，用以保存外部中断源($IR_0 \sim IR_7$)等待响应的中断请求信号。此寄存器的每一位对应一个中断源，当某中断源有请求时，则其相应位为 1。一旦得到响应，其相应位复位为 0。

(2) 中断屏蔽寄存器(IMR)。这个 8 位寄存器的每一位对应一个外部中断源的屏蔽或开放。当某一位为 1 时，它所对应的 IR 将被屏蔽；为 0 时则开放。

(3) 中断服务寄存器(ISR)。该 8 位寄存器保存正在被服务的中断源。哪个 IR 正在被服务，则 ISR 的相应位为 1，在需要用命令来结束中断时，此状态一直保持到该中断处理结束。结束服务，则 ISR 的相应位为 0。

上述三个寄存器的具体应用见下面的具体说明。

2) 8259 的工作方式

通过编程，可以设置 8259 的不同工作方式，以便适应不同环境的需要。这也说明了 8259 工作的灵活性和适应性。

● 8080/8085 与 8086/8088 工作模式

8259 可以应用于 8080/8085 8 位机系统中，也可以用于 8086/8088 16 位机系统中。利用初始化命令字(见后)可以指定 8259 是工作在 8080/8085 系统模式下还是工作在 8086/8088 模式下。

当 8259 工作在 8080/8085 模式下时，它能很好地与 8080/8085 CPU 中断响应过程相配合。在中断响应过程中，8080/8085 先后送出 3 个 $\overline{INTA}$ 脉冲，加到 8259 上。在此工作模式下，8259 收到第一个 $\overline{INTA}$ 脉冲就立即将 CALL 指令操作码 CDH 通过数据总线传送给 CPU。接着 CPU 送出第二个 $\overline{INTA}$ 脉冲，8259 再次通过数据总线将中断服务程序入口地址的低 8 位传送给 CPU。收到第三个 $\overline{INTA}$ 脉冲时，8259 将中断服务程序入口地址的高 8 位地址传送给 CPU。这样一来，CPU 就能很方便地在中断响应时转向中断服务程序。

在 8086/8088 模式下，响应中断过程中，CPU 产生两个 $\overline{\text{INTA}}$ 脉冲。这时，8259 内部使用第一个 $\overline{\text{INTA}}$ 脉冲；在第二个 $\overline{\text{INTA}}$ 脉冲期间，8259 通过数据总线将中断源的 1 个字节的中断向量码送到数据总线上并传送给 CPU。

● 8259 的中断优先级管理方式

(1) 一般完全嵌套方式，又称为固定优先级方式。在此方式下，8 个中断源由 IR_0 到 IR_7 优先级依次降低，即 IR_0 最高而 IR_7 最低。优先级高的可嵌入到优先级低的服务程序中。

(2) 自动循环优先级方式。该方式规定刚刚服务结束的中断源优先级最低，它的下一个中断源优先级最高并依次降低。可见，8 个中断源谁都可能获得最高优先级。当然，在设置自动循环优先级方式后，最初总是 IR_0 的优先级最高。

(3) 特殊循环优先级方式。这种方式是在主程序或中断服务程序中利用命令一次指定某一中断源的优先级最低。这就意味着它的下一个中断源的优先级最高并依次降低。一旦指定后，开始自动循环。

(4) 特殊全嵌套方式。该方式与一般完全嵌套方式基本相同。所不同的是在一般完全嵌套方式下，某一中断源请求得到响应后，则该中断源及低于该级的中断源的请求不再响应，只有高于该级中断源的请求才可以得到响应。而在特殊全嵌套方式下，某一中断请求得到响应后，它仍允许同级(该级)中断请求得到响应。这种方式主要用于级联方式工作。主控芯片采用该方式，才能实现从属芯片的优先级控制。

● 8259 的屏蔽方式

有关 8259 的中断屏蔽需弄清楚如下概念：

(1) 8259 在某一中断请求得到响应时，会使 ISR 中的相应位置 1。此时，8259 的优先级判决电路就会禁止所有优先级等于或低于它的中断请求，除非再用其他命令来改变这种情况。这是利用 ISR 实现的屏蔽。这种屏蔽随着该中断服务的结束而结束，此时它在 ISR 中的相应位被清 0。

(2) 利用命令的一般屏蔽。可以利用后面要提到的 OCW1 使某些位对应的中断源屏蔽。该命令写入中断屏蔽寄存器 IMR 中，可以屏蔽置 1 位所对应的中断源。

(3) 特殊屏蔽方式。如前所述，中断响应后，利用 ISR 中的相应位置 1，只能屏蔽同级或更低级的中断源。特殊屏蔽则可以屏蔽更高级的中断源，而使得低级中断源获得响应，嵌套到高优先级的中断服务程序中。

特殊屏蔽方式利用 OCW3 来设置，然后再利用 OCW1 将当前正在服务的中断加以屏蔽，这就可以使 ISR 中当前中断所对应的位清 0，从而使所有未被 OCW1 屏蔽的中断源，包括优先级最低的中断源都有可能得到响应。

● 中断结束方式

(1) 自动结束。当系统中只有一片 8259 且不会出现中断嵌套时，可以采用自动结束方式。

当 8259 设置为自动结束时，中断响应的第二个 $\overline{\text{INTA}}$ 负脉冲将清除 ISR 中的相应位，从而认为中断结束。实际上这时中断服务程序尚未执行。因此，这种中断结束方式不允许中断嵌套。

(2) 一般结束方式。此方式用在一般全嵌套方式下，由 CPU 利用程序发送结束命令(EOI)给 8259，使 8259 的 ISR 中优先级最高的置 1 位清 0，从而结束该位所对应的中断。该命令是利用 OCW2 的最高 3 位为 001 来实现的。

(3) 特殊结束方式。在非完全嵌套方式下，中断优先级在不断发生改变，无法利用 ISR 中的置 1 位来确定当前正处理的是哪一级中断。这时就要用特殊结束命令(SIOI)来结束所指定的那一级中断。该命令是利用 OCW2 的高 3 位为 011，最低 3 位的编码指定要结束的中断源来实现的。

● 中断触发方式

8259 有 8 个外部中断源输入端 $IR_0 \sim IR_7$，它们的请求触发方式有电平触发和边沿触发两种，可编程设置。

(1) 电平触发。利用 IR_x 上的高电平触发中断请求。高电平应维持到中断响应的第 1 个 $\overline{INTA}$ 负脉冲结束之前。一旦该响应脉冲结束，高电平也应撤销，以防止产生第二次响应。

(2) 边沿触发。利用加到 IR_x 上的信号的上升沿触发中断请求，而高电平不表示有中断请求。在边沿触发方式下，应注意在上升沿产生后的高电平应持续到第 1 个 $\overline{INTA}$ 脉冲结束，甚至可以一直保持高电平。

无论哪种触发方式，若高电平持续时间很短，则 8259 将自动规定该中断由 IR_7 进入。利用这一特性可以克服系统中的窄脉冲干扰。当有大的窄脉冲干扰时，可将相应的 IR_7 的中断服务程序用一条 IRET 来实现。显然，若能将请求脉冲保持必要的宽度且系统中没有大的窄脉冲干扰，IR_7 是可以利用的。只要在 IR_7 的中断服务程序中读 ISR 并查询其状态是否是正常的中断请求即可，因为正常的 IR_7 中断会使 ISR 的 D_7 置 1。

3) 8259 的内部控制字

8259 的功能是很强的，在它工作以前必须通过软件命令它做什么。只有在 8259 接收了 CPU 的命令后，它才能按照命令所指示的方式工作，这就是对 8259 的编程。CPU 命令分为两大类：一类是初始化命令字(ICW)，主要使 8259 处于初始状态；另一类是操作命令字(OCW)，使处于初始状态的 8259 去执行具体的某种操作方式。操作命令字可在 8259 初始化后的任何时刻写入。

● 初始化命令字

(1) 初始化命令字 ICW1。在 $A_0=0$，$D_4=1$ 时为写入，各位的功能见图 5.14。

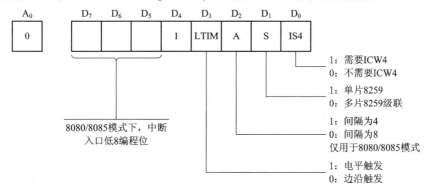

图 5.14　初始化命令字 1(ICW1)

(2) 初始化命令字 ICW2。在 8080/8085 模式下，它为中断入口地址的高 8 位，与 ICW1 的 $D_7 \sim D_5$ 形成的低 8 编程位构成 16 位的入口地址。在 8086/8088 模式下，仅用 ICW2 提供不同中断源的中断向量码。当中断响应时，再根据中断向量表获得入口地址。ICW2 如图 5.15 所示。

A_0	D_7	D_6	D_5	D_4	D_3	D_2	D_1	D_0
1	A_{15}/T_7	A_{14}/T_6	A_{13}/T_5	A_{12}/T_4	A_{11}/T_3	A_{10}	A_9	A_8

图 5.15　初始化命令字 2(ICW2)

ICW2 构成 $IR_0 \sim IR_7$ 的中断向量码如表 5.1 表示。在表 5.1 中，设计人员在编程时只需规定 ICW2 中的 $T_3 \sim T_7$ 即可，低 3 位是隐含默认的。

表 5.1　ICW2 构成 $IR_0 \sim IR_7$ 的中断向量码

IR	D_7	D_6	D_5	D_4	D_3	D_2	D_1	D_0
7	T_7	T_6	T_5	T_4	T_3	1	1	1
6	T_7	T_6	T_5	T_4	T_3	1	1	0
5	T_7	T_6	T_5	T_4	T_3	1	0	1
4	T_7	T_6	T_5	T_4	T_3	1	0	0
3	T_7	T_6	T_5	T_4	T_3	0	1	1
2	T_7	T_6	T_5	T_4	T_3	0	1	0
1	T_7	T_6	T_5	T_4	T_3	0	0	1
0	T_7	T_6	T_5	T_4	T_3	0	0	0

(3) 初始化命令字 ICW3。该字是用于多片 8259 级联的。在主控 8259 中，ICW3 的每一位对应一个 IR 输入。哪一位为 1，表示相应的 IR 接从属 8259。例如，主控 8259 的 IR_4 和 IR_7 接从属 8259，则主控 8259 和 ICW3 的 D_4 和 D_7 必须为 1，而其他不接从属 8259 的各位均为 0。

从属 8259 的 ICW3 的最低三位的编码用以表示该从属 8259 接至主控 8259 的 IR 编号。例如，从属 8259 芯片接主控的 IR_4，则从属 ICW3 的 $D_0 \sim D_2$ 的编码为 100(4)。两个 ICW3 如图 5.16 所示。

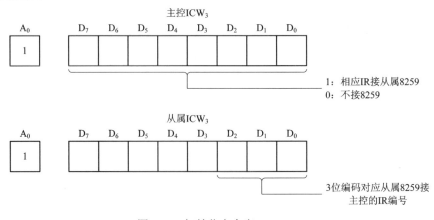

图 5.16　初始化命令字 3(ICW3)

(4) 初始化命令字 ICW4。ICW4 各位的功能如图 5.17 所示。

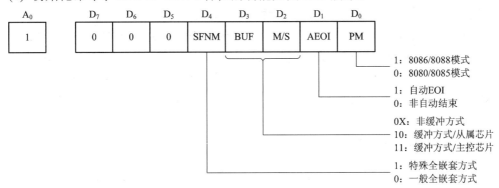

图 5.17　初始化命令字 4(ICW4)

ICW4 中的 AEOI 位用于规定中断结束方式。该位为 0，则规定必须利用程序命令结束中断。详见 OCW2。当该位为 1 时，规定为自动结束。

BUF(ICW4 的 D3)用来指示 8259 的数据线 $D_0 \sim D_7$ 与系统总线 $D_0 \sim D_7$ 连接中间有无缓冲器。如果有缓冲器，则在中断响应过程中应打开缓冲器，保证在这时传送中断向量码。而在对 8259 编程时，又能保证数据正确地写入 8259。这时，可用 8259 的 $\overline{SP}/\overline{EN}$ 信号输出作为控制信号。在非缓冲方式下，$\overline{SP}/\overline{EN}$ 用来指定本 8259 是主控芯片还是从属芯片。当 $\overline{SP}=1$ 时为主控芯片；$\overline{SP}=0$ 时为从属芯片。

SFNM 位用于级联方式，详情见后。

4) 操作命令字 OCW

在对 8259 用初始化命令字进行初始化之后，它就进入了工作状态，准备好接收从 IR 端进入的中断请求。在 8259 工作期间，可随时写入操作命令字，使 8259 按照操作命令字的规定来工作。操作命令字有 3 个，可单独使用。

(1) 操作命令字 OCW1。它用于设置对 8259 中断的屏蔽操作。当这个 8 位的操作命令字的某一位置 1 时，它就屏蔽相对应的 IR 输入。如图 5.18 所示，当 M0=1 时，屏蔽 IR_0；当 M1=1 时，屏蔽 IR_1。依此类推。未被屏蔽的 IR 可继续正常工作。

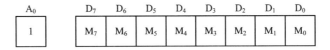

图 5.18　操作命令字 1(OCW1)

(2) 操作命令字 OCW2。该命令字具有多种功能，主要用于设置优先级、循环方式及中断结束方式等。OCW2 各位定义如图 5.19 所示。

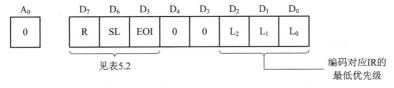

图 5.19　操作命令字 2(OCW2)

操作命令字各位功能描述如下：

R 为优先级循环控制位，R=1 为循环优先级；R=0 为固定优先级。

L_2、L_1、L_0 为系统最低优先级编码，用它们的编码来指定哪个 IR 优先级最低。

EOI 是中断结束命令。该位为 1 时，将复位现行中断的中断服务寄存器 ISR 中的相应位。在非自动 EOI 的情况下，需要用 OCW2 来复位当前最高优先级所对应的位。

SL 用于选择 L_2、L_1、L_0 编码。当 SL=1 时，$L_2 \sim L_0$ 编码有效；当 SL=0 时，$L_2 \sim L_0$ 编码无效。

OCW2 的具体功能见表 5.2。

表 5.2 OCW2 控制格式

D_7 R	D_6 SL	D_5 EOI	D_4 0	D_3 0	D_2 L_2	D_1 L_1	D_0 L_0	功 能
0	0	1			…			一般结束命令，使 ISR 中正在服务位清 0
0	1	1			L_2	L_1	L_0	特殊结束命令，将 $L_2 \sim L_0$ 指定的 ISR 中的相应位清 0
1	0	1			…			自动循环命令，结束正在执行的中断，并使其优先级最低
1	0	0			…			设置自动循环命令，IR0 优先级最低
0	0	0			…			清除自动循环命令，变为固定优先级
1	1	0			L_2	L_1	L_0	优先级设置命令，$L_2 \sim L_0$ 指定的 IR 优先级最低
1	1	1			L_2	L_1	L_0	结束由 $L_2 \sim L_0$ 指定的中断(ISR 指定位清 0)并使 $L_2 \sim L_0$ 指定的中断优先级最低
0	1	0			…			无效

(3) 操作命令字 OCW3。OCW3 可用于设置查询方式、特殊屏蔽方式以及读 8259 的中断请求寄存器 IRR、中断服务寄存器 ISR 的当前状态。OCW3 各位功能如图 5.20 所示。

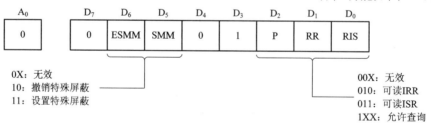

图 5.20 操作命令字 3(OCW3)

OCW3 的 bit6 和 bit5 用于设置特殊屏蔽和撤销特殊屏蔽。当将两位同时为 1 的 OCW3 写入 8259 后，8259 可以响应任何未被屏蔽的中断源。用完此状态后，若再将 ESMM=1，SMM=0 的 OCW3 写入 8259，则 8259 将恢复为未设置特殊屏蔽前的优先级方式。

OCW3 的 P 位为查询方式控制位。当 CPU 向 8259 写入 P=1 的 OCW3 后，只要接着执行一条输入指令，则加到 8259 引脚上的 $\overline{RD}$ 有效信号就可以使 8259 送出一个查询字节，该字节刚好通过这条输入指令读到 CPU 的 AL 中。查询字节的格式如下：

D_7	D_6	D_5	D_4	D_3	D_2	D_1	D_0
I	×	×	×	×	W_2	W_1	W_0

其中，I=1 表示有中断；I=0 表示无中断。W_2、W_1、W_0 的编码用来表示具有最高优先级的中断是哪一个 IR。

查询方式常用于中断源超过 64 个的情况，一般较少使用。

OCW3 的最后两位编码用来指定读 ISR 还是 IRR。因为 IRR 和 ISR 共用一个地址，故需由 OCW3 事先加以选择。

5) 8259 的寻址

8259 的外部只有一条地址线 A_0，因此它只占两个接口地址。从上面的内容可以看到，要写入 8259 中的命令字有许多个。如何利用有限的地址读写更多的状态字和命令字，是接口的寻址所考虑的问题。在可编程器件中，经常采用下列方法解决这个问题：

(1) 利用命令字(或控制字)中的某一位或某几位来标明该字是什么字。例如，对同一地址写入命令字 D_4=1 的一定是 ICW1；而 D_4=0，D_3=0 的命令字一定是 OCW2；D_4=0，D_3=1 的是 OCW3。因此，尽管都写入同一地址，但不会出错。

(2) 依据顺序加以区别。可编程芯片规定了先写入的是什么字，后写入的是什么字，再写入的是什么字，必须严格遵循所规定的顺序。尽管写入的是同一地址，但不会产生混乱。

(3) 根据命令字的某一位或某些位的状态加以区别。例如，8259 中 ISR 和 IRR 共用同一个地址。为了加以区别，在读出某个寄存器的状态前，必须先利用 OCW3 的最低两位的编码来指定是哪一个寄存器，然后再去读那个地址。

(4) 利用专门的触发器或寄存器的状态作为指针来区别。当状态为 1 或 0 时，分别指向同一地址的不同的字。

上述方法在可编程器件中会遇到。8259 的寻址控制如表 5.3 所示。

表 5.3 8259 寻址控制

A_0	D_4	D_3	$\overline{RD}$	$\overline{WR}$	$\overline{CS}$	操 作
0	×	×	0	1	0	先由 OCW3 指定，可读出 IRR 或 ISR 的内容
1	×	×	0	1	0	读出 IMR 的内容
0	0	0	1	0	0	写入 OCW2
0	0	1	1	0	0	写入 OCW3
0	1	×	1	0	0	写入 ICW1
1	×	×	1	0	0	顺序写入 ICW2，ICW3，ICW4，OCW1

从表 5.3 中可以看到，利用 $\overline{CS}$ 有效选中 8259，再利用 A_0 来寻址不同的寄存器和命令字。A_0 只可能有两个状态，因此在硬件系统中，8259 仅占两个外设接口地址。初始化命令与操作命令还利用命令字中的 D_3、D_4 及写入的顺序加以区别。

6) 8259 的初始化

前面已经提到，8259 仅占两个接口地址。在利用各种命令对其初始化时，一方面利用这两个地址，另一方面利用命令字中 D_4 和 D_3 的状态及命令字的写入顺序也可对这些命令加以区分，做到有条不紊地初始化 8259。

对 8259 初始化的命令字的写入顺序如图 5.21 所示。其中 ICW2 必须跟在 ICW1 之后，这就是顺序问题。后面的 ICW3 和 ICW4 是否需要初始化，取决于 ICW1 命令字的内容。

它们——ICW2，ICW3，ICW4 均使用同一个地址，这就决定了图 5.21 所示的顺序。初始化后 8259 可接收操作命令。

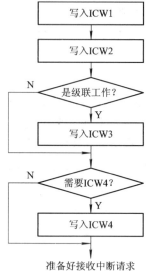

图 5.21　8259 初始化顺序

假定在微机系统中只有一片 8259，所占的接口地址为 FF00H 和 FF01H。

下面是 8259 的初始化程序：

```
SET59A:  MOV   DX，0FF00H        ; 8259A 的地址，A0=0
         MOV   AL，13H            ; ICW1，LTIM=0，单片，需要 ICW4
         OUT   DX，AL             ; 上升沿产生中断
         MOV   DX，0FF01H         ; 8259 的地址，此时 A0=1，
         MOV   AL，48H            ; ICW2，中断向量码
         OUT   DX，AL
         MOV   AL，01H            ; ICW4，8086/8088 模式，非自动 EOI，非缓冲
         OUT   DX，AL             ; 方式，一般全嵌套
         MOV   AL，0E0H           ; OCW1，屏蔽 IR5、IR6 和 IR7
         OUT   DX，AL
```

前面已经提到，8259 的内部寄存器 IMR、ISR 和 IRR 是可以读出进行查询的。例如，下面的程序就是先将屏蔽字写入 IMR，然后再读出加以校验，以判断该 IMR 的内容是否正确。若正确就继续向下执行，不正确则转向 IMERR。

```
         MOV   DX，0FF01H
         MOV   AL，0             ; 取 OCW1 为 00H
         OUT   DX，AL            ; 取 00H 写入 IMR
         IN    AL，DX            ; 读 IMR
         OR    AL，AL            ; 判断其内容为 00H
         JNZ   IMERR
         MOV   AL，0FFH
```

```
OUT    DX，AL
IN     AL，DX
ADD    AL，1
JNZ    IMERR
  ⋮
```

由于 IMR 有单独的地址，因此可以直接在 $A_0=1$ 时读出。而要读出 ISR 或 IRR，则必须先向 8259 写入 OCW3。下面就是读出 ISR 的程序：

```
MOV    DX，0FF00H        ; 对应 A₀=0
MOV    AL，0BH           ; 0BH 为 OCW3
OUT    DX，AL            ; OCW3 写入 8259
IN     AL，DX            ; 读出 ISR 的内容，放在 AL 中
```

7）8259 的应用

在 8086/8088 系统中，要用好 8259，需做好以下三件事。

● 连接 8259 到 8086 系统

将 8259 连接到 8086/8088 系统总线上的连接图如图 5.22 所示。若在图 5.22 所示的 8259 上，将周期为 20 ms 的对称方波接在 IR_4 上，以便每 20 ms 产生一次定时中断，并且利用此定时中断建立时、分、秒电子时钟，则需要对连接好的 8259 进行初始化。初始化程序前面已给出，参见前面的程序。

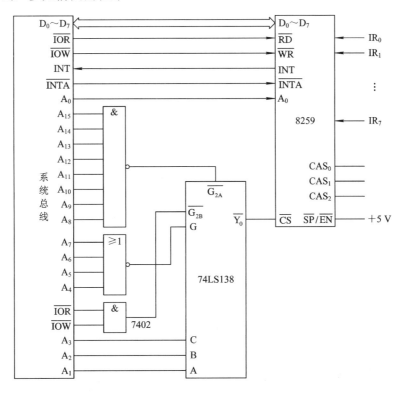

图 5.22　8259 与系统总线连接图

● 编写中断服务程序

编写 8259 中断源的中断服务程序，针对 20 ms 产生一次的定时中断，中断服务程序编写如下：

```
CLOCK   PROC    FAR
        PUSH    AX
        PUSH    DS
        PUSH    SI
        PUSH    DX              ；程序进行的断点保护
        STI                     ；开中断
        MOV   DX，SEG  TIMER
        MOV   DS，DX
        MOV   SI，OFFSET  TIMER
        MOV   AL，[SI]           ；取 50 次计数单元
        INC   AL
        MOV   [SI]，AL
        CMP   AL，50             ；判 1 s 到否
        JNE   TRNED
        MOV   AL，0
        MOV   [SI]，AL
        MOV   AL，[SI+1]         ；取 60 s 计数
        ADD   AL，1
        DAA
        MOV   [SI+1]，AL
        CMP   AL，60H            ；判 1 min 到否
        JNE   TRNED
        MOV   AL，0
        MOV   [SI+1]，AL
        MOV   AL，[SI+2]         ；取 60 min 计数
        ADD   AL，1
        DAA
        MOV   [SI+2]，AL
        CMP   AL，60H            ；判 1 h 到否
        JNE   TRNED
        MOV   AL，0
        MOV   [SI+2]，AL
        MOV   AL，[SI+3]         ；取小时计数
        ADD   AL，1
        DAA
```

```
              MOV    [SI+3]，AL
              CMP    AL，24H
              JNE    TRNED
              MOV    AL，0
              MOV    [SI+3]，AL
    TRNED：   MOV    DX，0FF00H
              MOV    AL，20H               ；结束中断命令
              OUT    DX，AL
              POP    DX
              POP    SI
              POP    DS
              POP    AX
              IRET
    CLOCK     ENDP
```

● 填写中断向量表

要做的第三件事就是将中断服务程序的入口地址(即中断向量)填到中断向量表中。

在本节前面介绍中断向量表时，已对如何填写中断向量表的两种方法做了说明。在此，仅就其中第一种方法编写程序如下：

```
    IRVTB：   MOV    DX，0000H
              MOV    DS，DX
              MOV    BX，0130H              ；IR₄ 中断向量码为 4CH，4CH×4=130H
              MOV    DX，SEG   CLOCK
              MOV    [BX+2]，DX
              MOV    DX，OFFSET   CLOCK
              MOV    [BX]，DX
```

做好了上述 3 项工作之后，电子时钟在中断方式之下便可工作。工作前需要修改时、分、秒单元，使起始时间准确。而后，在任何时候，读出时、分、秒单元的内容，便可以知道当时的时间。

当然，在具体工程应用时必须注意避免产生人为的错误。在上述例子中，由于系统总线的数据线只有 8 位，在读出时间时必须分三次读出秒、分、时。若在特定时间(如 3:59:59)，当读出秒或分后未来得及读时而发生中断，则会造成小时的错误。若在读分前发生中断，则可造成分的误差。虽然出现错误的概率是很小的，但必须防止。

防止错误的一种方法是，读时间前关中断，读完再开中断；另一种方法是连续读两次时间，若两次读出时间一样则对，不一样则继续读，直到两次一样，即为正确数据。

以上是 20 ms 中断实现电子时钟的例子。在实际工程应用中，重量、位移、深度、距离等若采用中断方式增加或减少，进行计量时，同样会出现上述问题，请读者自行思考。

8) 8259 的级联

当微型机系统中的中断源较多，一片 8259 不能解决问题时，可以采用级联工作方式。

这时指定一片 8259 为主控芯片,它的 INT 接到 CPU 上,而其余的 8259 芯片均作为从属芯片,其 INT 输出接到主控芯片的 IR 输入端。由于主控 8259 有 8 个 IR 输入端,故一个主控 8259 最多可以连接 8 片从属 8259,可实现多达 64 个外部中断源 IR 的输入。

由一片主控 8259 和两片从属 8259 构成的级联中断系统框图如图 5.23 所示。图中 3 个 8259 均有各自的地址,由 $\overline{CS}$ 和 A_0 来决定。图中未画出 $\overline{CS}$ 译码器。主控 8259 的 $CAS_0 \sim CAS_2$ 作为输出连接到从属芯片的 $CAS_0 \sim CAS_2$ 上。而从属芯片的 INT 分别接主控芯片的 IR_0 和 IR_4。图中其他控制线 $\overline{RD}$、$\overline{WR}$ 未画出来。

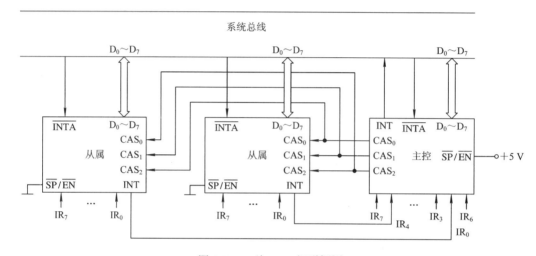

图 5.23 3 片 8259 级联框图

在级联系统中,每一片 8259,不管是主控芯片还是从属芯片,都有各自独立的初始化程序,以便设置各自的工作状态。在中断结束时要连发两次 EOI 命令,分别使主控片和相应的从属片完成中断结束操作。

在中断响应中,若是从属的 IR 提出的中断请求,则主控芯片会通过 $CAS_0 \sim CAS_2$ 来通知相应从属芯片,而从属芯片即可把相应的中断向量码送出。

一般嵌套方式,即某一级中断得到响应,则自动屏蔽同级及较低级的中断请求,而优先级高的中断请求仍会得到响应,在单片 8259 中使用是合适的。在级联方式下,从属芯片的 8 个 IR 输入是有优先级的,但接到主控芯片上后,它们就变成主控芯片的同一级了。若从属芯片的 IR_3 经主控芯片得到响应,则从属芯片的 IR_0、IR_1、IR_2 就被屏蔽了。对从属芯片来讲,它们比 IR_3 的优先级高,所以这种屏蔽显然是不合理的。

为了避免一般全嵌套方式的这一缺点,在级联方式下,可采取前面提到的特殊全嵌套方式。在将主控芯片初始化为特殊全嵌套方式后,必须注意到如下两种情况:

(1) 当响应从属芯片的中断请求后,主控芯片并不封锁从属芯片的 INT 输入。这样就可以使从属芯片中优先级更高的请求得到响应。

(2) 当从属芯片的中断响应结束时,要用软件来检查中断状态寄存器 ISR 的内容,看看当前被服务的是否为本从属芯片的唯一一个中断请求。如果是,则连发两个中断结束命令 EOI,分别给从属芯片和主控芯片,将从属芯片的 ISR 中的相应位清 0,同时,再将主控芯片对应从属芯片的 ISR 位清 0,即将从属芯片和主控芯片一起结束。若从属芯片 ISR

中的内容表明从属芯片的请求不止一个，则只发一个中断结束命令 EOI，结束从属芯片中的一个中断，不向主控芯片发中断结束命令 EOI。

5.2.4　直接存储器存取(DMA)方式

前面已经介绍了微型机系统中常用的数据输入/输出方法。这些方法应付慢速及中速外设的数据交换是比较合适的。因此，在速率不是很高的场合下，这些数据输入/输出方法获得了非常广泛的应用。

当高速外设要与微机内存快速传递数据时，无论是采用查询方式还是中断方式，都要执行程序。CPU 执行指令是需要花时间的，这就不可能使数据传送率提高。利用程序，CPU从内存(或外设)读数据到累加器，然后再写到接口(或内存)中。若再包括修改内存地址、判断数据块是否传送完，8088 CPU(时钟接近 5 MHz)传送一个字节约需要几十微秒的时间。由此可大致估计出用程序方法的数据传送速率约为每秒几十千字节。

为了能够实现高速率传送数据，人们提出了直接存储器存取(DMA)方式。

1. DMA 的一般过程

要实现 DMA 传送，目前都采用大规模集成电路芯片 DMA 控制器(DMAC)。DMA 的工作过程大致如下：

① 外设向 DMAC 发出 DMA 传送请求。

② DMAC 通过连接到 CPU 的 HOLD 信号向 CPU 提出 DMA 请求。

③ CPU 在完成当前总线周期后会立即对 DMA 请求作出响应。

CPU 的响应包括两个方面：一方面，CPU 将控制总线、数据总线和地址总线置高阻，即 CPU 放弃对总线的控制权；另一方面，CPU 将有效的 HLDA 信号加到 DMAC 上，以此来通知 DMAC，CPU 已经放弃了总线的控制权。

④ 待 CPU 将总线置高阻——放弃总线控制权，DMAC 向外设送出 DMAC 的应答信号并立即开始对总线实施控制。

⑤ DMAC 送出地址信号和控制信号，实现外设与内存或内存与内存的数据传送。

⑥ DMAC 将规定的数据字节传送完之后，通过向 CPU 发 HOLD 信号，撤销对 CPU的 DMA 请求。CPU 收到此信号，一方面使 HLDA 无效，另一方面又重新开始控制总线，实现正常的运行。

上述过程的示意图如图 5.24 所示。

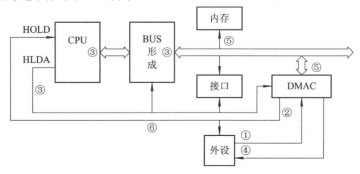

图 5.24　DMA 传送一般过程示意图

在图 5.24 中，要特别说明的是在第③步 CPU 放弃总线控制权时，还必须利用有关信号(如 HLDA)控制 BUS 形成电路，使其放弃总线(置高阻)，避免在 DMA 的传送过程中发生总线竞争，保证将内总线的控制权交给 DMAC。

2. DMA 控制器 8237

DMA 控制器(DMAC)芯片 8237 是一种高性能的可编程 DMA 控制器。芯片上有 4 个独立的 DMA 通道，可以用来实现内存到接口、接口到内存及内存到内存之间的高速数据传送。最高数据传送速率可达 1.6 MB/s。

作为可编程接口，应从上节所提到的五个方面来认识并最终用好 8237。下面将从 8237 的引线开始对它进行介绍，以便达到能够在工程上应用的目的。

1) 8237 的引线及功能

DMAC 8237 的外部引线图如图 5.25 所示。

$A_0 \sim A_3$：双向地址线，具有三态输出。它可以作为输入地址信号来选择 8237 的内部寄存器。当 8237 作为主控芯片控制总线进行 DMA 传送时，$A_0 \sim A_3$ 作为输出信号成为地址线的最低 4 位，即 $A_0 \sim A_3$。

$A_4 \sim A_7$：三态输出线。在 DMA 传送过程中，由这 4 条引出线送出 $A_4 \sim A_7$ 四位地址信号。

$DB_0 \sim DB_7$：双向三态数据总线。它们与系统的数据总线相连接。在 CPU 控制系统总线把 8237 作为接口时，可以通过 $DB_0 \sim DB_7$ 对 8237 编程或读出 8237 的内部寄存器的内容。

在 DMA 操作期间，由 $DB_0 \sim DB_7$ 送出高位地址 $A_8 \sim A_{15}$，并利用 ADSTB 信号锁存该地址信号。在进行由存储器到存储器的 DMA 传送时，$DB_0 \sim DB_7$ 除了送出 $A_8 \sim A_{15}$ 地址信号外，还在从存储器读出的 DMA 周期里将读出数据由这些引线输入到

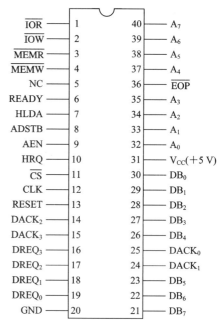

图 5.25　DMAC 8237 引线图

8237 的暂存寄存器中，等到存储器写 DMA 周期时，再将数据由 8237 的暂存寄存器送到系统数据总线上，写入规定的存储单元。

$\overline{IOW}$：双向三态低电平有效的 I/O 写控制信号。当 DMAC 空闲，即 CPU 获得系统总线的控制权时，CPU 利用此信号(及其他信号)实现对 8237 的写入。在 DMA 传送期间，8237 输出 $\overline{IOW}$ 作为对外设数据输出的控制信号。

$\overline{IOR}$：双向三态低电平有效的 I/O 读控制信号。$\overline{IOR}$ 除用来控制数据的读出外，其双重作用与 $\overline{IOW}$ 一样。

$\overline{MEMW}$：三态输出低电平有效的存储器写控制信号。在 DMA 传送期间，由该端送出有效信号，控制存储器的写操作。

$\overline{MEMR}$：三态输出低电平有效的存储器读控制信号。其含义与 $\overline{MEMW}$ 相同，即在

DMA 传送期间，由该端送出有效信号，控制存储器的读操作。

ADSTB：地址选通信号，高电平有效的输出信号。在 DMA 传送期间，由该信号锁存 $DB_0 \sim DB_7$ 送出的高位地址 $A_8 \sim A_{15}$。

AEN：地址允许信号，高电平有效的输出信号。在 DMA 传送期间，利用该信号将 DMAC 的地址送到系统地址总线上，同时禁止其他系统驱动器使用系统总线。

$\overline{CS}$：片选信号，低电平有效的输入信号。在非 DMA 传送时，CPU 利用该信号对 8237 寻址，通常与接口地址译码器连接。

RESET：复位信号，高电平有效的输入信号。复位有效时，将清除 8237 的命令、状态、请求、暂存及先/后触发器，同时置位屏蔽寄存器。复位后，8237 处于空闲周期状态。

READY：准备好输入信号。当 DMAC 工作期间遇上慢速内存或慢速 I/O 接口时，可由这些内存和接口提供 READY 信号，使 DMAC 在传送过程中插入时钟周期，以便适应慢速内存或外设的传送要求。此信号与 CPU 上的准备好信号 READY 类似。

HRQ：保持请求信号，高电平有效的输出信号。它连接到 CPU 的 HOLD 端，用于请求对系统总线的控制权。

HLDA：保持响应信号，高电平有效的输入信号。当 CPU 对 DMAC 的 HRQ 作出响应时，就会产生一个有效的 HLDA 信号加到 DMAC 上，告诉 DMAC，CPU 已放弃对系统总线的控制权。这时，DMAC 即获得系统总线的控制权。

$DREQ_0 \sim DREQ_3$：DMA 请求(通道 0～3)信号。该信号是一个有效电平可由程序设定的输入信号。这 4 条线分别对应 4 个通道的外设请求。每一个通道在需要 DMA 传送时，可通过各自的 DREQ 端提出请求。8237 规定它们的优先级是可编程指定的。在固定优先级方案中，规定 $DREQ_0$ 的优先级最高而 $DREQ_3$ 的优先级最低。当使用 DREQ 提出 DMA 传送时，DREQ 在 DMAC 产生有效的应答信号 DACK 之前必须保持有效。

$DACK_0 \sim DACK_3$：DMA 响应信号，分别对应通道 0～3。该信号是一个有效电平可编程的输出信号。此信号用以告诉外设，其请求 DMA 传送已被批准并开始实施。

CLK：时钟输入，用来控制 8237 的内部操作并决定 DMA 的传送速率。

$\overline{EOP}$：过程结束，低电平有效的双向信号。8237 允许用外部输入信号来终止正在执行的 DMA 传送。通过把外部输入的低电平信号加到 8237 的 $\overline{EOP}$ 端即可做到这一点。此外，当 8237 的任一通道传送结束，到达计数终点时，8237 会产生一个有效的 $\overline{EOP}$ 输出信号。一旦 $\overline{EOP}$ 有效，不管是来自内部还是外部的，都会终止当前的 DMA 传送。复位时，根据编程规定(是否是自动预置)而做相应的操作(见后述)。在 $\overline{EOP}$ 端不用时，应通过数千欧的电阻接到高电平上，以免由它输入干扰信号。

2) 8237 的工作方式

8237 存在两种周期，即空闲周期和工作周期。

● 空闲周期

当 8237 的 4 个通道均无请求时，即进入空闲周期。在此状态下，8237 相当于接在总线上的接口，CPU 可对其编程，设置其工作状态。

在空闲周期里，8237 每一个时钟周期采样 DREQ，看看有无 DMA 请求发生。同时采样 $\overline{CS}$ 的状态，看看有无 CPU 对其内部寄存器寻址。

● 工作周期

当处于空闲状态的 8237 的某一通道提出 DMA 请求时,它向 CPU 输出 HRQ 有效信号,在未收到 CPU 回答时,8237 仍处于编程状态,又称初始状态。当 CPU 执行完当前的总线周期,便响应 DMAC 的请求,由 CPU 送出 HLDA 作为回答信号。当 8237 收到 CPU 的 HLDA 后,则开始执行它的工作周期。8237 工作于下面 4 种工作类型之一:

(1) 单字节传送。在这种方式下,DMA 每次仅送一个字节的数据,传送后 8237 将地址加 1(或减 1),并将要传送的字节数减 1。传送完一个字节后,DMAC 放弃系统总线,将总线控制权交回 CPU。

在这种传送方式下,每个字节在传送时,DREQ 保持有效。传送完毕后,DREQ 变为无效,并使 HRQ 变为无效。这就可以保证每传送一个字节,DMAC 将总线控制权交还给 CPU,以便 CPU 执行一个总线周期。可见,CPU 和 DMAC 在这种情况下是轮流控制系统总线的。

(2) 数据块传送。在这种传送方式下,DMAC 一旦获得总线控制权,便开始连续传送数据。每传送一个字节,自动修改地址,并使要传送的字节数减 1,直到将所有规定的字节全部传送完,或收到外部 $\overline{\text{EOP}}$ 信号,DMAC 才结束传送,将总线控制权交还给 CPU。在此方式下,外设的请求信号 DREQ 保持有效,直到收到 DACK 有效信号为止。利用对 8237 编程,可以做到当传送结束时可自动初始化。

数据块最大长度可以达到 64 KB。在这种方式下,进行 DMA 传送时,CPU 可能会很长时间不能获得总线的控制权。这在有些场合是不利的,例如 PC 就不能用这种方式。因为在块传送时,8088 CPU 不能占用总线,无法实现对 DRAM 的刷新。

(3) 请求传送。只要 DREQ 有效,DMA 传送就一直进行,直到连续传送到字节计数为 0 或外部提供的 $\overline{\text{EOP}}$ 或 DREQ 变为无效时为止。可见,这种情况是有请求(DREQ 有效)就传送,无请求(DREQ 无效)就不传送。

(4) 级联方式。利用这种方式可以把多个 8237 连接在一起,以便扩展系统的 DMA 通道。下一层的 HRQ 接到上一层某一通道的 DREQ 上,而上一层的响应信号 DACK 可接到下一层的 HLDA 上。其连接如图 5.26 所示。

在级联方式下,当第二层 8237 的请求得到响应时,第一层 8237 仅输出 HRQ 信号而不能输出地址及控制信号。因为,这时第二层的 8237 应当输出它的通道地址及控制信号,否则将发生竞争。第二层的 8237 才是真正的主控制器,而第一层的 8237 仅对第二层的 HRQ 作出 DACK 响应并向微处理器发出 HRQ 信号。

由图 5.26 可以看到,系统中最多可以按第一层一片主控芯片,第二层四片从属芯片的方式连接,形成最多可达 16 个通道的 DMA 系统。

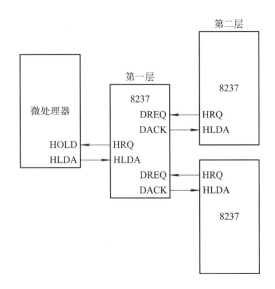

图 5.26   8237 级联方式工作框图

● 数据传送类型

8237 具有如下三种数据传送类型：

(1) 由内存到接口(外设)：将数据从内存直接传送到接口(外设)，8237 的 4 个通道均可实现。任何通道进行这种传送时，8237 送出内存地址和内存读控制信号 $\overline{MEMR}$，将数据读出到数据总线上，同时送出接口写控制信号 $\overline{IOW}$，将数据总线上的数据写到接口，输出给外设，而且可使内存地址自动修改(根据初始化命令加 1 或减 1)，传送的字节计数减 1。此过程可重复进行，直至字节计数减到 0 为止。

(2) 由接口(外设)到内存：8237 的 4 个通道均可实现这种传送类型。传送时，8237 送出接口的读 $\overline{IOR}$，将外设的数据经接口读到数据总线上，同时送出内存地址和存储器写 $\overline{MEMW}$，将数据总线上的数据写到内存中，而且使内存地址自动修改，字节计数减 1。这一过程可连续进行，直至字节计数减到 0 为止。

(3) 由内存到内存：8237 还可以实现数据从内存的某一区域向内存另一区域的高速传送，但这种传送只能由 8237 的通道 0 和通道 1 来实现。在这种传送类型下进行传送时，8237 首先送出由通道 0 所决定的源内存地址，再送出存储器的读信号，将内存单元的内容读到 8237 内部的数据暂存器中，通道 0 的内存地址自动修改。接着 8237 送出由通道 1 所决定的目的内存地址。将内部数据暂存器中的内容送到数据总线上，同时送出存储器的写控制信号，将数据写入目的地址。接着通道 1 的内存地址自动修改并且通道 1 的字节计数减 1。到此就将一个字节从内存的某一地址传送到另一地址了。其过程可重复进行，直至字节计数减到 0 为止。

从上面的叙述可以看到，实现由内存到接口或由接口到内存的传送时，只需 8237 的一个通道即可实现；而由内存到内存的传送必须用两个通道来实现，其中，源内存地址由通道 0 来决定，目的内存地址及传送字节计数由通道 1 来决定。

● 优先级

8237 有两种优先级方案可供编程选择：

(1) 固定优先级。规定各通道的优先级是固定的，即通道 0 的优先级最高，通道 1 和通道 2 依次降低，通道 3 的优先级最低。

(2) 循环优先级。规定刚刚传送结束的通道的优先级最低，依次循环。这就可以保证 4 个通道都有机会被服务。

● 传送速率

在一般情况下，8237 进行一次 DMA 传送需要 4 个时钟周期(不包括插入的等待周期)。例如，DMA 的时钟周期为 210 ns，则一次 DMA 传送需要 210 ns × 4 + 210 ns = 1050 ns，多加一个 210 ns 是考虑到要人为插入一个 SW 的缘故。

另外，8237 为了提高传送速率，可以在压缩时序状态下工作。在压缩定时下，每一个 DMA 总线周期仅用 2 个时钟周期来实现，可大大提高传送速率。

3) 8237 的内部寄存器

8237 有 4 个独立的 DMA 通道，有许多内部寄存器。表 5.4 给出了这些寄存器的名称、长度和数量。

表 5.4　8237 的内部寄存器

名　称	长　度	数　量	名　称	长　度	数　量
基地址寄存器	16 位	4	状态寄存器	8 位	1
基字数寄存器	16 位	4	命令寄存器	8 位	1
当前地址寄存器	16 位	4	暂存寄存器	8 位	1
当前字数寄存器	16 位	4	方式寄存器	8 位	4
地址暂存寄存器	16 位	1	屏蔽寄存器	4 位	1
字数暂存寄存器	16 位	1	请求寄存器	4 位	1

表 5.4 中，凡数量为 4 的寄存器，则每个通道一个；凡只有一个寄存器，则为各通道所共用。下面就对这些寄存器逐个加以说明。

● 基地址寄存器

该寄存器用以存放 16 位地址。在编程时，它与当前地址寄存器被同时写入某一起始地址。在 8237 工作过程中，其内容不变化。在自动预置、重复传送时，其内容被自动写到当前地址寄存器中。

● 基字数寄存器

该寄存器用以存放该通道数据传送的个数。在编程时，它与当前字数寄存器被同时写入传送数据的个数。在 8237 工作过程中，其内容保持不变。在自动预置、重复传送时，其内容被自动写到当前字数寄存器中。

● 当前地址寄存器

该寄存器寄存 DMA 传送期间的地址值，每次传送后自动加 1 或减 1。CPU 可以对其进行读写操作。在选择自动预置时，每当字计数值减为 0 或外部 $\overline{EOP}$ 发生时，8237 就会自动将基地址寄存器的内容写入当前地址寄存器中，恢复其初始值。

● 当前字数寄存器

当前字数寄存器用于存放当前的字节数。每传送一个字节，该寄存器的内容减 1。在自动预置下，当计数值减为 0 或外部 $\overline{EOP}$ 产生时，8237 会自动将基字数寄存器的内容写入该寄存器，恢复其初始计数值。值得注意的是，传送的字节数比程序写入的多 1 个。例如，写入 100 个，则传送 101 个。

● 地址暂存寄存器和字数暂存寄存器

这两个 16 位的寄存器和 CPU 不直接发生关系，也就是说，不对其编程，且对使用者使用 8237 没有影响。

● 方式寄存器

方式寄存器每个通道有一个，其内容用于指定通道工作方式，其控制字各位的作用如图 5.27 所示。

图 5.27 中，所谓自动预置，就是当某一通道按要求将数据传送完毕后，又能自动预置初始地址和传送字节数，然后重复进行前面已进行过的操作过程。

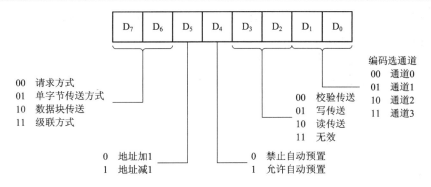

图 5.27　8237 方式控制字各位功能

所谓校验传送，就是实际并不进行传送，只产生地址并响应$\overline{\text{EOP}}$，但不产生读写控制信号，用以校验 8237。

● 命令寄存器

8237 的命令寄存器存放编程命令字，命令字各位的功能如图 5.28 所示。

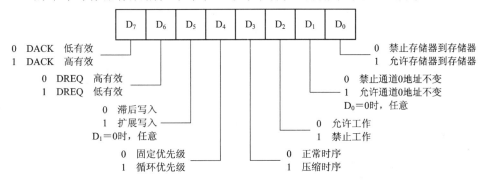

图 5.28　8237 命令字各位功能

D_0 用以规定是否允许采用存储器到存储器的传送方式。若允许这样做，则利用通道 0 和通道 1 来实现。

D_1 用来规定通道 0 的地址是否保持不变。如前所述，在存储器到存储器传送中，源地址由通道 0 提供，读出数据到暂存寄存器，然后由通道 1 送出目的地址，将数据写入。若命令字中 $D_1=0$，则在整个数据块传送中(块长由通道 1 决定)保持存储器地址不变。因此，就会将同一个数据写入目的存储器块中。

D_2 是允许或禁止 8237 芯片工作的控制位。

D_3 用于控制一个 DMA 周期是由两个时钟周期完成(压缩时序)，还是由四个时钟周期完成(正常时序)。

D_5 用于规定写脉冲，扩展写入比滞后写入提前一个时钟周期，也就是扩展写入的写脉冲宽度要宽一个时钟周期。

命令字的其他各位很容易理解，不再说明。

● 请求寄存器

请求寄存器用于在软件控制下产生一个 DMA 请求，就如同外部 DREQ 请求一样。利用图 5.29 所示的请求字，$D_0 D_1$ 不同的编码用来表示不同通道的 DMA 请求。在软件编程时，这些请求是不可屏蔽的。利用本节中所提到的各种控制字对 8237 进行初始化，则可实现所请求的 DMA 传送。这种请求常用于通道工作在数据块，存储器到存储器间的传送。

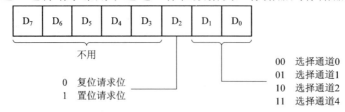

图 5.29　8237 的请求字

● 屏蔽寄存器

8237 的屏蔽字有两种形式：

(1) 单个通道屏蔽字。这种屏蔽字的格式如图 5.30 所示。利用这个屏蔽字，每次只能选择一个通道。其中 $D_0 D_1$ 的编码指示所选的通道；$D_2=1$ 表示屏蔽置位，禁止该通道接收 DREQ 请求；当 $D_2=0$ 时，屏蔽复位，即允许 DREQ 请求。

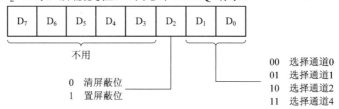

图 5.30　8237 的单通道屏蔽字

(2) 四通道屏蔽字。可以利用这个屏蔽字同时对 8237 的 4 个通道的屏蔽字进行操作。该屏蔽字的格式如图 5.31 所示。

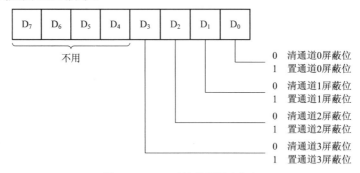

图 5.31　8237 的四通道屏蔽字

利用这个屏蔽字可同时对 4 个通道操作，故又称其为主屏蔽字。它与单通道屏蔽字占用不同的 I/O 接口地址，以此加以区分。

● 状态寄存器

状态寄存器存放各通道的状态，CPU 读出其内容后，可得知 8237 的工作状态。主要信息是：哪个通道计数已达计数终点——对应位为 1；哪个通道的 DMA 请求尚未处理——对应位为 0。状态寄存器的格式如图 5.32 所示。

● 暂存寄存器

这个 8 位寄存器用于存储器到存储器传送过程中对数据的暂时存放。

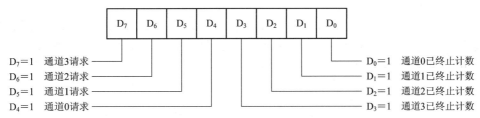

图 5.32　8237 的状态寄存器格式

● 字节指针触发器

这是一个特殊的触发器，用于对前述各 16 位寄存器的寻址。由于 8237 的数据线只有 8 条，前面提到的 16 位寄存器的读或写必须分两次进行，先低字节后高字节。为此，要利用字节指针触发器。当此触发器状态为 0 时，对低字节操作。之后，字节指针触发器会自动置 1，再操作一次又会清 0。利用这种状态，就可以进行多字节的读写。所以，16 位寄存器仅占一个接口地址，高低字节共用。利用字节指针触发器的状态来区分是高字节传送，还是低字节传送。

4) 8237 的寻址

8237 的 4 个通道的寄存器及其他各种寄存器的寻址编码如表 5.5 和表 5.6 所示。在 8237 的寻址中，可以体现出前面提到的 8237 内部寄存器多而接口地址少所采取的措施。

从表 5.5 中可以看到，各通道的寄存器通过 $\overline{CS}$ 和地址线 $A_3 \sim A_0$ 规定不同的地址，高低字节再由字节指针触发器来决定。其中有的寄存器是可以读写的，而有的寄存器是只写的。

从表 5.6 可以看出，利用 $\overline{CS}$ 和 $A_3 \sim A_0$ 规定寄存器的地址，再利用 $\overline{IOW}$ 或 $\overline{IOR}$ 对其进行写或读。提醒读者注意的是，方式寄存器每通道一个，仅分配一个地址，是靠方式控制字的 D_1 和 D_0 来决定是哪一个通道的。

表 5.5　8237 各通道寄存器的寻址

通道	寄存器	操作	$\overline{CS}$	$\overline{IOR}$	$\overline{IOW}$	A_3	A_2	A_1	A_0	字节指针触发器	$D_0 \sim D_7$
0	基和当前地址	写	0	1	0	0	0	0	0	0 1	$A_0 \sim A_7$ $A_8 \sim A_{15}$
	当前地址	读	0	0	1	0	0	0	0	0 1	$A_0 \sim A_7$ $A_8 \sim A_{15}$
	基和当前字数	写	0	1	0	0	0	0	1	0 1	$W_0 \sim W_7$ $W_8 \sim W_{15}$
	当前字数	读	0	0	1	0	0	0	1	0 1	$W_0 \sim W_7$ $W_8 \sim W_{15}$
1	基和当前地址	写	0	1	0	0	0	1	0	0 1	$A_0 \sim A_7$ $A_8 \sim A_{15}$
	当前地址	读	0	0	1	0	0	1	0	0 1	$A_0 \sim A_7$ $A_8 \sim A_{15}$
	基和当前字数	写	0	1	0	0	0	1	1	0 1	$W_0 \sim W_7$ $W_8 \sim W_{15}$
	当前字数	读	0	0	1	0	0	1	1	0 1	$W_0 \sim W_7$ $W_8 \sim W_{15}$

通道	寄存器	操作	$\overline{CS}$	$\overline{IOR}$	$\overline{IOW}$	A_3	A_2	A_1	A_0	字节指针触发器	$D_0 \sim D_7$
2	基和当前地址	写	0	1	0	0	1	0	0	0 1	$A_0 \sim A_7$ $A_8 \sim A_{15}$
	当前地址	读	0	0	1	0	1	0	0	0 1	$A_0 \sim A_7$ $A_8 \sim A_{15}$
	基和当前字数	写	0	1	0	0	1	0	1	0 1	$W_0 \sim W_7$ $W_8 \sim W_{15}$
	当前字数	读	0	0	1	0	1	0	1	0 1	$W_0 \sim W_7$ $W_8 \sim W_{15}$
3	基和当前地址	写	0	1	0	0	1	1	0	0 1	$A_0 \sim A_7$ $A_8 \sim A_{15}$
	当前地址	读	0	0	1	0	1	1	0	0 1	$A_0 \sim A_7$ $A_8 \sim A_{15}$
	基和当前字数	写	0	1	0	0	1	1	1	0 1	$W_0 \sim W_7$ $W_8 \sim W_{15}$
	当前字数	读	0	0	1	0	1	1	1	0 1	$W_0 \sim W_7$ $W_8 \sim W_{15}$

表 5.6 软件命令寄存器的寻址

$\overline{CS}$	$A_3A_2A_1A_0$	$\overline{IOR}$	$\overline{IOW}$	功　　能
0	1 0 0 0	0	1	读状态寄存器
0	1 0 0 0	1	0	写命令寄存器
0	1 0 0 1	0	1	非法
0	1 0 0 1	1	0	写请求寄存器
0	1 0 1 0	1	0	非法
0	1 0 1 0	0	1	写单通道屏蔽寄存器
0	1 0 1 1	0	1	非法
0	1 0 1 1	1	0	写方式寄存器
0	1 1 0 0	0	1	非法
0	1 1 0 0	1	0	字节指针触发器清零
0	1 1 0 1	0	1	读暂存寄存器
0	1 1 0 1	1	0	总清
0	1 1 1 0	0	1	非法
0	1 1 1 0	1	0	清屏蔽寄存器
0	1 1 1 1	0	1	非法
0	1 1 1 1	1	0	写四通道屏蔽寄存器

5) 连接

8237 的连接是比较麻烦的，原因在于 8237 只能输出 $A_0 \sim A_{15}$ 共 16 条地址线，而现在总线上的内存地址空间有 1 MB。如何将 8237 的寻址范围由 64 KB 扩大到 1 MB 是一个问题。另一个更困难的问题是 8237 具有双重身份。当它在空闲周期时，它是作为总线上的一个接口芯片连接到总线上的；而当它工作时，系统总线由它输出的信号来控制，这时 8237

就变成了系统总线的控制器。在这两个不同的周期里,既要保证 8237 工作,又不能发生总线竞争。这就需要仔细分析与考虑,下面就分别加以说明。

● 20 位地址信号的形成

在 8086/8088 系统中,系统的寻址范围是 1 MB,地址线有 20 条,即 $A_0 \sim A_{19}$。为了能够在 8086/8088 系统中使用 8237 来实现 DMA,需要用硬件提供一组 4 位的页寄存器。通道 0、1、2 和 3 各有一个 4 位的页寄存器。在进行 DMA 传送之前,这些页寄存器可利用 I/O 地址来装入和读出。当进行 DMA 传送时,DMAC 将 $A_0 \sim A_{15}$ 放在系统总线上,同时页寄存器把 $A_{16} \sim A_{19}$ 也放在系统总线上,形成 $A_0 \sim A_{19}$ 这 20 位地址信号,实现 DMA 传送。其地址产生框图如图 5.33 所示。

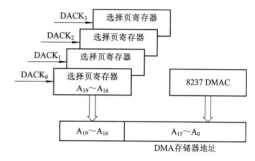

图 5.33　利用页寄存器形成内存地址

● 具体连接

8088 CPU 与 8237 在最小模式下的最简连接如图 5.34 所示。

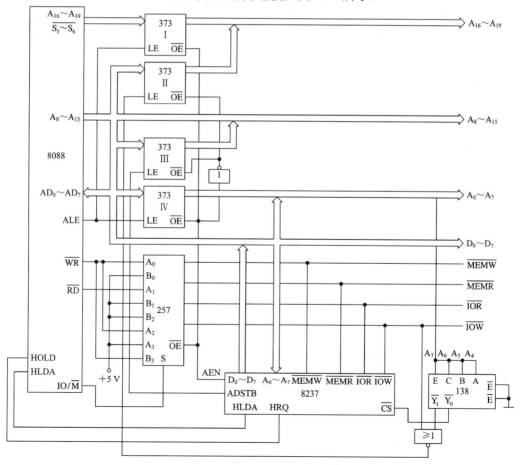

图 5.34　8237 的连接实例

在图 5.34 中，8088 CPU 的总线采用最简单的总线驱动形式：数据总线不进行驱动；只对 $A_0 \sim A_7$ 和 $A_{16} \sim A_{19}$ 进行锁存并驱动；$A_8 \sim A_{15}$ 也直接输出形成地址总线。控制信号由数字选择器 74LS257 来构成。

DMAC 控制器就在 8088 的这条系统总线上。同样，8237 也采取最简单的连接方式：只用一片 373 构成一个 4 位的页面寄存器，该页面寄存器可以为 8237 的四个通道所共用。只是在进行存储器传送时，数据只能在同一个 64 KB 的内存范围内传送。页寄存器由图 5.34 中的 373Ⅱ 来构成，其接口地址为 9XH。

图 5.34 中 8237 的接口地址为 80H～8FH，由译码器 138 决定。当 8237 工作时，AEN=1，使页面地址输出到 $A_{16} \sim A_{19}$ 上，同时禁止 CPU 的地址驱动器 373Ⅰ、373Ⅳ 工作，并将 8237 的 $A_0 \sim A_7$ 送到地址总线 $A_0 \sim A_7$ 上，而且利用 ADSTB 将 8237 送出的 $A_8 \sim A_{15}$ 锁存在 373Ⅲ 上，形成 $A_8 \sim A_{15}$。AEN=1 使 257 的输出为高阻，以便 8237 输出相应的控制信号。可见，在 8237 工作时，整个系统总线就处于 8237 的控制之下。而在 8237 的空闲周期里，8237 是作为 8088 的一个接口接在总线上的。此时，系统总线由 8088 控制。

6) 初始化及应用

要用 8237 进行 DMA 传送，必须对它进行初始化。

通常，在对 8237 初始化前，先利用复位信号(RESET)或表 5.6 中的软件命令对 8237 进行总清。利用 RESET 信号或总清命令均可使 8237 复位。复位将清 8237 的内部寄存器，但使屏蔽寄存器置位。

8237 的初始化流程图如图 5.35 所示。

下面是与图 5.34 对应的初始化程序：

```
IN137:  MOV   AX, DS
        MOV   CL, 4
        SHL   AH, CL
        MOV   AL, AH
        OUT   90H, AL           ; 初始化页面寄存器
        OUT   8DH, AL           ; 总清
        MOV   SI, OFFSET  SDATA  ; 取源偏移地址
        MOV   AX, SI
        OUT   80H, AL
        MOV   AL, AH
        OUT   80H, AL            ; 通道 0 地址
        MOV   DI, OFFSET  DDATA  ; 目的偏移地址
        MOV   AX, DI
        OUT   82H AL
        MOV   AL, AH             ; 目的偏移地址
        MOV   AX, 07FFH          ; 传送计数 2048
        OUT   83H, AL
```

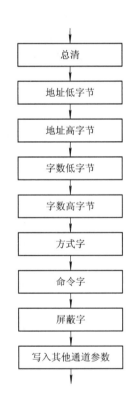

图 5.35　8237 的初始化流程图

（流程图框：总清 → 地址低字节 → 地址高字节 → 字数低字节 → 字数高字节 → 方式字 → 命令字 → 屏蔽字 → 写入其他通道参数）

```
        MOV   AL，AH
        OUT   83，AL
        MOV   AL，88H
        OUT   8BH，AL              ; 写通道 0 方式字
        MOV   AL，85H
        OUT   88H，AL              ; 写通道 1 方式字
        MOV   AL，01H
        OUT   88H，AL              ; 写命令字
        MOV   AL，0EH
        OUT   8FH，AL              ; 写四通道屏蔽字
        MOV   AL，04H
        OUT   89H，AL              ; 软件请求
AIT:    IN    AL，88H             ; 读状态寄存器
        AND   AL，01H             ; 等待传送结束
        JZ    AIT                ; 等待传送结束
```

上面的程序可以在同一内存段中，将 2 KB 数据进行数据块传送。显然，数据块的大小可以改变，但在同一内存数据段中传送则无法改变大小，除非图 5.34 中增加页寄存器。

另一个 DMA 传送的例子是利用 DMA 实现打印数据的传送。打印机的工作时序如图 5.36 所示。打印一个字符的过程是：打印机不忙即可送数据；数据稳定后利用 $\overline{STB}$ 脉冲启动打印机打印；当打印结束时，打印机送出 $\overline{ACK}$ 应答脉冲，表示可以打印下一个字符。

利用图 5.34 的连接，同时构成 DMA 方式下打印机的接口电路框图如图 5.37 所示。

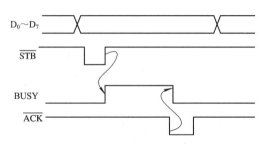

图 5.36 打印机的工作时序

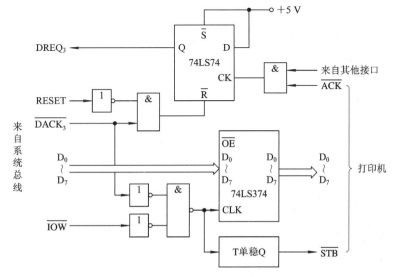

图 5.37 DMA 方式下打印机接口

图 5.37 中，利用 8237 的通道 3 作为打印机的 DMA 通道。利用 $\overline{DACK_3}$ 作为打印数据输出接口片选信号。每打印一个字符，利用 $\overline{ACK}$ 申请一次 DMA 传送。并且打印完一个字符时，利用另一接口申请 DMA。DMAC 的初始化程序如下：

```
PRIN137: MOV   AX，ES
         MOV   CL，4
         SHL   AH，CL
         MOV   AL，AH
         OUT   90H，AL        ；写页面寄存器
         MOV   SI，OFFSET  PRDATA
         OUT   8CH，AL        ；清指针
         MOV   AX，SI
         OUT   86H，AL        ；写通道 3
         MOV   AL，AH
         OUT   86H，AL        ；初始化偏移地址
         MOV   AX，COUNT      ；要打印的字节计数
         OUT   87H，AL
         MOV   AL，AH
         OUT   87H，AL        ；初始化通道 3 计数值
         MOV   AL，0BH
         OUT   8BH，AL        ；写通道 3 方式字
         MOV   AL，00H
         OUT   88H，AL        ；写通道 3 命令字
         MOV   AL，07H
         OUT   8FH，AL        ；写屏蔽字
         MOV   AL，00H
         OUT   0A0H，AL       ；由接口 A0H 送出脉冲
         MOV   AL，0FFH       ；产生第一次 DMA 请求
         OUT   0A0H，AL
WAITY:   IN    AL，88H
         AND   AL，80H
         JZ    WAITY          ；等待打印结束
```

上面的描述仅仅是说明 DMA 的工作原理及过程，表明可以用 DMA 方式来实现打印输出。以此类推，在本书后面的接口及外设间的数据传送均可用 DMA 实现。但是，用 DMA 传送相对比较麻烦，利用本书后面所描述的方法(无条件传送、查询或中断)可能更合适。因此，在选用传送方式时，要依据用户的需求和传送方式的不同特点综合考虑，加以选用。

习 题

5.1 满足哪些条件，8088/8086 CPU 才能响应 INTR？

5.2 说明 8088/8086 软件中断指令 INT n 的执行过程。

5.3 利用三态门(74LS244)作为输入接口，接口地址规定为 04E5H，试画出其与 8088 系统总线的连接图。

5.4 利用具有三态输出的锁存器(74LS374)作为输出接口，接口地址为 E504H，试画连接图。若上题中输入接口的 bit3、bit4 和 bit7 同时为 1 时，将 DATA 为首地址的 10 个内存数据连续由输出接口输出，若不满足条件则等待，试编程序。

5.5 若要求 8259 的地址为 E010H 和 E011H，试画出其与 8088 系统总线的连接图。若系统中只用一片 8259，允许 8 个中断源上升沿触发，不需要缓冲，一般全嵌套方式工作，中断向量规定为 40H，试编写初始化程序。

5.6 DMAC(8237)占几个接口地址？这些地址读写时的作用是什么？叙述 DMAC 由内存向接口传送一个数据块的过程。若希望利用 8237 把内存中的一个数据块传送到内存的另一区域，应当如何处理？当 8237 工作在 8088 系统中，数据是由内存的某一段向另一段传送且数据块长度大于 64 KB 时，应当如何考虑？

5.7 说明微型机中常用的外设编址方法及其优缺点。

5.8 说明 8088/8086 系统中，采用中断方式工作必须由设计人员完成的三项工作。

第6章　常用接口芯片及应用

在本章中，将对一些常用的接口芯片进行介绍，并将它们用于一些典型的外设接口。通过学习本章可使读者掌握接口芯片的使用方法，以及设计外设接口的方法，为以后掌握其他芯片、设计其他外设的接口电路打下基础。

6.1　简　单　接　口

本节介绍一些经常使用、结构简单的接口芯片。这些芯片的工作原理十分简单，使用很方便。因此，这类芯片应用非常广泛。

6.1.1　三态门

在本书的第 2 章中，曾描述过由 8 个三态门构成的芯片 74LS244。在那里，244 是作为信号驱动器使用的。在第 5 章的图 5.2 中，描述过利用三态门作为输入接口的实例。

由于单独的三态门没有数据的锁存能力，因此它只能作为输入接口来使用。

6.1.2　锁存器

锁存器具有保持(或锁存)数据的能力，可以用做输出接口。常用的锁存器接口芯片有许多，其中有 74LS273，它是由 8 个 D 触发器集成在一块芯片中构成的。其引线及真值表如图 6.1 所示。

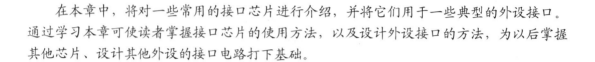

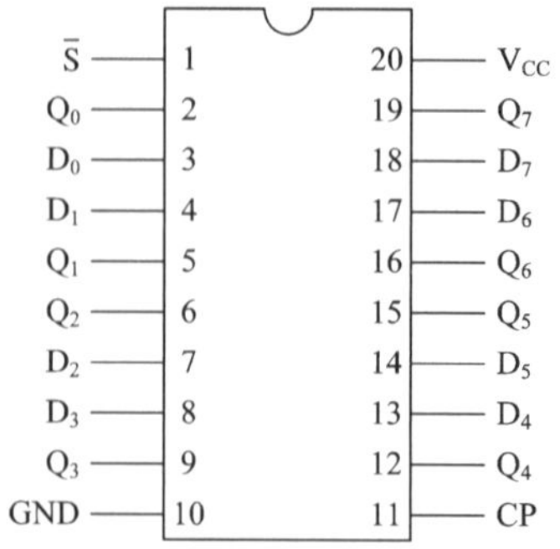

$\overline{S}$	CP	D_X	Q_X
0	X	X	0
1	↑	1	1
1	↑	0	0

图 6.1　74LS273 8D 锁存器引线及真值表

在图 5.3 中，已经利用 273 作为输出接口，用来控制发光二极管发光。

由于锁存器的输出是二态的，没有第三态(高阻)状态，因此，单独的锁存器只能作为输出接口。锁存器不能单独作为输入接口，因为当它作为输入接口时，必然引起数据总线竞争。

6.1.3 带有三态门输出的锁存器

带有三态门输出的锁存器有多种。前面第 2 章中曾给出 8282(74LS373)和 8283，它们是用高电平锁存数据的。在这里再给读者介绍另一种带有三态门输出的锁存器芯片 74LS374，也是经常使用的芯片，其引线图及真值表如图 6.2 所示。

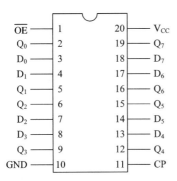

D_X	CP	$\overline{OE}$	Q_X
1	↑	0	1
0	↑	0	0
X	X	1	Z

图 6.2 74LS274 的引线及真值表

由于 374 中既集成了锁存器又集成了三态门，因此它既可以作为输出接口又可以作为输入接口使用。为说明它的应用，现举例如下：

假定某外设需要实现最简单的温度控制，外设的引线如图 6.3 所示，其中温度输出信号 $D_0 \sim D_7$ 可输出最高为 100℃、最低为 0℃的二进制编码表示的温度值。其控制输入 A 和 B 用数字编码实现对温度的控制，具体控制规则如下：

B   A   功能

0   0   降 温

1   1   升 温

其他   保 持

在上述已知条件下，即在已知外设的引线和它的控制特性的情况下，需要做好下面两件事：

首先指定接口地址 8000H～801FH 可随意使用，并利用上面提到的接口芯片 74LS374，将此外设连接到 8088 的系统总线上，画出连接图。也就是说，要做的第一件事就是硬件连接。

现将外设和它的接口连接电路一并画在图 6.3 上。

在图 6.3 中，接口地址译码采用了部分地址译码方式。两片 74LS374 分别用做输出接口和输入接口，而且各自占用 16 个接口地址，其中输入接口的地址为 8010H～801FH，而输出接口的地址为 8000H～800FH。由于采用部分地址译码，因此可以使用其中任何一个地址，而剩下的地址空着不用。当然，也可以采用全地址译码方式或采用其他译码电路来实现，只是译码电路更复杂一些。

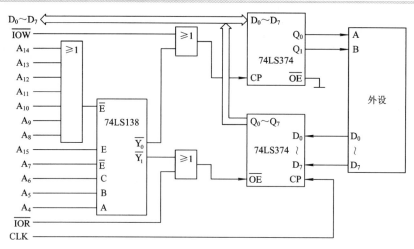

图 6.3 74LS374 作输入/输出口与外设连接图

输出接口用于输出控制信号，输入接口用于输入当前的温度。值得注意的是，外设输出的温度值是由内总线上的时钟信号 CLK 不断地锁存于 74LS374 内部的。由于 CLK 的频率足够高，因此可即时将温度数据锁存。

要做的第二件事是在硬件连接的基础上编写程序来控制外设工作。

若要求保持外设的温度为 95℃±1℃，则温度高了降温，温度低了升温。根据硬件连接图和控制要求，编写程序如下：

```
CONTL:   MOV   DX，8010H
         IN    AL，DX
         CMP   AL，96
         JNC       TMDOW
         CMP   AL，95
         JC    TMPUP
         MOV   DX，8000H
         MOV   AL，01H
         OUT   DX，AL
         JMP   CONTL
TMDOW:   MOV   DX，8000H
         MOV   AL，00H
         OUT   DX，AL
         JMP   CONTL
TMPUP:   MOV   DX，8000H
         MOV   AL，03H
         OUT   DX，AL
         JMP   CONTL
```

上面的程序思路很简单，这里不再做进一步解释。总之，三态门、锁存器或带有三态门输出的锁存器都是相对比较简单的接口芯片，它们的功能比较简单，使用十分方便，应用非常广泛。读者必须掌握它们的连接和使用方法，本章的后面还将继续使用这些器件。

6.2　可编程并行接口 8255

可编程并行接口芯片 8255 已问世三十多年了。由于它功能强、使用方便，因此从一问世就得到了广泛的使用，直到今天仍然受到广大工程技术人员的欢迎。掌握可编程并行接口芯片 8255 的使用是本书中十分重要的内容。掌握了该芯片的工作原理和使用方法，对今后学习使用其他可编程接口芯片也是十分有利的。

6.2.1　8255 的引线及内部结构

1. 外部引线及其功能

8255 的外部引线如图 6.4 所示。

假设想象成将 8255 从中间分成两半，其左边与系统总线相连接，而其右边与外设相连接。它与系统总线相连接的引线有：

8 条双向数据线 $D_0 \sim D_7$，用以传送命令、数据或 8255 的状态。

$\overline{RD}$ 为读控制信号线，与其他信号线一起实现对 8255 的读操作，通常接系统总线的 $\overline{IOR}$ 信号(或 $\overline{RD}$ 信号)。

$\overline{WR}$ 为写控制信号线，与其他信号线一起实现对 8255 的写操作，通常接系统总线的 $\overline{IOW}$ 信号(或 $\overline{WR}$ 信号)。

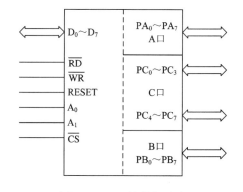

图 6.4　8255 的外部引线

$\overline{CS}$ 为片选信号线，当它为低电平时才能选中该 8255，才能对它进行读写操作。通常由高位地址译码输出接在 $\overline{CS}$ 上，以便将该 8255 放在接口地址空间的规定地址上。

A_0、A_1 为 8255 的地址选择信号线。8255 内部有三个口：A 口、B 口和 C 口，还有一个控制寄存器 CR。它们各占一个接口地址。A_0、A_1 的不同编码可产生它们的地址，详情见后面 8255 的寻址。通常将 8255 的 A_0、A_1 与系统总线的 A_0、A_1 相连接，它们与 $\overline{CS}$ 一起决定 8255 的接口地址。

RESET 为复位输入信号。此端上的高电平可使 8255 复位。复位后，8255 的 A 口、B 口和 C 口均被定为输入状态。该端低电平使 8255 正常工作。

$PA_0 \sim PA_7$ 为 A 口的 8 条输入/输出信号线。这 8 条信号线是工作于输入、输出还是双向(输入、输出)方式，可由软件编程决定。

$PB_0 \sim PB_7$ 为 B 口的 8 条输入/输出信号线。利用软件编程可指定这 8 条线是输入还是输出。

$PC_0 \sim PC_7$ 这 8 条线根据其工作方式可作为数据的输入或输出线，也可以用做控制信号的输出或状态信号的输入线，具体情况将在本节后面做介绍。

2．内部结构

8255 的内部结构框图如图 6.5 所示。

从图 6.5 中可以看到，左边的信号与系统总线相接，而右边是与外设相连接的 3 个口。

为了控制方便，将 8255 的 3 个口分成 A、B 两组。其中 A 组包括 A 口的 8 条线 $PA_0\sim$ PA_7 和 C 口的高 4 位 $PC_4\sim PC_7$；B 组包括 B 口的 8 条线 $PB_0\sim PB_7$ 和 C 口的低 4 位 $PC_0\sim$ PC_3。A 组和 B 组的具体工作方式由软件编程规定。

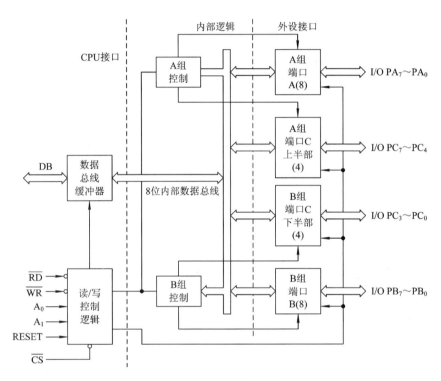

图 6.5   8255 的内部结构框图

6.2.2   8255 的工作方式

8255 有三种工作方式：方式 0、方式 1 和方式 2。这些工作方式可以通过编程来指定。下面对它们做具体说明。

1．工作方式 0

工作方式 0 又称为基本输入/输出方式。在此方式下，8255 的三个接口(A、B、C 口)24 条线全部规定为数据的输入/输出线。A 口的 8 条线($PA_0\sim PA_7$)、B 口的 8 条线($PB_0\sim PB_7$)、C 口的高 4 位($PC_4\sim PC_7$)和 C 口的低 4 位($PC_0\sim PC_3$)可用程序分别规定它们的输入/输出方向，即可以分别规定它们哪个作为输入，哪个作为输出。由于 A 口、B 口、C 口高 4 位和 C 口的低 4 位共有四部分，可以分别指定它们的输入/输出方向，因此它们的输入/输出共有 16 种不同的组合。

在方式 0 下，A 口、B 口和 C 口输出均有锁存能力，即只要向这些输出口写入数据，则数据将一直维持到写入新的数据为止。但在方式 0 下，这三个口输入全无锁存能力，也就是说外设的数据要一直加在这些接口上，必须保持到被 CPU 读走。

在方式 0 下，可以对 C 口实现按位操作。其详细情况后面再予以说明。

由于方式 0 使用十分简单，可满足无条件传送和查询方式传送的需要，因此这种工作方式应用特别广泛。

2. 工作方式 1

工作方式 1 又称为选通输入/输出方式。只有 A 口和 B 口能工作在此方式之下，而且还必须使用 C 口的某些引线来实现数据传送所需要的握手信号和中断请求输出。通常该方式是以中断方式工作的，这并不是说该方式不能进行查询工作，而是因为查询方式用方式 0 实现更加方便，不必要用方式 1。

在工作方式 1 下，A 口和 B 口均可分别作为输入接口，也可以作为输出接口，且由软件编程来指定。在此工作方式下，A 口和 B 口的输出、输入均有锁存能力。为了说明问题方便，下面分别以 A 口、B 口均为输出或为输入加以讨论。实际工作时，则可随意指定。

1) 方式 1 下 A 口、B 口均为输出

为了使 A 口或 B 口工作于方式 1 下，必须利用 C 口的一些线来实现。如图 6.6 所示，在方式 1 下用 A 口或 B 口输出时，所用到的 C 口线是固定不变的，A 口使用 PC_3、PC_6 和 PC_7，而 B 口用 PC_0、PC_1 和 PC_2。C 口提供的信号功能如下：

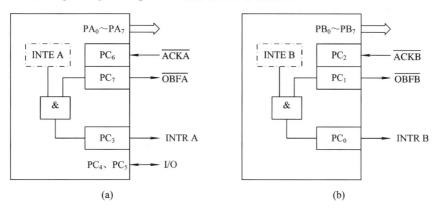

图 6.6　方式 1 下 A 口、B 口均为输出的信号定义

(a) A 口输出；(b) B 口输出

(1) $\overline{OBF}$ 为输出缓冲器满信号，低电平有效。该信号告诉外设，在规定的口上已由 CPU 输出一个有效数据，外设可从此接口获取此数据。

(2) $\overline{ACK}$ 为外设响应信号，低电平有效。该信号用来通知接口，外设已将数据接收，并使 $\overline{OBF} = 1$。

(3) INTR 为中断请求信号，高电平有效。当外设收到一个数据后，由此信号通知 CPU，刚才的输出数据已经被接收，可以再输出下一个数据。

(4) INTE 为中断允许状态。由图 6.6 可以看到，A 口和 B 口的 INTR 均受 INTE 控制。只有当 INTE 为高电平时，才有可能产生有效的 INTR。

A 口的 INTE A 由 PC_6 来控制。用下面提到的 C 口按位操作可对 PC_6 置位或复位，用以对中断请求 INTR A 进行控制。同理，B 口的 INTE B 用 PC_2 的按位操作来进行控制。

在方式 1 下，某口的输出过程若利用中断方式进行，则该过程从 CPU 响应中断开始。进入中断服务程序，CPU 向接口写数据，$\overline{IOW}$ 将数据锁存于接口之中。当数据锁存并由信号线输出时，8255 就去掉 INTR 信号并使 $\overline{OBF}$ 有效。有效的 $\overline{OBF}$ 通知外设接收数据。一旦外设将数据接收，就送出一个有效的 $\overline{ACK}$ 脉冲，该脉冲使 $\overline{OBF}$ 无效(高电平)。同时，产生一个新的中断请求，请求 CPU 向外设输出下一个数据。上述过程可用图 6.7 所示的简单时序图进一步说明。

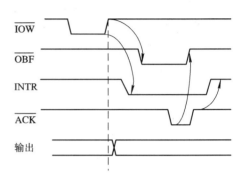

图 6.7　方式 1 下的数据输出时序

在这里要提醒读者注意，当 A、B 两个口同时为方式 1 输出时，使用 C 口的 6 条线。剩下的两条线还可以用程序指定它们的数据传送方向是输入还是输出，而且也可以以位操作方式对它们进行置位或复位。当 A、B 两个口中的一个口工作在方式 1 时，只用去 C 口的 3 条线，剩下的 5 条线也可按照上面所说的方式工作。

2) 方式 1 下 A 口、B 口均为输入

与方式 1 下两个口均为输出类似，为实现选通输入，则同样要利用 C 口的信号线。其定义如图 6.8 所示。

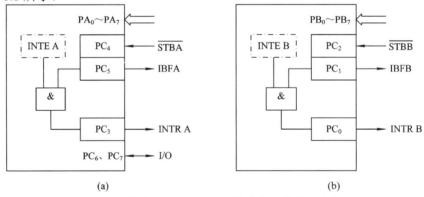

(a)　　　　　　　　　　　　　　(b)

图 6.8　方式 1 下 A 口、B 口均为输入的信号定义

(a)　A 口输入；(b)　B 口输入

在两个口均为输入时所用到的控制信号的定义如下：

(1) $\overline{STB}$ 为低电平有效的输入选通信号。它由外设提供，外设利用该信号可将其数据锁存于 8255 口的输入锁存器中。

(2) IBF 为高电平有效的输入缓冲器满信号。当它有效时，表示已有一个有效的外设数据锁存于 8255 口的锁存器中。可用此信号通知外设，它的数据已锁存于接口中，尚未被 CPU 读走，暂不能向接口输入数据。

(3) INTR 为中断请求信号，高电平有效。对于 A 口、B 口可利用位操作命令分别使 PC_4=1 或 PC_2=1，此时若 IBF 和 $\overline{STB}$ 均为高电平，可使 INTR 有效，向 CPU 提出中断请求。

也就是说,当外设将数据锁存于接口之中,且又允许中断请求发生时,就会产生中断请求。

(4) INTE 为中断允许状态。见图 6.8,在方式 1 下输入数据时,INTR 同样受中断允许状态 INTE 的控制。A 口的 INTE A 是由 PC_4 控制的,当它为 1 时允许中断;当它为 0 时禁止中断。B 口的 INTE B 是由 PC_2 控制的。利用 C 口的按位操作即可实现这样的控制。

方式 1 下的数据输入过程如下所述。

当外设有数据需要输入时,外设将数据送到 8255 口上,并利用输出 $\overline{STB}$ 脉冲将数据锁存于 8255 内部,同时,产生 INTR 信号并使 IBF 有效。有效的 IBF 通知外设,数据产生并已锁存而中断请求要求 CPU 从 8255 的口上读取数据。CPU 响应中断,读取数据后使 IBF 和 INTR 变为无效。上述过程可用图 6.9 的简单时序图进一步说明。

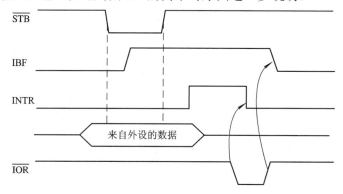

图 6.9 方式 1 下的数据输入时序

在方式 1 下,8255 的 A 口和 B 口可以均为输入或输出;也可以一个为输入,另一个为输出;还可以一个工作于方式 1,而另一个工作于方式 0。这种灵活的工作特点是由其可编程的功能来实现的。

3. 工作方式 2

工作方式 2 又称为双向输入/输出方式,这种工作方式只有 8255 的 A 口才有。在 A 口工作于双向输入/输出方式时,要利用 C 口的 5 条线才能实现。此时,B 口只能工作在方式 0 或方式 1,而 C 口剩下的 3 条线可作为输入/输出线或 B 口方式 1 之下的控制线使用。

A 口工作于方式 2 时,各信号的定义如图 6.10 所示。图中未画 B 口和 C 口的其他引线。

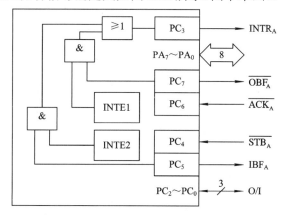

图 6.10 方式 2 下的信号定义

当 A 口工作在方式 2 时, 其控制信号 $\overline{OBF}$ 、 $\overline{ACK}$ 、 $\overline{STB}$ 及 INTR 与前面的叙述是一样的, 所不同的主要是:

(1) 因为在方式 2 下, A 口既作为输出又作为输入, 所以只有当 $\overline{ACK}$ 有效时, 才能打开 A 口输出数据三态门, 使数据由 $PA_0 \sim PA_7$ 输出; 当 $\overline{ACK}$ 无效时, A 口的输出数据三态门呈高阻状态。

(2) 工作在此方式时, A 口输入、输出均具备锁存数据的能力。CPU 写 A 口时, 数据锁存于 A 口, 外设的 $\overline{STB}$ 脉冲可将输入数据锁存于 A 口。

(3) 在此方式下, A 口的输入或输出均可产生中断。中断信号的输出同时还受到中断允许状态 INTE1 和 INTE2 的控制。INTE1 和 INTE2 的状态分别利用 PC_6 和 PC_4 按位操作来指定。当它们置位时, 允许中断; 而当它们复位时, 禁止中断。

A 口方式 2 的工作过程简述如下。

A 口工作在方式 2 时, 可以认为 A 口工作在前面所描述的方式 1 的输入和输出分时工作的状态下, 其工作过程和方式 1 的输入和输出过程十分相似。

在方式 2 下, A 口的 $PA_0 \sim PA_7$ 这 8 条数据线既要向外设输出数据, 又要从外设输入数据。因此, $PA_0 \sim PA_7$ 是双向工作的。这就必须仔细进行控制, 以防止发生总线竞争。

A 口工作在方式 2 下的时序图如图 6.11 所示。

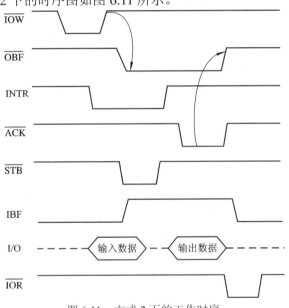

图 6.11 方式 2 下的工作时序

在图 6.11 中, 输入或输出的顺序是任意的。但 $\overline{IOW}$ 应发生在 $\overline{ACK}$ 有效之前, 也就是先有 CPU 向 A 口写数据, 再有外设利用 $\overline{ACK}$ 从 A 口取数据。同样, $\overline{STB}$ 应发生在 $\overline{IOR}$ 之前, 以保证外设先利用 $\overline{STB}$ 将数据锁存于 A 口之内, 再由 CPU 从 A 口读取($\overline{IOR}$ 有效)数据。一旦数据由 $\overline{STB}$ 锁存, 外设即可撤销其输入数据, 以保证 $PA_0 \sim PA_7$ 的双向数据传送的实现。

6.2.3 控制字及状态字

前面已经叙述了可编程并行接口 8255 的工作方式。可以看到, 8255 有很强的功能,能够工作在各种工作方式下，在应用过程中，可以利用软件编程来指定 8255 的工作方式。也就是说，只要将不同的控制字装入芯片中的控制寄存器，即可确定 8255 的工作方式。

1．控制字

8255 的控制字由 8 位二进制数构成，各位的控制功能如图 6.12 所示。

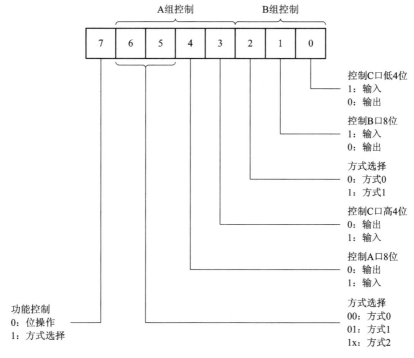

图 6.12   8255 的控制字格式

当控制字 bit7=1 时，控制字的 bit6～bit3 这 4 位用来控制 A 组，即 A 口的 8 位和 C 口的高 4 位，而控制字的低 3 位 bit2～bit0 用来控制 B 组，包括 B 口的 8 位和 C 口的低 4 位。

当控制字的 bit7=0 时，指定该控制字仅对 C 口进行位操作——按位置位或复位操作。对 C 口按位置位/复位操作的控制字格式如图 6.13 所示。如前所叙，在必要时，可利用 C 口的按位置位/复位控制字来使 C 口的某一位输出 0 或 1。

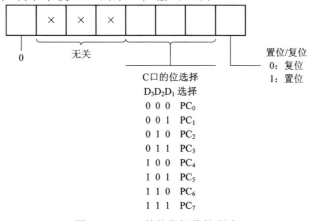

图 6.13   C 口的按位操作控制字

2．状态字

当 8255 的 A 口、B 口工作在方式 1 或 A 口工作在方式 2 时，通过读 C 口的状态，可以检测 A 口和 B 口的状态。

当 8255 的 A 口和 B 口均工作在方式 1 的输入时，由 C 口读入的 8 位数据各位的意义如图 6.14 所示。当 8255 的 A 口和 B 口均工作在方式 1 的输出时，由 C 口读出的状态字各位的意义如图 6.15 所示。当 8255 的 A 口工作于方式 2 时，由 C 口读入的状态字如图 6.16 所示。

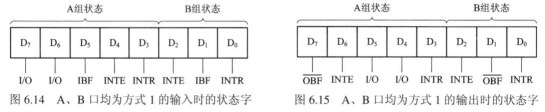

图 6.14　A、B 口均为方式 1 的输入时的状态字　　图 6.15　A、B 口均为方式 1 的输出时的状态字

图 6.16 中状态字的 $D_0 \sim D_2$ 由 B 口的工作方式来决定。当 B 口为方式 1 输入时，其定义同图 6.14 的 $D_0 \sim D_2$；当 B 口为方式 1 输出时，其定义与图 6.15 所定义的 $D_0 \sim D_2$ 相同。

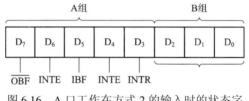

图 6.16　A 口工作在方式 2 的输入时的状态字

另外需要说明的是，图 6.14 和图 6.15 分别表示在方式 1 之下，A 口、B 口同为输入或同为输出的情况。若在此方式下，A 口、B 口各为输入或输出，则状态字为上述两状态字的组合。

6.2.4　8255 的寻址及连接

8255 占外设编址的 4 个地址，即 A 口、B 口、C 口和控制寄存器各占一个外设接口地址。对同一个地址可以分别进行读写操作。例如，读 A 口可将 A 口的数据读出；写 A 口可将 CPU 的数据写入 A 口并输出。利用 8255 的片选信号、A_0、A_1 以及读写信号，即可方便地对 8255 进行寻址。这些信号的功能如表 6.1 所示。

表 6.1　8255 的寻址

$\overline{\text{CS}}$	A_1	A_0	$\overline{\text{IOR}}$	$\overline{\text{IOW}}$	操作
0	0	0	0	1	读 A 口
0	0	1	0	1	读 B 口
0	1	0	0	1	读 C 口
0	0	0	1	0	写 A 口
0	0	1	1	0	写 B 口
0	1	0	1	0	写 C 口
0	1	1	1	0	写控制寄存器
1	×	×	1	1	$D_0 \sim D_7$ 三态

根据这种寻址结构，可以方便地将 8255 连接到系统总线上，如图 6.17 所示。

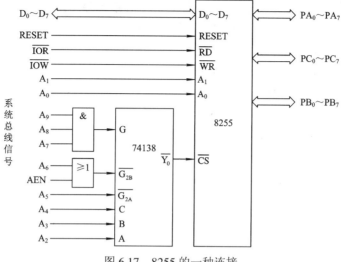

图 6.17　8255 的一种连接

由图 6.17 可见，8255 与 8088 的总线连接是比较容易的。只是图中为了简化起见，未画出 AEN 的形成。这里可以认为只要 CPU 正常地执行指令，AEN 就为低电平。这样，可以看到在图 6.17 中，8255 是由 $A_9 \sim A_0$ 这 10 条地址线来决定其地址的，它所占的地址为 380H~383H。

6.2.5　初始化及应用

由于 8255 有多种工作方式，在使用它实现某种功能前，必须对它进行初始化。同时，也需要利用初始化程序使外设处于准备就绪状态。8255 的初始化就包括这两部分工作：将控制字写入控制寄存器(CR)，指定工作方式和数据传送方向；输出相应的控制信号使外设准备就绪。

在这里，仍以前面图 5.5 中所示的外设（打印机）为例，说明 8255 的初始化及应用。首先将打印机经 8255 连接到 8086 系统总线上，连接图如图 6.18 所示。

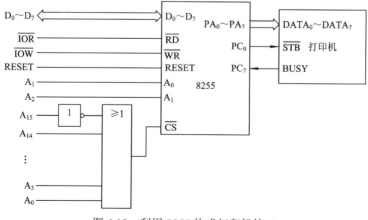

图 6.18　利用 8255 构成打印机接口

从图 6.18 中可以看到，8255 占 4 个偶数接口地址：8000H～8006H。在这里仍以查询方式实现打印机的打印。图 5.5(a)中的打印机响应信号 $\overline{ACK}$ 仍不使用(留待后面再用)。对于 8255 在图 6.18 中的应用，其初始化程序可编写如下：

```
INI55:     MOV    DX，8006H
           MOV    AL，10001000B
           OUT    DX，AL
           MOV    AL，00000001B
           OUT    DX，AL              ；使PC0输出为1
```

初始化 8255，使其工作在方式 0，A 口 8 条线、B 口 8 条线和 C 口的低 4 条线(PC_0～PC_3)均规定为输出；C 口的高 4 条线(PC_4～PC_7)定义为输入。而且，利用 C 口的按位操作将 PC_0 输出高电平。

编写打印程序如下：

```
PRINTER:   PROC   FAR
           PUSH   DS
           PUSH   AX
           PUSH   BX
           PUSH   DX
           MOV    DX，SEG   DATAP
           MOV    DS，DX
           MOV    BX，OFFSET DATAP
GOON:      MOV    DX，8004H
WAITP:     IN     AL，DX
           AND    AL，80H
           JNZ    WAITP
           MOV    DX，8000H
           MOV    AL，[BX]
           MOV    AH，AL
           OUT    DX，AL
           MOV    DX，8004H
           MOV    AL，00H
           OUT    DX，AL
           MOV    AL，01H
           OUT    DX，AL
           INC    BX
           CMP    AH，0AH
           JNE    GOON
           POP    DX
           POP    BX
```

```
              POP      AX
              POP      DS
              RET
PRINTER       ENDP
```

主程序将要打印的一行字符准备好，这一行字符放在数据段，偏移地址由 DATAP 开始的顺序单元中。一行字符由 0AH 结束。每当一行字符准备好，便可以调用上面的打印子程序，打印这一行字符。

6.3 可编程定时器 8253

微处理器厂家都研制了自己的可编程定时/计数器(简称定时器)。尽管不同的定时器有不同的特性，但它们有很多共性的东西。本节将以 8253 为例来说明定时器的特性，相信掌握了 8253 之后，再遇到其他定时器将很容易理解和掌握它们。

6.3.1 8253 的引线功能及内部结构

1. 8253 的引线及其功能

8253 的外部引线如图 6.19 所示。可以形象地将 8253 分成图 6.19 所示的左右两半，左侧与系统总线连接，而右侧则是 3 个可编程定时/计数器，即 3 个功能完全一样的定时/计数器。每个定时/计数器都有 3 条引线，其中 CLK 为外部计数时钟输入；OUT 为定时/计数器的输出信号，不同的工作方式输出不同的波形，详见下面工作方式的描述；门控信号 GATE 用以控制定时/计数器的工作，详见下面工作方式的描述。

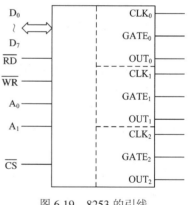

图 6.19 8253 的引线

引线 A_0、A_1 为 8253 内部计数器和控制寄存器的编码选择信号，其功能如下：

A_1	A_0	
0	0	可选择计数器 0
0	1	可选择计数器 1
1	0	可选择计数器 2
1	1	可选择控制寄存器

$\overline{CS}$ 为片选信号，当其有效(低电平)时，选中该 8253，实现对它的读写操作。

$\overline{RD}$ 为读控制信号，低电平有效。

$\overline{WR}$ 为写控制信号，低电平有效。

上述信号 A_0、A_1 和 $\overline{CS}$、$\overline{RD}$、$\overline{WR}$ 共同实现 8253 的寻址及读写。详情见下。

8253 芯片的双向数据总线 $D_0 \sim D_7$，用于传送控制字和计数器的计数值。

2. 8253 的内部结构

8253 的内部结构框图如图 6.20 所示。

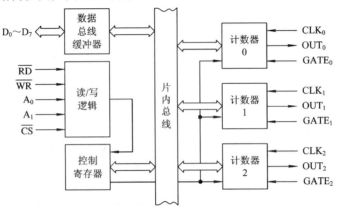

图 6.20　8253 的内部结构框图

6.3.2　8253 的工作方式

从内部结构图 6.20 可以看到，可编程定时器 8253 的内部有 3 个相同的 16 位计数器。它们都能够实现以下 6 种工作方式。

1. 方式 0(计数结束产生中断)

在方式 0 下，GATE 必须为 1，计数器在外部时钟作用下，每个时钟周期计数器减 1。当 GATE=0 时，计数停止。

当 GATE=1，写入控制字和计数值后，需要一个 CLK 脉冲周期才将计数初值传送到计数器减 1 部件。而 OUT 是在写入控制字和计数值后就变低，直到计数减到 0 才变高。因此，OUT 的负脉冲宽度应为计数值加 1 个时钟周期。例如，若计数值为 100，写入后 OUT 变低，此低电平持续时间为 101 个时钟周期。

方式 0 下，每写一次计数值，可获得一个负脉冲。若想再产生负脉冲，就再写一次计数值。OUT 总是在写入计数值时变低，在计数值减到 0 时变高。

如果在计数过程中写入新的计数值，则写第一个字节时停止计数，写入第二个字节的下一个时钟周期开始按新的计数值重新计数。

若在 GATE=0 时写入计数值 N，计数器不工作。当 GATE 变为高电平时，计数开始，并且 OUT 输出端经计数值 N 个时钟周期(不是 N+1)变为高电平。

在方式 0 下，常利用 OUT 的上升沿作为中断请求信号。

2. 方式 1(可编程单稳)

在此方式下，写入控制字和计数值后，计数开始是以 GATE 的上升沿启动。同时，OUT 输出低电平，此低电平一直维持到计数器减到 0。这样一来，就可以从 OUT 输出一个负脉冲，该负脉冲由 GATE 上升沿开始，宽度为计数值个时钟脉冲周期。若想再次获得同样宽度的负脉冲，只要用 GATE 上升沿再触发一次即可。可见，此种方式下，装入计数值后可多次触发。

如果在形成单个负脉冲的计数过程中改变计数值，则不会影响正在进行的计数。新的计数值只有在前面的负脉冲形成后，又出现 GATE 上升沿时才起作用。但是，若在形成单个负脉冲的计数过程中又出现新的 GATE 上升沿，则当前计数停止时，后面的计数以原初始的计数值开始工作。这时的负脉冲宽度将包括前面未计数完的部分和全部原始计数值两部分，使负脉冲加宽。

3. 方式 2(频率发生器)

在该方式下，计数器装入初值并开始工作后，计数器的输出 OUT 将连续输出一个时钟周期宽的负脉冲。两个负脉冲之间的时钟周期数就是计数器装入的计数初值。这样一来，就可以利用不同的计数值达到对时钟脉冲的分频，而分频输出就是 OUT 输出。

在这种方式下，门控信号 GATE 用作控制信号。当 GATE 为低电平时，强迫 OUT 输出高电平。当 GATE 为高电平时，分频继续进行。

在此方式下，计数周期数应包括负脉冲所占的那一个时钟周期。也就是说，计数减到 1 时开始送出负脉冲。

在计数过程中，若改变计数值，则不影响当前的计数过程，而在下一次计数分频时，采用新的计数值。

4. 方式 3(方波发生器)

在这种方式下，可以从 OUT 得到对称的方波输出。当装入的计数值 N 为偶数时，则前 N/2 计数过程中 OUT 为高，后 N/2 计数过程中 OUT 为低，如此这般一直进行下去。若 N 为奇数，则前(N+1)/2 计数过程中 OUT 保持高电平，后(N−1)/2 计数期间，OUT 为低电平。

在此方式下，GATE 信号为低电平时，强迫 OUT 输出高电平；当 GATE 为高电平时，OUT 输出对称方波。

在产生方波过程中，若装入新的计数值，则方波的下一个电平将反映新计数值所规定的方波宽度。

5. 方式 4(软件触发选通)

该方式与方式 0 有类似的地方，即写入计数值后，要用一个时钟周期将计数值传送到计数器的减 1 部件，然后计数开始，每个时钟周期减 1。当计数减到 0 时，由 OUT 输出一个时钟周期宽度的负脉冲。

若写入的计数值为 N，在计数值写入后经过 N+1 个时钟周期才有负脉冲出现。

在此方式下，每写入一次计数值只得到一个负脉冲。

此方式同样受 GATE 信号控制。只有当 GATE 为高电平时，计数才进行；当 GATE 为低电平时，禁止计数。

若在计数过程中装入新的计数值，计数器从下一时钟周期开始以新的计数值进行计数。

6. 方式 5(硬件触发选通)

设置此方式后，OUT 输出为高电平。GATE 的上升沿使计数开始，当计数结束时由输出端 OUT 送出一个宽度为一个时钟周期的负脉冲。

在此方式下，GATE 电平的高低不影响计数，计数由 GATE 的上升沿启动。

若在计数结束前，又出现 GATE 上升沿，则计数从头开始。

可见，若写入计数值为 N，则 GATE 上升沿后 N 个时钟周期结束时，OUT 会输出一个时钟周期宽度的负脉冲。同样，可用 GATE 上升沿多次触发计数器产生负脉冲。

从 8253 的 6 种工作方式中可以看到，门控信号 GATE 十分重要，而且对不同的工作方式，其作用也不一样。现将各种方式下 GATE 的作用列于表 6.2 中。

表 6.2　GATE 信号功能表

GATE	低电平或变到低电平	上升沿	高电平
方式 0	禁止计数	不影响	允许计数
方式 1	不影响	启动计数	不影响
方式 2	禁止计数并置 OUT 为高	初始化计数	允许计数
方式 3	同方式 2	同方式 2	同方式 2
方式 4	禁止计数	不影响	允许计数
方式 5	不影响	启动计数	不影响

6.3.3　8253 的控制字

8253 的控制字格式如图 6.21 所示。

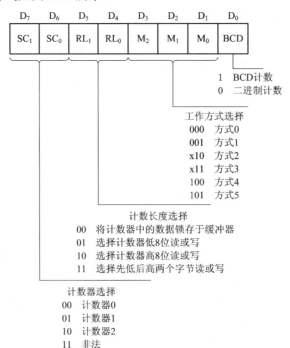

图 6.21　8253 的控制字格式

8253 的控制字在初始化时要写入控制寄存器。而 8253 的控制寄存器只分配一个接口地址，但是每个计数器都必须有自己的控制字。为了加以区别，就利用控制字的最高两位 (D_7D_6)的编码来指定在该地址上的控制字是哪个计数器的控制字。这样就不会发生混乱了。

8253 的控制字 D_0 用来定义用户所使用的计数值是二进制数还是 BCD 数。因为每个计数器都是 16 位(二进制)计数器，所以允许用户使用的二进制数为 0000H～FFFFH，十进制数为 0000～9999。由于计数器做减 1 操作，所以当初始计数值为 0000 时，对应最大计数值。

8253 的控制字中，RL_1RL_0 为 00 时的作用将在下面说明。控制字其他各位的功能一目了然，此处不再说明。

8253 的每个计数器都有自己的一个 16 位的计数值寄存器，存放 16 位的计数值。由于其使用简单，此处不做说明。

6.3.4　8253 的寻址及连接

1. 寻址

8253 占用 4 个接口地址，地址由 $\overline{CS}$、A_0、A_1 来确定。同时，再配合 $\overline{RD}$、$\overline{WR}$ 控制信号，可以实现对 8253 的各种读写操作。上述信号的组合功能由表 6.3 来说明。

表 6.3　各寻址信号的组合功能

$\overline{CS}$	A_1	A_0	$\overline{RD}$	$\overline{WR}$	功　能
0	0	0	1	0	写计数器 0
0	0	1	1	0	写计数器 1
0	1	0	1	0	写计数器 2
0	1	1	1	0	写方式控制字
0	0	0	0	1	读计数器 0
0	0	1	0	1	读计数器 1
0	1	0	0	1	读计数器 2
0	1	1	0	1	无效

从表 6.3 可以看到，对 8253 的控制字或任一计数器均可以用它们各自的地址进行写操作。只是要注意，应根据相应控制字中 RL_1 和 RL_0 的编码，向某一计数器写入计数值。当其编码是 11 时，一定要装入两个字节的计数值，且先写入低字节再写入高字节。若此时只写了一个字节，就去写其他计数器或控制字，则写入的字节将被解释为计数值的高字节，从而产生错误。

当对 8253 的计数器进行读操作时，可以读出计数值，具体实现方法有如下两种：

(1) 先使计数器停止计数，再读计数值。先写入控制字，规定好 RL_1 和 RL_0 的状态，也就是规定读一个字节还是读两个字节。若其编码为 11，则一定读两次，先读出计数值低 8 位，再读出高 8 位。若读一次同样会出错。

为了使计数器停止计数，可用 GATE 门控信号或自己设计的逻辑电路使计数时钟停止工作。

(2) 在计数过程中读计数值。这时读出当前的计数值并不影响计数器工作。

为做到这一点，首先写入 8253 一个特定的控制字：$SC_1SC_000\times\times\times\times$。这是控制字的一种形式。其中 SC_1 和 SC_0 与图 6.21 的定义一样。后面两位刚好定义 RL_1 和 RL_0 为 00。将此控制字写入 8253 后，就可将选中的计数器的当前计数值锁存到一个暂存器中，然后，利用读计数器操作——两条输入指令即可把 16 位计数值读出。

2．连接

为了用好 8253，读者必须能熟练地将它连接到系统总线上。图 6.22 就是 8253 与 8088 系统总线连接的例子。

在图 6.22 中，主要解决了 8253 与 8088 总线的连接。通过译码器，使 8253 占用 FF04H～FF07H 四个接口地址。假如在连接中采用了部分地址译码方式，使 A_0 不参加译码，则 8253 的每一个计数器和控制寄存器可分别占用两个接口地址。

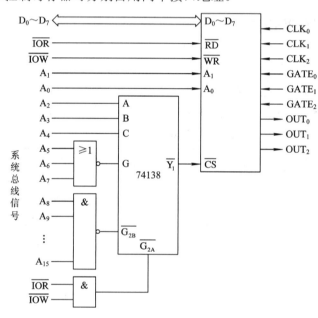

图 6.22　8253 与 8088 系统总线的连接图

6.3.5　初始化及应用

与任何可编程接口芯片一样，8253 有多种功能，因此在使用它之前必须进行初始化。初始化程序通常放在加电复位后进行，也可放在用户程序的开始。8253 的初始化可以灵活地进行，通常可采用下述初始化顺序的任一种。

1．逐个计数器分别初始化

对某一计数器先写入控制字，再写入计数值，如图 6.23 所示。初始化完一个计数器后，用同样的顺序初始化下一个计数器，直至要初始化的计数器全部初始化完为止。

在初始化过程中，先初始化哪一个计数器无关紧要，重要的是对每一个计数器的初始化顺序不能错，必须按图 6.23 所示的顺序进行。

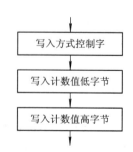

图 6.23　一个计数器的初始化顺序

2．各计数器统一初始化

先将计数器的控制字写入各计数器，再将各计数器的计数值写入各计数器。其顺序如图 6.24 所示。

从图 6.24 可以看到，先写控制字后写计数值，这一顺序不能错。但在写控制字或写计数值时，先写哪个计数器则无关紧要。

为了说明 8253 的初始化及其应用，以图 6.25 为例，说明如何利用 8255 获得所需要的定时波形。

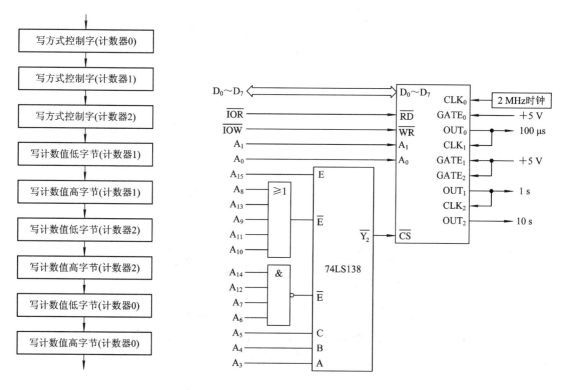

图 6.24 各计数器统一初始化顺序　　　　图 6.25 8253 的应用举例连接图

由图 6.25 可以看到，8253 的接口地址为 D0D0H～D0D7H。外部计数时钟频率为 2 MHz。该例是利用 8253 的三个计数器输出 OUT，分别产生周期为 100 μs 的对称方波、周期为 1 s 的负窄脉冲和周期为 10 s 的对称方波。为达到此目的，采用如图 6.25 所示的连接，用上一级的 OUT 输出兼做下一级的计数时钟。

与图 6.25 相对应的 8253 的初始化程序如下：

```
INT153:     MOV     DX,0D0D3H
            MOV     AL,00110110B
            OUT     DX,AL                ; 计数器 0 方式字
            MOV     AL, 200
            MOV     DX, 0D0D0H
            OUT     DX, AL
            MOV     AL, 0
```

OUT	DX，AL	；计数器 0 计数值
MOV	DX，0D0D3H	
MOV	AL，01110100B	
OUT	DX，AL	；计数器 1 方式字
MOV	DX，0D0D1H	
MOV	AX，10000	
OUT	DX，AL	
MOV	AL，AH	
OUT	DX，AL	；计数器 1 计数值
MOV	DX，0D0D3H	
MOV	AL，10110110B	；计数器 2 方式字
OUT	DX，AL	
MOV	DX，0D0D2H	
MOV	AL，10	
OUT	DX，AL	
MOV	AL，0	
OUT	DX，AL	；计数器 2 计数值
HLT		

6.4 可编程串行接口 8250

　　微型计算机与外设(包括其他微型计算机)之间通常以两种方式通信，即串行通信和并行通信。并行通信是指将构成一组数据的各位同时传送，例如 8 位数据或 16 位数据并行传送。串行通信是指将数据一位接一位地传送。并行通信用前面提到的并行接口可予以实现。对于串行通信，现已研制出许多可供使用的串行接口来实现。

　　并行与串行通信各有其优缺点。一般来说，串行通信使用的传输线少，传送距离远，传送速率比较低，而并行通信却与此相反。

6.4.1 概述

　　在串行通信中，经常采用两种最基本的通信方式，一种是同步通信，另一种是异步通信。

1. 同步通信

　　所谓同步通信，是指在约定的波特率(每秒钟传送的位数)下，发送端和接收端的频率保持严格的一致(同步)。因为发送和接收的每一位数据均保持同步，故传送信息的位数几乎不受限制，通常一次通信传送的数据有几十到几百字节。这种通信的发送器和接收器比较复杂，成本也较高。

　　同步通信的数据格式有许多种，图 6.26 所示为常见的几种。

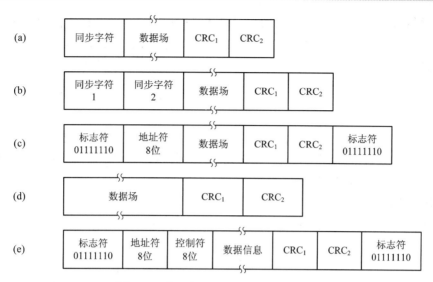

图 6.26　常见的几种同步通信数据格式

(a) 单同步格式；(b) 双同步格式；(c) SDLC 格式；(d) 外同步格式；(e) HDLC 格式

在图 6.26 中，除数据场的字节数不受限制外，其他均为 8 位。其中图(a)为单同步格式，传送一帧数据仅使用一个同步字，当接收端收到——检测出一个完整同步字后，就连续接收数据。一帧数据结束，进行 CRC 校验。图(b)为双同步格式，这时利用两个同步字进行同步。图(c)为同步数据链路控制(SDLC)，图(e) 则称为高级数据链路控制(HDLC)，它们均用于同步通信。这两种规约的细节本书不做详细说明。图(d)则是一种外同步方式所采用的数据格式。对这种方式，在发送的一帧数据中不包含同步字，同步信号(SYNC)通过专门的控制线加到串行接口上，当 SYNC 一到达，表明数据场开始，接口就连续接收数据和 CRC 编码。

这里要提一下，CRC 编码是循环冗余校验码，用它可以检验所传数据中出现的错误。

2．异步通信

异步通信是指收发端在约定的波特率下，不需要严格的同步，允许有相对的迟延，即两端的频率差别在 5%以内，就能正确地实现通信的通信方式。异步串行通信的数据传送格式如图 6.27 所示。

图 6.27　异步串行通信数据格式

异步通信每传送一个字符，均由一位低电平的起始位开始，接着传送数据位，数据可以是 5 位、6 位、7 位或者 8 位，可由程序指定。在传送时，按低位在前、高位在后顺序传送。数据位的后面可以加上一位奇偶校验位，也可以不加这一位，可由程序来指定。最后传送的是一位、一位半或两位高电平的停止位。这样，一个字符就传送完了。在传送两个字符之间的空闲期间，要由高电平 1 来填充。

异步通信每传送一个字符,都要增加大约20%的用于同步和帧格式检测的附加信息位,这必然降低了传送效率。但这种通信方式简单可靠,实现起来比较容易,故广泛应用于各种微型机系统中。

6.4.2 串行接口 8250

各微处理器厂家都为自己的微处理器生产出了相应的可编程串行接口,Intel 公司提供的常用串行接口就有 8250 和 8251。选择某一片串行接口芯片,掌握它的使用,以后再遇到其他类似芯片也就不难使用了。为此,在这里以 8250 为例,介绍它的应用。

1. 引线及功能

8250 的外部引线及内部结构简图如图 6.28(a)和(b)所示。

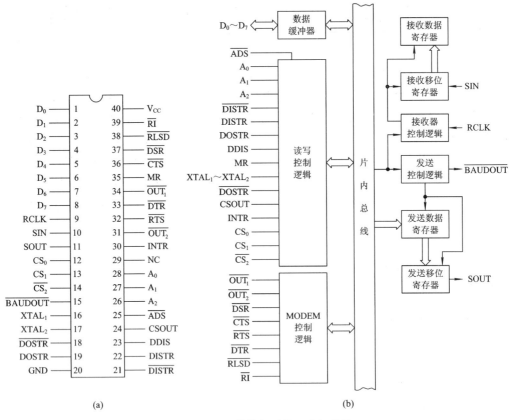

图 6.28   8250 的外部引线及内部结构

(a) 外部引线; (b) 内部结构

CS_0、CS_1、$\overline{CS_2}$ 为输入片选信号。只有当它们同时有效——$CS_0=1$,$CS_1=1$,$\overline{CS_2}=0$ 时,才能选中该片 8250。

A_0、A_1、A_2 为 8250 内部寄存器的选择信号。这 3 个输入信号的不同编码,用以选中 8250 内部不同的寄存器。详细情况,在寻址时再做介绍。

$\overline{ADS}$ 为地址选通信号。该输入信号有效(低电平)时,可将 CS_0、CS_1、$\overline{CS_2}$ 及 A_0、A_1、A_2 锁存于 8250 内部。若在工作中不需要随时锁存上述信号,则可把 $\overline{ADS}$ 直接接地,使其总有效。

DISTR、$\overline{\text{DISTR}}$ 为数据输入选通信号。当它们其中一个有效——DISTR 为高或 $\overline{\text{DISTR}}$ 为低时，被选中的 8250 寄存器内容可被读出，$\overline{\text{DISTR}}$ 经常与系统总线上的 $\overline{\text{IOR}}$ 相连接。当它们同时无效时，8250 不能读出。

DOSTR、$\overline{\text{DOSTR}}$ 为数据输出选通信号。当它们其中一个有效——DOSTR 为高电平或者 $\overline{\text{DOSTR}}$ 为低电平时，被选中的 8250 寄存器可写入数据或控制字。$\overline{\text{DOSTR}}$ 常与系统总线的 $\overline{\text{IOW}}$ 相连。当它们同时无效时，8250 不能写入。

RCLK 为接收时钟信号。该输入信号的频率为接收信号频率的 16 倍。

SIN 为串行信号输入端。外设或其他系统传送来的串行数据由该端进入 8250。

$\overline{\text{CTS}}$ 为清除发送信号。该输入信号为低电平时，表示提供 $\overline{\text{CTS}}$ 信号的设备已准备好，可以接收 8250 发来的数据。

$\overline{\text{RTS}}$ 为请求发送信号。该输出信号为低电平时，用作 8250 向外设发送数据的请求信号。它与下面的 $\overline{\text{DTR}}$ 信号有同样的功能。

$\overline{\text{DTR}}$ 为数据终端准备好信号。当该输出信号有效——为低电平时，表示 8250 已准备好。它是向外设发送数据的请求信号。

$\overline{\text{DSR}}$ 为数据装置准备好信号。该输入信号低电平有效，用来表示接收数据的外设已准备好接收数据。

$\overline{\text{RLSD}}$ 为接收线路信号检测信号。该信号低电平有效，表示 MODEM(调制解调器)已将载波检出，通信信号传输正常。

$\overline{\text{RI}}$ 为振铃指示信号。该输入信号低电平有效，表示 MODEM 已接收到一个电话铃声信号。

$\overline{\text{OUT}_1}$ 是由用户编程指定的输出端。若用户在 MODEM 控制寄存器第二位($\overline{\text{OUT}_1}$)写入 1，则 $\overline{\text{OUT}_1}$ 输出端可输出低电平。主复位信号(MR)可将 $\overline{\text{OUT}_1}$ 置高。

$\overline{\text{OUT}_2}$ 与 $\overline{\text{OUT}_1}$ 一样，可以由用户编程指定。只是要将 MODEM 控制寄存器的第三位($\overline{\text{OUT}_2}$)写入 1，才能使 $\overline{\text{OUT}_2}$ 为低电平。主复位信号(MR)可使其置高电平。

CSOUT 为片选输出信号。当 8250 的 CS_0、CS_1 和 CS_2 同时有效时，CSOUT 为高电平。

DDIS 为驱动器禁止信号。该输出信号在 CPU 读 8250 时为低电平，非读时为高电平。可用此信号来控制 8250 与系统总线间的数据总线驱动器。

$\overline{\text{BAUDOUT}}$ 为波特率输出。该端输出的是，主参考时钟频率除以 8250 内部除数寄存器中的除数后所得到的频率信号。这个频率信号就是 8250 的发送时钟信号，是发送波特率的 16 倍。此信号若接到 RCLK 上，又可以同时作为接收时钟使用。

INTR 为中断请求输出信号。当 8250 中断允许时，接收错误、接收数据寄存器满、发送数据寄存器空以及 MODEM 的状态均可产生有效的 INTR——高电平信号。主复位信号 (MR)可使该输出信号无效。

SOUT 为串行输出信号。主复位信号可使其变为高电平。

$XTAL_1$、$XTAL_2$ 为外部时钟端。这两个引脚可接晶体或直接接外部时钟信号。

$D_0 \sim D_7$ 为双向数据线。该线与系统数据总线相连接，用以传送数据、控制信息和状态信息。

MR 为主复位输入信号,高电平有效。主复位时,除了接收数据寄存器、发送数据寄存器和除数锁存器外,其他内部寄存器及信号均受到主复位的影响。详细情况如表 6.4 所示。在表中,有关中断状态,除受 MR 的影响外,还指出了当 CPU 对某些寄存器进行读写时也会使其复位的情况。MR 通常与系统复位信号 RESET 相连。

表 6.4　MR 的 功 能

寄存器或信号	复 位 控 制	复位后的状态
通信控制寄存器	MR	各位均为低电平
中断允许寄存器	MR	各位均为低电平
中断标识寄存器	MR	0 位为高,其余各位为低
MODEM 控制寄存器	MR	各位均为低
通信状态寄存器	MR	除 5、6 位外其余位均为高
INTR(线路状态错)	读通信状态寄存器或 MR	低电平
INTR(发送寄存器空)	读中断标志寄存器,写发送数据寄存器或 MR	低电平
INTR(接收寄存器满)	读接收数据寄存器或 MR	低电平
INTR(MODEM 状态改变)	读 MODEM 状态寄存器或 MR	低电平
SOUT	MR	高电平
$\overline{OUT_1}$、$\overline{OUT_2}$、$\overline{RTS}$、$\overline{DTR}$	MR	高电平

2. 8250 的工作过程

这里简要说明 8250 的工作过程。

1) 发送数据

CPU 执行有关程序,可将要发送的数据写到 8250 的发送数据寄存器中(见图 6.28(b))。当发送移位寄存器中的数据全部由 SOUT 移出,则发送移位寄存器就空了。这时,发送数据寄存器中待发送的数据会自动并行送到发送移位寄存器中。发送移位寄存器在发送时钟的激励下,一位接一位地发送出去。在发送过程中,它会按照事先由程序规定好的格式加上启动位、校验位和停止位。

一旦发送数据寄存器的内容送到发送移位寄存器中,则发送数据寄存器就空了。它变空后,会在状态寄存器中建立发送数据寄存器空的状态位;而且也可以因此而产生中断。因此,利用查询该状态或者利用中断都可实现数据的串行发送。

2) 接收数据

由通信对方来的数据在接收时钟 RCLK 的作用下,通过 SIN 逐位进入接收移位寄存器。当接收移位寄存器接收到一个完整的数据后会立即自动并行传送到接收数据寄存器中,这时接收数据寄存器就满了。该寄存器满后,可在状态寄存器中建立收满的状态;而且也可以因此而产生中断。因而,利用查询该状态或者利用中断均可实现串行数据的接收。

目前,串行异步通信的速率一般为几百到几千波特。无论是用查询方式还是中断方式实现通信,均不是很困难。

3. 内部寄存器

现在介绍 8250 的一些内部寄存器。只有了解这些内部寄存器各位的功能,才能用好

8250。介绍这些内部寄存器的出发点也在于此。以下 10 个内部寄存器与用户编程使用 8250 有关。

1) 通信控制字寄存器

通信控制字寄存器是一个 8 位的寄存器，其主要功能如图 6.29 所示。

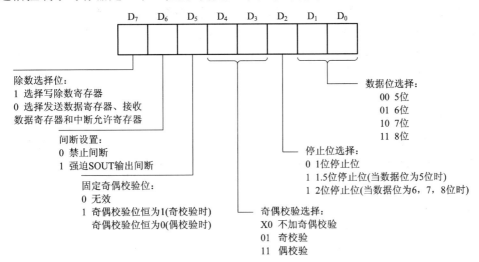

图 6.29　通信控制字格式

该控制字主要用于决定在串行通信时所使用的数据格式，例如数据位数、奇偶校验及停止位的多少。应特别注意该控制字的 D_7。当需要读写除数锁存器时，必须先将该字的 D_7 置 1；而在读写其他三个寄存器时，又要使其为 0。

2) 通信状态寄存器

通信状态寄存器是一个 8 位寄存器，其各位的功能如图 6.30 所示。

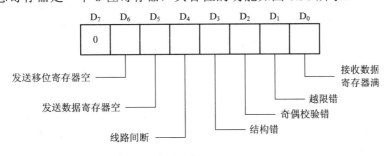

图 6.30　通信状态字格式

通信状态字用于说明在通信过程中 8250 接收和发送数据的情况。

D_0 为 1 时表示 8250 已接收到一个完整的字符，处理器可以从 8250 的接收数据寄存器中读取。一旦读取后，该位即变为 0。

D_1 是越限错标志。当前一数据尚在接收数据寄存器中而未被处理器读走，后一个数据已经到来而将其破坏时，该位为 1。处理器读接收数据寄存器时使该位清 0。

D_2 为奇偶校验错标志。在 8250 对收到的一个完整的数据进行奇偶校验运算时，若发现算出的值与发送来的奇偶校验位不同，则使该位为 1，表示数据可能有错。在处理器读寄存器时该位复位。当收到正确数据时，可使该位复位。

D_3 为结构错标志。当接收到的数据停止位不正确时，该位置 1。

D_4 为线路间断标志。若在大于一个完整的数据字的时间里收到的均为空闲状态，则该位置 1，表示线路信号间断。当处理器读寄存器时使其复位。

出现以上 4 种状态中的任何一种都会使 8250 发出线路状态错中断。

D_5 为 1 时表示发送数据寄存器空。处理器一将数据写入发送数据寄存器，则使其复位。

D_6 为 1 时表示发送移位寄存器中无数据。当发送数据寄存器数据并行送入发送移位寄存器时，该位清 0。

D_7 位恒为 0。

3) 发送数据寄存器

发送数据寄存器是一个 8 位的寄存器，发送数据时，处理器将数据写入该寄存器。只要发送移位寄存器空，发送数据寄存器的数据便会由 8250 的硬件自动并行送到移位寄存器中，以便串行移出。

4) 接收数据寄存器

接收数据寄存器是一个 8 位的寄存器。8250 接收到一个完整的字符时，便会将该字符由接收移位寄存器传送到接收数据寄存器。处理器可直接由此寄存器读取数据。

5) 除数锁存器

除数锁存器为 16 位，它包含两个锁存器，分别为除数(低 8 位)锁存器和除数(高 8 位)锁存器。外部时钟被除数锁存器中的除数相除，可以获得所需的波特率。如果外部时钟频率 f 已知，而 8250 所要求的波特率 F 也已规定，那么，就可以由下式求出除数锁存器应锁存的除数：

$$除数 = f/(16F)$$

例如，当输入时钟频率为 1.8432 MHz 时，若要求使用 1200 波特来传送数据，这时可算出锁存于除数锁存器的除数应为 96。在 8250 工作前首先要将除数写到除数锁存器中，以便产生所希望的波特率。为了写入除数，首先在通信控制字中将 D_7 置 1，然后就可以将 16 位除数先低 8 位、后高 8 位地写入除数锁存器中。

6) 中断允许寄存器

中断允许字的格式如图 6.31 所示，该字存于中断允许寄存器中，它只用 $D_0 \sim D_3$ 这 4 位。每位的 1 或 0 分别用于允许或禁止 8250 的 4 个中断源提出中断。如果该寄存器的 $D_0 \sim D_3$ 均为 0，则禁止 8250 提出中断。该寄存器的高 4 位不用。

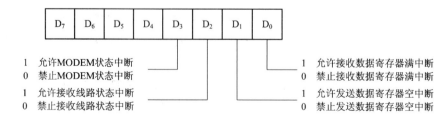

图 6.31　中断允许字格式

在中断允许字中，接收线路状态包括越限错、奇偶错、结构错及线路间断等中断源引起的中断。对于 MODEM 状态引起的中断见下面对 MODEM 状态寄存器的解释。

7) 中断标志寄存器

中断标志寄存器为 8 位，高 5 位为 0，只用低 3 位做 8250 的中断标志。8250 有 4 个中断源，在 8250 内部的优先级顺序如下：

(1) 最高优先级为接收线路出错中断，包括越限错、奇偶错、结构错、线路间断等。读通信状态寄存器可使此中断复位。

(2) 次优先级是接收数据寄存器满中断。读接收数据寄存器可复位此中断。

(3) 再次优先级为发送数据寄存器空中断。写发送数据寄存器可使这一中断复位。

(4) 最低优先级为 MODEM 状态中断，包括发送结束、数传机准备好、振铃指示、接收线路信号检测等 MODEM 状态中断源。读 MODEM 状态寄存器可复位该中断。

中断标志字的格式如图 6.32 所示。

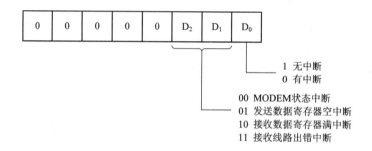

图 6.32 中断标志字格式

8) MODEM 控制寄存器

MODEM 控制寄存器是一个 8 位的寄存器，用以控制 MODEM 或其他数字设备。MODEM 控制字格式如图 6.33 所示。

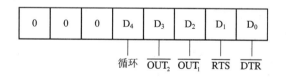

图 6.33 MODEM 控制字格式

D_0 位表示数据终端准备好。当该位为 1 时，使 8250 的 $\overline{\text{DTR}}$ 输出为低，向 MODEM 表明 8250 已准备好。若该位为 0，则 $\overline{\text{DTR}}$ 为高，表明 8250 未准备好。

D_1 位为 1 时，8250 的 $\overline{\text{RTS}}$ 输出低电平，向 MODEM 发出请求发送信号，也以此来通知 MODEM 串行接口 8250 已准备好。当它为 0 时，$\overline{\text{RTS}}$ 输出高电平，表明 8250 未准备好。

D_2 位和 D_3 位分别用以控制 8250 的输出信号 $\overline{\text{OUT}_1}$ 和 $\overline{\text{OUT}_2}$。当它们为 1 时，对应的 $\overline{\text{OUT}}$ 输出为 0；而当它们为 0 时，对应的 $\overline{\text{OUT}}$ 输出为 1。

可见，上面 4 位的作用在于，它们的状态反相后，从相应的引线上输出。

D_4 位用来控制循环检测，实现 8250 的自测试。当 $D_4=1$ 时，SOUT 为高电平状态，而 SIN 将与系统相分离。这时发送移位寄存器的数据将由 8250 内部直接回送到接收移位寄存器的输入端。MODEM 用以控制 8250 的 4 个信号 $\overline{CTS}$、$\overline{DSR}$、$\overline{RLSD}$ 和 $\overline{RI}$ 与系统分离。同时，8250 用来控制 MODEM 的 4 个输出信号 $\overline{RTS}$、$\overline{DTR}$、$\overline{OUT_1}$ 和 $\overline{OUT_2}$，在 8250 芯片内部分别与 $\overline{CTS}$、$\overline{DSR}$、$\overline{RLSD}$ 及 $\overline{RI}$ 相连，完成信号在 8250 芯片内部的返回。这样一来，8250 发送的串行数据立即在 8250 内部被接收，从而完成 8250 的自检，而且在完成自测试过程中不需要外部连接。

在 $D_4=1$，即自测试情况下，中断仍能进行。值得注意的是，在这种情况下，MODEM 状态中断是由 MODEM 控制寄存器提供的。这一点在上面已经阐明。

当 $D_4=0$ 时，8250 正常工作。若由自测试转到正常工作，则必须对 8250 重新初始化，其中包括将 D_4 清 0。

9) MODEM 状态寄存器

MODEM 状态寄存器用以提供 MODEM 或其他外设加到 8250 上的控制线的信号状态以及这些控制线的状态变化。当由 MODEM 来的控制线变化时，MODEM 状态寄存器的低 4 位被相对应地置 1。在读此寄存器时，使这 4 位同时清 0。MODEM 状态字的格式如图 6.34 所示。

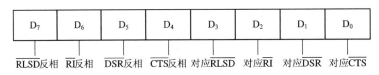

图 6.34　MODEM 状态字格式

MODEM 状态字的低 4 位分别对应 $\overline{CTS}$、$\overline{DSR}$、$\overline{RI}$ 和 $\overline{RLSD}$。当某位为 1 时，表示自上次读该寄存器之后，相应的输入信号已改变状态。当某位为 0 时，则说明相应输入信号状态无改变。

该寄存器 D_4 位的状态是输入信号 $\overline{CTS}$ 反相之后的状态。在自测试时，该位的状态等于 MODEM 控制寄存器 $\overline{RTS}$ 位的状态。

该寄存器的 D_5 位对应 $\overline{DSR}$ 输入状态的反相，自测试时为 $\overline{DTR}$ 的状态。

D_6 位对应 $\overline{RI}$ 输入信号的反相，自测试时为 $\overline{OUT_1}$ 的状态。

D_7 位对应 $\overline{RLSD}$ 状态的反相，自测试时为 $\overline{OUT_2}$ 的状态。

4．8250 的寻址及连接

8250 内部有 10 个与编程使用有关的寄存器，利用片选信号 CS_0、CS_1 和 $\overline{CS_2}$ 可以选中 8250。利用片上的 A_0、A_1、A_2 三条地址线最多可以选择 8 个寄存器——对应 3 位地址线的 8 种不同编码。再利用通信控制字的最高位——除数锁定位(DLAB)来选中除数锁存器。由于有的寄存器是只写的，有的寄存器是只读的，故还可以利用读写信号来加以选择。通过上述这些办法，可以顺利地对 8250 进行寻址。一个 8250 芯片占用 7 个接口地址。具体的地址安排见表 6.5。

表 6.5　8250 的寻址

CS_0	CS_1	$\overline{CS_2}$	DLAB	A_2	A_1	A_0	RD　WR	所选寄存器
1	1	0	0	0	0	0	只读	接收数据寄存器
1	1	0	0	0	0	0	只写	发送数据寄存器
1	1	0	0	0	0	1	可读写	中断允许寄存器
1	1	0	×	0	1	0	只读	中断标志寄存器
1	1	0	×	0	1	1	可读写	通信控制寄存器
1	1	0	×	1	0	0	可读写	MODEM 控制寄存器
1	1	0	×	1	0	1	只读	通信状态寄存器
1	1	0	×	1	1	0	只读	MODEM 状态寄存器
1	1	0	1	0	0	0	可读写	除数(低 8 位)锁存器
1	1	0	1	0	0	1	可读写	除数(高 8 位)锁存器
1	1	0	×	1	1	1		不用

　　为了说明 8250 的连接,现以早期 PC 中的 8250 与 8088 系统总线的连接为例,画出其连接图如图 6.35 所示。

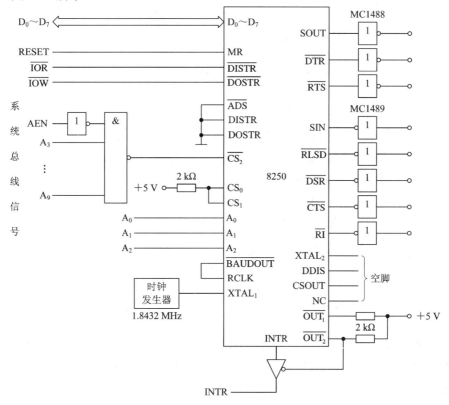

图 6.35　8250 的连接

　　在图 6.35 中,8250 的片选信号是由 AEN 和 $A_3 \sim A_9$ 译码产生的,这是由 PC 的结构决定的。PC 的接口地址采用部分地址译码,只用 $A_0 \sim A_9$ 这 10 条地址线译码决定接口地址。剩下的 6 条地址线 $A_{10} \sim A_{15}$ 空着不用。因此,PC 可用的接口地址只有 1K(1024) 个。同时,由于 DMAC 的工作需要,只有 AEN 信号为低电平时,接口才能工作,故出现了图 6.35 中的译码器产生 8250 的片选信号。这时,8250 的地址范围为 3F8H~3FFH。

图 6.35 中利用外部时钟发生器产生时钟信号加到 8250 的 $XTAL_1$ 上。8250 的波特率输出信号 BAUDOUT 加到 RCLK 上作为接收时钟。图中的 MC1488 和 MC1489 是用于电平转换的,它们可分别进行 TTL 与 RS-232C 间的电平转换。

5. 初始化及应用

8250 的初始化过程,通常是首先将通信控制字的 D_7 置 1,即使 DLAB=1。在此条件下,将除数的低 8 位和高 8 位分别写入 8250 的除数锁存器。然后,再以不同的地址分别写入通信控制字、MODEM 控制字、中断允许字等。具体初始化过程可按图 6.36 所示的顺序依次进行。

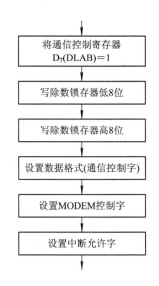

图 6.36　8250 的初始化顺序

依据图 6.35 的连接,对 8250 初始化的程序如下:

```
INTI50:  MOV  DX, 03FBH
         MOV  AL, 80H
         OUT  DX, AL        ; 将通信控制寄存器 D7
                            ; 置 1,即 DLAB=1
         MOV  DX, 03F8H
         MOV  AL, 60H
         OUT  DX, AL        ; 锁存除数低 8 位
         INC  DX
         MOV  AL, 0
         OUT  DX, AL        ; 锁存除数高 8 位
         MOV  DX, 03FBH
         MOV  AL, 0AH
         OUT  DX, AL        ; 初始化通信控制寄存器
         MOV  DX, 03FCH
         MOV  AL, 03H
         OUT  DX, AL        ; 初始化 MODEM 控制器
         MOV  DX, 03F9H
         MOV  AL, 0
         OUT  DX, AL        ; 写中断允许寄存器
```

从上面的初始化程序可以看到,首先写除数锁存器。为写除数,首先写通信控制寄存器,使 DLAB=1,然后写入 16 位的除数 0060H,即十进制数 96。由于加在 $XTAL_1$ 上的时钟频率为 1.8432 MHz,故波特率为 1200 波特。

初始化通信控制字为 00001010。其指定数据为 7 位,停止位为 1 位,奇校验。MODEM 控制字为 03H,即 00000011,使 $\overline{DTR}$ 和 $\overline{RTS}$ 均为低电平,即有效状态。最后,将中断允许控制字写入中断允许寄存器。由于中断允许字为 00H,故禁止 4 个中断源可能形成的中断。有关 8250 中断的问题,在硬件上 INTR 是通过 $\overline{OUT_2}$ 输出控制的三态门接到 8259 上去的。若允许中断,则一方面要使 $\overline{OUT_2}$ 输出为低电平,同时,再初始化中断允许寄存器。$\overline{OUT_2}$ 是由 MODEM 控制字的 D_3 来控制的。只有当 MODEM 控制字的 D_3=1 时,$\overline{OUT_2}$ 才为低电平。上述的 MODEM 控制字为 03H，其 $D_3=0$，故 $OUT_2=1$，这时禁止中断请求输出。

发送数据的程序接在初始化程序之后。若采用查询方式发送数据，且要发送数据的字节数放在 BX 中，要发送的数据顺序存放在以 SEDATA 为首地址的内存区中，则发送数据的程序如下：

```
        SEDPG：  MOV     DX，3FDH
                LEA     SI，SEDATA
        WAITSE： IN      AL，DX
                TEST    AL，20H
                JZ      WAITSE
                PUSH    DX
                MOV     DX，3F8H
                MOV     AL，[SI]
                OUT     DX，AL
                POP     DX
                INC     SI
                DEC     BX
                JNZ     WAITSE
```

同样，在初始化后，可以利用查询方式实现数据的接收。下面是 8250 接收一个数据的程序：

```
        REVPG：  MOV     DX，3FDH
        WAITRE： IN      AL，DX
                TEST    AL，1EH
                JNZ     ERROR
                TEST    AL，01H
                JZ      WAITRE
                MOV     DX，3F8H
                IN      AL，DX
                AND     AL，7FH
```

该程序首先测试通信状态寄存器，看接收的数据是否有错。若有错就转向错误处理 ERROR；若无错，再看是否已收到一个完整的数据。若已收到一个完整的数据，则从 8250 的接收数据寄存器中读出，并取事先约定的 7 位数据，将其放在 AL 中。

下面仍以图 6.35 所示的连接形式为例，说明利用中断方式，通过 8250 实现串行异步通信的过程。为了便于叙述，设想系统以查询方式发送数据，以中断方式接收数据，则对 8250 初始化的程序如下：

```
        INISIR： MOV   DX，3FBH
                MOV   AL，80H
                OUT   DX，AL              ；置 DLAB=1
                MOV   DX，3F8H
                MOV   AL，0CH
```

```
          OUT   DX，AL
          MOV   DX，3F9H
          MOV   AL，0                    ；置除数为000CH，规定波特率为9600波特
          OUT   DX，AL
          MOV   DX，3FBH
          MOV   AL，0AH
          OUT   DX，AL                    ；初始化通信控制寄存器
          MOV   DX，3FCH
          MOV   AL，0BH
          OUT   DX，AL                    ；初始化 MODEM 寄存器
          MOV   DX，3F9H
          MOV   AL，01H
          OUT   DX，AL                    ；初始化中断允许寄存器
          STI                           ；允许接收数据寄存器满产生中断
```

该程序对 8250 进行初始化，并在初始化完时(假如其他接口初始化在此之前)开中断。接收中断服务程序如下：

```
 RECVE：PUSH    AX
          PUSH    BX
          PUSH    DX
          PUSH    DS
          STI
          MOV   DX，3FDH
          IN    AL，DX
          TEST  AL，1EH
          JNZ    ERROR
          MOV   DX，3F8H
          IN    AL，DX
          AND   AL，7FH
          MOV   BX，  BUFFER
          MOV   [BX]，AL
          INC   BX
          MOV   BUFFER，BX
          MOV   DX，INTRER
          MOV   AL，20H                   ；将 EOI 命令发给中断控制器 8259
          OUT   DX，AL
          POP   DS
          POP   DX
          POP   BX
          POP   AX
          IRET
```

以上就是接收一个字符的中断服务程序。当接收数据寄存器满而产生中断时，此中断请求经过中断控制器 8259 加到 CPU 上。如前一章所述，中断响应后，可以转向上述中断服务程序。该中断服务程序首先进行断点现场保护，再取接收数据过程中的状态，看有无差错。若有错则转向错误处理；无错则取得接收到的一个字符，将它放在 DS∶BX 指定的存储单元中，并存储接收数据缓冲区的指针到 BUFFER，以便下次中断使用。然后恢复断点，开中断并中断返回。这里需特别说明的是，在中断服务程序结束前，必须给 8259 一个中断结束命令 EOI，这是第 4 章叙述过的。只有这样，8259 才能将接收中断的状态复位，使系统正常工作。

6.4.3　串行通信总线 RS-232C

随着微型机的发展，先后研制出多种串行总线标准。过去的 PC 上主要是 RS-232C，现在的 PC 上已广泛采用通用串行总线(USB)及 IEEE-1394。在工业控制领域则采用多种串行总线标准，如 BIT-BUS、I^2C、SPI/SCI、RS-232C、RS-422、RS-485 等。

RS-232C 以其简单可靠、易于实现的特点，在微型机中获得广泛的应用。下面就对 RS-232C 进行简单描述。

1. RS-232C 总线的特点

在过去的串行总线中，RC-232C 应用得最为广泛，这是因为它具备许多优点：

(1) 信号线少。RS-232C 总线规定了 25 条线，包含两个信号通道，即第一通道(又称主通道)和第二通道(又称副通道)。利用该总线可以实现双工通信。通常主通道较常使用，而副通道较少使用。在一般应用中，双工通信只用很少几条线就可实现。例如，一条收、一条发、再加一条地线就可以实现微机到微机或微机到其他设备的全双工通信。目前所见到的应用中，少则 3 条线，多则 7 条或 8 条线即可完成。

(2) 有多种可供选择的传送速率。RS-232C 规定的标准传送速率有：50，75，110，150，300，600，1200，2400，4800，9600 和 19 200 波特。可以灵活地适应于不同速率的设备。对于慢速外设可以选较低的传送速率；反之，可选较高的传送速率。

(3) 传送距离远。由于 RS-232C 采用串行传送方式，并且将微机的 TTL 电平转换为 RS-232C 的电平，因此其传送距离在基带传送时可达 30 m。若利用光电隔离 20 mA 的电流环进行传送，其传送距离可以达到 1000 m。当然，如果在该总线接口上再加上调制解调器(MODEM)，通过有线、无线或光纤进行传送，其传送距离就会更远。

(4) RS-232C 采用负逻辑无间隔不归零电平码传送。规定逻辑"1"为低于 –5 V 的信号，逻辑"0"为大于 +5 V 的信号，一般多采用 ±12 V 或 ±15 V，这就大大提高了抗干扰能力。

2. RS-232C 接口总线的实现

根据前面的叙述，RS-232C 总线的接口信号可以用多种方法形成。特别是各微型机芯片生产厂家提供了多种芯片，使实现该总线变得非常容易。例如，Z80 系列的 SIO、M68 系列的 ACIA、Intel80 系列的 8251(8250)等均可以实现接口信号。同时，不少厂家也生产了插在各种总线上的 RS-232C 通信接口插件(卡)。需要时，用户也可以直接选购。为了说明问题，将简化的 RS-232C 接口形成电路画在图 6.37 上。

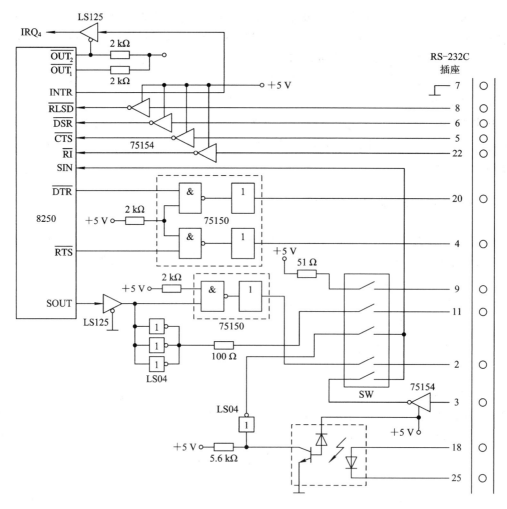

图 6.37　RS-2322C 总线形成电路

由图 6.37 可以看到，接口芯片 8250 提供的输出信号，主要是 SOUT、$\overline{DTR}$、$\overline{RTS}$ 等，均要通过电平转换电路 75150 将 8250 的 TTL 电平转换成负逻辑的 RS-232C 电平，然后接到 25 线插座的相应引线上，传送到接收端。同样，对方发送来的 RS-232C 电平信号，如 $\overline{SIN}$、$\overline{CTS}$、$\overline{DSR}$ 等也要经电平转换电路 75154 将 RS-232C 电平转换为 8250 所需要的 TTL 电平。

除了上面的电路之外，也常用 MC1488 和 MC1489 来实现 RS-232C 收发器。信号由 8250 产生并发送，此信号经 MC1488 驱动器转换为 RS-232C 电平进行传送。信号到达对方，再由对方的接收电路 MC1489 将其转换为 TTL 电平，加到对方的 8250 或其他类似芯片上。对方发来的信号同样用 MC1489 进行转换，见图 6.35。

为了提高串行传送的抗干扰性，增加传送距离(通常可达 1 km)，经常采用电流环进行串行数据传送。实际上，图 6.37 中已包括了电流环电路。为了更加清楚起见，现只将电流环部分画出，表示在图 6.38 上。

图 6.38 只画出了由微型机甲向微型机乙的电流环传送电路。读者一定可以想象出从乙向甲的电流环传送的情况。当 SOUT 输出为高电平时，环路中有 20 mA 左右的电流，使发

光二极管发光，经光敏三极管可在 8250 SIN 端得到高电平。当 SOUT 发送低电平时，电流环路中无电流，则 SIN 可收到低电平。

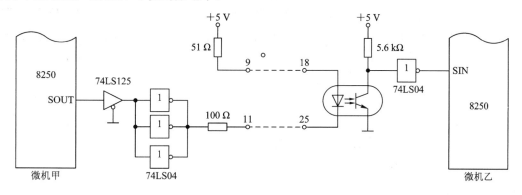

图 6.38　电流环传输电路

6.5　键　盘　接　口

6.5.1　概述

键盘是微型机应用系统中不可缺少的外围设备，即使是单片机，通常也配有十六进制的键盘。操作人员通过键盘可以进行数据输入、输出，程序生成，程序查错，程序执行等操作。它是人—机会话的一个重要输入工具。

在最简单的微型机系统中，在控制面板上仅设置几个键。当按键数很少时，常采用三态门直接接口输入的形式，如图 6.39 所示。

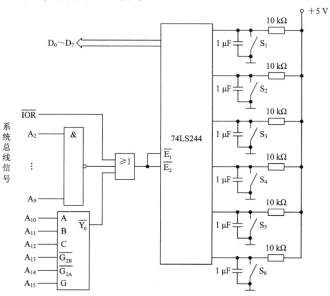

图 6.39　三态门按键接口

图 6.39 中,采用的三态门可以是前面提到的 74LS244。利用一片 244 即可接 8 个按键。由于这种键很少,接口很简单,此处不再说明。

常用的键盘有两种类型,即编码式键盘和非编码式键盘。编码式键盘包括检测按了哪一个键并产生这个键相应代码的一些必要硬件(通常这种键盘中有一块单片机作为其控制核心)。非编码式键盘没有这样一些独立的硬件,而分析哪一个键按下这样的操作是通过接口硬件,并由主处理器执行相应程序来完成的。主处理器需要周期性地对键盘进行扫描,查询是否有键闭合,这样主机效率就会下降。由此可见,两种键盘各有优缺点,前者费硬件,价格较高;后者主机效率低,费时间,但价格低。目前小型的微型机应用系统常使用非编码式键盘。另外,在微型机应用系统中,控制台面板的功能按键接口和非编码式键盘非常类似。因此,下面以非编码式键盘接口为例,讲述其硬、软件的接口。

6.5.2 键盘的基本结构

一般非编码式键盘采用矩阵结构,如图 6.40 所示。图中采用 6×5 矩阵,共有 30 个按键。微处理器通过对行和列进行扫描来确定有没有键按下,是哪一个键按下。然后将按下键的行、列编码送处理器进行处理。

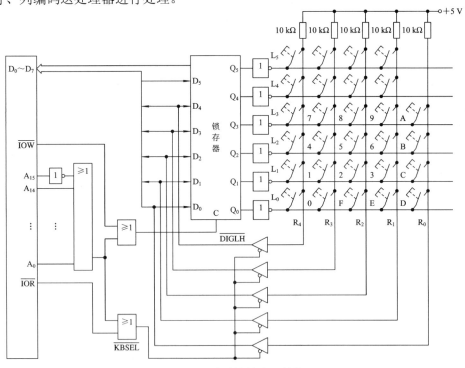

图 6.40　矩阵结构键盘及其接口

在 30 个按键中,16 个(0～F)是十六进制键,其余则是功能键。每个键占有唯一的行与列的交叉点,每个交叉点分配有相应的键值。只要按下某一个键,经键盘扫描程序和接口,并经键盘译码程序,就可以得到相应的键值。也就是说,微处理器知道了是哪一个键被按下,然后可以做相应的处理。如按下第 2 行、第 3 列的按键(十六进制"4"键),则经键盘扫描和键盘译码以后,就可以在寄存器 AL 中得到对应的键值 04H。在图 6.40 中,按键对应的键值被标注在交叉点的旁边。

微处理器通过接口对键盘矩阵进行扫描的过程如下：在初始状态下，所有行线均为高电平。扫描开始，首先给第 0 行加一个低电平，即扫描第 0 行。然后检查一下各列信号，看是否有哪一列输出变成了低电平(当键按下时，行线和列线通过键接触在一起，行线的低电平就传送到对应的列线)。如果其中有一列变为低电平，那么根据行列号即可知道是哪一个键按下了。如果未发现有变为低电平的列线，则接着扫描下 1 行。这时，使第 0 行变高，第 1 行变低。然后再检查各列线情况……如此循环扫描，只要有键按下，总是可以发现的。

在扫描键盘过程中，应注意如下问题：

(1) 当操作者按下或抬起按键时，按键会产生机械抖动。这种抖动经常发生在按下或抬起的瞬间，一般持续几毫秒到十几毫秒，抖动时间随键的结构不同而不同。在扫描键盘过程中，必须想办法消除键抖动，否则会引起错误。

消除键抖动可以用硬件电路来实现，如图 6.41所示。它利用触发器来锁定按键状态，以消除抖动的影响。也可以利用现成的专用消抖电路，如MC14490 就是六路消抖电路。较简单的办法是用软件延时方法来消除键的抖动。也就是说，一旦发现有键按下，就延时 20 ms 以后再检测按键的状态。这样就避开了键发生抖动的那一段时间，使 CPU 能可靠地读按键状态。在编制键盘扫描程序时，只要发现按键状态有变化，即无论是按下还是抬起，程序都应延时 20 ms 以后再进行其他操作。

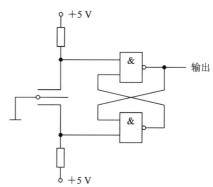

图 6.41 触发器消抖电路

(2) 在键盘扫描中，应防止按一次键而有多个对应键值输入的情况。这种情况的发生是由于键扫描速度和键处理速度较快，而按一次键的时间相对比较长(一般为 50 ms 到 100 ms)。当某一个按下的按键还未释放时，键扫描程序和键处理程序已执行了多遍。这样一来，由于程序执行和按键动作不同步，而造成按一次键有多个键值输入的错误情况发生。为了防止这种情况的发生，必须保证按一次键，CPU 只对该键做一次处理。为此，在键扫描程序中不仅要检测是否有键按下，在有键按下的情况，做一次键处理，而且在键处理完毕后，还应检测按下的键是否抬起。只有当按下的键抬起以后，程序才继续往下执行。这样每按一次键，只做一次键处理，使两者达到了同步，消除了一次按键有多次键值输入的错误情况。只有当按下键超过某一规定的时间(例如 300 ms)才认为该键值连续输入。这时，也必须保证 1 秒钟只能输入几个键值。

6.5.3 非编码矩阵键盘接口的实现

实现非编码矩阵键盘接口需要做三方面的工作。

1. 设计硬件接口电路

根据用户需求，确定系统采用多少个按键；接口采用什么方式工作，是查询方式还是中断方式；接口地址为多少。

上述问题定了以后，便可以考虑具体的硬件接口了。可以像图 6.40 所示的那样，用锁存器作为行的输出接口，用三态门作为列的输入接口。很显然，还可以利用可编程输入/输出接口芯片 8255 来实现矩阵键盘接口。在后面将要提到，厂家为设计者提供的专用的矩阵键盘接口芯片亦是应当考虑选用的。

在下面的讨论中，仍以图 6.40 为例，采用锁存器和三态门作为键盘接口。为了更简单地说明问题，图 6.40 中只画出了 6 行 5 列的矩阵。实际上若用一片 8D 锁存器(74LS273 或 374)、一片 74LS244 三态门电路，可以实现 8×8 的矩阵键盘接口。如此，键盘的硬件接口电路便可确定。

2. 在 ROM 中建立键值表

由图 6.40 可以看到，按键的行列号并不是按键的键值。因为行列号是不会改变的，而行列交叉点上的键值是由设计者自己定义的。如何来确定按键的键值呢？有很多种方法可以解决此问题。当每个按键的键值确定之后，可以通过查表值建立与键值的关系。某行某列上的按键所对应的查表值可以用下述公式来计算：

$$查表值 = (FFH - 行号) \times 16 + 列值$$

例如，在图 6.40 中，按键 "0"，也就是键值为 0 的那个键，被规定放置在第 0 行上。当 0 键按下时，该行一定为低电平而其他各行一定为高电平，故此时的列值为 0FH，这时利用上面的公式可计算出查表值为 FFH。同理，按键 "1" 的查表值为 EFH。依此类推，就可以建立表 6.6 所示的查表值与键值一一对应的键值表。为简化起见，只列出 0~F 这 16 个键的键值表。

表 6.6　键　值　表

查表值	键值	查表值	键值
FF	0	D7	8
EF	1	DB	9
F7	2	DD	A
FB	3	ED	B
DF	4	FD	C
E7	5	0D	D
EB	6	0B	E
CF	7	07	F

3. 编写键盘扫描程序

在一些小的微型机应用系统中，例如小的单片机系统中，经常采用查询方式对键盘进行扫描。这是因为微型机应用系统的用户程序一定是循环程序。这个循环程序可能有许多个循环，若满足不同的条件，处于不同的状态，CPU 就运行不同的循环。同时，由于小系统的程序不是很复杂，CPU 运行时间最长的循环也不需要多少时间，例如以往所设计的某小系统，运行时间最长的循环也不超过 2 ms。

基于上述情况，可以将键盘扫描程序插在用户程序每次循环都必须运行的必经之路上。由于 CPU 执行用户循环是很快的，而用户按一次键的时间是很长的(例如 50~100 ms)。因此，CPU 对按键的响应并不会让使用者感觉到有延时。

在上述情况下，就可以编写基于查询方式的键盘扫描程序。其基本思想就是：CPU 进入键盘扫描程序，使所有各行变低，看是否有键按下。若有，则列值肯定不为 1FH。若没有，则程序转出，本次扫描就完成了。若有键按下，则延时 20 ms 消除抖动影响。然后，再逐行变低进行逐行扫描，确定按下的键是在哪一行上并读出此时的列值。计算查表值，查键值表即可获得按下键的键值。

键盘扫描及译码的流程图如图 6.42 所示(参照图 6.40)。首先向行寄存器送 3FH，由于 8D 锁存器输出加有反相器，故使所有行线置为低电平。然后读输入端口，看是否有某一条列线变成低电平(只要有键按下，总有一条列线为低电平)，即列输入口的 $b_0 \sim b_4$ 位中有某一位为 0。如果有键按下，则进行键盘扫描；否则说明无键按下，就跳过键盘扫描程序。

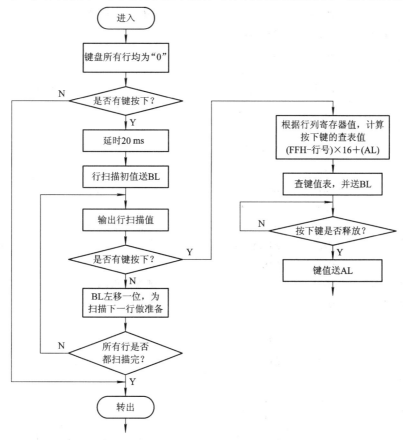

图 6.42　键盘扫描及译码流程图

当发现有键按下时，就进行逐行扫描。首先使 L_0 行线置成低电平(行寄存器 b_0 位送 1)，其他行线 $L_1 \sim L_5$ 均为高电平(行寄存器 $b_1 \sim b_5$ 位送 0)。然后读列输入端口，看是否有某一列线是低电平(表示有键按下)。如果有的话，根据所在行列号即可从键值表中查得按下键的对应键值。如果所有列线都是高电平，说明按下键不在当前扫描的那一行，接着就扫描 L_1 行，使 L_1 行变低，L_0、$L_2 \sim L_5$ 行线均为高电平。如此循环，最终可以对所有键扫描一次。为了消除键抖动，当判断出键盘上有键按下时，应先延时 20 ms，然后再进行键盘扫描。

```
        ; 键盘扫描程序
DECKY:  MOV    AL，3FH
        MOV    DX，DIGLH
        OUT    DX，AL            ; 行线全部置为低电平
        MOV    DX，KBSEL
        IN     AL，DX
        AND    AL，1FH
        CMP    AL，1FH           ; 判有无键闭合
        JZ     DISUP            ; 无键闭合则转出
        CALL   D20MS            ; 消除键抖动
        MOV    BL，01H           ; 初始化行扫描值
KEYDN1: MOV    DX，DIGLH
        MOV    AL，BL
        OUT    DX，AL            ; 行扫描
        MOV    DX，KBSEL
        IN     AL，DX            ; 该行是否有键闭合
        AND    AL，1FH           ; 有则转译码程序
        CMP    AL，1FH
        JNZ    KEYDN2
        SHL    BL，1
        MOV    AL，40H
        CMP    AL，BL            ; 所有行都扫描完否
        JNZ    KEYDN1           ; 未完
        JMP    DISUP            ; 完，转显示
KEYDN2: MOV    CH，00H           ; 键盘译码程序
KEYDN3: DEC    CH
        SHR    BL，1
        JNZ    KEYDN3
        SHL    CH，1
        SHL    CH，1
        SHL    CH，1
        SHL    CH，1
        ADD    AL，CH;           ; 实现(FFH–行号)×16+列
        MOV    DI，KYTBL         ; 端口值
KEYDN4: CMP    AL，[DI]          ; 寻找键值
        JZ     KEYDN5
        INC    DI
        INC    BL               ; 表序号加1
        JMP    KEYDN4
KEYDN5: MOV    DX，KBSEL
KEYDN6: IN     AL，DX
        AND    AL，1FH
```

```
CMP      AL，1FH        ；检测键是否释放
JNZ      KEYDN6         ；未释放继续检测
CALL     D20MS          ；消除键抖动
MOV      AL，BL         ；键值送 AL
  ⋮
```

4．几点说明

(1) 在前面实现非编码矩阵键盘接口的描述中，可利用一个公式实现查表值与键值的一一对应关系。实际上还有许多方法都是可以实现的，这在许多书中都有讲述。例如，完全可以用一个字节(8 位二进制数)来描述一个按键所在的行号和列号。因为每一个键唯一地对应一个行号和列号。若用高 4 位编码表示行号，低 4 位编码表示列号，则一个字节的值最多可用来描述 16 行×16 列的矩阵键盘。键盘扫描实现起来也不复杂。

(2) 上面所采用的是每循环一次即查询有没有键按下的查询方法。有时，为了能更迅速地响应按键或避免一次循环时间过长，使得对用户按键响应过于迟缓，则可以采用中断方式对按键进行扫描。具体实现方法是：可将图 6.40 上的列线 $R_0 \sim R_4$ 接到列接口(三态门)上的同时，再接到如图 6.43 所示的电路上。

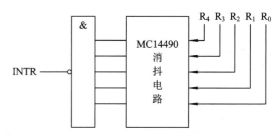

图 6.43　键盘中断请求逻辑图

从图 6.43 可以看到，无论哪一列上的按键按下，必定会使那一列变为低电平。此电平利用硬件消抖电路 MC14490 消除抖动的影响，经与非门产生中断请求信号。若有抖动加在中断请求上，将会引起多次中断，处理起来会很麻烦。

中断响应后，利用中断服务程序对键盘进行扫描，扫描程序与前面图 6.42 所示的流程很类似。最终对按键进行处理。

6.5.4　专用键盘接口芯片

从上面键盘接口的例子可以看到，为了及时发现键盘中的按键是否按下，CPU 必须定时或不断地利用软件(扫描程序)对键盘进行扫描。这样 CPU 的开销太大，降低了 CPU 的工作效率。为此，有关厂家专门开发了用于键盘接口的大规模集成电路芯片，例如 8279、SSK814。这两种芯片都适用于矩阵式键盘的接口，它们共同的特点是：键盘扫描及键码读取都是由这些接口的硬件自动完成的，无需 CPU 进行干预，只有当有键按下时，接口才向 CPU 提出中断请求，要求 CPU 将键码读入。这样，CPU 的工作效率就可大大提高。

有关 8279 及 SSK814 芯片的详细内容这里不再说明。读者在今后工作中用到时可查阅有关厂家提供的手册。

6.6　打印机接口

打印机是微型计算机常用的输出设备，在前面的章节中已经提到。本节再从另外的角

度加以说明。

6.6.1 打印机接口总线

打印机与计算机的连接绝大多数采用标准的接口总线，常用的有串行接口总线和并行接口总线。

1．串行接口总线

打印机上采用的串行接口总线过去均为前述的 RS-232C 标准接口总线。现在大多已采用 USB 总线。采用 RS-232C 标准接口总线，在大多数情况下，使用的是它的简化型，即只有 3 条线：

S_{OUT}——数据发送线(输出线)；

$\overline{CTS}$——允许向打印机发送数据线(输入线)；

GND——地线。

S_{OUT} 是串行数据发送线，与打印机的串行数据输入端相连。$\overline{CTS}$ 是允许发送线，通常与打印机的设备就绪输出(BUSY)相连。打印机的这个输出信号有效，表示打印机已准备好，且已经置闲(BUSY 无效)，可以接收一个新的打印数据。

2．并行接口总线

目前打印机的并行接口总线都采用 CENTRONIC 标准总线(它是总线标准 IEEE-1284 的一个子集)。该总线共有 36 条信号线，其名称和功能如表 6.7 所示。

表 6.7 CENTRONIC 信号定义

序号	36 脚信号名称	方向	25 脚信号名称(计算机侧)
1	$\overline{STROBE}$	串	$\overline{STROBE}$
2~9	$DATA_1 \sim DATA_8$	出	$DATA_1 \sim DATA_8$
10	$\overline{ACKNLG}$	入	$\overline{ACKNLG}$
11	BUSY	入	BUSY
12	PAPER END	入	PAPER END
13	+5V		SLCT
14	$\overline{AUTO\ FEEDXT}$	出	$\overline{AUTO\ FEEDXT}$
15	NC		$\overline{ERROR}$
16	GND		$\overline{INIT}$
17	CHASSIC GND		SLCT IN
18	NC		GND
19~30	GND		GND(19~25)
31	$\overline{INIT}$	出	
32	$\overline{ERROR}$	入	
33	GND		
34	NC		
35	+5 V		
36	$\overline{SLCT\ IN}$	入	

上述的 CENTRONIC 接口信号线随厂家不同而略有差异，而且大多数采用简化的 25 条信号线制，因此在使用时应多加注意。

CENTRONIC 总线采用扁平电缆或多芯电缆传送，有较高的传送速率，最大传送距离可达 2 m。在使用扁平电缆传送时，两数据线之间均夹一条地线，可有效地克服数据线间的交叉串扰。

6.6.2 串行接口电路及驱动程序

1. 串行接口电路

一个实际的打印机串行接口电路如图 6.44 所示。图中采用 8250 作为可编程串行接口芯片。左边的信号线与 CPU 相连，右边的信号线与打印机相连。

图 6.44 中，打印机具有相应的串行输入口。8250 的串行数据输出 SOUT 经电平转换接到打印机的串行输入 RxD 上。打印机的忙(BUSY)信号，接到 8250 的 $\overline{\text{CTS}}$ 输入端。

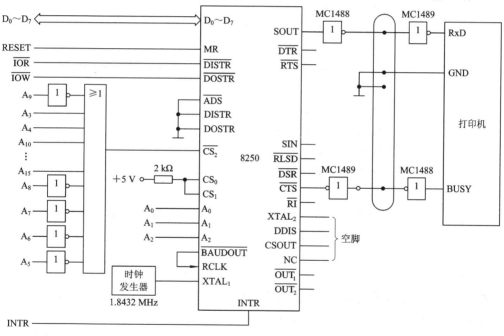

图 6.44 打印机串行接口

2. 串行接口打印驱动程序

假定打印机的数据格式为 1 位启动位、7 位数据位、奇校验、1 位停止位。首先对 8250 进行初始化，程序如下：

```
INTI50:     MOV     DX，03E3H
            MOV     AL，80H              ；置通信控制字 D7=1
            OUT     DX，AL
            MOV     DX，03E0H
            MOV     AL，96
            OUT     DX，AL               ；写除数低 8 位
```

```
            MOV       DX，03E1H
            MOV       AL，00H
            OUT       DX，AL                    ；写除数高 8 位
            MOV       DX，03E3H
            MOV       AL，0AH
            OUT       DX，AL                    ；写通信控制字
            MOV       DX，03E1H
            MOV       AL，08H
            OUT       DX，AL                    ；写中断允许字
```

在初始化程序中，按照所要求的数据格式进行初始化，并设定传送速率为 1200 波特。利用查询方式进行打印的驱动程序如下：

```
    PRINTER：  PROC
               MOV    AX，SEG DATAP
               MOV    DS，AX
               MOV    SI，OFFSET DATAP
    GOON：     MOV    DX，03E6H
    WAIT：     IN     AL，DX                ；读 MODEM 状态寄存器
               AND    AL，10H
               JZ     WAIT                  ；忙则等待
               MOV    DX，03E0H
               MOV    AL，[SI]
               OUT    DX，AL
               INC    SI
               CMP    AL，0AH               ；检测结束标志
               JNE    GOON
               RET
    PRINTER    ENDP
```

在设计该打印机串行接口电路时，应注意：

(1) 当打印机和主机距离较远时(超过 2 m)，应如图 6.44 那样，加 RS-232C 接口总线的收发器 MC1488 和 MC1489；如果距离较近，只要用两块集电极开路门进行缓冲就行了。

(2) 在串行接口中，状态线只有一条($\overline{\text{CTS}}$)，该信号应为打印机就绪信号输出。它是打印机"忙"信号、故障信号等有关信号相或后的输出。这样，只要打印机"忙"或由于种种原因出现故障时，就会向 8250 送一个无效信号(高电平)，CPU 就不会再向打印机送数据了。

6.6.3　并行接口电路及驱动程序

1. 并行接口电路

目前，PC 系列的打印机接口还采用并行接口电路。接口信号线电缆，在打印机侧采用标准的 CENTRONIC 36 芯插座；而在计算机侧则采用简化的 25 芯电缆，其各引脚信号线

定义见表 6.7。

从表 6.7 中可以看到，CENTRONIC 打印机接口总线包括三类信号线：

并行数据线：$DATA_1 \sim DATA_8$，用以并行传送要打印的数据或命令。

控制信号：$\overline{STROBE}$、$\overline{INIT}$、$\overline{AUTO\ FEEDXT}$ 等。

状态信号：BUSY、$\overline{ACKNLG}$、$\overline{ERROR}$、PAPER END 等。

在前面的章节中已经给出过打印机的接口电路。在这里再给出简化的打印机接口电路，如图 6.45 所示。在图中只画出最主要的信号线，实际上 8255 的 B 口有 8 条信号线，C 口还有 5 条信号线，可实现表 6.7 中所定义的其他信号。

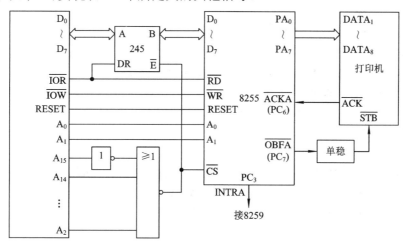

图 6.45　利用 8255 实现打印机并行接口

2．并行接口打印驱动程序

在图 6.45 中，打印机工作是利用中断来实现的。为了做到这一点，需要做好如下几项工作：

(1) 将图 6.45 的硬件连接好，将中断控制器 8259 连接好(如图 5.22 所示)。将 8255 的中断请求接到 8259 的中断请求输入端(例如接到 IR_2 上)。

分别对 8255 和 8259 初始化。在此写出 8255 的初始化程序：

```
INTI55:   MOV   DX，8003H
          MOV   AL，10100010B
          OUT   DX，AL
          MOV   AL，00001101B
          OUT   DX，AL                    ；允许 A 口产生中断
```

上述初始化程序利用方式控制字规定 A 口工作在方式 1；B 口工作在方式 0，为输入；C 口的 PC_0、PC_1 和 PC_2 为输出，PC_4 和 PC_5 定义为输出。

为了在打印机输出低电平的 ACK 时，通过 8255 的 PC_3 产生有效的中断请求信号 INTRA，必须使 A 口的中断请求允许状态 INTE=1。使 A 口的中断允许状态为 1，实际上就是通过 C 口的按位复位/置位操作将 PC_6 置 1。为此，可将 0xxx1101B 写入 8255 的控制寄存器。为方便起见，选择 xxx 三位均为 0，故按位操作的控制字为 0DH。

打印机的工作时序如图 5.5(a)所示。由于在图中是利用 $\overline{\text{STB}}$ 的后沿(上升沿)启动打印机的，故在图 6.45 中要用一个单稳触发器，利用 $\overline{\text{OBFA}}$ 的前沿产生一个负脉冲($\overline{\text{STB}}$ 脉冲)。请读者特别注意，也有一些打印机是利用 $\overline{\text{STB}}$ 的前沿(下降沿)启动的，这时可直接将 $\overline{\text{OBFA}}$ 加到打印机的 STB 端，从而省去单稳触发器。

(2) 编写中断服务程序。利用上述思路打印输出，在需要打印时应在主程序中编写主程序的打印启动程序，其思路就是打印一个字符并启动打印开始。程序如下：

```
                主程序
                ⋮
PUSH    DS
MOV     DX，SEG DATAP          ；取打印缓冲区段地址
MOV     DS，DX
MOV     SI，OFFSET DATAP；      ；取打印缓冲区偏移地址
MOV     DX，8000H
MOV     AL，[SI]               ；取打印字符
INC     SI
OUT     DX，AL                 ；输出打印
MOV     DX，IMR                ；取 8259 中断屏蔽寄存器地址
IN      AL，DX                 ；取 IMR 的内容
AND     AL，0FBH               ；使 IR₂ 允许中断
OUT     DX，AL
MOV     MSEGT，DX              ；存段地址
MOV     MOFST，SI              ；存偏移地址
POP     DS
                ⋮
```

在需要打印时，在主程序中插入上述一段程序。此后，当字符打印结束时会产生一次中断。中断服务程序如下：

```
PRINTER PROC    NEAR
        PUSH    DS
        PUSH    SI
        PUSH    AX
        PUSH    DX
        STI
        MOV     DS，MSEGT
        MOV     SI，MOFST
        MOV     DX，8000H
        MOV     AL，[SI]
        OUT     DX，AL
        INC     SI
        MOV     MOFST，SI
        CMP     AL，0AH
```

	JNE	NEXT	; 打印结束否？未完则转
	MOV	DX，IMR	
	IN	AL，DX	
	OR	AL，04H	
	OUT	DX，AL	; 禁止 IR$_2$中断
NEXT：	MOV	AL，20H	
	MOV	DX，0CW2	; 取 8259 OCW2 地址
	OUT	DX，AL	; 结束本次中断
	POP	DX	
	POP	AX	
	POP	SI	
	POP	DS	
	IRET		
PRINTER ENDP			

(3) 在上述工作的基础上，还需将中断服务程序的入口地址填写到中断向量表中。只有做好上面三项工作，利用中断实现打印才能完成。

6.7　显示器接口

微型机应用系统中使用的显示器种类繁多。简单的有 LED 数码显示或 LCD 液晶数码，复杂的有液晶点阵、大屏幕彩色 LED 点阵等。由于篇幅所限，同时考虑到本书的对象，本节只对 LED 显示接口做简单介绍。

6.7.1　七段数码显示器

七段数码显示器如图 6.46 所示，其工作原理一看等效电路即可明白。当某个发光二极管通过一定的电流(如 5～10 mA)时，该段就发光。控制让某些段发光，某些段不发光，则可以显示一系列数字和符号。

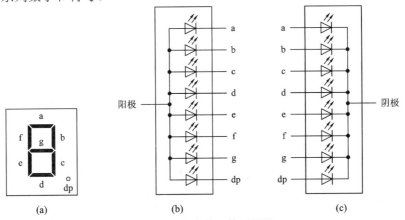

图 6.46　七段数码管显示器

(a) LED 外形；(b) 共阳 LED；(c) 共阴 LED

6.7.2 LED 接口电路

1. 静态接口

1) 锁存器静态接口

用最简单的锁存器输出接口，再利用 OC 门加以驱动的 LED 接口如图 6.47 所示。

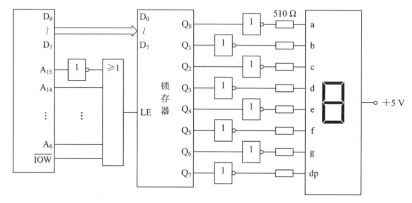

图 6.47 锁存器静态 LED 接口

由图 6.47 可以看到，若需 LED 显示什么数字或符号，需要在锁存器上锁存该数码相对应的一种代码。例如，要想让 LED 显示 "5" 这个数字，则需使 a、c、d、f、g 点亮而其他各段熄灭。这就需要在锁存器上锁存 6DH 这样一个代码，即

    MOV   DX，8000H

    MOV   AL，6DH

    OUT   DX，AL

执行完上述 3 条指令，LED 便可以显示 "5"。

在图 6.47 所示的连接中，通常将要显示的字符所对应的代码做成一个表放在内存中，使用时随时从表中取出，写到锁存器上即可。

2) 译码器静态接口

为了使用户使用方便，许多厂家将锁存器、译码器和驱动器集成在一块芯片中。图 6.48 所示就是利用这种 LED 译码驱动显示器接口连接的实例。

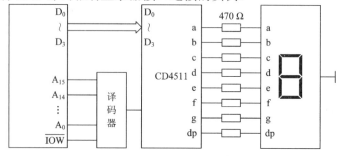

图 6.48 七段译码驱动器接口

在图 6.47 中，一个字节的数据($D_0 \sim D_7$)仅可显示 1 位字符，而图 6.48 中可用 $D_0 \sim D_7$ 分别接两片 4511，可显示 2 位字符。前者是用软件译码，而后者是硬件译码，用起来更加

方便。这种现成的译码驱动器种类繁多，可根据厂家的手册选用。

在上面所描述的两种情况中，只要将数据写到接口上，LED 就显示该字符并一直显示到写下一个字符或断电为止，故称为静态显示。

2．动态接口

静态接口显示 LED 时，每 1 位 LED 要用一片锁存器。当显示位数比较多时，会要求使用许多锁存器。为了硬件上的简化，可采用动态显示。

动态显示的基本思路就是利用人的视觉暂留特性，使每一位 LED 每秒钟显示几十次(例如 50 次)，显示时间为 1～5 ms。显示时间越短，显示亮度越暗。一个 8 位的动态 LED 显示接口电路如图 6.49 所示。图 6.49 中仅画出了其中 3 位。

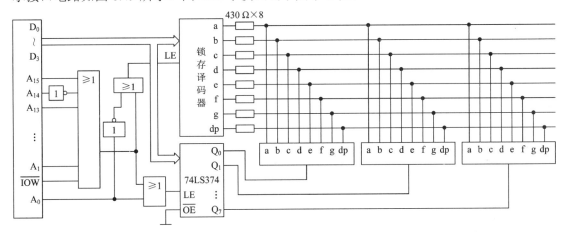

图 6.49　动态 LED 显示接口电路

在图 6.49 中，锁存译码器用来输出要显示的各段状态，而用另一片锁存器 74LS374 的输出点亮相应位。其工作过程是利用定时器每 20 ms 产生一次中断。在中断服务程序中使各位 LED 分别显示 1 ms。中断服务程序(即显示程序)如下：

```
DIPLY   PROC    FAR
        PUSH    AX
        PUSH    BX
        PUSH    DX
        PUSH    DS
        PUSH    SI
        STI
        MOV     DX，SEG DISDAT      ；显示缓冲区段地址
        MOV     DS，DX
        MOV     SI，OFFSET DISDAT   ；显示缓冲区首地址
        MOV     BL，8               ；显示 8 位数码
        MOV     BH，0FEH
GOON：  MOV     AL，[SI]            ；取显示数据
        MOV     DX，4001H
        OUT     DX，AL             ；送显示数据
```

```
        MOV     DX，4000H
        MOV     AL，BH
        OUT     DX，AL              ；点亮 1 位 LED
        CALL    DILAY              ；延时 1 ms
        INC     SI
        ROL     BH，1
        DEC     BL
        JNZ     GOON
        MOV     DX，OCW2            ；取 8259 OCW2 地址
        MOV     AL，20H
        OUT     DX，AL              ；8259 的结束中断命令
        MOV     DX，4000H
        MOV     AL，0FFH
        OUT     DX，AL              ；熄灭 LED
        POP     SI
        POP     DS
        POP     DX
        POP     BX
        POP     AX
        IRET
DIPLY   ENDP
```

利用上述程序，每 20 ms 中断一次，将显示缓冲区中要显示的数据显示一遍。

动态显示的优点是节省了锁存译码电路。上面的例子中 8 位 LED 只用一片公共电路，省下了七片锁存译码器专用芯片，既简化了地址译码，又节省了接口地址。其缺点是占用了处理机的许多时间。在上面的例子中，每 20 ms 用于显示的时间超过 8 ms。在许多中断源较多、时间要求紧迫的应用系统中需要仔细考虑这样做是否可行。

6.8 光电隔离输入/输出接口

6.8.1 隔离的概念及意义

在微型机应用系统中，微型机与外设通过接口相连接。外设的状态信息通过总线传送到微型机，而微型机的控制信号也通过总线传送给外设。为了进行电信号的传送，它们必须有公共的接地端。当它们之间有一定的距离时，公共的接地端会有一定的电阻存在，例如几到几十毫欧或更大。为了说明问题，将等效的示意图画在图 6.50 上。

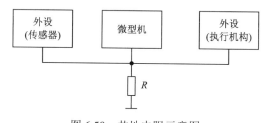

图 6.50 共地电阻示意图

在图 6.50 中，将共地电阻集中表示为 R。可以这样理解：当图中的三部分工作时，它们的电流都会流过共地电阻 R。

当大功率外设工作时，会有大电流流过 R。例如，在以往的工作中曾遇到外设电流高达 50 000 A，而且不是恒定的，而是时大时小的情况。即使功率小一些的继电器、电机、阀门等，其工作电流也比较大，且它们的工作又往往与大电流设备联系在一起。这些大功率设备会在地上造成很大的干扰电压。这种干扰足以导致微型机无法正常工作，更不用说对弱信号的外设。例如，传感器输出信号有时只有毫伏(或毫安)级的水平，极易受到干扰。因此，若不采取措施，大功率外设所产生的共地干扰足以使系统无法正常工作。

弱信号外设由于信号弱、电流小，不足以对微型机构成干扰。但是，微型机工作时的脉冲电流在共地电阻上的影响却足以干扰外设的弱信号，更不用说大功率外设所构成的干扰。

由以上叙述可以看到，在微型机应用系统中，由于共地的干扰，会使系统不能正常工作。如果切断三者的共地关系，则共地干扰问题也就不存在了。但是，没有了共地关系，电信号无法构成回路，则传感器来的信号和微型机送出的控制信号也就无法传送。为此，必须采取措施，保证既能将地隔开，又能将信号顺利地进行传送。可以采用如下的措施：

(1) 采用变压器隔离。变压器隔离的思想就是使变压器的初级和次级不共地。初级的电信号先转变成磁场，经磁场传送(耦合)到次级再转变成电信号。磁场的传送(耦合)不需要共地，故可以将初、次级的地进行隔离。

(2) 采用光电耦合器件隔离。其思路是将电信号转变成光信号，光信号传送到接收边再转换成电信号。由于光的传送不需要共地，故可以将光电耦合器件两边的地加以隔离。

(3) 继电器隔离。利用继电器将控制边与大功率外设边的地隔离开。

总之，在这里所强调的隔离是指将可能产生共地干扰的部件间的地加以隔离，以有效地克服设备间的共地干扰。有的系统中大功率外设的共地干扰高达 2000 V，不采取措施是无法保证系统可靠工作的。本节将介绍有关光电隔离的问题。

6.8.2　光电耦合器件

1. 光电耦合器件的结构

光电耦合器件的结构如图 6.51 所示。

从图 6.51 中可以看到，光电耦合器件由发光二极管和光敏三极管构成。当发光二极管流有一定电流时，发光二极管就发光，发出的光照射到光敏三极管上，就会产生一定的基极电流，使光敏三极管导通。若没有电流(或电流非常小)流过发光二极管，则其不发光，进而光敏三极管就处于截止状态。

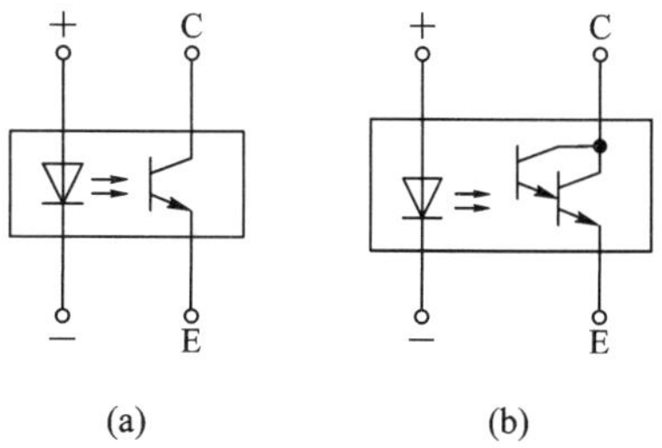

图 6.51　光电耦合器件的结构

(a) 一般光电耦合器件；

(b) 复合管光电耦合器件

2. 主要技术指标

光电耦合器件具有一些主要的技术指标，系统设计者在选用时应注意。

1) 发光二极管的额定工作电流

光电耦合器件的发光二极管的额定工作电流因光电耦合器件的不同而不同，其值可由厂家的产品手册查出。笔者以往用过的发光二极管的额定工作电流一般在 10 mA 左右。

2) 电流传输比

发光二极管加上额定电流 I_F 时，所发光照射到光敏三极管上，可激发出一定的基极电流。该电流使光敏三极管工作在线性工作区时的电流为 I_C。人们把下式定义为电流传输比：

$$电流传输比 = \frac{I_C}{I_F}$$

这就像在线性工作区里，给定 I_F 就知道可获得多大的 I_C。如图 6.51(a)所示的光电耦合器件的电流传输比在 0.5～0.6 之间。可见，10 mA 的 I_F 只能获取 5～6 mA 的 I_C。

为了提高电流传输比，厂家生产出如图 6.51(b)所示的复合管光电耦合器件。该器件的电流传输比一般在 20～30 之间。若需要更大的电流，可外接大功率晶体管。

3) 光电耦合器件的传输速度

由于光电耦合器件在工作过程中需要进行电→光→电的两次物理量的转换，这种转换需要时间。因此，不同的光电耦合器件具有不同的传输速度。一般常见的光电耦合器件的速度在几十千赫到几百千赫。现在高速光电耦合器件的传输速度可达几兆赫。

4) 光电耦合器件的耐压

可以想象，在光电隔离器件工作时，发光二极管的一边与光敏三极管的一边分别属于两个不同的地。有时，特别是在配备大功率外设的情况下，两地之间的电位差高达数千伏。而这种电位差最终都加在了光电耦合器的两边。为了避免两者之间被击穿，在设计电路时要选择耐压合适的光电耦合器件。一般常见的光电耦合器的耐压值在 0.5～10 kV 之间。选择器件时注意留有一定的裕量。

5) 其他

作为一种特殊的二极管和三极管，光电耦合器还有一系列的电气指标，包括电压、功耗、工作环境要求等。请特别注意光电耦合器件的封装形式及所封装的二极管、三极管的数量。有许多厂家为用户提供了许多种形式的产品供选择。

3. 基本工作原理

1) 光电隔离输入接口

光电隔离输入接口的一个典型实例如图 6.52 所示。

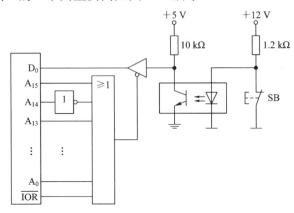

图 6.52 光电隔离输入接口

图 6.52 中，12 V 和 5 V 电源的地是相互隔离的地。利用此接口可以将按钮 SB 的状态输入到微型机中。

2) 光电隔离输出接口

光电隔离输出接口的原理图如图 6.53 所示。

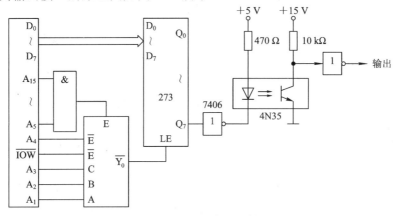

图 6.53　光电隔离输出接口

在图 6.53 中，利用 8D 锁存器作为输出接口，通过译码器赋予接口地址(此图中 273 占两个接口地址，因为 A_0 未参加译码)。利用 OC 门 7406 与发光二极管相连接。当 273 的 Q_7 输出为 "1" 时，经光电隔离器，将高电平输出；当 Q_7 为 "0" 时，输出也为低电平。这就保证了正确的输出。图中接输出的是工作在 +15 V 的 CMOS 反相器。

图 6.53 只画出了锁存器 273 的一个输出 Q_7。实际上，273 有 $Q_0 \sim Q_7$ 共 8 个输出可供使用。

6.8.3　光电耦合器件的应用

图 6.54 所示是利用光电耦合器件对继电器进行控制，并利用继电器的常闭接点将继电器的状态经三态门输入接口反馈到微型计算机的控制电路。

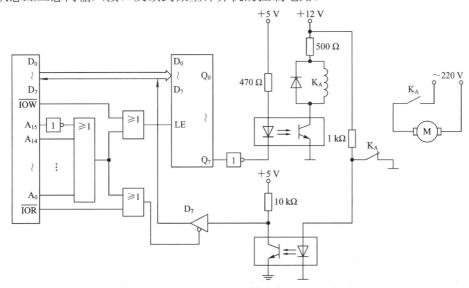

图 6.54　利用光电隔离的继电器控制电路

目前，常用的继电器分为两大类：电磁继电器和固态继电器。前者是机电器件而后者是半导体器件。此处不做详细说明。

图 6.54 中使用的是电磁继电器，即当有适当的电流流过继电器绕组时，便产生磁场，将继电器的衔铁吸下，使常开接点闭合，常闭接点断开。电磁继电器有许多技术指标：工作电压和工作电流(或绕组电阻与吸合电流)，通常为多少伏特，多少毫安(或多少欧姆，多少毫安)；吸合时间，通常是几毫秒到几十毫秒；接点电流，通常给出通过接点的最大电流为多少安培；接点耐压，一般为多少伏特。其他还有体积、重量、接点数目、形状、安装方式等许多指标。

图 6.54 中使用的是 12 V、10 mA 的小型继电器，可直接接在光敏三极管上。若要求电流很大、电压很高，可外接大功率晶体管进行驱动。若选用的继电器厂家给出了绕组电阻(如 100 Ω)和吸合电流(如 20 mA)，则在选择电压后(图中为 12 V)，需加入串联的限流电阻。此时应为 500 Ω 或略小一点。

继电器绕组作为光敏三极管的负载，它是一个感性负载，故在继电器两端需要并联一个保护二极管，以免在三极管截止时电感产生的反峰电压损坏光敏三极管。

在图 6.54 中，利用光电耦合器件将微型机边与外设边隔离，这时两边的地是不相连的，是完全独立的两个地。

图 6.54 中电路的功能就是通过光电隔离输出接口来控制一个电机转动。同时，为了可靠，将继电器常闭接点的状态加以利用，实现向继电器发送吸合命令。若 3 次吸合命令尚不能使继电器吸合，则转向故障处理(ERROR)；若继电器吸合，则转向 GOOD。其程序如下：

```
KCJDS:  MOV   CL，3
GOON:   MOV   DX，8000H
        MOV   AL，80H
        OUT   DX，AL        ；发出继电器吸合命令
        CALL  T20MS         ；延时时间＞继电器吸合时间
        IN    AL，DX        ；取继电器状态
        AND   AL，80H
        JZ    GOOD
        MOV   AL，00H
        OUT   DX，AL
        CALL  T5MS
        DEC   CL
        JNZ   GOON
        JMP   ERROR
GOOD:   …
```

在图 6.54 所示的应用实例中，用的是 8086 的总线信号和指令。实际上，在硬件电路图中，只要将 $\overline{IOR}$ 和 $\overline{IOW}$ 换成 $\overline{RD}$ 和 $\overline{WR}$，则图 6.54 的连接图就变成了 MCS-51 扩展总线的连接图。相应的程序也就很容易转换成 MCS-51 的指令。这就是说，只要读者认真掌握

任何一个处理器或单片机，再去应用其他的微型机将是十分容易的。

另一个光电耦合器的应用是用 20 mA 的电流环路来传送数据，其原理框图如前图 6.38 所示，此处不再说明。

上面所说的都是开关信号的光电耦合传输。同时，模拟信号也可以通过光电隔离进行传送。

光电耦合器件的典型输出特性如图 6.55 所示。

从图 6.55 可以看到，光电耦合器件的输出特性与典型的晶体三极管的特性十分类似。所不同的仅仅在于参变量，在这里是流过发光二极管的电流 I_F，而流过晶体三极管的是基极电流 I_B。

当模拟信号的大小相应地改变 I_F 的大小时，就可以使输出的 I_C 随模拟信号而改变，从而可以通过光电耦合器件传送模拟信号，同时又可以将两边的地加以隔离，减小了共地的干扰。

根据上述思想，就可以利用光电耦合器件实现对模拟信号的传送。从图 6.55 可以看到，传送开关量时，光电耦合器件工作在饱和区和截止区。工作在饱和区时输出为 "0"，而工作在截止区时输出为

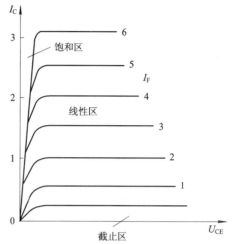

图 6.55　光电耦合器件的输出特性

"1"。当传送模拟信号时，其工作在线性区，I_C 是随 I_F 线性变化的。

图 6.56 所示是一种模拟信号光电耦合放大电路。

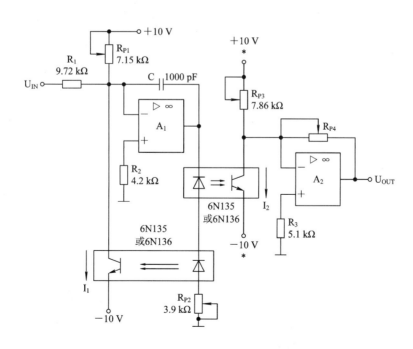

图 6.56　模拟信号光电耦合放大电路

6.9　数/模(D/A)变换器接口

D/A 变换器和下一节将要介绍的 A/D 变换器是微型机应用系统中非常重要的两个部件，掌握它们的接口设计方法至关重要。

6.9.1　D/A 变换器和 A/D 变换器在控制系统中的地位

图 6.57 是一个简单的控制系统框图。

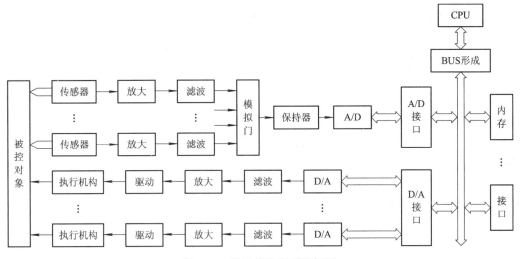

图 6.57　微型机控制系统框图

在图 6.57 中，微型机控制系统主要包括三大部分：输入测量、微型计算机、输出控制。

1．输入测量

此部分用来将被控对象的各种参数通过传感器转换成电信号(电流或电压)。假定传感器输出的都是模拟信号，并经过放大、滤波、模拟门、保持器而到达 A/D 变换器。A/D 变换器的主要功能就是将模拟信号转换为数字信号(二进制编码)。数字信号经接口进入微型计算机。

2．微型计算机

微型计算机的功能就是对测量信号进行处理，包括工程量的转换、显示、打印、存储、报警及进行所规定的自动控制算法的计算，并将计算的结果送出。

3．输出控制

由于许多控制执行机构需要模拟量工作，而微型计算机送出的是数字量，因此，需要经接口将数字量加到 D/A 变换器上，利用 D/A 变换器将数字量转换成模拟信号，经放大及驱动加到执行机构上，对被控对象实施控制。

从上面的描述中可以看到，D/A 和 A/D 变换器在微型计算机系统中具有重要的作用。

6.9.2 D/A 变换器的基本原理

1．D/A 变换器原理

典型的 D/A 变换器通常由模拟开关、权电阻网络、缓冲电路等组成，其框图如图 6.58 所示。

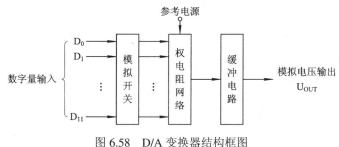

图 6.58　D/A 变换器结构框图

通常利用锁存器将要变换的数字信号加到模拟开关上，控制模拟开关将不同的权电阻接通或断开，经缓冲电路输出相应的模拟电压。其内部变换的细节并不重要。

2．D/A 变换器的主要技术指标

1）分辨率

分辨率表示 D/A 变换器输入变化 1 LSB(最低有效位)时其输出变化的程度，通常用 D/A 变换器输入的二进制位数来描述，如 8 位、10 位、12 位等。对于一个分辨率为 n 位的 D/A 变换器来说，当 D/A 变换器输入变化 1 LSB 时，其输出将变化满刻度值的 2^{-n}。

2）精度

精度表示由于 D/A 变换器的引入，使其输出和输入之间产生的误差。

D/A 变换器的误差主要由下面几部分组成：

(1) 非线性误差：在满刻度范围内，偏离理想的转换特性的最大值。

(2) 温度系数误差：在使用温度范围内，由于温度每变化 1℃，D/A 内部各种参数(如增益、线性度、零漂等)变化所引起的输出变化量。

(3) 电源波动误差：由于标准电源及 D/A 芯片的供电电源波动而在其输出端所产生的变化量。

误差的表示方法有两种，即绝对误差和相对误差。

绝对误差用 D/A 变换器的输出变化量来表示，如几分之几伏。也有用 D/A 变换器最低有效位 LSB 的几分之几来表示的，如 $\frac{1}{4}$LSB。

相对误差是绝对误差除以满刻度的值，再用百分比来表示。例如，绝对误差为 ±0.05 V，输出满刻度值为 5 V，则相对误差可表示为 ±1%。

完整的 D/A 变换电路还应包括与 D/A 芯片输出相接的运算放大器，这些器件也会给 D/A 变换器带来误差。考虑到这些因素是相对独立的，因此 D/A 变换器的总精度如用均方误差来表示，则可写为

$$\varepsilon^2_{总} = \varepsilon^2_{非线性} + \varepsilon^2_{电源波动} + \varepsilon^2_{温度漂移} + \varepsilon^2_{运放}$$

均方根误差为

$$\varepsilon = \sqrt{\varepsilon_{非线性}^2 + \varepsilon_{电源波动}^2 + \varepsilon_{温度漂移}^2 + \varepsilon_{运放}^2}$$

若某系统要求 D/A 变换电路的总误差必须小于 0.1%，已知某 D/A 芯片的最大非线性误差为 0.05%，那么根据上式可以确定电源波动、温度漂移和运算放大器所引起的均方误差为

$$\varepsilon_{电源波动}^2 + \varepsilon_{温度漂移}^2 + \varepsilon_{运放}^2 = \frac{1}{1\,000\,000} - \frac{0.25}{1\,000\,000} = \frac{0.75}{1\,000\,000}$$

又假设，后三者是相等的，则经计算可得

$$\varepsilon_{电源波动} = \varepsilon_{温度漂移} = \varepsilon_{运放} = 0.05\%$$

由此误差分配，就可以选择合适的电源及运算放大器，使其满足 D/A 变换电路的精度要求。

当然，反过来也可以。已知其他各种误差再来推算 D/A 芯片的非线性误差，最后再根据此误差来选择合适的 D/A 芯片。

需要特别指出的是，D/A 芯片的分辨率会对系统误差产生影响，因为它确定了系统控制精度，即确定了控制电压的最小量化电平，是系统固有的。为了消除(近似消除)这种影响，一般在系统设计中应选择 D/A 变换器的位数，使其最低有效位 1 位的变化所引起的误差应远远小于 D/A 芯片的总误差。如上例所述，系统要求 D/A 变换电路的误差应小于 0.1%，那么 D/A 芯片的位数应选择为 12 位，因为 12 位 D/A 的最低有效位的 1 位变化所引起的误差约为 0.02%(1/4096)。

3) 变换时间

当数据变化是满刻度时，从数码输入到输出达到终值的 $\pm\frac{1}{2}$ LSB 时所需要的时间称为变换时间。该时间限制了 D/A 变换器的速率。通常电流输出型 D/A 变换器比电压输出型 D/A 变换器具有更短的变换时间。

上述这些指标在 D/A 芯片的手册中均可查到，它们是用户在实际应用时选择合适的 D/A 芯片的主要依据。

另外要注意的是，D/A 变换电路还应包括输出电路中的运算放大器。此时 D/A 变换电路的变换时间应为 D/A 芯片的变换时间和运算放大器的建立时间之和。例如，D/A 芯片的变换时间为 1 μs，运算放大器的频率响应为 1 MHz(建立时间为 1 μs)，那么整个 D/A 变换电路的变换时间为 2 μs。如果系统要求的 D/A 变换时间是 1 μs，则应重新选择速度更高的 D/A 芯片和运算放大器。

4) 动态范围

所谓动态范围，就是 D/A 变换电路的最大和最小的电压输出值范围。D/A 变换电路后接的控制对象不同，其要求也有所不同。

D/A 芯片的动态范围一般决定于参考电压 U_{REF} 的高低，参考电压高，动态范围就大。参考电压的大小通常由 D/A 芯片手册给出，整个 D/A 变换电路的动态范围还与输出电路的运算放大器的级数及连接方法有关。有时，即使 D/A 芯片的动态范围较小，但只要适当地选择相应的运算放大器做输出电路，就可扩大变换电路的动态范围。

6.9.3　典型的 D/A 变换器芯片举例

1．引线及功能

目前各国生产的 D/A 变换器的型号很多，如按数码位数分有 8 位、10 位、12 位、16 位等；按速度分又有低速、高速等。但是，无论是哪一种型号的芯片，它们的基本原理和功能是一致的，其芯片的引脚定义也是雷同的。一般都有数码输入端和模拟量的输出端。其中模拟量的输出端又有单端输出和差动输出两种。D/A 芯片所需参考电压 U_{REF} 由芯片外电源提供。为了使 D/A 变换器能连接输出模拟信号，CPU 送给 D/A 变换器的数码一定要进行锁存保持，然后再与 D/A 变换器相连接。有的 D/A 变换器芯片内部带有锁存器，那么此时 D/A 变换器可作为 CPU 的一个外围设备端口而挂在总线上。在需要进行 D/A 变换时，CPU 通过片选信号和写控制信号将数据写至 D/A 变换器。

下面介绍一种常用的 8 位 D/A 变换器 DAC0832，其引脚如图 6.59(a)所示，内部结构框图如图 6.59(b)所示。

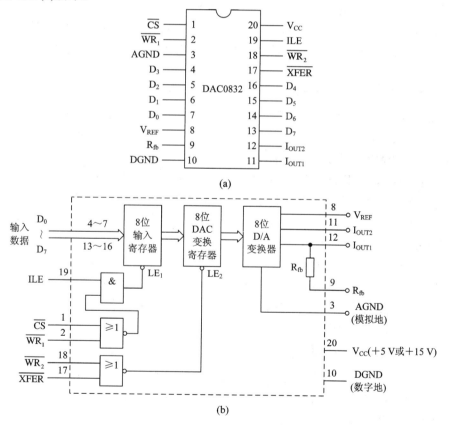

图 6.59　DAC0832 的引脚及内部结构

(a) 引脚图；(b) 内部结构框图

DAC0832 共有 20 条引脚，各引脚定义如下：

$D_0 \sim D_7$——8 条输入数据线；

ILE——输入寄存器选通命令，它与 $\overline{CS}$、$\overline{WR_1}$ 配合使输入寄存器的输出随输入变化；

$\overline{CS}$——片选信号；

$\overline{WR_1}$——写输入寄存器信号；

$\overline{WR_2}$——写变换寄存器信号；

$\overline{XFER}$——允许输入寄存器数据传送到变换寄存器；

V_{REF}——参考电压输入端，其电源电压可在 $-10\,V\sim+10\,V$ 范围中选取，计算中 V_{REF} 也可写做 U_{REF}；

I_{OUT1}，I_{OUT2}——D/A 变换器差动电流输出；

R_{fb}——反馈端，接运算放大器输出；

V_{CC}——电源电压，$+5\,V$ 或 $+15\,V$；

AGND——模拟信号地；

DGND——数字信号地。

从 DAC0832 芯片的内部结构框图可以看出，D/A 变换是分两步进行的。

首先当 CPU 将要变换的数据送到 $D_0\sim D_7$ 端时，使 ILE=1，$\overline{CS}$=0，$\overline{WR_1}$=0，这时数据可以锁存到 DAC0832 的输入寄存器中，但输出的模拟量并未改变。

为了使输出模拟量与输入的数据相对应，接着应使 $\overline{WR_2}$、$\overline{XFER}$ 同时有效，在这两个信号的作用下，输入寄存器中的数据才被锁存到变换寄存器，再经变换网络，使输出模拟量发生一次新的变化。

当图 6.59 中输入寄存器锁存控制端 LE_1 为高电平时，该锁存器可认为处于直通状态，可用变换寄存器的锁存控制端 LE_2 的正脉冲锁存数据并获得模拟输出。反之，也可以使 LE_2 为高电平而用 LE_1 的正脉冲(高到低的跃变)锁存数字信号并获得相应模拟输出。此时，由于 LE_2 为高电平，变换寄存器处于直通状态。

通常情况下，如果将 DAC0832 芯片的 $\overline{WR_2}$、$\overline{XFER}$ 接地，ILE 接高电平，那么只要在 $D_0\sim D_7$ 端送一个 8 位数据，并同时给 $\overline{CS}$ 和 $\overline{WR_1}$ 送一个负选通脉冲，就可完成一次新的变换。

如果在系统中接有多片 DAC0832，且要求各片的输出模拟量在一次新变换中同时发生变化(即各片的输出模拟量在同一时刻发生变化)，那么可以分别利用各片的 $\overline{CS}$、$\overline{WR_1}$ 和 ILE 信号将各路要变换的数据送入各自的输入寄存器中，然后在所有芯片的 $\overline{WR_2}$ 和 $\overline{XFER}$ 端同时加一个负选通脉冲。这样，在 $\overline{WR_2}$ 的上升沿，数据将由各输入寄存器锁存到变换寄存器中，从而实现多片的同时变换输出。

2. 几种典型的输出连接方式

前面已经提到，D/A 变换器输出的模拟量有的是电流，有的是电压。一般微型机应用系统往往需要电压输出，当 D/A 变换器输出为电流时，就必须进行电流至电压的转换。

1) 单极性输出电路

单极性输出电路如图 6.60 所示。D/A 芯片输出电流 I 经输出电路转换成单极性的电压输出。图 6.60(a)为反相输出电路，其输出电压为

$$U_{OUT} = -IR$$

图 6.60(b)是同相输出电路，其电压输出为

$$U_{OUT} = IR\left(1 + \frac{R_2}{R_1}\right)$$

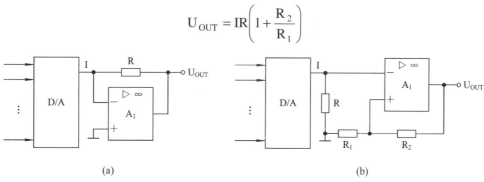

(a)　　　　　　　　　　　　　　(b)

图 6.60　单极性输出电路

(a) 反相输出电路；(b) 同相输出电路

2) 双极性输出电路

在某些微型机应用系统中，要求 D/A 的输出电压是双极性的，例如要求输出 –5 V～ +5 V。在这种情况下，D/A 的输出电路要做相应的变化。图 6.61 就是 DAC0832 双极性输出电路的实例。

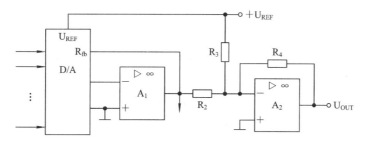

图 6.61　双极性输出电路

如图 6.61 所示，D/A 的输出经运算放大器 A_1、A_2 放大和偏移以后，在运算放大器 A_2 的输出端就可得到双极性的 –5 V～+5 V 的输出电压。图中 U_{REF} 为 A_2 提供一个偏移电流，且 U_{REF} 的极性选择应使偏移电流方向与 A_1 输出的电流方向相反。再选择 $R_4=R_3=2R_2$，以使偏移电流恰好为 A_1 的输出电流的 1/2，从而使 A_2 的输出特性在 A_1 的输出特性基础上，上移 1/2 的动态范围。由电路各参数计算可得到最后的输出电压表达式为

$$U_{OUT} = 2U_1 - U_{REF}$$

设 U_1 为 0～ –5 V，则选取 U_{REF} 为 +5 V，那么

$$U_{OUT} = (0～10 \text{ V}) - 5 \text{ V} = -5～5 \text{ V}$$

3. D/A 变换器接口设计

前面已经提到，在各类 D/A 变换芯片中，从结构来说大致可以分成本身带锁存器和不带锁存器的两种。前者可以直接挂接到 CPU 的总线上，电路连接比较简单。后者需要在 CPU 和 D/A 芯片之间插入一个锁存器，以保持 D/A 有一个稳定的输入数据。

1) DAC0832 与 8088 微处理器的连接

DAC0832 是一种 8 位的 D/A 芯片。片内有两个寄存器作为输入和输出之间的缓冲。这种芯片可以直接接在微型机的系统总线上，其连接电路如图 6.62 所示。

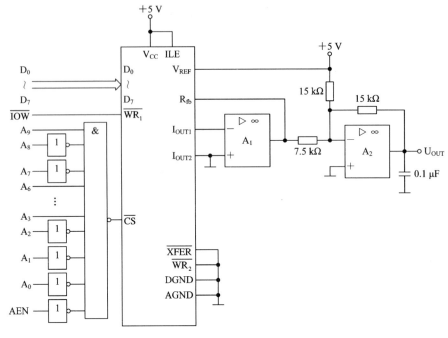

图 6.62　DAC0832 与 PC 机总线的连接

图 6.62 中的双极性输出端为 U_{OUT}。当 D/A 变换器输入端的数据在 00H～FFH 之间变化时，U_{OUT} 输出将在 –5 V～+5 V 之间变化。如果想要单极性 0～+5 V 输出，那么只要使 V_{REF} = –5 V，然后直接从运算放大器 A_1 的输出端输出即可。在图中的输出端接一个 0.1 µF 的电容是为了平滑 D/A 变换器的输出，同时也可以提高其抗脉冲干扰的能力。

2) D/A 变换器的输出驱动程序

由于 D/A 芯片是挂接在 I/O 扩展总线上的，因此在编制 D/A 驱动程序时，只要把 D/A 芯片看成是一个输出端口就行了。向该端口送一个 8 位的数据，在 D/A 输出端就可以得到一个相应的输出电压。设 D/A 的端口地址为 278H，则用 8088 汇编语言书写的、能产生锯齿波的程序如下：

```
DAOUT:  MOV    DX, 278H          ; 端口地址送 DX
        MOV    AL，00H           ; 准备起始输出数据
LOOP1:  OUT    DX，AL
        DEC    AL
        JMP    LOOP1             ; 循环形成周期锯齿波
```

可以想象，利用 D/A 变换器可以产生频率比较低的任意波形。因此，它可以作为函数发生器产生所需波形。这些波形是由程序产生的，当 CPU 的速度一定时，所产生的波形频率不可能很高。

上面图 6.62 中所示是在总线上直接连接 D/A 变换器芯片。但是，当微型机应用系统中需要多片 D/A 变换器时，这种直接连接将会对总线构成较大的负载，这时就应加板内驱动。图 6.63 就是用 8 片 DAC0832 构成的 8 路 8 位 D/A 变换器电路。

图 6.63 中，利用 74LS244 作为数据总线驱动器，译码器采用两片 74LS138。

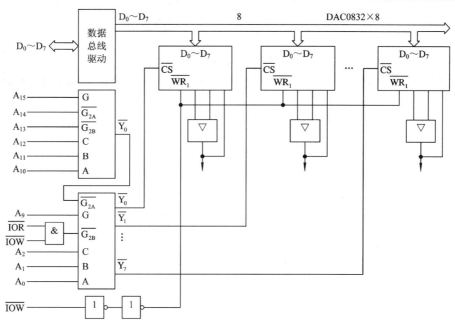

图 6.63 8 路 8 位 D/A 变换器连接框图

6.10 模/数(A/D)变换器接口

从前面图 6.57 中已经明确 A/D 变换器在微机测量及控制系统中的位置及作用。正如其他一些集成电路芯片那样，现在 A/D 及 D/A 变换器均已集成为单片 IC。其内部的工作机理对使用者来说已不是很重要。从应用角度来说，更强调使用者掌握其外特性并将其用好。

要用好 A/D 变换器或其他任何广义上的外设，应注意做好如下几件事:

(1) 熟悉它们的主要技术指标，以便根据用户的需求去选择合适的芯片(或外设)。

(2) 熟悉厂家提供的外部引线及其功能，以便选择合适的接口将其接到系统总线上。

(3) 对复杂的外设(如前面的打印机，后面的 A/D 变换器等)，必须熟悉厂家提供的工作时序，以便以此为依据编写外设的驱动程序。

(4) 在硬件接口及软件驱动程序的基础上对外设接口进行调试，使其能正常工作。

下面将根据上述所说的几个问题，对 A/D 变换器逐一加以说明。

6.10.1 A/D 变换器的主要技术指标

1. 精度

A/D 变换器的总精度(或总误差)由各种因素引起的误差所决定，主要有以下 6 个方面。

1) 量化间隔和量化误差

能使 A/D 变换器最低有效位(LSB)改变的模拟电压，也就是最低有效位所代表的模拟电压就称为量化间隔。通常用下式表示:

$$\Delta = \frac{最大输入电压}{2^n - 1} \approx \frac{最大输入电压}{2^n}$$

其中 n 为 A/D 变换器的位数。通常 n 较大，故可以近似。

为了说明量化误差，以最大输入电压为 7 V 的 3 位 A/D 变换器为例，其变换特性如图 6.64 所示。

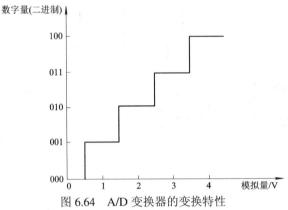

图 6.64　A/D 变换器的变换特性

由图 6.64 可以看到，在给定的数字量下，实际模拟量与理论模拟量之间有最大为 0.5 V $\left(\frac{1}{2}\Delta\right)$ 的误差。这种误差是由变换特性决定的，是一种原理误差，也是一种固有的、无法消除的误差。量化误差可用绝对电压来表示：

$$\varepsilon_{绝对} = \frac{1}{2}\Delta$$

用相对误差来表示：

$$\varepsilon_{相对} = \frac{1}{2^{n+1}} \times 100\%$$

可以看到，量化误差与 A/D 变换器的位数 n 有关系。随着 A/D 变换器位数的增加，量化误差会不断降低。尽管量化误差是一个不可消除的原理误差，但总可以选择一个适当的 n，使量化误差小到用户可以接受的程度。

有时也用 $\frac{1}{2}$ LSB(最低有效位)来表示量化误差。

2) 非线性误差

A/D 变换器的非线性误差是指在整个变换量程范围内，任一数字量所对应的模拟输入量的实际值与理论值之差。例如 AD574 的非线性误差为 ± 1 LSB。

3) 电源波动误差(电源灵敏度)

由于 A/D 变换器中包含有运算放大器，有的还带有参考电源，因此供电电源的变化会直接影响 A/D 变换器的精度。A/D 变换器对电源变化的灵敏度常用相对误差来表示，但更多的是用绝对误差，即用最低有效位的变化来表示。例如，AD574 的电源灵敏度为：

$$+13.5\ \mathrm{V} \leqslant V_{CC} \leqslant +16.5\ \mathrm{V} \qquad\qquad \pm 2\ \mathrm{LSB}$$

$$-16.5\ \mathrm{V} \leqslant V_{DD} \leqslant -13.5\ \mathrm{V} \qquad\qquad \pm \frac{1}{2}\ \mathrm{LSB}$$

$$+4.5 \, V \leqslant V_{LOGIC} \leqslant +13.5 \, V \qquad\qquad \pm 2 \, LSB$$

4) 温度漂移误差

温度漂移误差是由于温度变化而使 A/D 变换器发生变化而产生的误差。

5) 零点漂移误差

零点漂移误差是由于输入端零点漂移引起的误差。

6) 参考电压误差

由于 A/D 变换器内变换均以参考电压为基准，若是参考电压出现波动、漂移，则必然影响到 A/D 变换器的转换精度。

上述这些误差构成了 A/D 变换器的总误差。在计算 A/D 变换器总误差值时，应用各种误差的均方根来表示。例如，总误差可表示为

$$\varepsilon_{总} = \sqrt{\varepsilon_1^2 + \varepsilon_2^2 + \varepsilon_3^2 + \varepsilon_4^2 + \varepsilon_5^2}$$

其中，$\varepsilon_1 \sim \varepsilon_5$ 为各因素引起的相应误差，$\varepsilon_{总}$ 为 A/D 变换器的总误差。

2．变换时间(或变换速率)

完成一次 A/D 变换所需要的时间为变换时间。变换速率(频率)是变换时间的倒数。现在中外厂家已生产出多种位数(如 8，10，12，14，16 位，直到 24 位)的各种型号的 A/D 变换器。其变换速率的跨度可以从几百毫秒直到小于 1 ns，可供各类 A/D 变换器使用者选择。

3．变换位数及输出方式

上面提到有多种位数的 A/D 变换器，且其输出形式有并行的也有串行的。

4．输入动态范围

一般 A/D 变换器的模拟电压输入范围大约为 0～5 V 或 0～10 V。在某些 A/D 变换器芯片中备有不同的模拟电压输入范围的引脚。例如 AD574 的 10 VIN 引脚可输入 0～10 V 电压，而 20 VIN 引脚可输入 0～20 V 电压。

5．其他指标

其他指标还有许多，如供电电压、封装形式、安装方式、功耗大小、环境要求等。在选用时要根据用户的需求合理地进行。

6.10.2　典型 A/D 变换器芯片介绍

目前常用的 A/D 变换器芯片有很多种，这里以一个 8 位 A/D 变换器芯片和一个 12 位的 A/D 变换器芯片为例进行介绍。

1．8 位 A/D 变换器芯片 ADC0809

ADC0809 的引脚定义如图 6.65 所示。它共有 28 个引脚，其中：

$D_0(2^{-8}) \sim D_7(2^{-1})$ ——输出数据线，经由 OE 控制的三态门输出；

$IN_0 \sim IN_7$ ——8 路模拟电压输入端；

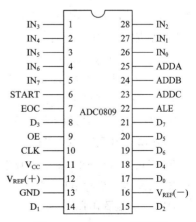

图 6.65　ADC0809 引线图

ADDA，ADDB，ADDC——路地址输入，其中 ADDA 为最低位，ADDC 为最高位；

START——启动信号输入端，下降沿有效；

ALE——路地址锁存信号，用来锁存 ADDA～ADDC，上升沿有效；

EOC——变换结束状态信号，高电平表示一次变换结束；

OE——读允许信号，高电平有效；

CLK——时钟输入端；

$V_{REF}(+)$，$V_{REF}(-)$——参考电压输入端；

V_{CC}——5 V 电源输入；

GND——地。

ADC0809 的时钟频率为 10 kHz～1.2 MHz。在时钟频率为 640 kHz 时，其变换时间为 100 μs。

值得注意的是，在 ADC0809 内部集成了一个 8 选 1 的模拟门，利用路地址编码输入 (ADDA、ADDB 和 ADDC)，可以控制选择 8 路模拟输入 IN_0～IN_7 中的某一路。路地址编码从 000 到 111 分别选择 IN_0 到 IN_7。

ADC0809 的工作时序如图 6.66 所示。

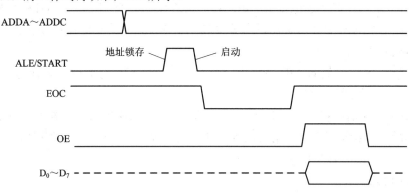

图 6.66　ADC0809 的工作时序

由图 6.66 可以看到，在进行 A/D 变换时，路地址应先送到 ADDA～ADDC 输入端，然后在 ALE 输入端加一个正跳变脉冲，将路地址锁存到 ADC0809 内部的路地址寄存器中。这样，对应路的模拟电压输入就和内部变换电路接通了。为了启动变换工作序列，必须在 START 端加一个负跳变信号。此后变换工作就开始进行，标志 ADC0809 正在工作的状态信号 EOC 由高电平(闲状态)变成为低电平(工作状态)。一旦变换结束，EOC 信号又由低电平变成高电平。此时只要在 OE 端加一个高电平，即可打开数据线的三态缓冲器，从 D_0～D_7 数据线读得一次变换后的数据。

2. 12 位 A/D 变换器芯片 AD574

AD574 的引脚定义如图 6.67 所示。它也有 28 个引脚，其中：

REFOUT——内部参考电源电压输出(+10 V)。

REFIN——参考电压输入。

BIP——偏置电压输入。

10VIN——+5 V 输入或 0～10 V 输入。

20VIN——+10 V 输入或 0～20 V 输入。

DB$_0$～DB$_{11}$——12 位数字输出，高字节为 DB$_8$～DB$_{11}$，低字节为 DB$_0$～DB$_7$。

STS——"忙"信号输出，高电平表示"忙"。

12/$\overline{8}$——变换字长控制输入信号，高电平时，变换字长输出为 12 位；低电平时，输出为 8 位。

$\overline{CS}$——片选信号，低电平有效。

A$_0$——字节地址控制输入信号，它有两个作用：在启动 A/D(R/$\overline{C}$=0)时，用来控制转换长度，A$_0$=0 时为 12 位，A$_0$=1 时为 8 位；在变换数据输出时，在 12/$\overline{8}$=0 情况下，A$_0$=0 时，高 8 位数据 DB$_4$～DB$_{11}$ 输出，A$_0$=1 时，低 4 位数据 DB$_0$～DB$_3$ 输出；当 12/$\overline{8}$=1 时，12 位输出，与 A$_0$ 无关。

R/$\overline{C}$——数据读输出和转换控制输入。

CE——工作允许信号，高电平有效。

+5 V，+15 V，−15 V——+5 V，+15 V，−15 V 电源输入端。

AGND——模拟地。

DGND——数字地。

上述有关引脚的控制功能的几种状态如表 6.8 所示。

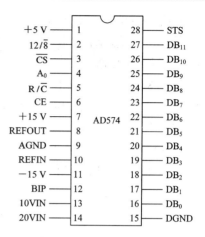

图 6.67　AD574 引线图

表 6.8　AD574 控制功能状态表

CE	$\overline{CS}$	R/$\overline{C}$	12/$\overline{8}$	A$_0$	功　能　说　明
1	0	0	×	0	12 位转换
1	0	0	×	1	8 位转换
1	0	1	+5 V	×	12 位输出
1	0	1	地	0	8 位高有效位输出
1	0	1	地	1	4 位低有效位输出

AD574 的一次变换时间大约为 15～35 μs，变换时间随型号不同而有所区别，其变换过程的定时关系如图 6.68 所示。

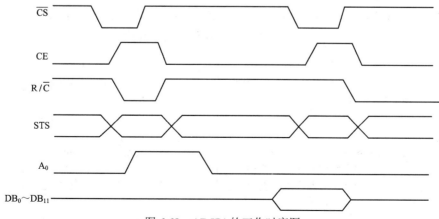

图 6.68　AD574 的工作时序图

从图 6.68 中可以看到，当 CE=1，$\overline{CS}$=0，R/$\overline{C}$=0 时，AD574 的变换过程将被启动，变换长度则由 A_0 输入端控制。当 A_0=0 时，实现 12 位变换，变换数据从 $DB_0\sim DB_{11}$ 输出；当 A_0=1 时，实现 8 位数据变换，变换后的数据从 $DB_4\sim DB_{11}$ 输出，低 4 位 $DB_0\sim DB_3$ 将被忽略。

12/$\overline{8}$ 是用来控制输出长度选择的输入端，当 12/$\overline{8}$=1 时，在 CE=1，$\overline{CS}$=0，R/$\overline{C}$=1 的情况下，数据输出端 $DB_0\sim DB_{11}$ 这 12 位同时输出；当 12/$\overline{8}$=0 时，12 位数据将分两次输出(当 A_0=0 时，高 8 位数据 $DB_{11}\sim DB_4$ 输出；当 A_0=1 时，低 4 位 $DB_0\sim DB_3$ 输出)。由于有这种功能，AD574 就很容易与 8 位 CPU 总线相连接。

AD574 还有更简洁的定时方式，有助于连接及编程应用，当 CE 加 +5 V，12/$\overline{8}$ 加 +5 V，将 $\overline{CS}$ 和 A_0 接地，即 CE=12/$\overline{8}$=1，$\overline{CS}$=A_0=0 时，其时序图如图 6.69 所示。

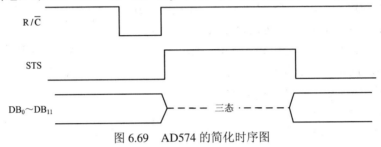

图 6.69　AD574 的简化时序图

由图 6.69 可以看到，在上述条件满足后，只要在 R/$\overline{C}$ 端加一负脉冲，就可启动 A/D 变换。同时，STS 变高，表示 A/D 变换器正在变换。一旦 STS 变低，即表明本次 A/D 变换已经结束。当 STS 为高时，数据线 $DB_0\sim DB_{11}$ 是高阻状态，而当 STS 变低时，变换好的 12 位数据从 $DB_0\sim DB_{11}$ 上输出。在本节的后面将利用这一时序设计采集程序。

6.10.3　A/D 变换器应用实例

1. AD574 的应用

首先，以 AD574 芯片构成的 A/D 变换器电路为例进行说明。通过实例使读者能较清楚地了解设计 A/D 变换器接口电路的基本内容和方法。

1) AD574 的模拟输入电路

(1) 模拟输入电路的极性选择。由 AD574 引脚图可知，它有两个模拟电压输入引脚，即 10 VIN 和 20 VIN，具有 10 V 和 20 V 的动态范围。这两个引脚的输入电压可以是单极性的，也可以是双极性的，可由用户改变输入电路的连接形式来进行选择，如图 6.70 所示。

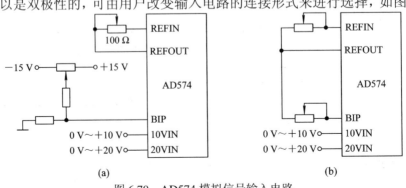

图 6.70　AD574 模拟信号输入电路

(2) 输入路数的扩展。一般 A/D 芯片只有 1 个或 2 个模拟输入端。但是，实际的系统往往需要对多路模拟输入进行 A/D 变换。要用多块 A/D 芯片解决这个问题，在价格上和硬件数量上都是不可取的。为了充分发挥 A/D 芯片的作用，可以采用模拟开关来对输入路数进行扩展。

模拟开关有多个模拟输入端和一个模拟输出端。在某一时刻究竟哪一个输入端和输出端相通，取决于路地址输入端的输入状态。例如，H1508 是一个 8 路的模拟开关，如图 6.71 所示，它有 8 路模拟输入端 $IN_0 \sim IN_7$、1 个模拟输出端 OUT、3 个路地址输入端 $A_0 \sim A_2$ 和一个选通端 EN。当 EN=1、$A_2A_1A_0$=000B 时，IN_0 输入端和 OUT 输出端相连通。同理，当 EN=1、$A_2A_1A_0$=001B 时，IN_1 与 OUT 相连通。当 EN=0 时，OUT 为高阻。这样，只要将输出端 OUT 和 AD574 的模拟输入端相连接，在变换前给 H1508 送一个 EN 有效和路地址信号，那么相应路的模拟输入信号即可进行 A/D 变换，从而将 1 路模拟输入扩展为 8 路模拟输入。如果想扩展成 64 路，则在该 H1508 的各输入端 $IN_0 \sim IN_7$ 上再各接一块 H1508，将每个输入端扩展为 8 路。这样一来，9 块 H1508 就可以将一路模拟输入扩展为 64 路模拟输入。请读者注意，这种扩展不是可以无限延伸的，每个模拟开关在导通时都是有内阻的，串联级数多了，内阻相应就会增大，精度也就随之降低。一般串联不要超过两级。

模拟开关有多种类型可供选择，上面的 H1508 仅仅是其中的一种，例如 16 选 1 的 AD7506 也很好用。

(3) 采样保持电路。A/D 变换器从变换开始到结束需要一段时间，这段时间的长短随各种变换器的速度不同而不同。在变换器工作期间，一般要求输入电压应保持不变，否则就会造成不必要的误差。为此，在 A/D 变换器输入端之前总要插入一个采样保持电路，如图 6.72 所示。在启动变换器时，对模拟输入电压进行采样，采样后采样保持电路的输出就一直保持采样时的电压不变，从而为 A/D 变换器的输入端提供一个稳定的模拟输入电压。当然，采样保持电路的电压保持时间是有限的，但与变换时间相比，已是足够长的了。

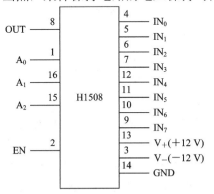

图 6.71　8 路模拟开关引线图

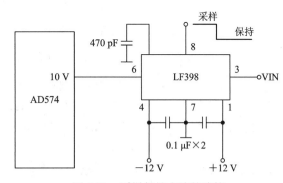

图 6.72　采样保持电路的连接

当 A/D 变换器的速度很快而输入的模拟信号变化很慢时，在整个 A/D 变换的过程中，若模拟信号变化所带来的影响可以忽略，则可以省掉采样保持电路。

(4) 滤波电容的连接。在 A/D 变换器的模拟输入端，为了平滑输入模拟电压和减小干扰，通常在其与地之间接一个滤波电容，电容值的大小应不至于对正常变化产生太大影响为宜，即由模拟信号源内阻与该滤波电容所构成的时间常数的倒数，应大于模拟信号中有用

分量的最高频率分量。例如，模拟信号的最高频率分量为 2 kHz，那么该时常数应选择为

$$滤波时常数 RC \leqslant \frac{1}{模拟信号最高频率分量} \quad (即 \frac{1}{2\,\text{kHz}})$$

另外，滤波电容连接处也应注意选择，否则会造成很大的人为误差，一般应接在模拟信号输入的最外端。例如，在图 6.71 中，可以将滤波电容接在 H1508 的 OUT 端，也可以接在 H1508 的 $IN_0 \sim IN_7$ 各输入端。前者只要接 1 个，后者却要接 8 个，到底哪一种接法好？在前一种情况下，假设 IN_0 的输入电压为 5 V，IN_1 的输入电压为 0 V，当对 IN_0 路输入进行 A/D 变换时，接于 OUT 端的滤波电容被充电至 5 V。当 IN_0 路变换结束，紧接着对 IN_1 路进行变换时，由于滤波电容上已充有 5 V 电压，放电到 0 V 电压需要一定时间，这样就很可能在没有放电到 0 V 时 A/D 变换器已经启动，从而对 IN_1 路的输入变换精度带来不利的影响。如果滤波电容按第二种情况连接，就不会产生这种不利的影响。

2) AD574 与总线的连接

AD574 是 12 位 A/D 变换器，它可以和 16 位的 CPU 相连接，也可以和 8 位的 CPU 相连接，只要适当地改变某些控制引脚的接法就可以实现。

(1) AD574 与 8 位 CPU 的连接。通常 AD574 通过接口与微型机的系统总线相连接。构成这样的接口电路的框图如图 6.73 所示。

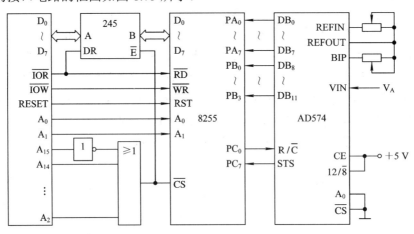

图 6.73　AD574 经 8255 与系统总线相连接

在图 6.73 中，利用 8255 的 A 口和 B 口读入 AD574 转换好的 12 位数据。利用 C 口的 PC_0 和 PC_7 分别输出控制信号和读入 AD574 的状态信号。

在图 6.73 中，如果假定此电路板内只有接口 8255，而且按图中所示的逻辑接法，其接口地址为 8000H～8003H，那么板内数据总线驱动器 245 的控制也就十分容易，如图 6.73 所画那样连接就可以了。

(2) 数据采集程序。根据图 6.73 的硬件设计，可以编写相应的数据采集程序。但请读者注意，在进入用户程序时，首先要对接口初始化，尤其是可编程接口应在加电后或执行用户程序一开始就这样做。在此，将 8255 的初始化程序写出并加以强调，但该程序通常放在用户程序的开始或上电复位后。

8255 的初始化程序如下：

```
INIT55:  MOV    DX, 8003H
         MOV    AL, 10011010B
         OUT    DX, AL
         MOV    AL, 00000001B
         OUT    DX, AL
```

初始化程序规定了 8255 工作在方式 0，A、B 口均定义为输入，C 口的 $PC_0 \sim PC_3$ 定义为输出，$PC_4 \sim PC_7$ 定义为输入，且使 PC_0 输出为高电平。

数据采集程序编写如下：

```
ACQU    PROC    NEAR
        MOV     DX, 8002H
        MOV     AL, 00H
        OUT     DX, AL
        MOV     AL, 01H
        OUT     DX, AL          ; 从 PC0 送 R/C 负脉冲，启动 A/D
WAITC:  IN      AL, DX
        AND     AL, 80H
        JNZ     WAITC           ; 等待变换结束
        MOV     DX, 8000H
        IN      AL, DX          ; 读低 8 位
        MOV     BL, AL
        MOV     DX, 8001H
        IN      AL, DX          ; 读高 4 位
        AND     AL, 0FH
        MOV     BH, AL
        RET
ACQU    ENDP
```

上面就是采集子程序，每调用一次，对 AD574 的模拟输入信号 V_A 进行一次 12 位的 A/D 变换，并将变换结果放在 BX 中。子程序返回后，在 BX 中存放着变换的 12 位结果。

采集子程序是以图 6.69 所示的 AD574 的时序图为依据的。因为，AD574 变换过程时序告诉我们，进行一次变换先做什么，再做什么，然后做什么，最后做什么。这种思路适合于任何 A/D 变换器。

(3) 12 位变换器与 16 位 CPU 相连接。在这种情况下，AD574 要求一次进行 12 位变换，并且变换后的 12 位数据将同时并行送到数据总线上。由表 6.8 可知，此时 AD574 的 12/$\overline{8}$ 端应接 +5 V；启动时，在 CE=1，$\overline{CS}$=0，R/$\overline{C}$=0 的情况下，A_0 就应该为 0。这样，AD574 就可实现 12 位转换，12 位输出。其连接电路如图 6.74 所示。

由图 6.74 可以看到，该 AD574 接口是连接到 8086 16 位机的系统总线上的。图中 12/$\overline{8}$ 和 CE 接 +5 V，$\overline{CS}$ 和 A_0 接地。R/$\overline{C}$ 与输出锁存器 Q_0 相连，$DB_0 \sim DB_{11}$ 及 STS 分别通过两块 8 输入三态缓冲器与 CPU 的数据总线 $D_0 \sim D_{15}$ 相连。

CPU 通过输出锁存器 Q_0 端输出一个负脉冲后，AD574 就被启动，STS=1。当 CPU 从三态缓冲器输入端检测到 STS=0，变换结束时，就通过输出锁存器使 R/$\overline{C}$ 端为"1"，然后选通两块三态缓冲器，使 $DB_0 \sim DB_{11}$ 送到 CPU 的数据总线 $D_4 \sim D_{15}$，将变换后的数据读入 CPU。

由图 6.74 还可以看到，AD574 的接口可以用 8255，也可以用三态门和锁存器。在具体进行设计时，应根据需求，认真仔细地权衡利弊，加以选择。

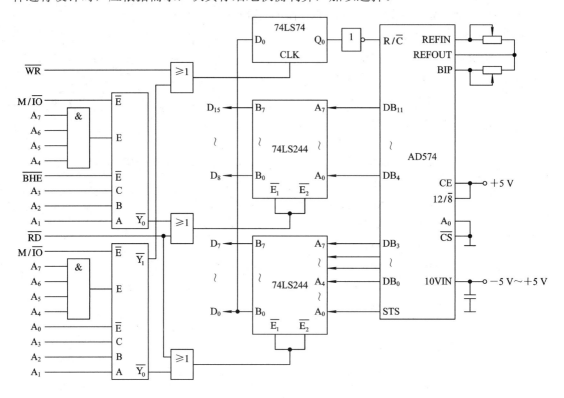

图 6.74　AD574 与 16 位总线相连接

2. ADC0809 的应用

前面已经介绍了 ADC0809 的引线及其时序，下面就具体说明其应用。

1) 硬件连接电路

一种通过接口芯片 8255 将 ADC0809 接到 8088 系统总线上的连接图如图 6.75 所示。很显然，只要将 $\overline{IOR}$ 和 $\overline{IOW}$ 换成 MCS-51 的 $\overline{RD}$、$\overline{WR}$，则图 6.75 就变成了与 MCS-51 扩展总线的连接。

在图 6.75 中，利用接口 8255 来完成，实际上完全可以用三态门、锁存器或其他接口芯片来代替 8255。接口地址译码器也只是逻辑上的示意。在实际连接中，可选合适的译码电路。

ADC0809 需要外接变换时钟和参考电压。在实际应用中，变换时钟常将 CPU(或单片机)的时钟经分频得到，而参考电压常采用现成的由厂家提供的高精度电源集成块。

若板内再无其他接口，则板内的双向数据驱动器就可如图 6.75 那样控制。

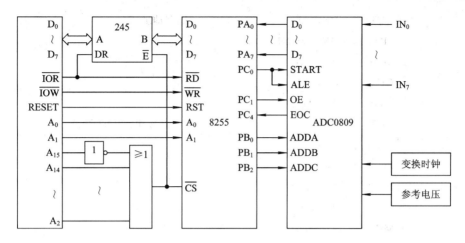

图 6.75　ADC0809 与系统总线的接口连接

在 ADC0809 芯片内部集成了一个 8 选 1 的模拟门，可选 8 路模拟输入($IN_1 \sim IN_7$)的任何一路进行 A/D 变换。模拟输入信号路的选择由 ADDA、ADDB、ADDC 的编码来决定。在图 6.75 中，利用 B 口输出路地址，选择要进行 A/D 变换的某一路模拟信号。接口输出控制信号及 ADC0809 的状态信号输入均由 8255 的 C 口来完成。A 口的作用就是读入变换好了的数据。

2) 采集程序

在此之前首先必须记住，使用可编程接口，在工作前必须对其初始化。具体的初始化程序，此处不再给出。在这里同样是使 8255 工作在方式 0 之下，A 口输入，B 口输出，C口的低 4 位输出、高 4 位输入，并且使 $PC_0=0$，$PC_1=0$。

采集程序的依据仍然是 ADC0809 的工作时序。首先要做的是送出路地址，选择要变换的模拟信号。接着送出路地址锁存和启动变换信号。再接下来等待变换结束。变换结束后，还要使 OE 有效(高电平)，让 ADC0809 将变换好的数据输出，最后是取得变换好的数据并存放在某个地址(或寄存器)中。一个具体的采集程序如下：

```
PRMAD   PROC    NEAR
        PUSH    BX
        PUSH    DX
        PUSH    DS
        PUSH    AX
        PUSH    SI
        MOV     DX, SEG ADATA
        MOV     DS, DX
        MOV     SI, OFFSET ADATA
        MOV     BL, 00H
        MOV     BH, 08H
GOON:   MOV     DX, 8001H
        MOV     AL, BL
```

```
            OUT     DX，AL                    ; 送路地址
            MOV     DX，8002H
            MOV     AL，01H
            OUT     DX，AL
            MOV     AL，00H
            OUT     DX，AL                    ; 送 ALE 和 START 脉冲
            NOP
WAITH：     IN      AL，DX
            TEST    AL，10H
            JZ      WAITH                    ; 等待变换结束
            MOV     AL，02H
            OUT     DX，AL                    ; 使 OE=1
            MOV     DX，8000H
            IN      AL，DX                    ; 读数据
            MOV     [SI]，AL
            MOV     DX，8002H
            MOV     AL，00H
            OUT     DX，AL
            INC     SI                       ; 存数据内存地址加 1
            INC     BL                       ; 路地址加 1
            DEC     BH
            JNZ     GOON
            POP     SI
            POP     AX
            POP     DS
            POP     DX
            POP     BX
            RET
      PRMAD   ENDP
```

上面的采集子程序每调用一次，便顺序对 8 路模拟输入 IN_0 到 IN_7 进行一次 A/D 变换，并将变换的结果存放在内存 ADATA 所在段、偏移地址在 ADATA 的顺序的 8 个单元中。

在 ADC0809 的硬件电路设计中，其连接还有其他形式。例如，OE 可以接高电平使它总有效；EOC 也可以不接 PC_4 而悬空。此时，用于控制 OE 的程序部分可以省略。同时，等待变换结束也不用查询而用时间准则来实现。即当 ADC0809 的变换时钟频率确定之后，其变换时间便可估计出来，在启动变换后调用一个比变换时间长的延时子程序，保证延时时间比变换所要求的时间更长一些，以确保它变换结束，然后再去读取变换好的数据。

在上面 ADC0809 的应用中，是以 8088 系统总线和它的指令系统为例加以说明的。将这种应用移植到其他 CPU 或单片机上应当是非常容易的事。限于篇幅，此处不再说明。

习　题

6.1　若 8253 芯片可利用 8088 的外设接口地址 D0D0H～D0DFH，试画出电路连接图。假设加到 8253 上的时钟信号为 2 MHz，完成以下任务：

(1) 若利用计数器 0、1、2 分别产生周期为 100 μs 的对称方波以及每 1 s 和 10 s 产生一个负脉冲，试说明 8253 应如何连接并编写相应的程序。

(2) 若希望利用 8088 程序通过接口控制 GATE，从 CPU 使 GATE 有效开始，20 μs 后在计数器 0 的 OUT 端产生一个正脉冲，试设计完成此要求的硬件和软件。

6.2　规定 8255 的并行接口地址为 FFE0H～FFE3H，试将其连接到 8088 的系统总线上。

(1) 若希望 8255 的 3 个口 24 条线均为输出，且输出幅度和频率为任意的方波，试编程序。

(2) 若 A/D 变换器的引线图及工作时序图如图 6.76 所示。试将此 A/D 变换器与 8255 相连接，并编写包括初始化程序在内的、变换一次数据并将数据放在 DATA 的程序。

图 6.76　习题 6.2 附图

6.3　说明 8253 的 6 种工作方式。若加到 8253 上的时钟频率为 0.5 MHz，则一个计数器的最长定时时间是多少？若要求每 10 分钟产生一次定时中断，试利用 8253 提出解决方案。

6.4　串行通信接口芯片 8250 给定地址为 03E0H～03E7H，试画出其与 8088 系统总线的连接图。

6.5　说明 8250 自测试工作方式是如何进行的。

6.6　在题 6.4 中，若利用查询方式工作，由此 8250 发送当前数据段、偏移地址为 BUFFER 的顺序的 50 个字节，试编此发送程序。

6.7　在题 6.4 中，若接收数据采用中断方式进行，试编写中断服务程序将中断接收到的数据放在数据段 REVDT 单元，同时每收到一个字符，将数据段中的 FLAG 单元置为 FFH 的程序。

6.8　若将 98C64(E^2PROM)作为外存储器，限定利用 8255 作为其接口，试画出连接电路图。

6.9　若在题 6.8 的基础上，通过所画接口电路将 55H 写入整个 98C64，试编程序。(注：以上两题中 98C64 的 BUSY，可根据读者自己的意愿进行连接和编程)。

6.10　若将 27C040 作为外存储器，利用 8255 接口芯片将其连在系统总线上，试画出其连接图。

6.11　在图 6.47 中，若要求 LED 数码管顺序显示 0 到 9 这 10 个数字，试编程序。

6.12　D/A 变换器有哪些技术指标？有哪些因素对这些技术指标产生影响？

6.13　若某系统分配给 D/A 变换器的误差为 0.2%，考虑由 D/A 分辨率所确定的变化量，该系统最低限度应选择多少位 D/A 变换器芯片？

6.14　某 8 位 D/A 变换器芯片，其输出为 0～+5 V。当 CPU 加到 D/A 变换器上的数据为 80H、40H、10H 时，其对应的输出电压各为多少？

6.15　影响 D/A 变换器精度的因素有哪些？其总误差应如何求？

6.16　现有两块 DAC0832 芯片，要求连接到 IBM PC/XT 的总线上，其 D/A 输出电压均要求为 0～5 V，且两路输出在 CPU 更新输出时应使输出电路同时发生变化，试设计该接口电路。接口芯片及地址自定。

6.17　A/D 变换器的量化间隔是怎样定义的？当满刻度模拟输入电压为 5 V 时，8 位、10 位和 12 位 A/D 变换器的量化间隔各为多少？

6.18　A/D 变换器的量化间隔和量化误差有什么关系？若输入满刻度为 5V，8 位、10 位和 12 位 A/D 变换器的量化误差用相对误差来表示时应各为多少？用绝对误差来表示又各为多少？

6.19　若某 10 位 A/D 变换器芯片的引脚简图及工作波形如图 6.77 所示。试画出该 A/D 芯片与 8088 系统总线相连接的接口电路图，并编制采集子程序，要求将采集到的数据放入 BX 中。接口芯片及地址自定。

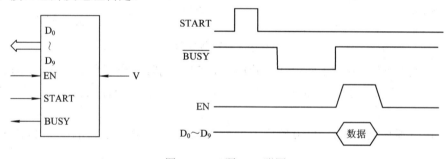

图 6.77　习题 6.19 附图

6.20　矩阵结构的键盘是怎样工作的？请简述键盘的扫描过程。

6.21　在键盘扫描过程中应特别注意哪两个问题？这些问题可采用什么办法来解决？

6.22　在键盘扫描中查表值是如何形成的？怎样由查表值求得真正的键值？

6.23　在图 6.40 中，若锁存器的某一输出端(Q_0～Q_5)损坏，输出恒为高电平，这将导致什么样的结果？

6.24　常见的打印机接口有哪两种？各有什么优缺点？

6.25　并行打印机接口通常采用什么总线？其主要信号的定时关系是怎样的？

6.26　若在打印机接口中，打印机只提供数据线 DATA0～DATA7、选通线 $\overline{\text{STROBE}}$、忙信号线 BUSY 和响应线 $\overline{\text{ACK}}$，试用 8255 设计一个打印机的并行接口，并编出 8255 的初始化程序和打印一个字符的打印子程序。接口地址自定。

6.27　在微型机应用系统中，采用光电隔离技术的目的是什么？

6.28　在某一微型机系统中，按键输入需要光电隔离。要求在键按下去时，CPU 总线上的状态为低电平，抬起来时为高电平。若指定其端口地址为 270H，试用光电隔离器件构成该按键的输入电路。

6.29　如图 6.78 所示，光电隔离输出接口使继电器工作。试画出利用继电器常闭结点进行信息反馈的电路逻辑图，并要求编写满足下述要求的程序：当 CPU 送出控制信号使继电器绕组通过电流(常闭触点打开)，利用反馈信息判断继电器工作是否正常。若正常，则程序走向 NEXT；若不正常，则转向 ERROR。

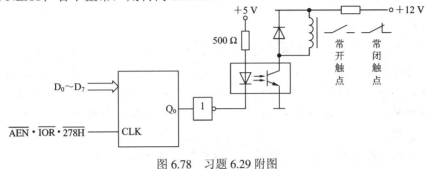

图 6.78　习题 6.29 附图

6.30　图 6.79 所示是利用光电隔离进行状态显示的接口电路，试指出图中的错误并改正。

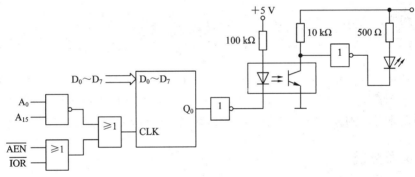

图 6.79　习题 6.30 附图

6.31　RS-232C 电流环接口原理是什么？它与标准的电平传送相比有什么优点？

6.32　使用 IBM PC/XT 的 RS-232C 接口进行通信时，如果接收字符和发送字符都采用中断方式，那么应该怎样对端口进行初始化？接收和发送中断处理程序应该怎样编制(用程序框图说明)？

6.33　两位 LED 七段共阳数码管用于显示 00 到 99 这 100 个数字。试以静态显示的方式，自选接口芯片，自定接口地址，将它们连接在 8088 的系统总线上，并画出连接电路图。

6.34　上题中，若要显示内存 40000H 单元中的压缩 BCD 数，程序应如何编写？

6.35　利用动态显示方式显示六位数码管，应如何去做？试画出连接框图。

第7章 总 线

在计算机系统中，需要利用不同的总线将芯片与芯片、电路板与电路板、计算机与外设、计算机与计算机以及系统与系统连接到一起，实现它们之间的通信。总线是计算机系统重要的组成部分，总线性能的好坏将直接影响计算机系统的性能。正是由于总线在计算机系统中的重要地位，在过去的几十年里，许多计算机系统的设计者对各种总线做了大量的研究工作，设计了许多专用总线，也制定了大量的总线标准。许多总线标准在计算机系统中得到广泛的应用。可以说，没有总线标准也就没有计算机系统。

本章将简单介绍一些总线标准。考虑到读者将在工程上使用总线，本书还将说明总线的工程应用方面的问题。

7.1 总 线 概 述

在前一章里，我们从 CPU 引线信号出发，形成最简单的系统总线。考虑到学生未来工作有可能会遇到在某一总线上扩展内存或接口，或者在某一微型机(例如 PC)的总线上扩展内存或接口，本节将对总线的定义等有关问题做进一步说明。

7.1.1 定义及分类

广义地说，总线就是连接两个或两个以上数字系统元器件的信息通路。从这个意义上讲，微型计算机系统中所使用的芯片内部、元器件之间、插件板卡间乃至系统到外设、系统到系统间的连线均可理解为总线。通常，可把总线分为如下几类。

1. 片内总线

顾名思义，片内总线就是集成电路芯片内部各功能元件之间的连接线。这类总线是由芯片的设计者来实现的。对于本书的读者，即使将来自己设计 ASIC 芯片，其芯片内部的连线也是由 CAD 软件来完成的。因此，我们知道片内总线是重要的，将来应用时予以注意就可以了。

2. 元件级总线

元件级总线又称板(卡)内总线，用于实现电路板(卡)内各元器件的连接。元件级总线对读者来说是重要的。因为，将来很可能会接手设计一块插在某总线上的电路板(卡)。

在设计一块电路板(卡)时，必然要用板内总线将板内的元器件连接起来。板内总线的驱动能力，总线间的干扰、反射、延时以及总线的电磁兼容性等问题都必须认真考虑。只有这样，才能设计出工作可靠的电路板。有关问题的细节在本章的后面将做介绍。

3. 内总线

内总线又称系统总线，用于将构成微型机的各电路板(卡)连接在一起。

内总线对微型机的设计者来说是非常重要的。如果所设计的系统内总线性能很差或工作不可靠，则将直接影响所设计的计算机的性能，甚至使整个微型机系统不能正常工作。

从微型机问世以来，有许多科学工作者致力于内总线的研究与开发，不同机型(8 位机、16 位机、32 位机)、不同用途、性能不一的内总线标准不断地涌现出来。现在已制定的内总线标准已超过 100 种，有民用级微型机内总线标准，有工业级微型机内总线标准，也有军用级微型机内总线标准。微型机系统设计者可以根据用户的需求和系统设计方案选择某一标准总线，也可以自己制定专用内总线。只是前者比后者要好。

4. 外总线

外总线又称通信总线，用于实现微型机与外设以及微型机系统之间的相互连接。

从外总线的定义可以看到其功能是实现微型机与外设或者微型机系统之间相互通信的。对计算机系统来说，这一总线是系统的重要组成部分。显然，这种总线的传送距离比较远，可采用串行方式或并行方式来实现。

同样，从微型机问世以来，有许多科学工作者致力于外总线的研究与开发，分别制定了串行、并行的外总线标准有七八十种之多。微型机系统设计者可以根据用户的需求和系统设计方案，在自己所设计的系统中选择某一标准总线。

7.1.2 采用总线标准的优点

在微型计算机系统中，构成系统的各部分都是通过总线连接到一起的，总线上的各种信号是利用总线进行传递的。在进行计算机系统设计时，必须考虑系统设计的标准化、模块化和系列化，从而设计出高性能的计算机系统。在进行系统设计时，可以考虑采用通用的总线标准，这样做可以获得一系列的好处。

1. 简化硬、软件的设计

从前面第 2 章的图 2.1 中可以看到，从概念上看，一台微型计算机就是由系统总线将其各组成部分连接到一起构成的。当系统总线各信号决定之后，构成微型计算机的各部件，如 CPU 电路板、ROM 电路板、RAM 电路板、各种外设所需的接口板等可以单独进行设计，即某块电路板的设计，只与系统总线信号有关而与其他电路板没有关系，从而使设计得以简化。

另一方面，系统设计的另一种方法称为系统集成。如果采用总线标准，系统集成就很容易实现。例如，要构成一台 PC，就可以简单地购买主机箱、电源、主板、显卡、LCD 显示器、内存条、硬磁盘、光盘、网卡、声卡及音箱、键盘和鼠标等。把上述配件连接到一起，就构成了 PC 的基本硬件系统。在此基础上，配上操作系统及相关软件，则一台 PC 就集成成功了。

上述 PC 的集成全过程只需要几十分钟即可完成。为什么构成这么一套比较复杂的 PC 系统在这么短的时间里就能完成呢？这得益于标准化。上面所有的部件都有一定的标准，当然也包括内、外总线的标准化。这就使得上述构成 PC 的各种部件，不管它是由哪个厂家生产的，只要它遵循所规定的标准，拿来就能用，用起来十分方便。例如，上述系统集成中采用了 PCI 总线，若要在 PCI 总线上插网卡，只要到电子市场购买采用 PCI 总线的网卡，不论是谁家生产的，插到总线上即可工作。

2．简化了系统结构

采用总线标准，可以简化微型计算机的系统结构。对于小的、简单的微型机系统来说，根据图 2.1，可以认为是将 CPU 及构成微型机的各部分(ROM、RAM、各种接口)都挂接在系统总线上。对于较为复杂的微型机，如 PC，同样可以认为是将构成 PC 的各组成部件连接在总线上构成 PC。

在计算机的工程应用中，经常将多个 CPU 以紧耦合的方式构成性能更好的多机系统。而许多内总线都支持以紧耦合的方式构成多机系统。有了内总线的支持，构成这样的系统将变得比较容易了。

3．易于系统扩展

采用总线标准构成的微型机，要对其功能进行扩展将是非常容易的。例如，要扩展内存，只要购买合适的内存条(具有标准接口)插上即可。要在 PC 上增加视频卡，只要购买相应总线(PCI、IEEE-1394 等)的视频卡插在总线上，配上厂家提供的驱动程序即可工作。

可见，要扩展微型机的功能，实现起来十分容易。这是因为总线标准一旦确定，大量的厂家都会依据这一标准生产各式各样的板卡，等待用户选用。试想，如果所设计的微型机采用自己定义的专用总线，要进行系统扩展时就必须自己从元器件级上去设计电路板卡，而从头设计一块电路板则决非三天两日就能完成。

4．便于调试

当进行微型机系统设计时，由于采用标准的内总线，在某一电路板设计出来进行调试时，可以插到任何具有同样标准内总线的微型机上进行调试，这为硬件电路板的调试带来极大的方便。

5．便于维修

微型机系统是会出现故障的，有了故障就需要对系统进行维修。目前微型机系统的维修包括一级维修和二级维修。

一级维修，又称为部件级维修，要求故障定位达到某一块电路板、某一个部件或者某一个小设备。维修人员将完好的部件更换到系统上，使系统立即恢复正常工作。更换下来的故障部件由用户单位或厂家或专门维修点进行仔细检修，使它再恢复成为一块完好的部件，处于冷备份状态。这种维修比较容易，因为部件级的故障定位比较容易。例如，内存扩展卡上的 RAM 读写不正常是很容易被发现并判断出来的。更换一块新的 RAM 扩展卡也是很容易的。同时，一级维修所花的维修时间短，有利于提高系统的利用率。

二级维修，主要是更换集成电路芯片及元器件的维修。实现这种维修，要求故障诊断的分辨率要高，要能够确切地给出是哪个部件(或卡)上的哪块芯片或哪个元器件出现故障。若能迅速诊断清楚，更换新的芯片或元器件就很容易做到。但是，二级维修要求诊断到芯片、元器件级，要能够在系统出现故障之后很快地做出判断，找到发生故障的元器件，这就要求系统维护人员有很高的技术素质并掌握一套合理的方法，具有丰富的维修经验。

在进行一级维修时，若发现某一电路板出现故障，可以到电子市场去购买任何厂家生产的同一总线标准的电路板更换故障电路板，则故障可立刻得以排除。若该电路板采用专用总线，则不可能有现成的电路板可以更换。若事先没有备份，为维修就需要从头设计该电路板，那将是一件很麻烦的事。

7.2 内 总 线

前面已经提到，自微型机问世以来，经过诸多科学工作者不懈努力，现在已制定了大量的内总线标准。某种总线标准，在制定后由某级组织认可，即成为一种标准。在本节中只简单介绍 PC 及工业控制微型机的一些内总线标准。

7.2.1 PC 的内总线

从 1981 年 PC 问世以来，PC 的发展极为迅速。同时，作为 PC 的重要组成部分的内总线也随 PC 的发展而发展。下面将对 PC 的内总线按从低级到高级的顺序逐一加以说明。

1. PC/XT 总线

PC/XT 总线是最早期的 PC(以 8088 为 CPU)系统总线。它由 62 个插座信号构成。除了前面提到的 8088 的 20 条地址线 A0～A19、8 条数据线 D0～D7 以及内存的读写控制信号 $\overline{MEMR}$、$\overline{MEMW}$ 和接口的读写控制信号 $\overline{IOR}$、$\overline{IOW}$ 外，还包括 6 个中断请求信号 IRQ2～IRQ7，3 个 DMA 请求信号 DREQ1～DREQ3，3 个 DMA 响应信号 $\overline{DACK1}$～$\overline{DACK3}$，以及 $\overline{I/OCHCK}$、I/OCHRDY、AEN、RESET、OSC 等信号，再就是 ±5 V、±12 V 电源和地信号。

PC/XT 总线是一条 8 位内总线，利用该总线读写内存或接口，每次只能传送 8 位数据。同时，总线上的地址线只有 20 条，其寻址内存的范围很小，只有 1 MB。由于当时的 CPU 时钟频率只有 4.77 MHz，这条总线传输速率很慢。另外，该总线上可实现的中断请求、DMA 请求和 DMA 响应的数量也比较少。可见，这条总线是很低级的，仅能满足当时最简单的应用需要。

2. ISA 总线

随着技术的发展，1982 年 Intel 公司推出了 80286，接着在 1984 年 IBM 利用 80286 开发出 PC/AT 微型机。这种微型机无法使用原来的 8 位系统总线。于是，IBM 开发了相应的 PC/AT 总线。此后，PC/AT 总线被 IEEE 定为一种内总线标准，这就是 ISA。

ISA 是工业标准总线。它向上兼容更早的 PC/XT 总线，在 PC/XT 总线 62 个插座信号的基础上，再扩充另一个有 36 个信号的插座构成 ISA 总线。

ISA 总线主要包括 24 条地址线(可寻址内存地址空间增加到 16 MB)，16 条数据线，控制总线(内存读写、接口读写、中断请求、中断响应、DMA 请求、DMA 响应等)，±5 V、±12 V 电源及地线等。

ISA 总线较 PC/XT 总线增加了 8 条数据线、4 条地址线、7 个中断请求、4 个 DMA 请求、4 个 DMA 响应等信号，使 ISA 总线成为寻址内存为 16 M 的 16 位总线。

ISA 总线的性能不是很高，它的地址线只有 24 条，故内存寻址空间只有 16 MB。它是一条 16 位的总线，总线上的数据线只有 16 条。总线的最高工作频率为 8 MHz，其数据最高传输速率只有 16 MB/s。这样的总线性能已能满足当时的使用要求，故在 1984 年之后的十几年里，ISA 总线得到了极为广泛的应用，大批厂家以该总线为依据开发了大批的硬件电路板和相应的软件。直到今天，ISA 总线在一些工业控制系统中仍有使用。

3. EISA 总线

上面提到的 ISA 总线对于 16 位 CPU 是很合适的，例如 80286、80386SX 等 CPU。但是，当 80386DX(32 位 CPU)被开发出来之后，ISA 总线就无法适应 32 位 CPU 的性能要求了。为此，不少厂家在这个时期推出了多种 32 位的内总线标准，例如 VL 总线、EISA 总线等。其中稍具影响的就是 EISA(扩展的工业标准结构)总线。

EISA 总线是在 ISA 总线的基础上发展起来的 32 位总线。该总线定义了 32 位地址线、32 位数据线，以及其他控制信号线、电源线、地线等共 196 个接点。该总线传输速率达 33 MB/s。该总线利用总线插座与 ISA 总线相兼容，插板插在上层即为 ISA 总线信号；插板插到下层便是 EISA 总线。

尽管 EISA 总线在性能上比 ISA 总线要好得多，而且是一条 32 位的总线标准。但是，该标准并未得到很广泛的应用，不久它就被新推出的标准 PCI 所取代。鉴于这一原因，这里不再做更多的说明。

4. PCI 总线

1992 年由 Intel 公司推出的 PCI(外部设备互连)总线标准，具有很好的性能和特点，一经推出就立即得到广泛的应用。目前的 PC 主板上无一例外地都配置多个 PCI 总线插槽。

1) PCI 总线的特点

PCI 总线是一种不依赖任何具体 CPU 的局部总线，也就是说它独立于 CPU，因为 PCI 总线与 CPU 之间隔着北桥芯片。实际上 CPU 是通过北桥芯片对 PCI 实施管理的。这里对 PCI 不做详细描述，只说明 PCI 的一些特点。

(1) 高性能。PCI 的总线时钟频率为 33 MHz/66 MHz。在进行 64 位数据传送时，其数据传输速率可达到 $66 \text{ M} \times 8 \text{ B} = 528 \text{ Mb/s}$。这样高的传输速率是此前其他内总线所无法达到的。在 PCI 的插槽上，可以插上 32 位的电路板(卡)，也可插上 64 位的电路板(卡)，实现两者的兼容。

(2) 总线设备工作与 CPU 相对独立。在 CPU 对 PCI 总线上的某个设备进行读写时，要读写的数据先传送到缓冲器中，通过 PCI 总线控制器进行缓冲，再由 CPU 处理。当写数据时，CPU 只将数据传送到缓冲器中，由 PCI 总线控制器将数据写入规定的设备。在此过程中，CPU 完全可以去执行其他操作。可见，PCI 的工作与 CPU 是不同步的，CPU 的速度可能很快而 PCI 相对要慢一些，它们是相对独立的。这一特点就使得 PCI 可以支持各种不同型号的 CPU，具有更长的生命周期。

(3) 即插即用。即插即用指 PCI 总线上的电路板(卡)，插在 PCI 总线上立即就可以工作。PCI 总线的这一特点为用户带来极大的方便。

在此前的总线上，例如 ISA 上，可以插上不同厂家生产的电路板(卡)，但不同厂家电路板(卡)间有可能发生地址竞争而无法正常工作。解决的办法就是利用电路板(卡)上的跳线开关，通过跳线改变地址而克服地址竞争。在 PCI 总线上就不存在这样的问题，此总线上的接口地址是由 PCI 控制器自动配置的，不可能发生竞争。所以，电路板(卡)插上就可用。

(4) 支持多主控设备。接在 PCI 总线上的设备均可以提出总线请求，如果 PCI 管理器中的仲裁机构允许该设备成为主控设备，就由该设备来控制 PCI 总线，实现主控设备与从属设备间点对点的数据传输。并且，PCI 总线上最多可以支持 10 个设备。

(5) 错误检测及报告。PCI 总线能够对所传送地址及数据信号进行奇偶校验检测，并通过某些信号线来报告发生了错误。

(6) 两种电压环境。PCI 总线可以在 5 V 的电压环境下工作，也可以在 3.3 V 的电压环境下工作。

2) PCI 总线的信号

(1) PCI 总线引脚信号安排。PCI 总线定义了两种 PCI 扩展卡及连接器(即主板上的 PCI 插槽)：长卡和短卡。

短卡为 32 位总线而设计，插槽分为 A、B 两边，每边定义 62 个引脚信号，故短卡共有 124 个引脚。

长卡为 64 位总线而设计，插槽分为 A、B 两边，每边定义 94 个引脚信号。很显然，长卡的 A、B 两边，每边的前 62 个引脚信号与短卡信号是完全一样的，以便长卡完全兼容短卡。同时，长卡又单独定义了 A、B 两边的其他各 32 个信号。

(2) PCI 总线信号分类。PCI 总线信号分为如下几类：

① 地址及数据信号：

AD0～AD63 是地址/数据信号，双向三态，在时间上是复用的信号，即某一时刻这些信号线上传送的是地址信号而在另外的时刻这些信号线上传送的是数据信号。

C/$\overline{BE0}$～C/$\overline{BE7}$ 是命令/字节选择信号，双向三态，在时间上是复用的信号。在传送地址期间，这些信号线上传送总线命令。在传送数据期间，它们用来指定 64 位数据中哪个(或哪些)字节有效。

② 接口控制信号：

$\overline{FRAME}$ 为帧周期信号，低电平有效的双向三态信号。由当前的主控设备驱动，它有效表示一次总线传输开始并持续。

$\overline{IRDY}$ 是主控设备准备好信号，低电平有效的双向三态信号。该信号有效表示发起一次传输的设备已准备好，能完成一次数据传送。

$\overline{TRDY}$ 是从属设备准备好信号，低电平有效的双向三态信号。该信号有效表示从属设备已经做好了完成本次数据传送的准备。

$\overline{STOP}$ 是停止数据传送信号，低电平有效的双向三态信号。该信号有效表示从属设备要求主控设备停止当前的数据传送。

LOCK 为锁定信号，低电平有效的双向三态信号。该信号有效表示驱动它的设备需要多个传输才能完成其操作。

IDSEL 为初始设备选择信号，此信号是输入信号。在参数配置读写期间，该信号用作片选信号。

$\overline{DEVSEL}$ 为设备选择信号，低电平有效的双向三态信号。该信号变为低电平时，表示驱动它的设备变为从属设备。

③ 仲裁信号：

由于 PCI 总线上的设备都有可能成为主控设备来控制总线，实现规定的数据传送，因此当多个设备同时希望成为主控设备时，就需进行仲裁，以决定哪个设备能够成为主控设备。

$\overline{\text{REQ}}$ 为总线占用请求信号，低电平有效的三态信号。该信号有效时表示驱动它的设备请求占有总线。

$\overline{\text{GNT}}$ 为总线占用允许信号，低电平有效的三态信号。该信号有效，表示请求占用总线的设备其占用请求已获得批准。

④ 系统信号：

CLK 是 PCI 总线系统的时钟信号，对所有的 PCI 上的设备来说它都是输入信号。该信号决定了 PCI 的传输速率。初期的 CLK 为 33 MHz，后来有 66 MHz，如今可达 100 MHz。

RST 是复位信号，低电平有效的输入信号。该信号使 PCI 总线专用的特殊寄存器和定时器恢复到初始状态。

⑤ 错误报告信号：

$\overline{\text{PERR}}$ 为数据奇偶校验错误报告信号，低电平有效的双向三态信号。在一个数据期完成时，如果发现数据奇偶校验错，则立即产生 $\overline{\text{PERR}}$ 有效。

$\overline{\text{SERR}}$ 为系统错误报告信号，低电平有效的漏极开路信号。该信号用来报告地址奇偶校验错、特殊命令序列中奇偶校验错或者其他可能引起致命后果的系统错误。

⑥ 中断信号：

$\overline{\text{INTA}}$、$\overline{\text{INTB}}$、$\overline{\text{INTC}}$、$\overline{\text{INTD}}$ 为 4 个中断请求信号，低电平有效的漏极开路信号。其功能是用于请求一次中断。其中，后三个信号只用于多功能设备。对于单功能设备，中断请求只能用 $\overline{\text{INTA}}$；对于多功能设备，最多可允许有四个中断请求，可分别接这四条中断请求信号线。

⑦ 高速缓存支持信号：

在 PCI 总线上可以配置高速缓冲存储器，为了更好地利用高速缓存，设置了以下支持信号：

$\overline{\text{SBO}}$ 为试探返回信号，低电平有效的输入/输出信号。该信号有效表示命中了一个修改过的行。

SDONE 为监听完成信号，低电平有效的输入/输出信号。当该信号为高电平时表示监听正在进行；当其为低电平时表示监听已经完成。

⑧ 64 位扩展总线有关信号：

在进行 64 位传送时，需要前面提到的 AD0～AD63 这 64 条信号线和 C/$\overline{\text{BE0}}$～C/$\overline{\text{BE7}}$ 这 8 个信号。除此之外还需要如下几个支持信号：

$\overline{\text{REQ64}}$ 为 64 位请求信号，低电平有效的双向三态信号。该信号由当前的主控设备驱动，表示该设备需要进行 64 位的数据传送。

$\overline{\text{ACK64}}$ 为 64 位传输的响应信号，低电平有效的双向三态信号。该信号由从属设备驱动，表示该设备将进行 64 位数据传送。

$\overline{\text{PAR64}}$ 为奇偶双字节校验信号，高电平有效的双向三态信号。该信号是 AD32～AD63 和 C/$\overline{\text{BE4}}$～C/$\overline{\text{BE7}}$ 的奇偶校验信号。

主板上的 PCI 总线是由北桥产生和控制的(也有用其他超大规模 IC 芯片产生和控制的)。显然，PCI 的管理由该芯片来完成。

这里要强调的是，在将设备接到 PCI 总线上时，要采用厂家为我们提供的专用接口芯片。许多厂家提供了多种形式的 PCI 接口芯片可供使用者选用，使用时可达到事半功倍的效果。如果找不到合适的接口芯片，可以用 CPLD(复杂可编程逻辑器件)或者用 FPGA(现场可编程门阵列)通过编程来实现 PCI 接口的功能。不可用小规模集成电路芯片去构成此接口，若非要那样做肯定是事倍功半。

7.2.2　工控机的内总线标准

工业控制领域中的微型计算机应用范围非常广，从家用电器到工业企业中的测量控制直到军事领域中的各种军事装备，都会用到微型计算机。目前，人们将工控机纳入嵌入式计算机系统范畴。有关嵌入式计算机系统的内容在此不多涉及。就工业控制微型计算机而言，读者将来在工作中很可能会涉及。这种计算机是硬、软件满足用户要求，在实时性、可靠性、体积、重量、耗电、安装方式等方面都有特别要求的一种专用的计算机系统。在这样的系统中，内总线的性能将对系统产生重要的影响。工控机的内总线有许多种标准，本书无法一一涉及，下面向读者陈述工控机内总线发展的三代过程：第一代 STD，第二代 IPC，第三代 Compact PCI。目前，正处于第三代刚刚开始的时期。

1. STD 总线

STD 总线是 1978 年由美国推出的用于工业控制系统的内总线标准。该标准一经推出立刻受到工业控制领域技术人员的广泛欢迎并得到迅速发展。1984 年该标准也成为中国工业控制机的内总线标准。在整个 20 世纪 80 年代，该总线标准在全世界风靡一时。

STD 总线有如下一些特点：

(1) STD 总线有较好的兼容性。STD 有 8 位、16 位及 32 位的总线标准，它们是向上兼容的。例如，32 位总线插上 16 位的电路板、8 位的电路板均可正常工作。

(2) 可靠性高。STD 总线采取了一整套可靠性措施，使采用该总线构成的工业控制机可以长期可靠地工作在恶劣环境之下。

(3) 支持多机系统。STD 总线可以支持在其总线上连接多个处理器，构成性能更高的多机系统。

(4) 结构简单。STD 总线结构简单，电路板采用高度模块化的小板结构，可以根据用户要求集成为不同规模的系统。

(5) 支持厂家多。支持 STD 总线的厂家非常多，它们生产支持各种处理器的各种 STD 电路板(卡)，有利于用户构成价格低廉的 STD 系统。

因为种种原因，从 20 世纪 90 年代中期开始，作为第一代工控技术代表的 STD 的应用开始减少，而基于 PC 的工业控制机(IPC)的应用开始兴起。尽管同其他事物一样，STD 总线不会骤然彻底退出工控机的应用领域，在今后的若干年内还会有一些工控系统使用它，但是 STD 总线逐渐被淘汰将是不争的事实。

2. 基于 PC(PC-based)的工控机总线

基于 PC 的工控机造就了第二代工控机技术，开创了一个 PC-based 系统的新时代。

1981 年 IBM 公司正式研发出了 IBM PC 机，获得了极大成功。工业 PC 自 20 世纪 90 年代初进军工业自动化领域以来，势不可挡地获得了广泛应用。究其原因，在于 PC 的开放性。它在应用和发展的过程中积累了极为丰富的硬件资源、软件资源和人力资源，既得到广大工程技术人员的支持，也为广大用户所熟悉，这是 IPC 热的基础。当时著名的《控制工程》(《CONTROL ENGINERRING》)杂志就预测"90 年代是工业 IPC 的时代，全世界近 65%的工业计算机将使用 IPC，并继续以每年 21%的速度增长"。历史的发展已经证明了这个论断的正确性。

IPC 在中国的发展大致可以分为三个阶段：

第一阶段是从 20 世纪 80 年代末到 90 年代初，这时市场上主要是昂贵的国外品牌产品。

第二阶段是从 1991 年到 1996 年，台湾生产的价位适中的基于 ISA 总线的工业控制PC(IPC)的工控机开始大量进入大陆市场，这在很大程度上加速了 IPC 市场的发展，IPC 的应用也从传统工业控制向数据通信、电信、电力等对可靠性要求较高的行业延伸。

第三阶段是从 1997 年开始，大陆本土的 IPC 厂商开始进入市场，促使 IPC 的价格不断降低，也使工控机的应用水平和应用行业有了极大发展，应用范围不断扩大，IPC 也随之发展成了中国第二代主流工控机技术。

值得一提的是，IPC 工控机开创了一个崭新的 PC-based 时代，对工业自动化和信息化技术的发展产生了深远的影响。

在第二代工控机技术里，还需要提及一个比较成功的技术——PC/104 总线技术。基于ISA 总线的 PC/104 总线问世于 1992 年，具有许多优异的特点，主要应用于军事和医疗设备。1997 年 PC/104 扩展成 PC/104 PLUS，增加了 PCI 总线定义。PC/104 总线工控机依靠自身的特点和不断完善，还将继续在其传统优势领域占有一席之地。

1) 基于 PC 的工业控制机(IPC)的特点

(1) 精于 PC 技术的人才大有人在。从 PC 诞生，PC 技术应用至今已有三十多年的历史，已经有太多人了解 PC 技术。从硬件到软件，熟悉它们的技术人员比比皆是，这是 IPC 发展的先决条件。

(2) 成本低。人们都会明显地感觉到，PC 的性能不断地提高而其价格却不断地降低。构成 IPC 的硬件产品都在大批量生产，其价格在不断地降低。

(3) 丰富的硬软件资源的支持。PC 技术在硬件开发和软件开发上积累了一大批可以利用的资源。许多硬件电路的设计、多种成熟的应用软件乃至 DOS、Windows、Linux 等多种操作系统均可用于 IPC 中。

(4) 系统稳定可靠。在构成系统的硬件方面，目前的 IC 及其他硬件的稳定性、可靠性已经可以做得很高。高度的集成化、一体化已经可以确保硬件的稳定性和可靠性。

在软件方面，关键在于操作系统。目前 PC 应用的主要操作系统是 Windows CE 和 Linux，这两种操作系统是十分稳定可靠的。

(5) 强大的数据处理能力。在今后的工业控制机中，要处理的数据除了过去传统的测量控制参数之外，还会包括大数据量的声音、图像数据。这些数据的处理要求系统有强大的数据处理能力，而以 PC 为核心的 IPC 恰恰具备这种能力。

2) PC/104 总线

基于 PC 的工业控制机(IPC)的内总线的典型代表就是 PC/104 总线。PC/104 名字的由来是：它是基于 PC 的，而且总线有两个连接器：一个是有 64 引脚的连接器 P1，另一个是有 40 引脚的连接器 P2，两者的总引脚数为 104。

　　PC/104 是一种专门为嵌入式控制而定义的工业控制总线，近年来在国际上广泛流行，被 IEEE 协会定义为 IEEE-P996.1。我们知道，IEEE-P996 是 ISA(PC/AT)工业总线规范，而从 PC/104 被定义为 IEEE-P996.1 就可以看出，PC/104 实质上是一种紧凑型、小型化的 IEEE-P996。其信号定义和 ISA(PC/AT)一致，但电气和机械规范却完全不同，是一种优化的、小型堆栈式结构的嵌入式控制系统总线。

　　PC/104 总线产品在软件上与 PC/AT 完全兼容，在硬件上与 ISA(PC/AT)主要存在着以下几方面的不同：

　　(1) 小尺寸结构，标准模块的机械尺寸为 3.6 英寸 × 3.8 英寸(90 mm × 96 mm)。

　　(2) 堆栈式"针""孔"总线连接，即 PC/104 总线模块之间总线的连接是通过上层的针和下层的孔相互咬合相连，有极好的抗震性。

　　(3) 4 mA 总线驱动即可使模块正常工作，功耗低，元件数量少。

　　(4) 自我堆栈式连接，无需母板。

　　● PC/104 的总线电路板结构

　　根据 PC/104 总线的规范，总线上的电路板如图 7.1 所示。电路板的长、宽分别如上所述。板上的插座为针孔而插头便是插针，上一层电路板的插针就插在下一层电路板的针孔中，所以才称其为堆栈式连接。

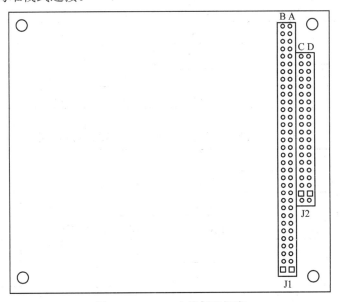

图 7.1　PC/104 电路板及插座

　　值得说明的是，PC/104 电路板在结构上支持 8 位的 PC/XT 总线，也支持 16 位的 ISA 总线。每一块电路板上都有两个插头(座)，分别是 J1(P1)和 J2(P2)。当工作在 8 位的 PC/XT 总线上时，电路板上只用一个插头(座)J1(P1)；而当工作在 16 位的 ISA 总线上时，则电路板上就用两个插头(座)。下面将会看到，插头(座)J1(P1)对应着 PC/XT 总线信号，而插头(座)J1(P1)和 J2(P2)则对应着 ISA 总线信号。

● PC/104 的信号定义

根据 2003 年公布的 PC/104 规范版本 V2.5,PC/104 的两个插头(座)J1(P1)和 J2(P2)的引脚信号定义分别如表 7.1 和表 7.2 所示。

表 7.1　PC/104 插头(座)J1(P1)的引脚信号

J1(P1)					
引脚号	A 边	B 边	引脚号	A 边	B 边
1	$\overline{\text{IOCHK}}$	GND	17	SA14	$\overline{\text{DACK1}}$
2	SD7	RESET	18	SA13	DRQ1
3	SD6	+5 V	19	SA12	$\overline{\text{REFRESH}}$
4	SD5	IRQ9	20	SA11	BCLK
5	SD4	−5 V	21	SA10	IRQ7
6	SD3	DRQ2	22	SA9	IRQ6
7	SD2	−12 V	23	SA8	IRQ5
8	SD1	$\overline{\text{SRDY}}$	24	SA7	IRQ4
9	SD0	+12 V	25	SA6	IRQ3
10	IOCHRDY	KEY	26	SA5	$\overline{\text{DACK2}}$
11	AEN	$\overline{\text{SMEMW}}$	27	SA4	TC
12	SA19	$\overline{\text{SMEMR}}$	28	SA3	BALE
13	SA18	$\overline{\text{IOW}}$	29	SA2	+5 V
14	SA17	$\overline{\text{IOR}}$	30	SA1	OSC
15	SA16	$\overline{\text{DACK3}}$	31	SA0	GND
16	SA15	DRQ3	32	GND	GND

表 7.2　PC/104 插头(座)J2(P2)的引脚信号

J2(P2)					
引脚号	D 边	C 边	引脚号	D 边	C 边
1	GND	GND	11	$\overline{\text{DACK5}}$	$\overline{\text{MEMW}}$
2	$\overline{\text{MEMCS16}}$	$\overline{\text{SBHE}}$	12	DRQ5	SD8
3	$\overline{\text{IOCS16}}$	LA23	13	$\overline{\text{DACK6}}$	SD9
4	IRQ10	LA22	14	DRQ6	SD10
5	IRQ11	LA21	15	$\overline{\text{DACK7}}$	SD11
6	IRQ12	LA20	16	DRQ7	SD12
7	IRQ13	LA19	17	+5 V	SD13
8	IRQ14	LA18	18	MASTER	SD14
9	$\overline{\text{DACK0}}$	LA17	19	GND	SD15
10	DRQ0	$\overline{\text{MEMR}}$	20	GND	KEY

3) PC/104 的发展——PC/104PLUS

技术的发展加上用户的需求，在 PC/104 总线技术的基础上，推出了 PC/104PLUS。PC/104PLUS 是专为 PCI 总线设计的，可以连接高速外接设备。PC/104PLUS 在硬件上通过使用一个 4×30 即带有 120 个针孔和插针的插头座，将电路板堆叠在一起。PC/104PLUS 包括了 PCI 规范 2.1 版要求的所有信号。为了向下兼容，PC/104PLUS 保持了 PC/104 的所有特性。

PC/104PLUS 与 PC/104 相比有以下一些特点：

(1) 为了连接 PCI 信号，在原有 PC/104 电路板上增加了一个带有 120 个针孔和插针的插头座，用以支持 PCI 总线信号，见图 7.2。

(2) 改变了电路板上面元器件的高度限制，由 PC/104 的 11.05 mm 英寸降低为 8.76 mm，电路板下面元器件的高度由 2.54 mm 增加到 4.83 mm，以便增加模块的柔韧性。

(3) 加入了控制逻辑单元，以满足高速度总线的需求。

(4) PC/104PLUS 用 120 针 2 mm 孔堆栈插座连接，而 32 位 PCI 总线用 124 针插槽连接。

(5) 120 针的 PCI 不支持 64 位扩展和 JTAG、PRSNT 或 CLKRUN 信号。

(6) PC/104PLUS 规范包含了两种总线标准：ISA 总线和 PCI 总线。这有点像前几年的 PC 那样，在那种 PC 里既有 PCI 总线也有 ISA 总线，双总线并存于同一微型机中。

PC/104PLUS 电路板如图 7.2 所示。

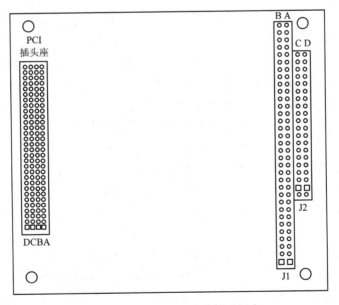

图 7.2　PC/104PLUS 电路板及插座

由图 7.2 可以看到，电路板的右边保留了图 7.1 中 PC/104 的两个插头座，也就是说 PC/104PLUS 完全保留了 PC/104 的总线信号。同时，在电路板的左侧又增加了一个具有 120 针孔和插针的插头座，用以传送 PCI 总线信号。

在图 7.2 所示的电路板上，用于 PC/104 总线的两个插头座针孔间(前后、左右)的距离均为 2.54 mm，而用于连接 PCI 总线的插头座针孔间(前后、左右)的距离则均为 2 mm。有关 PC/104PLUS 的详细内容可参考相关规范。

作为第二代工业控制机总线代表，PC/104 和 PC/104PLUS 正在发展过程中，已获得广泛的应用。今后，PC/104 和 PC/104PLUS 还会继续发展和广泛应用。

这一时期的工业控制机总线标准还有许多。例如，AT96 总线是由德国西门子公司发起制定的工控机总线标准，在德国和欧美得到了相当广泛的应用。至于其他 IPC 的内总线，本书不再提及。

3．Compact PCI

如前所述，IPC 工控机是在 PC 的基础上，在机箱、结构等方面作适当改造，保留了 PCI-ISA 总线的有源底板，开发和扩充了系列工业 I/O 模板而构成的。自 20 世纪 90 年代初以来，PCI 总线的开放性、高性能、低成本、通用操作系统等诸多方面的优点，使其得到迅速的普及和发展。但是，这种 PCI-ISA 底板总线的工业控制计算机尚有不足，还难以用于有苛刻要求和更高性能的场合。为此，在 PICMG(PCI 工业计算机制造商协会)的支持下，制定出 PCI-ISA 总线的无源底板标准和电路板的总线标准，这就是 Compact PCI(紧凑的 PCI)。其出发点在于，改造 PCI 标准，使其成为无源底板总线的结构。

1) Compact PCI 的特点

Compact PCI 是一种新的开放式工业计算机标准，它是 PCI 总线技术和成熟的欧式卡组装技术的结合。采用 Compact PCI 既能吸收 PC 最新的技术成果，又具有满足工业实时应用所必需的功能及性能。该总线标准的主要特点是：

(1) 兼容性好。在电气、逻辑和软件方面，Compact PCI 与 PCI 标准完全兼容。在 Compact PCI 总线上可以利用积累了十余年的 PCI 上的硬件资源和软件资源。因此，Compact PCI 具有前述 PCI 的高性能：在 32 位、工作频率为 33 MHz 时，总线的数据传输速度可达到 132 MB/s，从而满足了 CPU 速度的提高对总线性能的要求。Compact PCI 也具备 PCI 适应性强的特点，使 Compact PCI 总线独立于 CPU 的类型，在使用中可选择 CPU 的范围较宽。同时，Compact PCI 也具备即插即用等 PCI 所具备的其他性能。

(2) 系统抗震性强。Compact PCI 电路板上下有导轨固定，电路板的前端通过气密性的针孔连接器和背板相连，每个接头具有 10 kg 的结合力。电路板可以通过面板螺丝固定在机箱上。Compact PCI 电路板的前后上下都被固定，系统抗震性大大提高。由于 Compact PCI 具备更好的机械特性，因此它增强了 PCI 系统在各种条件恶劣的工业环境中的可维护性和可靠性。

(3) 支持热插拔。支持热插拔即配备允许带电插拔工作的电路板，其最基本的目的是要求带电插拔单板而不影响系统运行，以便维修故障板或重新配置系统。热插拔技术可以提供有计划地访问热插拔设备，允许在不停机或很少需要操作人员参与的情况下，实现故障恢复和系统重新配置。热插拔技术可以提高应用的可靠性。

为了支持热插拔，Compact PCI 的背板连接器使用长中短插针结构，其中电源和地的针脚最长，可以保证电路板安全地带电插入和拔出。此外板选信号 IDSEL、BD-SEL#针脚最短，其他总线信号和部分电源信号是中长针。连接器插座 J1 插孔有长针、中长针和短针插孔，而 J2 插座都是中长针插孔。系统根据短针信号可以判断电路板是在插入过程还是拔出过程。另外，Compact PCI 制定了热插拔的硬件过程和软件管理接口，保证了电路板热插拔过程的有效性。有关如何实现热插拔的技术细节可查阅相关资料。

(4) 高可靠性。在 Compact PCI 电路板的设计中，抛弃了 IPC 传统机械结构，改用经过 20 年实践检验证明具有高可靠性的欧洲卡结构和针孔连接。机械方面遵循 IEEE-1101.1 标准，符合 Eurocard (欧洲卡)的尺寸规范。与 PCI 不同的是，Compact PCI 有高密度(2 mm pitch)的接头，更有利于电路板卡的稳定性，快速抽取式的把手便于更换和维修，改善了散热条件，提高了抗震动冲击能力，符合电磁兼容性要求。

Compact PCI 抛弃了 IPC 的"金手指"式互连方式，改用 2 mm 密度的针孔连接器，具有气密性、防腐性，进一步提高了可靠性，并增加了负载能力。无源母板和电路模板垂直放置，抗冲击、抗震动能力强。Compact PCI 开发者遵循 PICMG 所制定的规范来设计，使 Compact PCI 系统具有很高的可靠性。

(5) 背板结构支持后走线，更有利于配线。在 Compact PCI 系统中，其他电路模板都插在具有 N 个针孔插座的无源背板(亦称母板)上。背板上的插座数量 N 由系统设计者根据系统规模来确定，可多可少。

背板的前面用于插电路板，在其后面则支持后走线。Compact PCI 电路板的信号线不用从电路板前面板引出，可以通过背板将信号线用转接板从后端引出。当更换电路板时，只需将新电路板插上而不需要更换信号线，这就减少了更换电路板的工作量并减小了因更换信号线而引起的出错概率。此外，信号线从后端引出，设备前端也会更美观。

(6) Compact PCI 电路板具有更好的电气特性。Compact PCI 背板插针和接头全部镀金，并严格定义了信号线的最长长度、PCB 板的阻抗、去耦电容、PCI 上拉电阻阻值等。因此，Compact PCI 的电气特性要优于普通 PCI 工控机。单个 Compact PCI 总线最多可以支持 7 个 PCI 设备，而普通 PCI 工控机只能支持 4 个 PCI 设备。

(7) 良好的热设计。Compact PCI 电路板采用欧洲规范卡结构，卡片垂直安装，系统的散热气流从下向上吹，符合空气对流原理，散热效果好。合理的散热结构设计便于均匀散热，降低元件失效率。

(8) 防腐和电磁屏蔽性好。Compact PCI 使用 2 mm 气密性针孔总线连接器，使盐雾、酸雾、腐蚀性气体及带电粉尘不能腐蚀总线。此外，Compact PCI 的全铝合金机箱外壳和电路板上的 U 型弹簧片能给系统提供良好的电磁屏蔽保护。

(9) 抗静电性能好。Compact PCI 电路板的底端具有 3 段静电导出条，可将静电导出到大地。另外，Compact PCI 规定系统的逻辑地和机箱地隔离，即所谓"浮地"，从而可以保证系统不受外界干扰。

(10) 机箱深度浅，便于机柜安装。Compact PCI 的机箱深度只有 258 mm，大大短于普通工控机的机箱深度 400～450 mm，给机柜安装留下了更大空间，这就便于用户安装其他配线设备。同时，深度比较浅的机箱也有利于维修和更换电路板。

2) Compact PCI 电路板结构

● 背板

根据 1995 年 PICMG 公布的 Compact PCI 总线规范 V1.0 中的规定，Compact PCI 总线背板由 8 个针孔插座构成，其示意图如图 7.3 所示。

由图 7.3 可以看到，8 个插座中第 1 个插座为系统插座，其余 7 个为外设插座。正如前面所提到的，插座的前面可以插电路板，而插座的后面可以通过特定的连接器，从背板的后面引线。

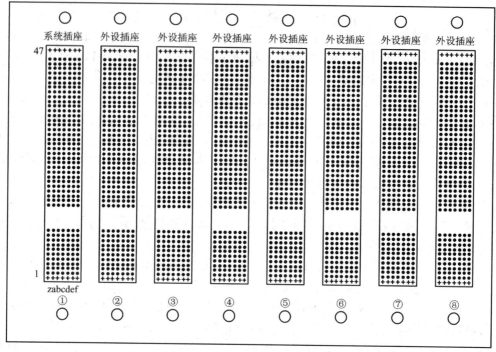

图 7.3　Compact PCI 背板示意图

背板的插座是 7×47 个针孔的插座，其排列如图 7.3 所示。针孔插座列的序号从下到上为 1 到 47 列，其中 12 到 14 列为定位键的位置。

背板插座间的中心间距为 20.32 mm。其他有关背板的详细信息见 Compact PCI 总线规范。

● 电路板

根据欧洲工业标准，Compact PCI 总线上的电路板有两种尺寸：

一种是 3U 板的标准，其尺寸为 100.00 mm×160.00 mm。板上只有一个插针插头，可以插在图 7.3 所示的背板上。

另一种是 6U 板的标准，其尺寸为 233.35 mm×160.00 mm。板上有两个插针插头，其中一个与 3U 板的插头完全一样，同时增加了第二个插针插头，这个插头上的信号是由用户根据自己的需要自行定义的。显然，在 6U 板之下，背板也要改变，每块电路板的位置上，针孔插座由 3U 规范的一个增加为两个，以便使 6U 板能插到插座上。

从上面的电路板规范可以看到，3U 板和 6U 板的长度是完全一样的，不同的是宽度不一样。

Compact PCI 以其优异的特点正在成为第三代工控机技术的代表，在国内外正在不断发展。相对于以前的工控机的内总线，Compact PCI 要复杂一些，因此使用起来要更麻烦一点。但是，随着技术的发展、支持厂家的增加、新的专用芯片的不断出现，在今后的若干年里，Compact PCI 一定会有更大的发展。

除 Compact PCI 外，第三代工控机内总线还有其他总线，例如，PXI(PCI Extensions for Instrumentation)总线。PXI 是一种专业的模块化仪器平台，PXI 具备 PCI 总线的电气性能、Compact PCI 总线的可靠性能、VXI 总线的定时和触发信号。在仪器、仪表中将会得到广泛的应用。

7.2.3 PCI-E

1. 简介

随着技术的发展,前面提到的并行 PCI 总线的数据传输速率几乎达到极限,再想大幅度提高速率变得十分困难。2002 年由英特尔公司提出的"PCI-Express"(简称"PCI-E")总线规范,是最新的总线和接口标准。它采用了点对点串行通信方式,因此其传输速率可以做得很高,而且还可以不断提高。

1) PCI-E 的发展

首先推出的是 PCI-E1.0,它包括 1X、4X、8X、16X。传输速率分别是 2.5 Gb/s、10 Gb/s、20 Gb/s、40 Gb/s。

2007 年推出 PCI-E 2.0 标准,其传输速率较 1.0 提高 1 倍,分别是 5 Gb/s、20 Gb/s、40 Gb/s、80 Gb/s。

2010 年完成 PCI-E 3.0 标准的最终方案,一年后才有其真正意义上的 PCI-E 3.0 产品出现。2.0 比 1.0 带宽提高一倍,而 3.0 比 2.0 的带宽又提高一倍。PCI-E 3.0 规范还保持了对 PCI-E 2.x/1.x 的向下兼容,继续支持 2.5 GHz、10 GHz 信号机制。基于此,PCI-E 3.0 架构单通道(1X)单向带宽即可接近 1 Gb/s,十六通道(16X)双向带宽可达 32 Gb/s。

2) PCI-E 的特点

PCIE-E 接口是现在传输速率最高的一种接口,这种接口的主要特点是:

(1) 点对点连接方式。

PCIE-E 接口是一种新型接口,采用点对点总线连接方式。传统的 PCI 总线是以独占带宽的方式进行工作的,任何一个时间段 PCI 总线上只能有一个设备进行通信,一旦 PCI 总线上设备增多,总线控制权争用的问题就会严重制约 PCI 设备性能的发挥。PCI-E 总线采用了点对点的连接方式,每个设备在要求传输数据的时候各自建立自己的传输通道,对于其他设备这个通道是封闭的,各个通道互不干扰,数据传输的效率因此大为提高。

(2) 采用串行传输方式。

PCI-E 的数据传输为串行方式,使用"电压差动式信号传输",即有两条线路,以相互间的电压差作为逻辑"0"或逻辑"1"。每两条线路组成一个通路,每个通路的理论传输速率在 1.0 标准下为 2.5 Gb/s。实际上可以有两个传送通路,分为上行和下行,这样 PCI-E 就可以工作在双工状态下,能提供更高的传输速率和质量。

(3) 高速率传输。

由前面 PCI-E 的发展可以看到,PCI-E 包括 1X、4X、8X、16X 等。无论是 1.0、2.0 还是 3.0 标准,其传输速率都是很高的。而且,由于 PCI-E 采用串行传送方式,将来其传送速率还可以进一步提高。目前 2.0 16X 的有效传输速率达到 10 GB/s × (1 − 20%) = 8 GB/s (扣除 20%的附加信息)。而传统 PCI 总线的带宽为 133 Mb/s。可见 PCI-E 具有更高的带宽,能实现更高的数据吞吐能力。

(4) 支持热插拔。

PCI-E 总线数据传输距离长达 3 m，使得各硬件子系统完全可在空间上彼此分开，只用线缆连接。它支持热插拔功能，可对所有的接入设备进行实时监控，这样硬件厂商可设计出形状和大小都符合模块化要求的部件。用户需要扩充和升级硬件时，只需要把旧的拔掉，插上新的就可以了，不用关机。

(5) 良好的兼容性。

PCI-E 总线在软件级别上兼容 PCI 规范，不需要更新操作系统和 BIOS 即可使用。未来采用 PCI-E 总线的主板仍可支持 PCI 插槽，各种 PCI 接口的扩展卡可以低带宽模式正常运行，这就为 PCI-E 的迅速普及提供了基础。

2. PCI-E 接口结构

(1) PCI-E 接口信号。

PCI-E 包括 1X、4X、8X、16X 等不同标准，接口信号是不一样的。但是，它们是向下兼容的，即 4X 信号中一定包括 1X 的信号，16X 信号中一定包括 1X、4X、8X 这些标准的信号。1X 包括 36 个接点信号，4X 包括 64 个接点信号，8X 包括 98 个接点信号，16X 包括 164 个接点信号。信号的具体命名此处从略，感兴趣的读者可去网上或其他地方查找。

(2) PCI-E 接口插座。

PCI-E 接口插座示意图如图 7.4 所示。

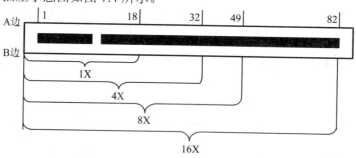

图 7.4　PCI-E 插座示意图

由图 7.4 可以看到，PCI-E 接口插座为长条形，接点分别安置在插座两边：A 边和 B 边。不同的标准其插座长度不一样。由图 7.4 上可以看到，1X 插座 A、B 两边各 18 个接点。依次看下去，通道越多，插座越长。4X 插座 A、B 两边的接点各有 32 个，8X 为 49 个，16X 为 82 个。这些长短不一的插座在目前台式机的主板上随处可见。

有关 PCI-E 接口插座的其他信息见表 7.3。

表 7.3　有关 PCI-E 插座的信息

传输通道数	引脚总数	主接口区引脚数	总 长 度	主接口区长度
1X	36	14	25 mm	7.65 mm
4X	64	42	39 mm	21.65 mm
8X	98	76	56 mm	38.65 mm
16X	164	142	89 mm	71.65 mm

总之，由于 PCI-E 具有传输速率高、工作可靠性强等诸多优点，目前已广泛应用于显示卡及固态硬盘的连接上，今后的应用会更加广泛。

7.3 外 总 线

随着微型机的发展，各种外总线标准不断地涌现出来。人们根据外总线在传输数据时采用的是串行方式还是并行方式，将外总线分为串行外总线和并行外总线。外总线的标准有七八十种之多，此处仅介绍下面几种。

7.3.1 常见外总线

1. RS-232C

1) 特点

RS-232C 是一条串行外总线，其主要特点是：

(1) 传输线比较少。尽管 RS-232C 定义的信号线比较多，但在实际应用中通常只用 7 到 9 条信号线即可实现通信，最少只需三条线(一条发、一条收、一条地线)即可实现全双工通信。

(2) 传送距离远。用电平传送为 30 米，电流环传送可达千米。

(3) 多种可供选择的传输速率。利用 RS-232C 进行通信，有多种传输速率可供选择，如 50、75、110、300、600、1200、2400、4800、9600、19200 波特等。

(4) 采用非归零码负逻辑工作。该标准规定，电平在 –15 V 到 –3 V 规定为逻辑 1，而电平在 +3 V 到 +15 V 规定为逻辑 0，具有较好的抗干扰性。

(5) 结构简单、实现容易。RS-232C 总线实现起来非常容易，就用本书后面描述的通信接口芯片 16550 再加上电平转换芯片(例如 1488 和 1489)，配上相应的通信程序，便可以实现通信双方的全双工通信。

正是由于具有这些优点，RS-232C 在 20 世纪八九十年代得到非常广泛的应用。直到今天，在微机系统中仍然配置 RS-232C 总线接口。

2) RS-232C 存在的问题

随着技术的进步和通信需求的改变，尤其是当今的应用中经常需要以高速度传送各种大数据量的多媒体信息，RS-232C 就显得无能为力。RS-232C 存在的主要问题是：

(1) 通常 RS-232C 只能实现点对点的通信，而许多微机系统经常需要一点对多点或者多点对多点通信，RS-232C 难以实现这样的要求。

(2) 从前面给出的传输速率可以看到，RS-232C 的数据传输速率非常低。当用它来传送大数据量的图像及声音信号时，其传送时间是使用者无法忍受的。

鉴于上述原因，RS-232C 的应用会逐步衰落直到最后退出历史舞台。因此，在这里就不再做更详细的介绍。

2. 其他有关总线

1) RS-422 和 RS-423

RS-422 和 RS-423 的信号定义与 RS-232C 是一样的，主要的不同在于 RS-422 和

RS-423 在信号传输过程中使用的驱动器和接收器不一样，从而保证了传输速率和传输距离的全面提高。RS-422 是 RS-423 的改进，其性能较 RS-423 更好。

RS-422 采用的是单向平衡方式进行传送，可以有效地克服干扰的影响。其驱动和接收电路如图 7.5 所示。

RS-422 的驱动器可以驱动 10 个接收器，实现一点对多点的通信。在几十米的距离上，传输速率可达几兆波特。距离越近，传输速率越高。传输速率低时，传输距离可以更远。例如，在 20 KBaud 以下，其传输距离可达 1500 m。

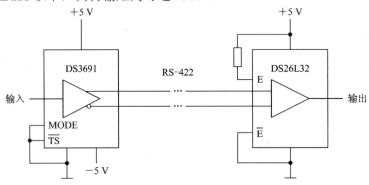

图 7.5　RS-422 接口驱动与接收电路

2) RS-485

在工控机中，RS-485 的应用最为广泛，它不仅可以满足 RS-422 总线的全部要求，而且允许在 RS-485 上连接 32 个驱动器和 32 个接收器，实现真正的多点结构。RS-485 的主要特点是：

(1) 允许连接多达 32 个驱动器和 32 个接收器；

(2) 具有高达 10 Mb/s 的传输速率；

(3) 驱动器可以处于高阻状态，不会发生总线竞争；

(4) 传输距离可达 1500 米。

在目前的工控系统中，RS-485 总线仍被普遍使用。厂家为用户提供了几十种 RS-485 总线驱动器和接收器供选择使用。下面仅给出利用 DS9617X 作为驱动器和接收器的连接图，如图 7.6 所示。至于 RS-485 的其他细节本书不再提及。

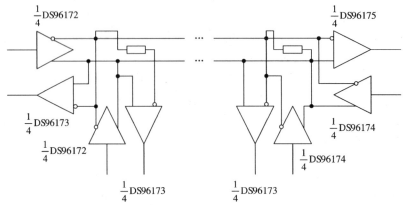

图 7.6　RS-485 利用 DS9617X 的典型连接

7.3.2　PC 的外总线

1. SCSI 总线

小型计算机系统接口(SCSI)是一种并行外总线,广泛用于微型计算机与软硬磁盘、光盘、扫描仪等外设的连接。就目前的应用来说,计算机的外存市场分为两大阵营,一类为下面将要提及的 IDE(ATA),另一类就是 SCSI。IDE 是普通家用 PC 硬盘、光盘等外设常用的接口,也是我们最常接触的硬盘接口;而 SCSI 主要面向服务器、RAID 等高端外存储器市场。

1) SCSI 的特点

SCSI 具有许多优秀的特点:

(1) 适应范围广。在使用 IDE 接口时,会受到 IRQ(中断号)及 IDE 通道的限制。一般情况下,每个 IDE 通道占用一个 IRQ,而一块标准的主板只有两个 IDE 通道(即 IDE1 与 IDE2 插槽),每两个设备要占用一个 IDE 通道。因此,一块标准的主板上最多只能连接四个 IDE 设备。使用 SCSI 则可以使连接设备数超过 15 个,而且所有设备只占用一个中断号,因此它的适应面比 IDE 要广得多。

(2) 传输速率高。目前最新的 SCSI 接口类型 Ultra 320SCSI 所支持的最大总线速度为 320 Mb/s。虽然实际使用时可能达不到这个理论值,但上百兆比特的传输率在 SCSI 上还是能够达到的。即将诞生的 SCSI 5 的传输速率将高达 640 Mb/s。

(3) 提高了 CPU 的效率。构成 SCSI 系统必须有 SCSI 控制卡或适配器。控制卡内会有专用的芯片负责 SCSI 数据的处理,CPU 只需将命令传输给 SCSI 的专用处理芯片,后面有关的处理工作由 SCSI 的专用芯片去处理即可。这时,CPU 就可以去执行其他操作。因此,SCSI 系统对 CPU 的占用率是很低的,这可以大大提高 CPU 的效率。

(4) 支持多任务。SCSI 在工作过程中,在对一个设备进行数据传输的同时,允许另一个设备对其进行数据访问。这在网络服务器系统中非常重要,因为在网络环境下,经常需要同时处理许多并行请求。

(5) 智能化。SCSI 卡上的专用处理芯片可对 CPU 指令进行排队,这样就提高了工作效率。在多任务时,硬盘会在当前磁头位置将邻近的任务先完成,提高处理效率。

2) SCSI 的工作模式

从 1979 年 SCSI 出现到现在,随着时间的推移,先后推出了不同工作模式的 SCSI。为了简单起见,下面只用表 7.4 做说明。

表 7.4 中,支持的设备数包括计算机中的主控 SCSI 设备,因此,在此 SCSI 主控总线上连接的其他设备应为表中设备数减 1,因为控制器也算一个设备,即

实际最大可连接设备数目 = 理论最大支持设备数目 −1

SCSI 控制板(卡)由 SCSI 专用处理芯片、SCSI BIOS、SCSI 内置数据线电缆插座、SCSI 外置高密度插座、PCI 插座和终端器六部分构成。其中专用处理芯片是控制卡的核心,由它来控制 SCSI 的工作,目前有多家厂商为用户提供这样的芯片,在构成 SCSI 控制板时注意选用;BIOS 用来提供 SCSI 的基本设置功能;内置数据线电缆插座主要分 50 针、68 针及 80 针三种,通过内置数据线可以连接内置式 SCSI 设备;外置高密度插座用于连接外置

SCSI 设备；PCI 插座对应主板上的 PCI 插槽，可将 SCSI 插在 PCI 的插槽中；而终端器是 SCSI 的一个重要特性，它代表 SCSI 总线的结束，它是 SCSI 总线的终端匹配网络，用于减少总线的反射，保证总线正常工作。

表 7.4 SCSI 的几种工作模式

工作模式	最大速率/(Mb/s)	数据位宽/b	支持设备数	接口类型(外置)
SCSI−1	5	8	8	50 针，分两排
Fast SCSI	10	8	8	68 针，分两排
FastWide SCSI	20	16	16	68 针，分两排
Ultra SCSI	20	8	8	80 针，分两排
UltraWide SCSI	40	16	16	68 针，分两排
Ultra2 SCSI(LVD)	40	8	8	80 针，分两排
Ultra2 Wide SCSI(LVD)	80	16	16	68 针，分两排
Ultra160 SCSI	160	16	16	68 针，(对 LVD) 50 针，(对 Ultra)
Ultra320 SCSI	320			

一般情况下，SCSI 有三种编码方式：SE(单端)、HVD(高电平差动)和 LVD(低电平差动)。SE 方式从 SCSI-1 时就开始使用，所使用的电缆最长为 6 米。目前，这一编码方式已被废弃。HVD 提供高级编码方式，即使在高数据传输速率下，也可以继续使用较长的电缆。HVD 主要的缺点在于耗电量较高，而且每个信号需要使用两根电缆。现在，HVD SCSI 已经很少使用。LVD 提供低压解决方案，没有定义它的传输速率，在 12 米以内都能保持正常传输率。所以，新的 SCSI 系统大多使用 LVD。

3) SCSI 总线的发展

近几年对总线数据传输速率的要求愈来愈高，SCSI 总线在使用中暴露出一些问题。

(1) 传输速率问题。目前 SCSI 的最高传输速率为 320 Mb/s，未来可做到 640 Mb/s。对于并行总线来说，这样的速率差不多到头了，再想增加速率就非常困难甚至不可能做到。

(2) 不能热插拔。SCSI 必须在电脑和外设都关断电源的情况下插拔，否则可能产生严重的后果。

(3) 挂接的设备有限。在 SCSI 总线上除主控器之外仅能挂接 15 个设备，每个设备须有自己的 ID 号，不得重复使用，CPU 占用的 ID 其他设备不能用。这使 SCSI 在使用上受到限制，若要突破这一限制，则需要做比较复杂的工作。

(4) 总线电缆的限制。SCSI 总线电缆必须接上匹配网络，以减小电缆和连接器的反射，信号终止限制是比较苛刻的。同时，并行总线在高速传输时，信号扭曲和串音(交叉串扰)是难以避免的，这必然影响 SCSI 的传输速率及总线的可靠性。

厂商喜欢串行技术，因为它们设计起来比并行连接要容易得多。串行技术在涉及线缆时占用的体积更小(这意味着更低廉的成本)，而更小的体积意味着对气流更少的限制，因而可以使用更小的风扇(进一步降低成本)。但是，厂商喜欢串行设计的主要原因是信号与系统时钟的关系变得更加简单。例如，并行 SCSI 必须将时钟与多个独立的并行线路上的信号保持同步，而在使用 SAS 时，所有的信号都在一根线路上传送，控制同步更加容易，因此设备背板、连接器等部件设计起来也更加容易，设计的费用也更加低廉。

SAS 的一些优异性能主要表现在：

(1) 高速率。SAS 以一步到位的方式达到了杰出的性能、扩展性和灵活性，目前的传输速率为 3.0 Gb/s，很快就会做到 12.0 Gb/s。

(2) 好的兼容性。针对不断扩大的对经济有效的合理化系统的需求，SAS 结合了对串行 ATA(SATA)的无缝兼容，可以方便地为用户提供混接 SAS 和 SATA 硬盘来有效地满足应用需求。

(3) 点对点架构。SAS 朴实无华的点对点的串行架构与此前的并行技术相比，既简单又健壮。Ultra320 SCSI 需要用 32 根信号导线(16 条数据路径，每条需要两根)来实现 LVD 信号传输，而 SAS 仅需 4 条。

(4) 全双工、多端口设计。SAS 支持全双工操作，在双方向上可同时进行信号传输，因此使有效吞吐量提高一倍。

(5) 更强的扩展性。与 SAS 的点对点架构相匹配的是高速交换设备，也叫扩展器，能够快速聚合许多硬盘，使一个单一 SAS 域能容纳多达 16 384 块硬盘而不致降低性能。

(6) 更长的电缆长度。SAS 电缆线最长可达 8 米(约 25 英尺)，不仅可用于直接连接服务器，还可连接服务器周围独立的存储阵列。

(7) 电缆/接头紧凑设计。SAS 接头和电缆比并行 SCSI 组件小得多，因此可简化绕线、节省空间，并提高系统机箱内的空气流动及散热水平。SAS 接头还能够轻松地插接到小尺寸硬盘上。

(8) 支持热插拔/热交换。SAS 的热插拔能力实现了不停机的硬盘交换，因而保证了不中断的数据可用性。

(9) 全球唯一的设备 ID。每个 SAS 端口和扩展器都有一个全球唯一的 64 位 SAS 地址。

(10) 保留 SCSI 指令集。SAS 保留了现有的 SCSI 指令及其并行技术所具有的核心优势。SAS 还保护了企业多年来在配置、部署和为维护 SCSI 系统而储备的大量 SCSI 智力资源。

综上所述，SAS 被认为是企业级接口最佳的系统解决方案，其超前思维设计确保它能够满足如今乃至未来的企业应用需要。

2. ATA 总线

ATA 的前身为 IDE(集成驱动器电气接口)及 EIDE(增强 IDE)，由美国国家标准学会命名为 ATA 总线。该总线广泛用于家用个人计算机，用来连接硬磁盘、光盘等设备。

1) ATA 概述

早期的 IDE 功能很弱，在此总线上只能接两台硬盘，数据传输速率很低(2 Mb/s)，能管理的硬盘容量很小(528 MB)，但已能满足当时的个人计算机的需要。随着计算机技术的发展，对硬盘的容量要求愈来愈大，传输速率也要求愈来愈高，为适应这一要求，ATA 也一代接一代地发展。ATA 从 1994 年发布至今共经历了 7 代标准，如表 7.5 所示。

表7.5　ATA 的发展及简要性能

ATA 总线				
名　称	年份	传　输　方　式	传输速率	电　缆
ATA-1	1994	单字节，DMA 0	2.1 Mb/s	40 针电缆
		PIO-0	3.3 Mb/s	
		单字节 DMA 1，多字节 DMA 0	4.2 Mb/s	
		PIO-1	5.2 Mb/s	
		PIO－2，单字节 DMA 2	8.3 Mb/s	
ATA-2	1996	PIO-3	11.1 Mb/s	40 针电缆
		多字节 DMA 1	13.3 Mb/s	
		PIO-4，多字节 DMA 2	16.6 Mb/s	
ATA-3	1997	PIO-4，多字节 DMA 2	16.6 Mb/s	40 针电缆
ATA-4	1998	多字节 DMA 3，Ultra DMA 33	33.3 Mb/s	40 针电缆
ATA-5	2000	Ultra DMA 66	66.7 Mb/s	40 针 80 芯电缆
ATA-6	2000	Ultra DMA 100	100.0 Mb/s	40 针 80 芯电缆
ATA-7	2002	Ultra DMA 133	133.0 Mb/s	40 针 80 芯电缆

ATA 中磁盘机与主机之间的数据传输方式有两种：

一种是程序输入/输出(即 PIO)方式，这种方式下 CPU 通过执行程序实现数据的交换。显然，这种方式的传输速率不可能太高。

另一种是直接存储器存取(DMA)方式，这种方式下磁盘机与主机之间的数据传送不需要 CPU 参与。这种传输方式的数据传输速率要更快一些。

有关这两种数据传输方式的详细内容，本书前面已予以描述。其他有关 ATA 的细节此处不再说明。

2) ATA 总线的发展

像 SCSI 总线一样，ATA 作为主要用于磁盘、光盘、扫描仪等外设的并行总线，在技术与需求不断发展的情况下，暴露出许多问题，尤其是数据传输速率几乎快要达到极限。因此，也像 SCSI 总线一样出现了串行的 ATA 总线，即 SATA。

SATA 采用七针数据电缆，主要有四个针脚，第 1 针发送信号，第 2 针接收信号，第 3 针供应电源，第 4 针为地线。SATA 的传输距离最长可以达到 1 米，而并行 ATA 最长仅为 40 厘米，重要的是 SATA 不会出现因过多的引脚而使针变弯或断针的现象。SATA 插接简单，还大大改善了机箱的通风条件。

SATA 具备许多优异的特性：高速度、可连接多台设备、支持热插拔、内置数据校验等，这里不再说明。

作为今后的发展方向，SATA 将会得到迅速发展。在今天的 PC 市场上，SATA 已广泛地用于机械硬磁盘及固态盘的连接，相信在未来的日子里，SATA 将能与 SAS 融合在一起。

下面给出并行 ATA(PATA)与 SATA 在主要性能上的对照表，如表 7.6 所示。

表 7.6 PATA 与 SATA 主要性能对照表

技术特征	Serial ATA1.0(串行 ATA)	Parallel ATA(并行 ATA)
最高数据传输速率	150 MB/s(SATA3.0 中最高可达 600 MB/s)	133 Mb/s(这是 ATA/133 所能支持的最高值)
工作电压	12 V、5 V、3.3 V	12 V
散热条件	更有利于散热	散热效果差
支持热插拔	是	否
连接电缆	0～1 米长的连接电缆	40 针 80 芯电缆，40 厘米长
通信模式	信号串行传输	信号并行传输
多设备应用	独享数据带宽	共享数据带宽
抗干扰能力	强	差
成本	低	较高

当工程上需要应用 ATA 或 SATA 时，读者还必须认真研究其规范，并利用厂家为我们提供的专用芯片，在软件的支持下实现所需要的功能。

3. USB 总线

1) USB 总线的由来

USB 是英文 Universal Serial Bus 的缩写，中文含义是"通用串行总线"。

在早期的计算机系统中常用串口或并口连接外围设备。每个接口都需要占用计算机的系统资源(如中断、I/O 地址、DMA 通道等)。无论是串口还是并口都是点对点的连接，一个接口仅支持一个设备。因此每添加一个新的设备，就需要添加一个 ISA 或 PCI 电路板(卡)来支持。

USB 总线就是为了克服上述问题而由 Intel 等多家公司联合提出的一种新的串行总线标准。

2) USB 总线的特点

现在 USB 已经广为流行，成为 PC 不可或缺的接口。同时，USB 也在工业控制机中广为采用，而且今后其应用必定更加普遍。之所以这样，是因为 USB 具备许多优异的性能与特点：

(1) 传输速率高。USB 1.0 有两种传送速率：低速为 1.5 Mb/s，高速为 12 Mb/s。USB 2.0 的传送速率为 480 Mb/s。USB 3.0 的传送速率为 5 GB/s。USB 1.0 用于低速外设，如键盘、鼠标等；USB 3.0 可用于高速外设，如 U 盘、移动硬盘、多媒体外设等。

(2) 支持即插即用。主控 USB 可以随时监测该 USB 总线上设备的接入和拔出情况。在主控器的控制下，总线上的外设永远不会发生冲突，实现了总线设备的即插即用。

(3) 支持热插拔。用户在 USB 上使用外接设备时，不需要重复"关机→将并口或串口电缆接上→再开机"这样的动作，而是直接在 PC 开机时，就可以将 USB 电缆插上使用。

显然，用户必须明确，作为 USB 总线接口是允许带电插拔的。但是，在使用时必须注意外设是否支持热插拔。若移动硬盘正在写数据，如果这时拔下 USB 电缆插头，这可能对 USB 总线没有伤害，但对移动硬盘来说则是不允许的。

(4) 良好的扩展性。USB 支持在总线上接上多个设备同时工作，而且总线的扩展很容易实现。在 USB 上最多可以连接 127 台设备。

(5) 可靠性高。USB 上传输的数据量可大可小，允许传输速率在一定范围内变化，为用户提供了使用上的灵活性。同时，在 USB 协议中包含了传输错误管理、错误恢复等功能，并能根据不同的传输类型来处理传输错误，从而提高了总线传输的可靠性。

(6) 统一标准。USB 是一种开放的标准。在 USB 总线上，所有使用 USB 系统的接口一致，连线简单。各种外设都可以用同样的标准与主机相连接，这时就有了 USB 硬盘、USB 鼠标、USB 打印机等。尤其是有了支持 USB 的操作系统(例如高于 Windows 98 的版本)后，外设插上就可以使用。

(7) 总线供电。USB 总线上可以提供容量为 5 V × 500 mA 的电源，这对许多功率不大的外设来说特别方便。

(8) 传送距离。USB 在低速(1.5 Mb/s)传送时，采用非屏蔽电缆，节点间的距离为 3 m；在以 12 Mb/s 速度传送时，采用屏蔽电缆，节点间的距离为 5 m。

(9) 低成本。USB 接口电路简单，易于实现。USB 系统接口/电缆也比较简单，成本相对较低。

3) USB 信号定义及拓扑结构

● 信号定义

在 USB 2.0 的规范中，USB 定义了 4 个信号：V_{USB}(电源 +5 V)、GND(地)、D+(信号正端)、D−(信号负端)。这 4 个信号用一条屏蔽(或没有屏蔽)的 4 芯电缆进行传送，如图 7.7 所示。

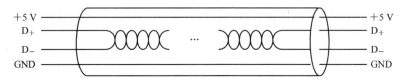

图 7.7   USB 总线信号

在图 7.7 中，一对标准规格的双绞线既可以用来传送单端信号也可以用来传送差分信号，另外一对用于提供 5 V × 500 mA 容量的电源。

在 USB 总线上，允许以下面四种速率来传送数据：

甚高速传送，传送速率为 5 GB/s；

高速传送，传送速率为 480 Mb/s；

全速传送，传送速率为 12 Mb/s；

低速传送，传送速率为 1.5 Mb/s。

● 拓扑结构

利用 USB 主机来连接 USB 设备，采用分层次的拓扑结构，图 7.8 表示了这样的分层结构。

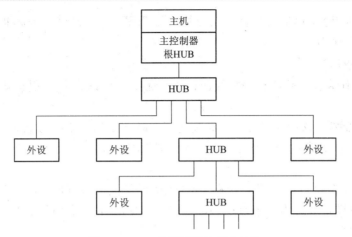

图 7.8   USB 总线连接的拓扑结构

由于定时对 HUB(集线器)及电缆传输时间的限制，拓扑结构中允许的最大层数为 7 层(包括根层)。在主机与任何设备之间的通信道路上，最多支持 5 个非根 HUB。

在任何 USB 系统中，都仅有一个主机。主机中的 USB 接口称为主控制器，主控制器由硬件、固件及软件构成，其中核心就是 USB 主控制器专用芯片。通常，根 HUB 与主控制器集成在一起，可提供一个或多个加入点。主控制器的主要功能有：

(1) 管理 USB 系统，检测 USB 总线上设备的加入及退出；

(2) 每毫秒产生一帧数据(USB 3.0 为 100 μs 产生一帧数据)；

(3) 收集 USB 设备的状态信息，发送配置请求并对 USB 设备进行配置操作；

(4) 对总线上的错误进行管理和恢复；

(5) 为 USB 总线提供 5 V × 500 mA 容量的电源。

在一个 USB 系统中，USB 设备(外设)和 USB HUB 的总数不能超过 127 个。USB 设备接收 USB 总线上的所有数据包，通过数据包的地址域来判断是不是发给自己的数据包：若地址不符，则简单地丢弃该数据包；若地址相符，则通过响应 USB 主控制器的数据包与 USB 主控制器进行数据传输。

USB HUB 用于设备扩展连接，所有 USB 设备都连接在 USB HUB 的端口上。一个 USB 主控制器总与一个根 HUB 相连。USB HUB 为其每个端口提供 100 mA 电流供设备使用。同时，USB HUB 可以通过端口的电气变化诊断出设备的插拔操作，并通过响应 USB 主控制器的数据包把端口状态汇报给 USB 主控制器。一般来说，USB 设备与 USB HUB 间的连线长度不超过 5 m。

对读者来说，无论是将来以 PC 为基础做开发工作，还是以单片 SOC(片上系统)构成微机系统，USB 都是十分有用的。在这里只对 USB 做最简单的说明，有关 USB 的具体应用可参考其他相关文献。

值得多次强调的是，在构成 USB 接口时最好购买厂家提供的专用芯片，这样可以达到事半功倍的效果。

4．IEEE-1394

1987 年，Apple 公司推出了一种高速串行总线——Fire Wire(火线)，希望能取代并行的

SCSI 总线。后来 IEEE 联盟在此基础上将其定为 IEEE-1394 标准。该标准因有其自己的特点，成为了 USB 强有力的竞争对手。

1) IEEE-1394 的特点

IEEE-1394 作为新一代串行外总线，有许多优点与 USB 相同，现将其主要性能特点罗列如下：

(1) 支持热插拔。该特性保证在系统全速工作时，IEEE—1394 设备也可以插入或拔下。使用者会发现，增加或去掉一个 1394 设备，就像将电源线插头插入或拔出电气插座一样容易。

(2) 即插即用。同 USB 一样，接在 1394 上的设备插上即可使用，不存在竞争问题。设备的存在与否及设备地址由主节点动态地确定，对使用者是透明的。这为使用者提供了很大的方便。

(3) 传输速率高。IEEE-1394a 标准定义了三种传输速率，这三种速率分别为 100 Mb/s、200 Mb/s、400 Mb/s。这样的速率已经可以用来传输动态图像信号。而 IEEE-1394 b 标准则支持 800 Mb/s、1.6 Gb/s 甚至 3.2 Gb/s 的传输速率。

(4) 兼容性好。IEEE-1394 总线可适应台式个人机用户的各种 I/O 设备的要求，凡是 SCSI、RS-232、IEEE-1284、Centronics 等可实现的接口功能，1394 均可实现。

(5) 支持同步和异步传输。异步传输是传统的传输方式，它在主机与外设传输数据的时候，不是实时地将数据传给主机，而是强调分批地把数据传出来，数据的准确性非常高。而同步传输则强调其数据的实时性，利用这个功能设备可以将数据通过 IEEE-1394 的高带宽和同步传输直接传到电脑上，从而减少了购买昂贵缓冲设备的费用。

(6) 构成网络形式灵活。IEEE-1394 可以使用菊花链、树形、星形等多种形式构成通信网络，可以实现多种灵活的拓扑结构。每个设备都具有唯一的 64 位设备地址，其中 10 位用作网络标识，6 位用作网络内的设备标识，剩余的 48 位作为每个节点上的存储器地址。可见，理论上 IEEE-1394 上可以接的设备可用 16 位来表示，超过 60 000 台。

(7) 传送距离远。在 IEEE-1394 上，两节点间的电缆长度为 4.5 米，而它最多允许有 16 层节点。因此，它构成的数据链路从头到尾为 16×4.5 米 $= 72$ 米。当然，可以由多条长度为 72 米的数据链路构成 IEEE-1394 通信网络。根据 IEEE-1394 b 规范，在此总线上两节点间的最大距离可达 100 米。

(8) 接口设备对等。在 IEEE-1394 总线上不分主从设备，都是主导者和服务者。接口设备之间采用智能化连接，不需附加控制功能。例如，可以不通过计算机而在两台摄像机之间直接传递数据。

(9) 总线供电。IEEE-1394 总线上可以提供 8 到 40 V 的电压、1500 mA 的电流供无源外设使用。

(10) 价格低。IEEE-1394 的价格较低，适合于家电产品。

2) IEEE-1394 的接口类型

IEEE-1394 的接口有 6 针和 4 针两种类型。

最早苹果公司开发的 IEEE-1394 接口是 6 角形的 6 针接口。这种接口主要用于普通的台式计算机，特别是苹果公司的计算机上。目前很多主板都具备这种接口，应用十分广

泛，六芯的 IEEE-1394 电缆截面示意图如图 7.9
所示。

在图 7.9 中，一组两股双绞线用于传送数据，
另一组用于传送时钟信号。剩余的两条线用于提
供电源。

SONY 公司看中了 1394 数据传输速率快的
特点，将早期的 6 针接口进行改良，设计成为现
在大家所常见的小型四角形 4 针接口。该接口从
外观上看要比 6 针的小很多，主要用于笔记本电
脑和 DV 上。与 6 针的接口相比，4 针的接口没
有提供电源引脚，所以无法供电，但其优势就是小巧。

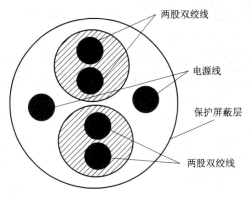

图 7.9　IEEE-1394 六芯电缆示意图

前面只是简单地介绍了 IEEE-1394 总线，将来真正在工程上要实际构成该总线尚需仔
细研究有关规范及细节。

目前常见的外总线还有许多，如 IEEE-1284、Centronics，以及在工业控制计算机中常
用到的现场总线(CNA)、以太网等，这里不再说明。

7.4　总线驱动与控制

无论是哪个系列的 CPU，利用它直接驱动总线，构成一个微型计算机系统只能是规模
非常小的单板机，这是因为 CPU 的驱动能力是很有限的。要构成一个有一定规模的微型机
系统，总线驱动是不可少的。为了在驱动后的总线上实现诸如中断、DMA 等功能，还必须
对总线驱动器进行控制，避免发生总线竞争而使系统无法工作。下面将涉及这些问题。从
工程应用的角度来看，本节所讨论的问题是极为重要的。

7.4.1　总线竞争的概念

总线竞争亦称总线争用，就是在同一总线上，同一时刻有两个或两个以上的器件利用
该总线输出状态，如图 7.10 所示。

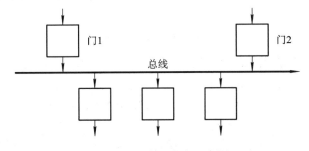

图 7.10　两个门竞争示意图

在图 7.10 中，门 1 和门 2 为两个输出门，它们均欲利用同一条总线将它们的状态传送
给负载——图 7.10 中的输入门。但是，若两个输出门的输出状态不一样，必然会使得总线

上的状态产生错误，甚至会因为产生过大的电流而损坏器件。

在微型机的系统总线上是不允许产生总线竞争的，因为只要有竞争发生，就肯定会使微型机无法正常工作，而且总线竞争还可能损坏微型机的芯片。

在微型计算机应用系统中，在设计总线驱动器或设计插件电路板的板内总线驱动器时，一定要仔细地进行驱动器的控制逻辑设计，保证在任何情况下都不发生总线竞争。

如何保证不发生竞争呢？在微型机的系统总线上，采用分时使用总线的方式，便可以避免竞争的发生，即保证任何时刻只有一个器件利用总线输出其状态。如在图 7.10 中，经常将图中的输出门改为三态门，并对三态门进行控制：当左侧门导通有输出时，右侧门的输出为高阻状态；当左侧门使用完总线后，使其输出高阻，右侧的三态门可以打开，输出其状态到总线上。这样便可保证不发生竞争。

在图 7.10 的总线上可以接一些用以接收输出门输出状态的输入器件(如图上的三个输入门)，以便将输出门的状态传送到其他器件。至于一个输出器件可以驱动多少个输入器件，这就是下面要讨论的问题。

7.4.2　负载的计算

在微型计算机中，某一芯片的驱动能力，就是它能在规定的性能下提供给下一级的电流(或是吸收下级电流)的能力及允许在其输出端所接的等效电容的能力。前者认为是下级电路对驱动器的直流负载，后者则被认为是下级电路对驱动器的交流负载。下面我们分别加以说明。

1.　直流负载的估算

为了说明直流负载的估算方法，我们以图 7.11 所示的门电路为例，具体地进行计算。对于其他形式的电路，负载计算的思路和方法也是一样的。

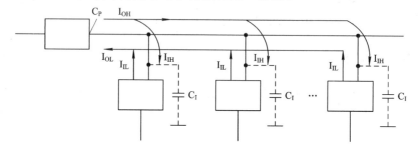

图 7.11　负载计算示意图

在图 7.11 中，左侧的驱动门驱动右侧的负载门。当驱动门的输出为高电平时，它为负载门提供高电平输入电流 I_{IH}。为了使电路正常工作，驱动门必须有能力为所有的负载门提供它们所需要的电流。因此，驱动门的高电平输出电流 I_{OH} 不得小于所有负载门所需要的高电平输入电流 I_{IH} 之和，即满足下式：

$$I_{OH} = \sum_{i}^{N} I_{IHi} \tag{7-1}$$

式中，I_{IHi} 为第 i 个负载门的高电平输入电流；N 为驱动门所驱动的负载数。

同样，当驱动门输出为低电平时，驱动门的低电平输出电流 I_{OL}(实际上是负载的灌电流)应不小于所有负载门的低电平输入电流 I_{IL}(实际是负载门的漏电流)之和，即应满足下式：

$$I_{OL} = \sum_{i}^{N} I_{ILi} \tag{7-2}$$

利用上面两个算式，可以估算驱动门的负载。例如，查手册得到某一门电路的 $I_{OH}=15\ mA$，$I_{OL}=24\ mA$，它的 $I_{IL}=0.2\ mA$，$I_{IH}=0.1\ mA$。若用这样的门来驱动同样的门，用式(7-1)算出：

$$N = 15\ mA \div 0.1\ mA = 150(个)$$

利用(7-2)式，即低电平的条件下，算出：

$$N = 24\ mA \div 0.2\ mA = 120(个)$$

从而，以直流负载进行估算，理论上算出用这样的门可驱动 120 个同样的门，但实际应用时，一般不超过 20 个。

2．交流负载的估算

就目前的应用来说，通常使用的频率并不是很高，总线不是很长。因此，一般只考察电容的影响。因为电容的存在可使脉冲信号延时，边沿变坏。因而，许多电路芯片都规定所允许的负载电容 C_P。另一方面，总线的引线及每一个负载都有一定的输入电容 C_I。从交流负载来考虑，必须满足下式：

$$C_P = \sum_{i}^{N} C_{Ii} \tag{7-3}$$

式中，C_P 为驱动门所能驱动的最大电容；C_{Ii} 为第 i 个负载的输入电容。

例如，若某门电路所能驱动的最大电容为 150 pF，而每个负载的输入电容为 5 pF，则该驱动门以交流负载估算，理想情况下可驱动 30 个负载。

注意，在进行负载估算时，必须对直流负载和交流负载都进行计算，然后选取最小的数量为驱动数量。当然，这样进行估算还是理想的情况，还有一些因素并未考虑。因而，通常选取较小的数目，一般取 20 个以内或更小一些。

7.4.3　总线驱动与控制的实现

1．系统总线的驱动与控制

任何输出器件都有有限的驱动能力。前面提到的 8088(8086)输出引线的驱动能力只能驱动一个标准的 TTL 门或几个 LS 门。当构成的计算机规模比较大、总线上挂接的存储器和接口比较多时，则必须对 CPU 的输出信号进行驱动。同时，在 8088(8086)输出信号中有许多信号是分时复用的。因此，在前面系统总线形成电路中实现了对 CPU 信号的锁存和驱动，构成微型机的其他部件(电路插板)都接在经过驱动的系统总线上。

在前面图 2.15～2.17 中，由于暂时没有考虑 DMA 传送，对于那些单向信号的驱动就可以直接用锁存器来实现，例如图中的地址信号 A_0～A_{19}、$\overline{BHE}$ 以及那些单向控制信号。但是，对总线上的数据信号来说，它们是双向传送的。因此，就需要用双向三态门 8286(或 74XX245)对它们进行适当的控制，防止出现竞争。从图 2.15～2.17 中可以看到，厂家在设计 CPU 时已为用户考虑到这个问题，并提供有效的控制信号，保证双向数据总线的畅通。

2. 板内总线的驱动与控制

1) 概述

参看图 2.1，假定连接在系统总线的内存及各接口是插在总线插槽上的电路板(卡)。可以想象，当某一时刻 CPU 读内存时，这时被选中存储单元的数据由它所在的存储芯片上输出，加到系统总线的数据线上。就在这一时刻，系统总线的所有数据线上均为输入，且都成为该存储芯片的负载。由于存储芯片的驱动能力十分有限，故应当在存储器电路板上加上板内双向数据驱动器，以便让驱动器来驱动整个系统总线的数据线。

如上所述的内存板上加上数据总线驱动器之后，又必须仔细对其控制，以防总线竞争。这是下面要详细讨论的。至于板内的单向信号，如地址信号、控制信号等，是否需要在板内加驱动(缓冲)，这要由该板对系统总线驱动器造成的负载来决定。

同样，当 CPU 读某接口板时，被选中的接口芯片将其数据输出到数据总线上。这一时刻，数据总线上的所有电路板决不允许有输出，只能输入，则它们均成为该接口芯片的负载。若所选中的接口芯片负载能力较低，就有可能出现读数据错误。为此，应在系统的数据总线和接口芯片之间的电路板内增加双向的数据总线驱动器。

一旦加上了双向数据驱动器，则必须仔细进行控制，保证不发生总线竞争。接口板上的其他单向信号驱动与否，要视接口板对系统总线造成的负载而定。就系统总线上的电路板而言，双向数据总线驱动器是必须有的。

2) 接口板数据总线驱动与控制

在设计某接口板时，一定会知道分配给该接口板的接口地址。在这里仅就给定的板内接口地址实现板内双向数据总线的驱动与控制加以讨论。至于板内接口芯片的连接，留待后面的章节再来讨论。

为了实现对板内双向数据总线驱动器的控制，应做好以下三件事：

(1) 牢记防止总线竞争的原则。该原则有三句话，最重要的是第一句。一般来说只要满足第一句话，就可以防止总线竞争。有了后面两句，会更加规范和好理解。它们是：

① 只有当 CPU 读板内接口地址时，数据总线驱动器指向系统总线的三态门才允许是导通的；

② 只有当 CPU 写板内接口地址时，驱动器指向板内的三态门才允许是导通的；

③ 不去读写(寻址)板内接口地址时，驱动器的两边都应为高阻状态。

(2) 分析板内接口地址，找出其特征。在理解防止竞争原则的基础上，仔细分析板内接口地址的特征，并找准这些特征。

(3) 根据地址特征和防止竞争的原则，即可画出驱动器及其控制电路。为了说明上述方法，举例如下：

例 1 假定有某接口电路板，板内接口地址为 A000H～BFFFH。试画出板内双向数据总线驱动与控制电路。

要解决该问题，应在记住防止总线竞争原则的基础上分析接口板板内地址特征。经分析可以发现，该板地址特征是，只有 CPU 送出的 A_{15}、A_{14}、A_{13} 为 101 的那些接口地址才在板内，而 A_{15}、A_{14}、A_{13} 不是 101 的那些地址全不在板内。

利用上面的分析可以画出板内驱动与控制电路，如图 7.12 所示。

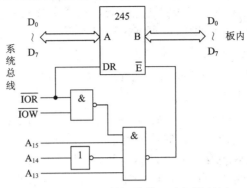

图 7.12　接口板内数据总线驱动与控制例 1

由图 7.12 可以看到，只有当 CPU 读板内接口地址时，245 的 $\overline{E}$ =0 且 $\overline{IOR}$ =0，使得 DR=0，245 从 B 边向 A 边导通，将接口数据送到总线上。这就保证了原则的第一句话。而当 CPU 写板内地址时，245 的 $\overline{E}$ =0，DR=1，保证从 A 向 B 导通，将数据写入板内的接口。这满足原则的第二句话。当 CPU 不去读写板内接口时，245 的 $\overline{E}$ =1，其 A、B 两边均为高阻状态，从而满足所提出的原则，使接口板正常工作。

当对地址分析比较困难，即比较难以获得地址特征时，利用 2-4 译码器、3-8 译码器来实现对 245 的控制会是十分方便的。

例 2　若接口板内地址为 A000H～EFFFH，试利用 3-8 译码器构成的控制电路如图 7.13 所示。

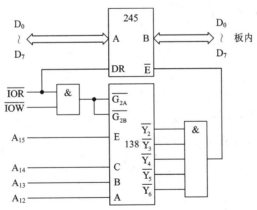

图 7.13　接口板内数据总线驱动与控制例 2

图 7.13 中，采用 3-8 译码器作为译码电路。很显然，当 CPU 读写 A×××H 的接口地址时，138 的 $\overline{Y_2}$ 为低电平；读写 B×××H 的接口地址时，$\overline{Y_3}$ 有效(低电平)；依此类推，当 CPU 寻址 E×××H 接口地址时，$\overline{Y_6}$ 为低电平。通过后面的与门，一定可以保证，只有当 CPU 读写 A000H～EFFFH 的接口地址——板内接口地址时，才使 245 的 $\overline{E}$ 有效。读时从 B 向 A 导通，写时从 A 向 B 导通。

不去读写该板的接口时，$\overline{E}$ =1(无效)，则 245 两边均为高阻状态。

在图 7.13 中，3-8 译码器的 5 个译码输出的每一个分别对应一个 4 KB 的接口地址。

5 个译码输出合在一起实现例中所要求的从 A000H~EFFFH 的 20 KB 的接口地址。

显然,双向数据驱动器不一定非要选用 245,可有多种器件供选择。读者掌握了基本原理之后,将来遇到具体工程问题时可灵活选用。

3) 内存板板内数据总线驱动与控制

内存板同样需要驱动,至少双向数据总线驱动器是需要的。同样,内存板双向数据总线驱动器需要仔细进行控制,防止总线竞争发生。防止总线竞争的做法依然是三步:

(1) 牢记防止驱动器总线竞争的原则。同样是三句话,与接口板的原则是一样的:

① 只有当 CPU 读板内内存单元时,驱动器指向系统总线的三态门才允许导通;

② 只有当 CPU 写板内内存单元时,驱动器指向板内的三态门才允许导通;

③ 当 CPU 不去寻址板内内存时,驱动器两边均处于高阻状态。

同样,第一句话是最根本的,满足了第一句话,即可以防止总线竞争。

(2) 分析板内内存地址的特征。通过对板内内存地址的分析,找出规律,即地址特征。

(3) 根据地址特征画出总线驱动及控制电路。

对于内存板板内的单向信号,如地址信号,存储器读、写信号等,它们是否需要板内驱动取决于该电路板对系统总线的这些信号造成的负载有多少。一般来说,若负载不多于两个门,可以不加驱动;若超过两个门,原则上应当加驱动。

例3 若内存板板内地址为 60000H~9FFFFH,试设计板内双向数据总线驱动器。

首要的是理解防止总线竞争的原则,接下来分析板内的地址。可以发现,当 CPU 送出的内存地址最高 4 位具有下列状态时,一定是 CPU 寻址板内的内存地址。

A_{19}	A_{18}	A_{17}	A_{16}
0	1	1	0
0	1	1	1
1	0	0	0
1	0	0	1

从前面的地址分析可以看到,双向数据总线驱动器的控制电路可以用门电路实现,也可以用现成的译码器芯片来实现。但对上面的具体问题,用 4-16 译码器会更加方便。该板板内数据总线驱动与控制电路如图 7.14 所示。

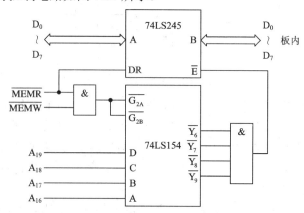

图 7.14 内存板板内驱动电路例 3

从图 7.14 可以看到，4-16 译码器的 4 个译码输出 $\overline{Y_6}$、$\overline{Y_7}$、$\overline{Y_8}$ 和 $\overline{Y_9}$ 分别对应 64 KB 的内存，将它们加到与门上，与门输出就能保证在 CPU 寻址 60000H～9FFFFH 板内内存时，驱动器 245 的 $\overline{E}=0$，从而满足不发生竞争的原则。

4) 板内既有内存又有接口的驱动

有的电路板上既有内存又有接口。例如，CRT 显示控制及其他许多电路板均具有这样的特点。在设计这样的电路板的板内数据总线驱动器时，为防止总线竞争，须将内存板的防止竞争原则和接口板的防止竞争原则结合到一起，即：

① 只有当 CPU 读板内内存或读板内接口时，驱动器指向系统总线的三态门才允许是导通的；

② 只有当 CPU 写板内内存或写板内接口时，驱动器指向板内的三态门才允许是导通的；

③ 若 CPU 既不寻址板内内存也不寻址板内接口，则驱动器 A、B 两边都应是高阻状态。

为了说明在此情况下板内双向数据总线驱动与控制的实现，现举例如下。

例 4　在某微型计算机的电路板上有内存(板内地址为 C0000H～EFFFFH)和接口(板内地址为 A000H～BFFFH)，试画出该电路板板内双向数据总线驱动与控制电路。

解决本例题同样要做前面提到的三项工作：记住防止竞争的原则；对板内地址进行分析；最后画出具体的控制电路。

但是，值得注意的是在该板上既有内存又有接口。因此，解决问题时应当将前面提到的两种情况——板内只有接口或只有内存的情况结合在一起加以考虑，并遵循防止总线竞争的三原则。本例题的地址分析应包括对内存地址的分析和对接口地址的分析。

内存地址分析：

A_{19}	A_{18}	A_{17}	A_{16}
1	1	0	0
1	1	0	1
1	1	1	0

经内存地址分析可见，C 字开头的 64 KB、D 字开头的 64 KB 和 E 字开头的 64 KB 均在板内。

接口地址分析：

A_{15}	A_{14}	A_{13}	A_{12}
1	0	1	0
1	0	1	1

可以发现，CPU 送出的 $A_{15}=1$，$A_{14}=0$，$A_{13}=1$ 的接口地址均在板内。

画出符合本例题要求的双向数据总线驱动与控制电路，如图 7.15 所示。

由图 7.15 所画的控制逻辑可知，利用图中所示的译码器，可以保证防止总线竞争。在 CPU 寻址(读、写)板内内存或板内接口时，一定会保证双向数据总线驱动器 74LS245 的控制端 $\overline{E}=0$；读的时候，使其从 B 向 A 导通；写的时候，从 A 向 B 导通，保证实现对板内内存或接口地址的读和写。当不寻址板内内存或板内接口时，译码器输出加到 74LS245 的 $\overline{E}$ 上的控制信号为高电平，从而防止总线竞争的发生。

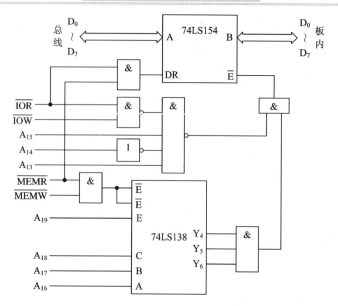

图 7.15 板内既有内存又有接口的双向驱动例 4

在本节中，讨论了有关总线驱动与控制的问题。在许多情况下，总线驱动是必需的，否则将影响微型机的正常工作。要进行总线驱动就必须认真仔细地进行控制，以防止总线竞争。以上给出了解决问题的基本原则和思路，为今后遇到工程问题提供了基本方法。

习　题

7.1　试说明总线的分类及采用总线标准的优点。

7.2　PC/XT 总线插座上有多少个接点？主要包括哪几类信号？

7.3　与 PC/XT 相比，PC/AT(ISA)总线新增加了哪些信号？其总线工作频率是多少？

7.4　试说明 PCI 总线的特点。PCI 总线通常分为哪几类？说明什么叫即插即用。

7.5　说明 STD 总线的特点及其不足。

7.6　描述基于 PC 的工业控制机(IPC)的特点，并说明作为 IPC 代表的 PC/104 与 ISA 的主要不同。

7.7　试说明 PC/104PLUS 与 PC/104 相比有什么特点。

7.8　作为第三代工控机内总线标准的 Compact PCI 的特点是什么？

7.9　说明 Compact PCI 总线支持 3U 背板的结构特点。插在背板上的两种电路板的尺寸是多少？

7.10　说明串行接口总线 RS-232C 的特点及其不足。

7.11　叙述 SCSI 总线的特点及在当前使用中存在的问题，并说明 SAS 的主要优点。

7.12　当前 ATA 总线的最高数据传输速率为多少？ATA 中磁盘机与主机之间的两种数据传输方式有什么不同？SATA 较 ATA 好在哪里？

7.13　说明 USB 的特点。USB 由哪四个信号组成？各起什么作用？USB 系统中主控制器的主要功能是什么？

7.14　简要说明 IEEE-1394 的特点。

7.15　说明什么是总线竞争。在计算机系统中，一旦发生总线竞争其后果会怎样？

7.16　已知某门电路的输入参数为：$I_{IH} = 0.1$ mA，$I_{IL} = 0.2$ mA，$C_{in} = 5$ pF。该门的输出参数为：$I_{OH} = 16$ mA，$I_{OL} = 22$ mA，$C_p = 250$ pF。试求：若该门驱动它自己，在理想的情况下可驱动多少个门？

7.17　当某微机系统由多块电路板构成时，试说明板内双向数据总线进行驱动与控制的必要性。

7.18　某内存板板内内存地址为 A0000H～FFFFFH，试画出板内双向数据总线驱动与控制电路。

7.19　某接口板板内接口地址为 5000H～7FFFH，试画出板内双向数据总线驱动与控制电路。

7.20　某微型机的电路板上有内存(板内地址为 C0000H～EFFFFH)和接口(板内地址为 A000H～BFFFH)，试画出该电路板板内双向数据总线驱动与控制电路。

第8章 SOC下的微型机系统

SOC 是 20 世纪 90 年代出现的概念。随着时间的不断推移和 SOC 技术的不断完善，SOC 的定义也在不断地发展和完善。Dataquest 定义 SOC 为包含处理器、存储器和片上逻辑的集成电路。这大致反映了 20 世纪 90 年代中期 SOC 设计的基本情况。如今的 SOC 定义为：包含一个或多个处理器，还包括存储器、数字电路模块、模拟电路模块、数模混合电路模块以及片上可编程逻辑的集成电路芯片。

从上面对 SOC 的定义可以看到，它是一种具有如下特征的系统级芯片：① 功能高度复杂；② 芯片采用超亚微米的微细加工工艺完成；③ 芯片中至少有一颗或多颗 CPU 或处理器；④ 包含多种数字、模拟信号接口；⑤ 芯片可以通过外部重新编程改变功能。

随着集成电路技术的发展，SOC 的发展极为迅速，已广泛应用于工业企业及军事装备之中，而且可以预见，SOC 必将会更进一步发展。目前，已有许多厂家生产出了多种 SOC 芯片，本章只选择其中一块典型的芯片——Intel 公司的 PXA27X 做简要介绍，使读者通过该芯片对 SOC 有一个概略的了解，以便在将来的工作中应用 SOC。

8.1 概　　述

8.1.1 PXA27X 概述

PXA27X 是一种高性能、低功耗(可达到 MIPS/mW)、功能强劲的 SOC 处理器，它采用了 Intel 公司的 XScale 结构。PXA27X 的指令集包括了除浮点运算指令之外的全部 ARM V5TE 的指令集，同时还包括 Intel 公司的整数无线 MMX 指令。这就使得该处理器的指令功能及对多媒体信号的处理能力十分强大。

PXA27X 有两种封装形式：13 mm × 13 mm 的 FVBGA 和 23 mm × 23 mm 的 PBGA。前者有 356 条球状引线而后者有 360 条球状引线。

PXA27X 的结构框图如图 8.1 所示。在图 8.1 中，实线框起来的各个部分组成了 PXA27X 芯片，实线框之外是芯片外接的部分。

由图 8.1 可以看到，在硬件上 PXA27X 包括如下部分：

PXA27X 内部集成有 4 个体的 SRAM，每个体为 64 KB，4 个体共 256 KB。

PXA27X 内部有 LCD 控制器，可以支持显示分辨率达 800 × 600 像素的 LCD 显示。

该处理器集成有存储器控制器(见图 8.1 虚线框部分)，该控制器提供了各种控制信号，用以支持芯片外部外接 SDRAM、闪速存储器、PC 卡等存储器件的工作。在 PXA27X 外部最多可接 1 GB 的 SDRAM、384 MB 的闪速存储器。

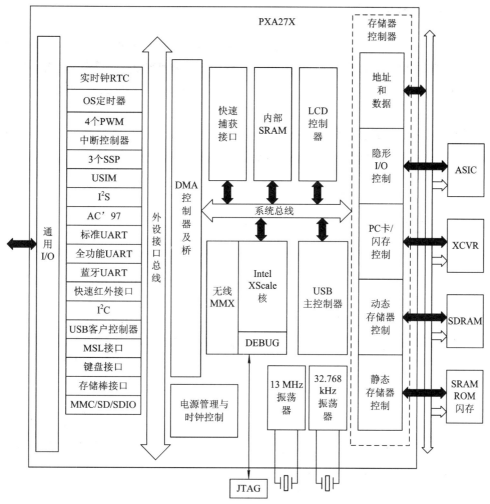

图 8.1　PXA27X 处理器结构框图

PXA27X 内部集成有 USB 主控制器，也集成有 USB 的客户控制器。这样一来，在未来的工作中，PXA27X 既可作为主控制器工作，又可以作为系统中的客户接受其他 USB 主控制器的管理。

PXA27X 集成有电源管理模块，对芯片上电、睡眠、看门狗等多种功能实施管理。

PXA27X 有时钟管理模块，能对片内多种时钟进行管理。

在 PXA27X 中集成了多种外设接口，在图 8.1 的左侧可以看到，许多经常用到的外设(总线)接口均已集成在芯片中。同时，这些外设(总线)接口引线中，有许多都是可以双重定义或多重定义的，既可以定义为某种外设的接口信号引线，又可以定义为通用的输入/输出信号线，这就是图 8.1 中所标的通用 I/O(GPI/O)。

为测试芯片方便，PXA27X 还集成有 JTAG 接口。

通过上面的描述，我们可以了解到 PXA27X 处理器的大致组成。显然，其结构是比较复杂的，功能也非常强。在本章后面的内容中，将对 PXA27X 的某些部分进行详细讲述，但不可能将所有内容全都说清楚，因为 PXA27X 所涉及的内容实在太多了。

8.1.2　Intel XScale 结构

当前，在厂家设计 SOC 时，都是将多个处理器的功能整合到 SOC 中，例如将 ARM 与 DSP、MCU 与 DSP 集成在 SOC 中。集成电路加工技术使线条宽度减小到几十纳米，从而使多个处理器集成到一个 SOC 上成为现实。Intel XScale 结构的处理器就是这种理念的体现。

1. Intel XScale 结构处理器硬件

Intel XScale 结构处理器硬件结构框图如图 8.2 所示。

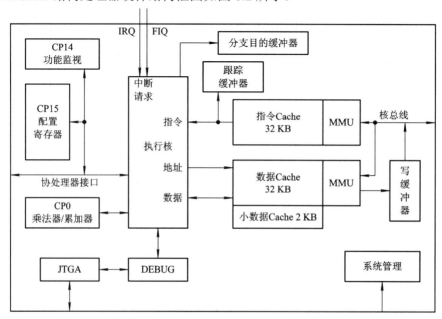

图 8.2　XScale 结构框图

2. Intel XScale 硬件结构说明

由图 8.2 可以看到这种结构的处理器是由哪些部分构成的。下面将简单说明硬件的各部分。

Intel XScale 以 ARM 公司的 RISC 处理器 ARM V5TE 为基础，将功能监视单元 CP14、配置寄存器 CP15、乘法器/累加器 CP0(协处理器)等 16 个协处理器整合进去，使得以 Intel XScale 为处理器核的 PXA27X 系列的处理器具有很强的处理能力。

在 Intel XScale 核中还集成了具有单指令流多数据流(SIMD)结构的协处理器，能够完成整数的 MMX 指令及 SIMD 扩展指令(SSE)，更有利于多媒体信号的处理。

在 Intel XScale 中，有三部分高速缓存 Cache 及相应的存储器管理单元，无疑对提高 Intel XScale 的总体性能大为有利。

Intel XScale 具有对外的协处理器接口，还可以外接诸如 DSP 这样的处理器。在 PXA270 中就可外接专门用于多媒体处理的单指令流多数据流(SIMD)协处理器。

Intel XScale 中有对嵌入式系统非常重要的两类中断：一般中断 IRQ 和快速中断 FIQ。

在 Intel XScale 中还包括用于测试的 DEBUG 及 JTAG。

显然，在 Intel XScale 中还有超级流水线、分支预测等一系列提高性能的硬件措施。考虑到读者将来主要是应用 SOC 芯片构成嵌入式系统而不是设计 SOC 芯片，对于 Intel XScale 更详细的内容不再说明。

8.2　ARM 处理器

考虑到 PXA27X 系列处理器的核心是 ARM 处理器，而 ARM 处理器所具有的各种优越的性能，使它在国内外得到极为广泛的应用，本节将对 ARM 进行扼要介绍。

8.2.1　ARM 处理器系列

ARM 处理器是由 ARM 公司设计的，这是一家专门设计 IP(知识产权)的供应商。该公司既不生产芯片也不生产整机，只卖 IP 核。但该公司所设计的 ARM 处理器是 32 位的 RISC 处理器，由于其性能高、功耗低、性价比高，已被全球各大半导体公司所使用。

1．ARM 体系结构

ARM 体系结构从诞生至今共有六个版本，从 v1 到 v6。显然，版本低的功能要差一些，版本愈高功能愈强。

ARM 公司依据不同的体系结构版本设计出多种 ARM 处理器。这些处理器在功能上有一些差异，这就形成了 ARM 处理器的多个不同变种，主要的有如下几种：

(1) T 变种。T 变种是指在 ARM 处理器中包含有 Thumb 指令集。ARM 处理器指令的长度是固定的，所有的指令均为 32 位。在其 T 变种中除 32 位指令外还包括指令长度为 16 位的 Thumb 指令集。

很显然，Thumb 指令是 32 位 ARM 指令长度的一半，在规定的内存空间里可以容纳更多的指令。当然，16 位指令的功能肯定比 32 位字长的指令功能弱。因此，同样的功能，用 Thumb 指令集实现时，指令执行时间要长一些。

(2) M 变种。M 变种在 ARM 指令集中包含有 4 条长乘法指令，这些指令能完成 32 位 × 32 位 = 64 位的乘法及 32 位 × 32 位 + 64 位 = 64 位的乘加运算的功能。

(3) E 变种。E 变种为增强 DSP(数字信号处理器)指令变种，在该变种的 ARM 指令集中包含一些典型的用于完成 DSP 算法的指令。

(4) J 变种。该变种将 Java 加速器 Jazelle 加到 ARM 处理器中，可以大大提高 Java 程序的运行速度。

(5) SIMD 变种。该变种将单指令流多数据流的系统结构思想加入到 ARM 处理器中，可以有效地提高对多媒体信号——音频及视频信号的处理能力。

2．ARM/Thumb 体系结构命名

目前正在使用的 ARM/Thumb 体系结构版本如表 8.1 所示。

由表 8.1 可以看到，在 PXA27X 中所集成的 ARMv5TE 版本的处理器已经具有相当好的性能。

表 8.1   ARM 的体系结构版本

名　称	指令集版本号	Thumb 指令版本	M 变种	J 变种	SIMD 变种	E 变种
ARMv3	3	无	无	无	无	无
ARMv3M	3	无	有	无	无	无
ARMv4xM	4	无	无	无	无	无
ARMv4	4	无	有	无	无	无
ARMv4TxM	4	1	无	无	无	无
ARMv4T	4	1	有	无	无	无
ARMv5xM	5	无	无	无	无	无
ARMv5	5	无	有	无	无	无
ARMv5TxM	5	2	无	无	无	无
ARMv5T	5	2	有	无	无	无
ARMv5TExP	5	2	有	无	无	有，少几条指令
ARMv5TE	5	2	有	无	无	有
ARMv5TEJ	5	有	有	有	无	有
ARMv6	6	有	有	有	有	有

8.2.2 ARM 处理器的工作模式及寄存器

1. ARM 处理器的工作模式

ARM 处理器会运行在如下 7 种工作模式之下：

(1) 用户模式 usr。大多数应用程序都工作在用户模式之下，在此模式之下应用程序不能使用受操作系统保护的资源。也就是说，用户模式具有较低的资源利用级别。

(2) 特权模式 svc。这是供操作系统使用的一种保护模式。操作系统工作在特权模式之下，原则上允许它控制系统的所有资源。

(3) 数据中止模式 abt。该模式用于实现虚拟存储器或对存储器的保护。

(4) 未定义指令中止模式 und。这种模式用于对硬件协处理器进行软件仿真。

(5) 一般中断请求模式 irq。这种模式用于一般的外部中断请求，类似于 8086 的 INTR。

(6) 快速中断请求模式 fiq。该模式支持高速数据传送或通道方式，其具有更高的优先级。

(7) 系统模式 sys。系统模式主要为操作系统任务所用，它与用户模式使用的寄存器完全一样。但在该模式下，任务可以使用系统的所有资源，从这种意义上讲它也属于特权模式。

有关 ARM 处理器的这些运行模式，在本节的后面还要进一步说明。

2．ARM 处理器的内部寄存器

从本书前面的章节中已经看到，要学好、用好某种处理器，必须掌握好其内部寄存器。这对后面的指令系统、编程及应用都很重要。对于 ARM 处理器来说也是这样，读者必须认真理解该处理器的 37 个内部寄存器。ARM 的内部寄存器如表 8.2 所示。

表 8.2　不同工作模式下的寄存器

用户	系统	特权	中止	未定义	irq	fiq
R0	同左	同左	同左	同左	同左	同左
R1	同左	同左	同左	同左	同左	同左
R2	同左	同左	同左	同左	同左	同左
R3	同左	同左	同左	同左	同左	同左
R4	同左	同左	同左	同左	同左	同左
R5	同左	同左	同左	同左	同左	同左
R6	同左	同左	同左	同左	同左	同左
R7	同左	同左	同左	同左	同左	同左
R8	同左	同左	同左	同左	同左	R8_fiq
R9	同左	同左	同左	同左	同左	R9_fiq
R10	同左	同左	同左	同左	同左	R10_fiq
R11	同左	同左	同左	同左	同左	R11_fiq
R12	同左	同左	同左	同左	同左	R12_fiq
R13	同左	R13_svc	R13_abt	R13_und	R13_irq	R13_fiq
R14	同左	R14_svc	R14_abt	R14_und	R14_irq	R14_fiq
R15(PC)	同左	同左	同左	同左	同左	同左
CPSR	同左	同左	同左	同左	同左	同左
		SPSR_svc	SPSR_abt	SPSR_und	SPSR_irq	SPSR_fiq

在 ARM 处理器的 37 个寄存器中，包括 31 个通用寄存器和 6 个状态寄存器。所有这些寄存器都是 32 位的。

由表 8.2 可以看到，ARM 处理器工作在不同模式下时，所使用的寄存器是不一样的。一种模式对应一组寄存器，这一组寄存器包括通用寄存器 R0～R14、程序计数器 PC 和一个或两个状态寄存器。这些寄存器中，有一些是共用的，有一些则是不同模式所私有的。

1）通用寄存器

通用寄存器为 R0～R15，它们又分为 3 类：

● 不分组寄存器 R0～R7

这 8 个 32 位的寄存器为每一种 ARM 处理器运行模式所用，也就是说在每种模式下这些寄存器访问的都是同一个物理寄存器。在使用中必须注意，当中断或异常发生时，要进行模式切换，这时就需要保护这些寄存器的内容免遭破坏，以便在中断(异常)返回时能接着中断(异常)前的状态继续执行。

● 分组寄存器 R8~R14

这些寄存器在不同模式下访问的不是一个物理寄存器。

由表 8.2 可以看到，在 fiq 模式下，使用的是与 R8~R14 对应的另外 7 个寄存器 R8_fiq~R14_fiq，而不是 R8~R14。在实际应用中，当响应 fiq 中断进入服务程序时，若服务程序不使用 R8~R14，则它们的内容可不必保护。

由表 8.2 还可以看到，对于 R13 和 R14 来说，除了在 fiq 模式下使用 R13_fiq 和 R14_fiq 之外，在特权、中止、未定义及一般中断模式下，也分别对应自己的 R13 和 R14。这在编程使用 ARM 处理器时应予以注意，可以使用户保护现场(断点)的操作更加简单。

另外，在使用中经常将 R13 用作堆栈指针(指示器)。当然，也可以用其他寄存器作为堆栈指针。

R14 称为连接寄存器(记为 LR)，它除了用作通用寄存器之外，还有两种特殊用途：

(1) 每种模式下的 R14 中存放当前子程序的返回地址，当子程序结束时，利用 R14 很容易返回主程序。具体细节见本节后面的内容。

(2) 当异常发生时，可将该异常的特定的 R14 设置为此异常的返回地址，当该异常结束时，就很容易返回到异常发生时的程序。

● 程序计数器(PC)R15

程序计数器在概念上与前面几章所描述的 80x86 的指令指针类似，但由于 ARM 的特点，它又有许多特殊的地方。

在 ARM 中，指令长度均为 32 位，而地址都是按字节编址的。因此，ARM 的指令都必须按 32 位字对齐，故 PC 的最低两位必须为 0。当 ARM 工作在 Thumb 状态下时，PC 的最低位必须为 0，因为 Thumb 的指令全都是 16 位的。当为改变程序执行顺序写入 PC 时，必须注意保证上述要求，否则将会产生不可预知的结果。

由于 ARM 采用流水线技术，当用指令读出 PC 值时，读出的 PC 值应是该指令的地址加 8。显然，在 Thumb 状态下，用指令读出 PC 值时，读出的 PC 值应是该指令的地址加 4。

2) 程序状态寄存器

程序状态寄存器有两种：当前程序状态寄存器 CPSR 和备份程序状态寄存器 SPSR。前者是所有模式所共用的，而后者则是在特定的异常模式下每个模式自己所特有的，由表 8.2 可以看得很清楚。

CPSR 和 SPSR 的格式是一样的，如图 8.3 所示为 CPSR 的格式。

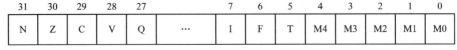

31	30	29	28	27		7	6	5	4	3	2	1	0
N	Z	C	V	Q	···	I	F	T	M4	M3	M2	M1	M0

图 8.3　程序状态寄存器格式

由图 8.3 可以看到，程序状态寄存器包括如下几部分：

● 条件标志位

图 8.3 中，N、Z、C、V 四位称为条件标志位，与前面第 2 章中所描述的 8086 的对应标志位非常类似。

N：负标志位。当两数运算结果最高位为 1 时，N=1，表示运算结果为负数。若结果最高位为 0，则 N=0，表示运算结果为一正数。实际上它与 8086 的符号标志位 SF 没有什么区别。

Z：零标志位。它与 8086 的零标志位 ZF 是一样的，不再解释。

C：进位标志。该位与 8086 的进位标志位 CF 不太一样：

当执行加法指令结果有进位时 C=1，结果没有进位时 C= 0。

当执行减法指令结果有借位时 C=0，结果没有借位时 C= 1。

V：溢出标志位。可与 8086 的溢出标志位 OF 一样理解。

● Q 标志位

在 ARM 处理器的 E 系列(带有增强 DSP 指令)或 v5 以上版本中，设置 Q 标志，用于标志执行增强 DSP 指令时是否发生溢出。

● 控制位

图 8.3 中最低 8 位为 CPSR 的控制位。它们用于对 ARM 功能的控制，利用指令可以修改这些控制位。

a. 中断禁止位

其中 I 位与 80X86 中 IF 的功能是一样的，但定义相反。在这里，当 I=0 时，允许 irq 中断；当 I=1 时，禁止 irq 中断。

与 I 位雷同，当 F=0 时，允许 fiq 中断；当 F=1 时，禁止 fiq 中断。

b. T 控制位

T 控制位用于控制 ARM 处理器在 ARM 的 32 位指令和 Thumb 的 16 位指令之间进行切换。

当 T=0 时，ARM 处理器执行 ARM 的 32 位指令；

当 T=1 时，ARM 处理器执行 Thumb 的 16 位指令。

在 v5 及以上版本非 T 变种的 ARM 处理器中，T 控制位的定义为：

当 T=0 时，ARM 处理器执行 ARM 的 32 位指令；

当 T=1 时，执行下一条指令引起未定义异常。

c. 模式控制位

CPSR 中的 M0～M4 这 5 位用以控制 ARM 的运行模式，它们的不同编码可以规定 ARM 的模式。具体的规定及在此模式下可以使用的寄存器如表 8.3 所示。

表 8.3　模式控制位及各模式下可访问的寄存器

M4～M0	模式	可访问的寄存器
0b10000	用户	R0～R14，PC，CPSR
0b10001	FIQ	R0～R7，R8_fiq～R14_fiq，PC，CPSR，SPSR_fiq
0b10010	IRQ	R0～R12，R13_irq～R14_irq，PC，CPSR，SPSR_irq
0b10011	特权	R0～R12，R13_svc～R14_svc，PC，CPSR，SPSR_svc
0b10111	中止	R0～R12，R13_abt～R14_abt，PC，CPSR，SPSR_abt
0b11011	未定义	R0～R12，R13_und～R14_und，PC，CPSR，SPSR_und
0b11111	系统	R0～R14，PC，CPSR

在表 8.3 中，用 0bxxxxx 表示 0b 之后为二进制编码。

同时，表 8.3 中更加明确地指出了不同模式下可以访问的内部寄存器。

● 其他位

在 CPSR 中，除了上面定义的各位外，剩余的许多位尚未定义，留作今后扩展之用。

SPSR 的各位定义与 CPSR 相同，不需再作说明。

3．ARM 处理器的存储系统

1) 寻址空间

ARM 的内存以字节编址，最大地址空间为 2^{32}，用十六进制表示为 0X00000000～
0XFFFFFFFF。在 ARM 中 0X 后面的字符表示为十六进制数。

ARM 的地址空间也可以看做是 2^{30} 个 32 位的字单元或者是用 2^{31} 个 16 位的半字单元
构成。

在前面的章节中已经说过,在 PC 中加上带符号的偏移量可以实现程序的转移。在 ARM
中也是这样，执行转移指令可以实现程序的转移。转移的目的地址为：

$$当前(转移)指令的地址 + 8 + 偏移量$$

在前面讲述 8086 段内相对转移时，目的地址是当前指令的地址加 2(短转移)或加 3(近
转移)再加位移量。在 ARM 中加 8 是因为其中有指令流水线而且 ARM 指令的长度都是 4
个字节。

2) 内存存储格式

在 ARM 存储器中，数据在内存中的存放有两种格式：

(1) 小端格式。这种存储格式是一个 4 个字节的字或一个两个字节的半字，总是小地
址存放在低字节，大地址存放在高字节。其规则与前面的 80X86 是一样的。例如，一个 32
位的字 0XA9876543，存放在内存起始地址为 0X30000000 的顺序单元中，则最低字节 43
放入最小的 0X30000000 单元、65 放入 0X30000001 单元，后面的字节依次存放。

(2) 大端格式。大端格式与上述小端格式的存放顺序刚好相反，即小地址存放高字节，
大地址存放低字节。

小端格式通常是 ARM 的缺省配置，通过硬件输入可以配置存储格式。

3) I/O 地址映射

如同前面提到的，ARM 处理器采用内存与接口地址统一编址的方案。也就是说，内
存与接口共用一个 4 G 的地址空间，这 4G 地址空间的其中一部分分配给接口作为接口地
址，其他部分用作内存地址。用于内存的地址接口不能用，而用于接口的地址内存也不
能用。

8.2.3　ARM 指令系统

ARM 是一种 RISC(精减指令集计算机)处理器，相对于 CISC(复杂指令集计算机)要简
单一些。但是，这是一种近几年才开发出来的高性能的 32 位处理器，其指令功能是很强的，
相对也比较复杂。本小节仅对 ARM 的指令系统进行一般性的介绍。

1．ARM 指令的一般格式

1) 格式

一条典型的 ARM 指令的一般语法格式如下：

      <opcode>{<cond>}{<S>}<Rd>，<Rn>，<shifter_oprand>

其中：

opcode 为操作码助记符，例如加法指令用 ADD 表示。

cond 为指令的执行条件码，详见下文。

S 用于决定该指令的执行是否影响 CPSR。

Rd 表示目标寄存器。

Rn 表示保存第 1 个操作数的寄存器。

shifter_oprand 表示第 2 个操作数的寄存器。

上述指令的格式是某一类指令的典型格式，在具体指令中会有细微变化。有的指令还会增加一些后缀，这些情况在后面的描述中将会看到。

2) 条件码

在 ARM 中定义的条件码与 8086 有许多类似的地方，读者可对照理解。ARM 的条件码如表 8.4 所示。

表 8.4　ARM 处理器的条件码

[31:28]	助记符后缀	标　志	含　义
0000	EQ	Z=1	相等
0001	NE	Z=0	不相等
0010	CS/HS	C=1	无符号数大于/等于
0011	CC/LO	C=0	无符号数小于
0100	MI	N=1	负
0101	PL	N=0	非负
0110	VS	V=1	有溢出
0111	VC	V=0	无溢出
1000	HI	C=1 且 Z=0	无符号数大于
1001	LS	C=1 或 Z=1	无符号数小于/等于
1010	GE	N=1 且 V=1 或 N=0 且 V=0	带符号数大于/等于
1011	LT	N=1 且 V=0 或 N=0 且 V=1	带符号数小于
1100	GT	Z=0 且 N=V	带符号数大于
1101	LE	Z=1 且 N!=V	带符号数小于/等于
1110	AL		无条件执行

2. 寻址方式

有关寻址方式的概念在第 3 章中已经说明，此处仅介绍 ARM 处理器的一些最基本的寻址方式。

1) 寄存器寻址

操作数在寄存器中的寻址方式称为寄存器寻址。例如：

    ADD R1，R2，R3；完成 R2+R3→R1

2) 立即寻址

操作数为立即数的寻址方式称为立即寻址。但 ARM 的立即数定义比较特殊，不是任意一个数都能定义为立即数。只有一个 8 位数，循环右移偶数次(0、2、4、6、…、30)，并且最多为循环右移 30 次，方可构成 32 位的二进制数。

例如，0XFF、0X104、0XFF0、0X3F0、0XFF00、0XF000000F 等是合法的，而 0X101、0XFF1 等是非法的。

3) 寄存器移位寻址

这种寻址方式是 ARM 处理器所特有的，在第 2 个寄存器操作数与第 1 个操作数进行某种运算之前，可先进行移位操作。例如指令

    ADD   R3，R2，R1，LSL #3

是先将 R1 的内容逻辑左移 3 次，再与 R2 的内容相加，结果放在 R3 中。

ARM 处理器中的移位操作是针对 32 位数据的，概念上有些与 8086 一样，有些则不一样，具体说明如下：

LSL——逻辑左移；

LSR——逻辑右移；

ASR——算术右移；

ROR——循环右移；

RRX——大循环右移，即包括进位标志在内的循环右移。

有关上述移位操作可用图 8.4 来说明。请读者注意它们与 8086 CPU 移位指令的区别。

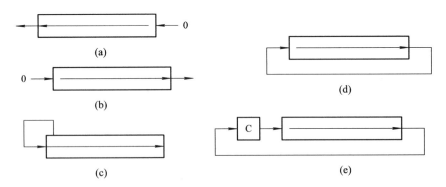

图 8.4 ARM 的移位操作
(a) LSL; (b) LSR; (c) ASR; (d) ROR; (e) RRX

4) 寄存器间接寻址

寄存器的内容作为操作数的地址的寻址方式称为寄存器间接寻址。例如指令

　　　　LDR　　R0，[R3]

就是以 R3 的内容作为操作数的地址，由该地址读一个 32 位的字放在 R0 中。

　　5) 变址寻址

　　在此寻址方式中，操作数的地址是由寄存器的内容加上一个带符号的位移量来决定的，位移量的范围在 ±4 KB 之间。例如指令

　　　　LDR　　R1，[R4，#8]

是从 R4 的内容加上 8 的内存地址开始，顺序取 4 个字节放在 R1 中。

　　6) 多寄存器寻址

　　该寻址方式可用一条指令进行批量数据的传送。例如指令

　　　　LDMIA　　R0，{R5-R8}

能将从 R0 的内容所指向的内存字到 R0 的内容 +12 所指向的内存字(共 4 个字)顺序读出并存放在 R5、R6、R7 和 R8 中。

　　7) 相对寻址

　　与 8086 一样，相对寻址用于转移指令，在这里还用于子程序调用。该寻址方式以 PC 为基准，在其上加上带符号的位移量，从而改变了 PC 的内容，也就改变了程序的执行顺序，达到转移的目的。位移量指出目的地址与现行指令之间的相对距离。

　　ARM 处理器在执行 BL 指令时要做两件事：

　　(1) 将 BL 下一条指令的地址存入 R14(即 LR)中。

　　(2) 将 PC 的内容加上指令中所带的经过运算的 24 位带符号的位移量(已变为 32 位)构成新的 PC 的内容。24 位带符号的位移量的运算是先将其符号位扩展为 32 位，再将扩展后的 32 位左移 2 位，这就是经过运算后的 32 位的位移量。

　　上述过程看起来似乎很复杂，但在实际编程中是非常简单的，在使用转移指令时，只需在指令中给出转移或调用的标号就可以了。上述复杂的计算是由汇编程序来完成的，编程人员无需关心。

　　但是，编程人员应当知道，在指令中包含的是 24 位的带符号(用补码表示)的位移量，并且在计算目的地址时又使符号位扩展左移了 2 位。因此，位移量相当于带符号的 26 的二进制数，这就规定了程序转移的范围大致在 −32 MB 到 +32 MB 之间。

　　为了说明如何使用 BL，用图 8.5 表示调用子程序的情况。

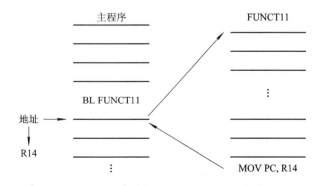

图 8.5　用 BL 指令调用子程序的过程

在图 8.5 中, 利用一条横线代表一条指令。当 ARM 执行 BL 指令时, 它会自动将其下一条指令的地址保存在 R14 中。然后, 根据 24 位的位移量, 程序转向 FUNCT11 去执行一个子程序。在子程序结束时, 可用指令 MOV PC, R14(也可以用别的指令)返回主程序。

3. ARM 的指令系统

1) 访问内存(简称"访内")指令

● 语法格式

ARM 的访内指令有 4 种形式, 它们的构造格式如下:

(1) 零偏移格式:

    \<opcode>\{\<cond>}{\<B>}{\<T>}\<Rd>, \<[Rn]>

(2) 前索引偏移, 在传送前将偏移量加到 Rn 中。格式为:

    \<opcode>\{\<cond>}{\<B>}\<Rd>, \<[Rn, Flexoffset]>{\<!>}

(3) 相对偏移, 标号地址必须在当前指令的 ±4 KB 范围内。格式为:

    \<opcode>\{\<cond>}{\<B>}\<Rd>, label

(4) 后索引偏移, 在传送后将偏移量加到 Rn 中。格式为:

    \<opcode>\{\<cond>}{\<B>}\<Rd>, \<[Rn], Flexoffset>

上述格式中, 可选后缀项 B 表示字节; 可选后缀项 T 若存在, 即使处理器在特权模式下, 也将该指令看成是在用户模式之下; Rd 为要加载或存储的内部寄存器; Rn 为存储器的基地址; Flexoffset 为偏移量; label 为标号, 表示相对偏移; ! 为可选后缀, 有 ! 的指令将包括偏移量的地址写回 Rn 中。

● 指令列表

(1) 用于字及字节操作的访内指令。用于字及字节操作的访内指令如表 8.5 所示。

表 8.5 用于字及字节操作的访内指令

助记符	操 作
LDR	字数据读取
LDRB	字节数据读取
LDRBT	用户模式的字节数据读取
LDRH	半字数据读取
LDRSB	有符号数的字节数据读取
LDRSH	有符号数的半字数据读取
LDRT	用户模式的字数据读取
STR	字数据写入
STRB	字节数据写入
STRBT	用户模式字节数据写入
STRH	半字数据写入
STRT	用户模式字数据写入

指令举例：

LDR	R8，[R10]	；以 R10 的内容为内存地址读一个字放 R8，即［R10］→R8
LDR	R0，pldata	；由 pldata 所指的地址取一字放 R0
LDR	R1，[R2，#-4]	；从内存 R2−4 号单元读一个字放 R1
LDRB	R0，[R3，#5]	；从内存 R3+5 号单元读一个字节放 R0 的最低字节， ；R0 的高 24 位被置为 0
LDRH	R0，[R3，R4]	；从内存由 R3+R4 构成的地址单元读半个字放 R0 的 ；最低 16 位，R0 的高 16 位被置为 0
STR	R0，[R1,# 0X100]	；将 R0 的内容写到 R1+0X100 构成的内存地址中
STRB	R5，[R3，#0X200]！	；将 R5 的最低字节写到 R3+0X200 构成的内存地址中， ；并使 R5=R5+0X200

(2) 批量访内指令。批量访内指令使用前面提到的多寄存器寻址，可以实现数据的批量写入内存和读出内存。数据的堆栈操作也具有类似的情况，但是如第 3 章所描述的那样，堆栈操作是先进后出的，这是堆栈操作指令的基本特征。有关一般批量传送和堆栈操作指令对应如表 8.6 所示。

表 8.6　一般批量传送与堆栈操作指令对应表

一般批量传送	堆栈操作
LDMDA	LDMFA
LDMIA	LDMFD
LDMDB	LDMEA
LDMIB	LDMED
STMDA	STMED
STMIA	STMEA
STMDB	STMFD
STMIB	STMFA

上面的指令中所包括后缀的含义如下：

IA——事后递增方式；

IB——事先递增方式；

DA——事后递减方式；

DB——事先递减方式；

FD——满栈递减方式；

IB——空栈递减方式；

DA——满栈递增方式；

DB——空栈递增方式。

有关一般批量传送举例如下：

STMIA　　R9!，｛R0，R1，R3，R5｝

该指令是以事后递增的方式将 R0、R1、R3、R5 这 4 个寄存器的内容放在以 R9 的内容为地址的内存单元中，如图 8.6 所示。

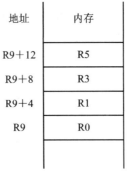

地址	内存
R9+12	R5
R9+8	R3
R9+4	R1
R9	R0

图 8.6　指令 STMTA 的执行结果

在 ARM 处理器中，利用 R13 作为堆栈指针，堆栈可以是递增的也可以是递减的。在以往的 CPU 中，8086 是递减的而 MCS-51 是递增的，而 ARM 则具有这两种能力。例如，将 R0 到 R7 这 8 个寄存器压栈和出栈可用下面的指令：

　　STMFD　　　R13!，{R0-R7}
　　LDMFD　　　R13!，{R0-R7}

2) 数据处理指令

ARM 的数据处理指令包括：数据传送指令、算术运算指令和逻辑运算指令。现将常用的指令列于表 8.7 中。

表 8.7　ARM 的数据处理指令

指　　令	功　　　能
MOV	数据传送指令
MVN	数据取反传送指令
CMP	比较指令
CMN	相反数的比较指令
TST	测试指令
TEQ	相等测试指令
ADD	加法指令
SUB	减法指令
RSB	逆向减法指令
ADC	带进位加法指令
SBC	带进位减法指令
RSC	带进位逆向减法指令
AND	与操作指令
BIC	位清除指令
EOR	异或操作指令
ORR	或操作指令

这些数据处理指令许多与 8086 的指令类似，但又有自己的特点。

指令 MOV 的语法格式为：

　　　　MOV　{<cond>}{S}<Rd>，<operand2>

其中：{<cond>}具有可选条件，可有条件执行，也可以无条件执行；

　　　　<Rd>为目标寄存器；

　　　　<operand2>为第二操作数，非常灵活，可以是前面所提到的立即数、寄存器，也可以是经过移位的寄存器；

　　　　{S}为可选项，若指令中有 S，当指令中 Rd 为 R15 时，则将当前模式下的 SPSR 复制到 CPSR 中；若 Rd 不为 R15，则指令执行将影响状态寄存器中的条件标志位 N 和 Z，若有移位则有可能影响 C 标志位。若指令中没有 S，则不影响标志位。

举例如下，若在 irq 中断服务程序中最后出现指令：

　　　　MOVS　PC，R14

该指令将 R14(LR)的内容复制到 PC 中，同时将 SPSR_irq 的内容复制到 CPSR 中。

对于本类中的其他指令不再详细介绍，仅举几条指令予以说明如下：

　　　　ADD　　R0，R1，R2；

这条加法指令的功能很简单，即 R1+R2→R3。

下面的指令可以实现 R3R4R5−R6R7R8→R0R1R2 的 96 位整数减法运算，最后的结果放在 R0R1R2 中。

　　　　SUBS　R2，R5，R8

　　　　SBCS　R1，R4，R7

　　　　SBC　　R0，R3，R6

若要对操作数先取反再传送，可用数据取反传送指令：

　　　　MVN　R4，R5　　　　　　　；将 R5 取反后送 R4

3) 乘法指令

ARM 的乘法指令包括 32 位乘法和 64 位乘法，有如表 8.8 所示的 6 条乘法指令。

表 8.8　ARM 的乘法指令

指　令	功　　　能
MUL	32 位乘法指令
MLA	32 位带加数的乘法指令
SMULL	64 位带符号数的乘法指令
SMLAL	64 位带加数有符号数的乘法指令
UMULL	64 位无符号数的乘法指令
UMLAL	64 位带加数无符号数的乘法指令

ARM 的乘法指令同样非常灵活，功能很强。32 位的 MLA 指令的语法格式为：

　　　　MLA {<cond>}{S}<Rd>，<Rm>，<Rs>，<Rn>

该指令可以带条件，可以影响标志位，完成 Rm × Rs + Rn→Rd。

64 位的 SMULL 指令的语法格式为

　　　　SMULL　{<cond>}{S}<RdLo>，<RdHi>，<Rm>，<Rs>

同样，该指令可以带条件，可以影响标志位，完成 Rm×Rs=64 位积。64 位积的高 32 位放在 RdHi 中，低 32 位放在 RdLo 中。

其他指令不再解释。举例如下：

　　　　MUL　R1，R2，R3

该指令完成 R2×R3→R1。

　　　　UMULL　R0，R1，R2，R3

该指令完成 R2×R3，乘积高 32 位放 R1，低 32 位放 R0。

4) 转移指令

ARM 的转移指令有如表 8.9 所示的 4 种。

表 8.9　ARM 的转移指令

指　　令	功　　　能
B	跳转指令
BL	带返回地址的转移指令
BLX	带返回地址和状态切换的转移指令
BX	带状态切换的转移指令

B 及 BL 指令的语法格式为：

　　　　B{L}{<cond>}<target_address>

其中：

有 L，规定将当前的 PC 值(该指令的下一条指令的地址)保存在 R14(LR)寄存器中；无 L 则不保存此 PC 值。该指令可带有表 8.4 所列的条件，就构成了条件转移指令。

指令中给出转移的目标地址<target_address>，实际转移范围如前所述，大致在 ±32 MB 之间。

由于 BL 保存返回地址，因此它可以用于子程序调用。

BLX 指令有两种语法格式：

　　　　BLX　{<cond>}Rm

　　　　BLX　label

执行上述指令，首先将该指令下一条指令的地址(返回地址)存入 R14；而后转移到由 Rm 所指定的绝对地址上或由 label 所决定的相对地址上去执行。

值得注意的是：若 Rm 的最低有效位为 1(即 bit0 = 1)，或者使用了 BLX　label 形式的指令，则将 ARM 切换到 Thumb 指令集上去执行。

BX 指令可使程序产生转移，也可使 ARM 切换到 Thumb 指令集上去执行。其格式为

　　　　BX　{<cond>}Rm

该指令使 ARM 转移到 Rm 的内容所规定的地址上执行。Rm 的最低位不用作地址(32 位指

令地址最低 2 位总为 0；而 16 位指令地址最低位总为 0)。当最低位为 1 时，则将 ARM 切换到 Thumb 指令集上去执行。当 Rm 的最低位为 0 时，则其第 1 位(即 bit1)不能为 1，因为此时转移地址上执行的仍然是 32 位指令。

5) ARM 协处理器指令

ARM 支持 16 个协处理器(CP0~CP15)，在执行程序过程中，每一个协处理器只执行与自己有关的指令。当协处理器不能执行属于该处理器的指令时，会产生未定义指令异常。协处理器指令有 5 条，如表 8.10 所示。

表 8.10　ARM 的协处理器指令

指　　令	功　　能
CDP	协处理器数据操作指令
LDC	协处理器数据读取指令
STC	协处理器数据写入指令
MCR	ARM 寄存器到协处理器寄存器的数据传送指令
MRC	协处理器寄存器到 ARM 寄存器的数据传送指令

指令 CDP 的语法格式为：

CDP{<cond>}<coproc>，<opcode_1>，<CRd>，<CRn>，<CRm>，{<opcode_2>}

其中：

<cond>为指令执行的条件，也就是说该指令是可以带条件的，也可以无条件；

<coproc>为协处理器的编号；

<opcode_1>为协处理器将要执行的第 1 个操作码；

<opcode_2>为可选协处理器将要执行的第 2 个操作码；

<CRd><CRn><CRm>均为协处理器寄存器。

例如，指令

CDP　p5，2，c12，c10，c3，4

指示协处理器 CP5 执行，操作码分别是 2 和 4，目标寄存器为 c12，源操作数寄存器为 c10 和 c3。

指令 MCR 的格式如下：

MCR{<cond>}<coproc>，<opcode_1>，<Rd>，<CRn>，<CRm>，{<opcode_2>}

格式中各部分的解释同上，其中 Rd 为 ARM 的寄存器，其内容将被传送到协处理器的寄存器中。例如：

MCR　p14，3，R7，c7，c11，6

该指令是将 ARM 的 R7 传送到协处理器 CP14 的寄存器 c7 和 c11 中，操作码 1 和 2 分别为 3 和 6。

6) 其他指令

ARM 处理器还有许多指令，下面将一些常用的指令列于表 8.11 中，并说明如下。

表 8.11 ARM 的一些其他指令

指　令	功　能
MRS	状态寄存器到通用寄存器的传送指令
MSR	通用寄存器到状态寄存器的传送指令
SWP	通用寄存器与存储器间的数据交换指令
NOP	空操作指令
SWI	软件中断指令
BKPT	断点中断指令

指令 MRS 的格式为

　　MRS {<cond>}<Rd>，<psr>

由指令格式可以看到，该指令可以有条件也可以无条件执行；<Rd>为目标寄存器；<psr>可以是 CPSR 也可以是 SPSR，由指令决定。例如，指令

　　MRS　　R3，SPSR

该指令将当前模式下的 SPSR 的内容传送到寄存器 R3 中。

指令 MSR 的格式为

　　MSR　{<cond>}<psr>_<fields>，<Rm>

　　MSR　{<cond>}<psr>_<fields>，<#immedate>

其中：

{<cond>}为可选的条件项。

<psr>为 CPSR 或 SPSR。

<fields>指定传送的区域：

c 为 CPSR 或 SPSR 的 bit0~bit7；

x 为 CPSR 或 SPSR 的 bit8~bit15；

s 为 CPSR 或 SPSR 的 bit16~bit23；

f 为 CPSR 或 SPSR 的 bit24~bit31。

<#immedate>为 8 位立即数，规定如前立即寻址中所述。

举例：

　　MSR　CPSR，R2

该指令将 R2 的内容传送到 CPSR 中。

　　MSR　CPSR_c，R4

该指令仅将 R4 的 bit0~bit7 传送到 CPSR 的 bit0~bit7 中。

指令 SWP 的语法格式如下：

　　SWP　{<cond>}<Rd>，<Rm>，<[Rn]>

其中：{<cond>}为可选条件项；

<Rd>为目标寄存器；

<Rm>寄存器，存放着要与内存交换的数据；

<[Rn]>寄存器，其内容为要进行数据交换的内存地址。

举例如下：

　　　　SWP　　R1，R2，[R3]

该指令从以 R3 的内容为地址的内存单元中读出数据放入 R1 中，同时将 R2 的内容存入该内存单元中。

软件中断指令 SWI 和断点中断指令 BKPT 的执行过程将在后面再作说明。

以上对 ARM 处理器的主要指令做了最简单的介绍，以期使读者对指令系统能大致了解。至于 16 位的 Thumb 指令，此处不再说明。

8.2.4　ARM 的异常中断处理

1．ARM 异常的种类

异常是由处理器内部或外部产生的引起处理器处理的一个事件。在概念上，它与前面 80X86 中的异常非常类似。ARM 支持 7 种异常，各种异常的类型以及处理这些异常的处理程序的起始地址如表 8.12 所示。

表 8.12　ARM 的异常及其处理程序的起始地址

异常类型	模式	正常地址	高向量地址	优先级
复位	管理	0X00000000	0XFFFF0000	1
未定义指令	未定义	0X00000004	0XFFFF0004	6
软件中断 SWI	管理	0X00000008	0XFFFF0008	6
预取中止(预取指令)	中止	0X0000000C	0XFFFF000C	5
数据中止(数据访问)	中止	0X00000010	0XFFFF0010	2
一般中断请求 irq	irq	0X00000018	0XFFFF0018	4
快速中断请求 fiq	fiq	0X0000001C	0XFFFF001C	3

在 ARM 中，可以配置上述异常的处理程序的起始地址(异常中断向量)为正常地址或高向量地址。

ARM 的异常规定了不同的优先级，优先级序号小的优先级高，而序号大的优先级低。

2．ARM 处理器的异常中断响应过程

从应用的角度出发，我们认为异常(尤其是 irq 和 fiq)对将来的应用十分重要，下面将逐一加以说明。

1) 复位

一旦复位启动(复位有效再变为无效)，ARM 处理器立刻停止执行指令，并开始执行下列操作：

R14 不确定

SPSR 不确定

CPSR[4:0] = 0b10011——进入特权模式

CPSR[5] = 0——使 T=0，进入 ARM 状态

CPSR[6] = 1——使 F=1，禁止 fiq 中断

CPSR[7] = 1——使 I=1，禁止 irq 中断

如果配置为正常地址，则 PC=0X00000000；若为高向量地址，则 PC=0XFFFF0000。这样一来，一旦复位启动 ARM，它永远都会从规定的配置地址开始执行。

2) 未定义指令异常

当 ARM 执行未定义的指令，或者在执行协处理器指令时未能收到协处理器的响应时，均会产生未定义指令异常。一旦异常发生，ARM 将执行下面的一系列操作：

R14_und = 该未定义指令的下一条指令的地址

SPSR_und = CPSR

CPSR[4:0] = 0b11011——进入未定义模式

CPSR[5] = 0——使 T=0，进入 ARM 状态

CPSR[6] = 不改变

CPSR[7] = 1——使 I=1，禁止 irq 中断

如果配置为正常地址，则 PC = 0X00000004；若为高向量地址，则 PC = 0XFFFF0004。

从上述过程可以看到，当执行一条未定义指令时，会产生未定义异常，响应中将其下一条指令的地址保存在 R14_und 中，并且将 CPSR 的内容放在 SPSR_und 中，再修改 CPSR，进入未定义模式，然后转向未定义异常处理程序的首地址 0X00000004(或者 0XFFFF0004)。其示意图如图 8.7 所示。

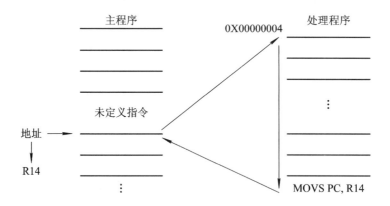

图 8.7　未定义指令异常响应、处理及返回过程

在 ARM 响应未定义异常时，处理器自动保护下一条指令的地址(即该未定义指令所对应的 PC 再加 4)和当时的 CPSR。在处理程序结束时，利用一条 MOVS　PC, R14 指令便可以恢复 CPSR 并返回主程序执行。

3) 软件中断指令 SWI

当 ARM 执行软件中断指令 SWI 时，ARM 会自动完成如下操作：

　　　　R14_svc = 该指令的下一条指令的地址

　　　　SPSR_svc = CPSR

　　　　CPSR[4:0] = 0b10011 ——进入特权模式

　　　　CPSR[5] = 0 ——使 T=0，进入 ARM 状态

　　　　CPSR[6] = 不改变

　　　　CPSR[7] = 1 ——使 I=1，禁止 irq 中断

如果配置为正常地址，则 PC = 0X00000008；若为高向量地址，则 PC = 0XFFFF0008。软件中断的响应、处理及返回过程可用图 8.8 来描述。

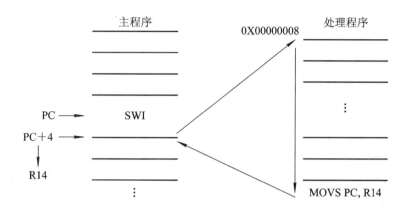

图 8.8　SWI 指令的响应、处理及返回过程

　　由图 8.8 可以看到，当 ARM 执行 SWI 指令时，首先将其下一条指令的地址(即 SWI 指令所对应的 PC 再加上 4)保存在 R14 中，并将当时的 CPSR 保存在 SPSR_svc 中，再修改 CPSR 的部分内容，进入特权模式，禁止 irq，然后转向软件服务程序的首地址 0X00000008 (或 0XFFFF0008)，开始执行软件中断服务程序。

　　同样，在处理程序结束时，利用一条 MOVS　PC, R14 指令便可以恢复 CPSR 并返回主程序执行。

　　4) 预取中止异常

　　在指令预取时，若目标地址是非法的，则存储器系统发出标记信号，使所取指令无效，若 ARM 执行该无效指令就会产生预取中止异常。当 ARM 执行断点中断指令时，也会发生预取中止异常。ARM 响应预取中止异常的过程如下：

　　　　R14_abt = 该无效指令的下一条指令的地址(中止指令的 PC+4)

　　　　SPSR_abt = CPSR

　　　　CPSR[4:0] = 0b10111——进入特权模式

　　　　CPSR[5] = 0——使 T = 0，进入 ARM 状态

　　　　CPSR[6] = 不改变

　　　　CPSR[7] = 1——使 I = 1，禁止 irq 中断

如果配置为正常地址，则 PC = 0X0000000C；若为高向量地址，则 PC = 0XFFFF000C。图 8.9 描述了预取中止异常响应处理及返回的过程。

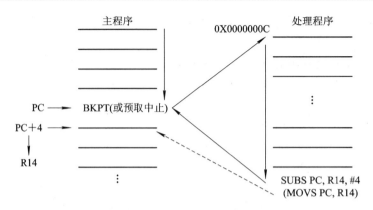

图 8.9　预取中止异常的响应、处理及返回过程

在图 8.9 中，由处理程序返回时，若要回到预取中止指令(或 BKPT)上执行，就用 SUBS PC, R14, #4 指令。因为在响应时，R14 中保存的是 PC + 4 的值(指向预取中止指令的下一条指令)，所以必须先将其值减 4 再送到 PC 中。若要返回到预取中止指令的下一条指令，就用 MOVS　PC, R14 指令，如图 8.9 中虚线所示。

5) 数据中止异常

当执行存储器数据访问指令时，若存储器系统发出中止信号，使访问数据无效，则可产生数据中止异常。其响应过程如下：

      R14_abt = 该数据中止指令的下一条指令的地址 + 4(或中止指令的 PC + 8)

      SPSR_abt = CPSR

      CPSR[4:0] = 0b10111——进入特权模式

      CPSR[5] = 0——使 T=0，进入 ARM 状态

      CPSR[6] = 不改变

      CPSR[7] = 1——使 I = 1，禁止 irq 中断

如果配置为正常地址，则 PC = 0X00000010；若为高向量地址，则 PC = 0XFFFF0010。

图 8.10 描述了数据中止异常响应处理及返回的过程。

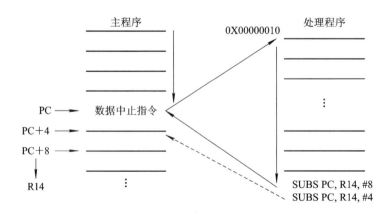

图 8.10　数据中止异常的响应、处理及返回过程

在图 8.10 中，由处理程序返回时，若要回到数据中止指令上执行，就用 SUBS　PC, R14, #8 指令。因为在响应时，R14 中保存的是 PC＋8 的值(指向数据中止指令地址加 8)，所以若要返回到数据中止指令，则必须将 R14 −8 的值放入 PC 中。若要使程序返回到数据中止指令的下一条指令，就用 SUBS　PC, R14, #4 指令，如图 8.10 中虚线所示。

6) 一般中断请求 irq

如同 80X86 一样，ARM 是在一条指令结束时查询有无中断请求(irq 和 fiq)发生的。对一般中断请求 irq 的响应过程如下：

　　　R14_irq = 执行指令的下一条指令的地址＋4(或中断发生时指令的 PC＋8)

　　　SPSR_irq = CPSR

　　　CPSR[4:0] = 0b10010——进入 irq 模式

　　　CPSR[5] = 0——使 T=0，进入 ARM 状态

　　　CPSR[6] = 不改变

　　　CPSR[7] = 1——使 I = 1，禁止 irq 中断

如果配置为正常地址，则 PC = 0X00000018；若为高向量地址，则 PC = 0XFFFF0018。

上述 irq 的响应过程及处理与返回的过程如图 8.11 所示。

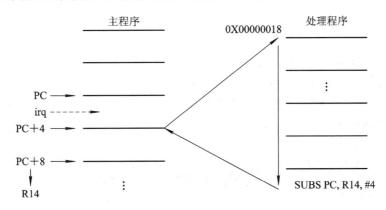

图 8.11　irq 的响应、处理及返回过程

由图 8.11 可以看到，在 ARM 响应 irq 时，在 R14(LR)中保存的是发生 irq 时正在执行的指令地址，也就是它所对应的 PC 再加 8，这是由 ARM 的流水线结构所决定的，见图 8.11 箭头所示。

中断响应过程中会对 irq 关中断，正如本书前面提到的，如果中断服务程序是允许嵌套的，则需要在服务程序中修改 CPSR[7]，使之为 0。

由图 8.11 还需注意到，中断返回必须返回到发生 irq 请求时那条指令的下一条指令上执行，因此必须使用 SUBS　PC, R14, #4 指令。

7) 快速中断请求 fiq

ARM 对快速中断请求 fiq 的响应与 irq 非常类似，但 fiq 的优先级比 irq 的优先级高。ARM 对快速中断请求 fiq 的响应过程如下：

　　　R14_fiq = 执行指令的下一条指令的地址＋4(或中断发生时指令的 PC＋8)

　　　SPSR_fiq = CPSR

    CPSR[4:0] = 0b10001——进入 IRQ 模式

    CPSR[5] = 0——使 T=0，进入 ARM 状态

    CPSR[6] = 1——使 F=1，禁止 fiq 中断

    CPSR[7] = 1——使 I=1，禁止 irq 中断

如果配置为正常地址，则 PC = 0X0000001C；若为高向量地址，则 PC = 0XFFFF001C。
ARM 对 fiq 的响应过程及处理与返回与 irq 十分相似，其示意图如图 8.12 所示。

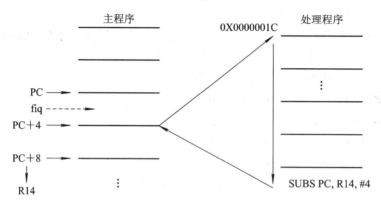

图 8.12　fiq 的响应、处理及返回过程

    值得再次强调的是，中断返回一定要回到发生中断时正执行指令的下一条指令上，只
有这样才可能接着中断前的状态继续执行主程序。

    到此，我们对构成 PXA27X 的核心处理器 ARM 做了最简单的介绍，有关其他问题请
读者参看其他相关资料。

8.3　Intel PXA27X 介绍

    由于 PXA27X 结构复杂、功能繁多，限于篇幅，本节仅对 PAX27X 的某些功能予以
说明。

8.3.1　PXA27X 的结构

    由前面 PXA27X 的结构图 8.1 可以看到，其结构是比较复杂的。一片 PXA27X 芯片主
要包括如下一些功能部件及接口：

(1) Intel XScale 技术：

① Intel XScale 微结构；

② 协处理器。

(2) 电源管理部件。

(3) 内部存储器。

(4) 中断控制器。

(5) 操作系统定时器。

(6) 脉冲宽度调制单元(PWM)。

(7) 实时钟(RTC)。

(8) 通用输入/输出接口(GPIO)。

(9) 外部存储器控制器。

(10) DMA 控制器。

(11) 串行接口：

① 通用异步收/发器(UART)；

② 快速红外通信接口；

③ I^{2}C 串行总线接口；

④ AC'97 立体声接口；

⑤ I^{2}S 音频编译码接口；

⑥ USB 客户(从属)端接口；

⑦ USB 主控制器端接口；

⑧ 同步串行接口(SSP)。

(12) 液晶显示器(LCD)控制器。

(13) MM 卡、SD 卡及 SDIO 卡控制器。

(14) 存储棒主控制器。

(15) 灵活的可变链路接口(MSL)。

(16) 键盘接口。

(17) 通用用户鉴别模式接口。

(18) 快速捕获数字摄像头接口。

(19) 测试接口。

8.3.2　PXA27X 的内部存储器

从上一小节可以看到，PXA27X 芯片结构复杂，包含有多种功能部件和接口。由于篇幅的限制，从本小节开始，仅将其中的一部分予以说明，更多更详细的细节读者可参看 Intel 公司提供的技术资料。

1．概述

1) 内部存储器特性

PXA27X 的芯片内部集成有 256 KB 的内部 SRAM。这 256 KB 的存储器分成 4 个体，每个存储体为 64 KB。

PXA27X 的内部存储器可按 4 个体进行电源管理，从而达到最小的功率消耗。

2) 内部存储器的结构框图

PXA27X 的内部存储器结构框图如图 8.13 所示。

由图 8.13 可以看到，每一个存储体都有自己的存取请求队列。当存储体正在被访问时，新的存取请求就放在队列中，一旦前面的存取结束，队列中的请求立刻得到执行。若存取请求时存储体没有工作，则请求直接响应，无需排队。

图 8.13 中的系统总线是指 PXA27X 内部的系统总线，见图 8.1。

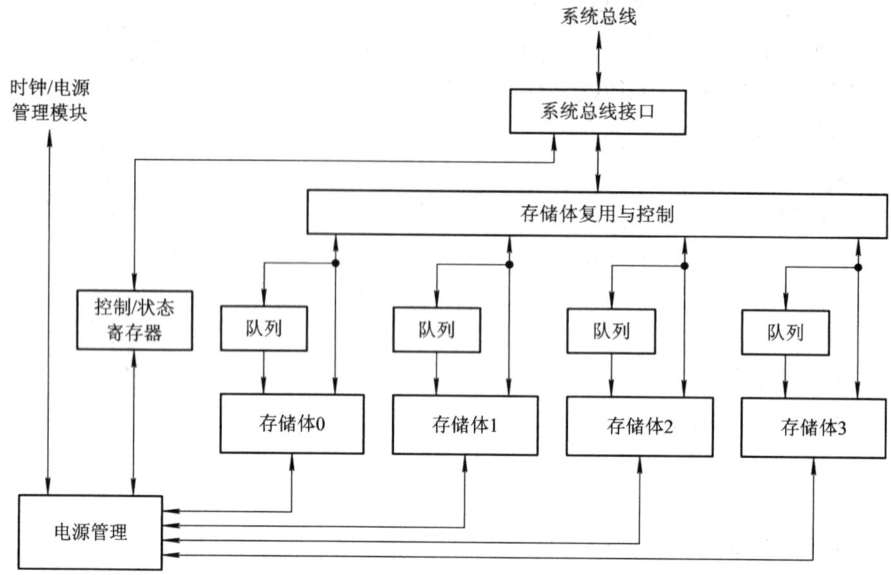

图 8.13　PXA27X 内部存储器结构框图

在 PXA27X 内部有非常复杂但功能又非常强大的电源管理。在内部存储器中也设有电源管理模块，以达到最低的功耗。PXA27X 有六种电源模式，它们是：正常(运行及强力运行)、空闲、深度空闲、备用、睡眠、深度睡眠。

PXA27X 的电源管理包括整块芯片电源管理，也包括内部存储器的电源管理。对于内部存储器的电源管理，可用表 8.13 来说明。

表 8.13　内部存储器的电源

电源模式	PXA27X 电源管理的内部存储器模块	内部存储体
正常	电源处于运行模式	电源处于运行模式
空闲及深度空闲	电源处于运行模式	电源处于运行模式
备用	备用模式	电源保持原状态或关断
睡眠	电源关断	电源保持原状态或关断
深度睡眠	电源关断	电源关断

当 PXA27X 上电复位时，会将 PXA27X 电源管理的内部存储器模块及内部存储体均置为运行模式。当 PXA27X 处理器进入睡眠状态时，内部存储器的每一个存储体的电源关断，存储体中存储的所有信息将丢失。如果想保住信息，则需要事先将 PXA27X 电源管理模块中的寄存器 PSLR 的[SL_R_X]位置 1。若 PXA27X 处理器进入深度睡眠状态，则内部存储器的每一个存储体的电源均关断，存储体中存储的所有信息都将丢失。

2．内部存储器地址

由于 256 KB 的内部 SRAM 存储器已经集成在 PXA27X 芯片内部，因此其地址是固定不变的。表 8.14 给出了内部存储器各存储体的地址范围。

表 8.14　PXA27X 芯片内部存储器的地址分配

地　　　　址	名　　称	说　　明
0X5800_0000～0X5BFF_FFFC	—	保　留
0X5C00_0000～0X5C00_FFFC	内部存储体 0	64 KB 的 SRAM
0X5C01_0000～0X5C01_FFFC	内部存储体 1	64 KB 的 SRAM
0X5C02_0000～0X5C02_FFFC	内部存储体 2	64 KB 的 SRAM
0X5C03_0000～0X5C03_FFFC	内部存储体 3	64 KB 的 SRAM
0X5C04_0000～0X5C7F_FFFC	—	保　留
0X5C80_0000～0X5FFF_FFFC	—	保　留

在表 8.14 中，除了给出内部存储器的地址外，还说明有一些地址将被保留，为后续的芯片所用。

8.3.3　PXA27X 的外部存储器控制器

PXA27X 可以在其芯片外部连接各种存储器，而且在它的内部集成了外部存储器的控制器，该控制器为使用者提供了所有的控制信号，所以连接外部存储器时非常方便。

1．概述

1）性能

PXA27X 的存储器控制器提供了如下一些主要性能：

(1) 4 个区的 SDRAM 接口，每个区的容量一般为 64 MB，最大为 256 MB。因此，最大可连接的外部 SDRAM 可达 1 GB。控制器的工作电压为 1.8 V，工作频率最高为 104 MHz。

(2) 支持 6 个区的 SRAM 或闪速存储器，每个区的容量为 64 MB。同时，这 6 个区中的 4 个区还可以接同步闪速存储器。

(3) 支持 PC 卡存储器，设置有两个插座信号。

(4) 设置一个交替总线主控器来控制总线。

(5) 支持 DMA 传送。

2）控制器提供的信号

如前所述，外部存储器控制器提供了连接使用信号，这些信号主要有如下几类：

(1) 外部存储器共享信号。外部存储器共享信号如表 8.15 所示。

表 8.15　外部存储器共享信号

信号名	类　　型	说　　　　明
MD[31:0]	输入/输出	连接各类存储器的双向数据信号
MA[25:0]	输出	连接各类存储器的地址信号
DQM[3:0]	输出	数据字节屏蔽控制信号 DQM[0]对应 MD[7:0] DQM[1]对应 MD[15:8] DQM[2]对应 MD[23:16] DQM[3]对应 MD[31:24] 　0：不屏蔽相对应的字节 　1：屏蔽相对应的字节

(2) 与 SRAM 和 SDRAM 有关的信号。与 SRAM 和 SDRAM 有关的信号如表 8.16 所示。

表 8.16　与 SRAM 和 SDRAM 有关的信号

信号名	类　　型	说　　　　明
SDCLK [3：0]	输出	加到外部存储器上的输出时钟 SDCLK[0]：用于所有 SRAM 区 SDCLK[1]：用于 SDRAM 的 0 区和 1 区 SDCLK[2]：用于 SDRAM 的 2 区和 3 区 SDCLK[3]：用于 PXA271 和 PXA272 内部的同步闪存，但不要期望用在其他处理器上
SDCKE	输出	用于外部存储器的输出时钟允许信号，用在 SDRAM 的所有分区
nSDRAS	输出	用于 SDRAM 的行选通信号
nSDCAS	输出	用于 SDRAM 的列选通信号
nSDCS[3:0]	输出	用于 SDRAM 的片选信号
nCS[5:0]	输出	用于 SRAM 的片选信号
nWE	输出	用于 SDRAM 和 SRAM 的写允许信号
nOE	输出	用于 SDRAM 和 SRAM 的输出允许信号

(3) 杂项信号。用于外部存储器的杂项信号如表 8.17 所示。

表 8.17　杂 项 信 号

信号名	类　型	说　　　明
RDnWR	输出	指示数据驱动的方向 0：表示 MD[31:0]由 PXA27X 处理器驱动 1：表示 MD[31:0]不由 PXA27X 处理器驱动
DVAL[1:0]	输出	用于 DMA 的数据准备好信号
RDY	输入	用于 VLIO(可调的潜在 IO)插入等待状态的信号 0：等待；1：VLIO 准备好
BOOT_SEL	输入	用于配置自举 ROM/闪存的数据宽度 0：32 位 ROM/闪存；1：16 位 ROM/闪存

(4) 交替总线主控制器信号。交替总线主控制器信号如表 8.18 所示。

表 8.18　交替总线主控制器信号

信号名	类　型	说　　　明
MBREQ	输入	交替总线主控制器请求
MBGNT	输出	交替总线主控制器响应

(5) PC 卡接口信号。PC 卡接口信号如表 8.19 所示。

表 8.19　PC 卡接口信号

信号名	类　型	说　　　明
nPCE[2:1]	输出	PC 卡接口的字节允许信号 　nPCE[1]：允许 MD[7:0]；nPCE[2]：允许 MD[15:8]
nPREG	输出	用作 PC 卡地址 MA[26]，决定寄存器或存储器空间
nPIOR	输出	PC 卡 IO 空间的读允许信号
nPIOW	输出	PC 卡 IO 空间的写允许信号
nPWE	输出	PC 卡存储器空间的写允许信号
nPOE	输出	PC 卡存储器空间的输出允许信号
nPIOIS16	输入	输入信号，用于说明 PC 卡接口 IO 空间数据总线宽度 　0：16 位 IO 空间；1：8 位 IO 空间
nPWAIT	输入	输入信号，用于说明 PC 卡接口插入等待状态 　0：等待；1：PC 卡准备好
PSKTAEL	输出	低电平有效的输出信号，可用作数据传送的 nOE 信号 有一个 PC 卡插座时： 　0：允许选卡；1：不允许选卡 有两个 PC 卡插座时： 　0：选卡座 0；1：选卡座 1

3) 存储器控制器的配置图

PXA27X 存储器控制器的配置框图如图 8.14 所示。

由图中可以看到,存储器控制器所提供的接口信号可以连接 SDRAM、SRAM、闪存、外设接口及 PC 卡。图 8.14 中还标出了连接不同的存储器芯片时所用到的主要连接信号。由于存储器控制器提供了不同存储器芯片所要求的信号,因此在连接构成外部存储器时就非常容易实现。

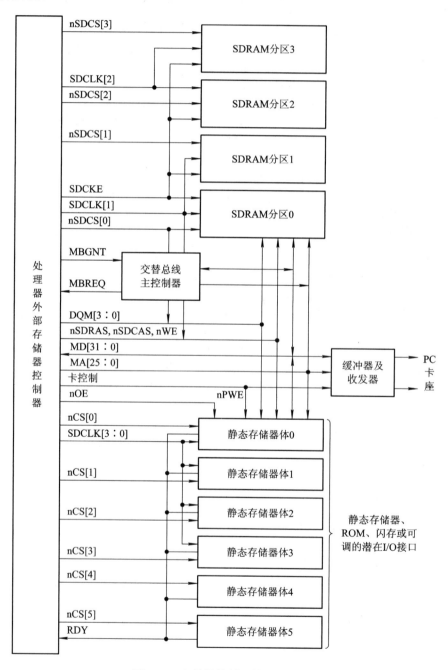

图 8.14   存储器控制器的配置框图

2. 同步动态存储器 SDRAM 接口

1) 接口信号

由图 8.14 可以看到，存储器控制器提供的与 SDRAM 连接的接口信号主要有：

4 个分区选择信号 nSDCS[3:0]；

4 个字节屏蔽信号 DQM[3:0]；

根据不同的配置设置，SDRAM 的体/行/列可在地址信号 MA[24:1]中选择多种配置；

1 个写允许信号 nWE；

1 个行地址选通信号 nSDRAS；

1 个列地址选通信号 nSDCAS；

1 个时钟允许信号 SDCKE；

2 个时钟信号 SDCLK[2:1]。

2) 地址分配与连接

在一般情况下，外接 SDRAM 分为 4 个区，每个区为 64 MB，则 SDRAM 的存储空间为 256 MB。通过对动态存储器的设置寄存器 MDCNFG 进行设置，可以使 SDRAM 的每一个区的容量达到 256 MB，而 SDRAM 的总容量就能够达到 1 GB。

两种容量配置时的 SDRAM 的地址分配如图 8.15 所示。

有关 SDRAM 的连接可以参看第 4 章的图 4.47，此处不再说明。

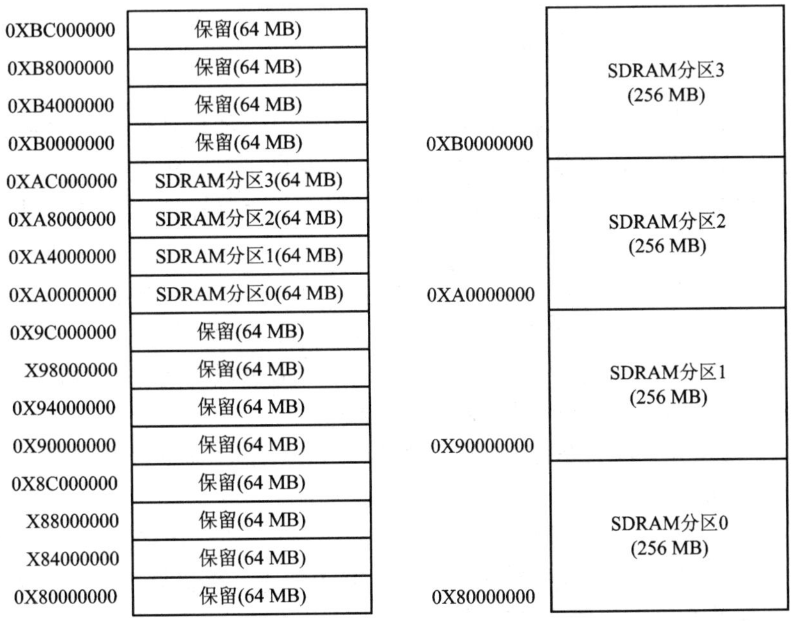

0XBC000000	保留(64 MB)		SDRAM分区3 (256 MB)
0XB8000000	保留(64 MB)		
0XB4000000	保留(64 MB)		
0XB0000000	保留(64 MB)	0XB0000000	
0XAC000000	SDRAM分区3(64 MB)		SDRAM分区2 (256 MB)
0XA8000000	SDRAM分区2(64 MB)		
0XA4000000	SDRAM分区1(64 MB)		
0XA0000000	SDRAM分区0(64 MB)	0XA0000000	
0X9C000000	保留(64 MB)		SDRAM分区1 (256 MB)
X98000000	保留(64 MB)		
0X94000000	保留(64 MB)		
0X90000000	保留(64 MB)	0X90000000	
0X8C000000	保留(64 MB)		SDRAM分区0 (256 MB)
X88000000	保留(64 MB)		
X84000000	保留(64 MB)		
0X80000000	保留(64 MB)	0X80000000	

图 8.15　SDRAM 地址分配图

3. PXA27X 与静态存储器的连接

正如前面所提到的，PXA27X 中的存储器控制器还提供了连接静态存储器、闪速存储器及可调的潜在 I/O 接口的能力。图 8.14 中表示出有六个体(或称分区)可以连接上述存储器或作为接口地址使用。

1) 静态存储器各分区的地址分配

PXA27X 中的存储器控制器通过输出的片选信号 nCS[5:0]来决定静态存储器区域的内存地址。同时，通过 PXA27X 中的存储器控制器的寄存器设置，还可以改变分区片选信号所对应的地址范围。静态存储器各分区的地址分配如图 8.16 所示。

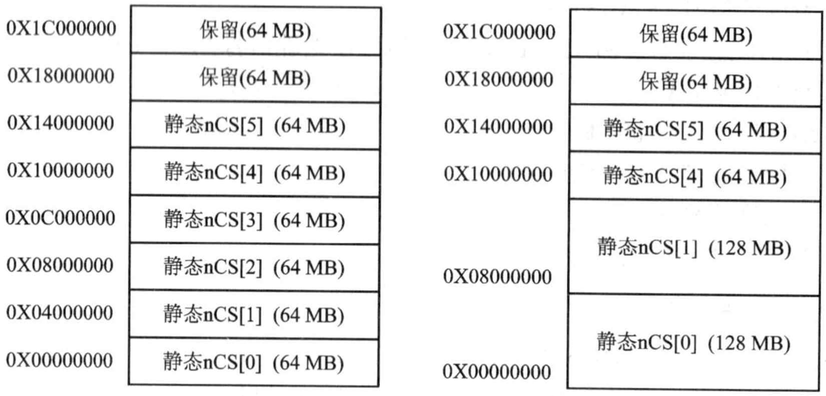

0X1C000000	保留(64 MB)		0X1C000000	保留(64 MB)
0X18000000	保留(64 MB)		0X18000000	保留(64 MB)
0X14000000	静态nCS[5] (64 MB)		0X14000000	静态nCS[5] (64 MB)
0X10000000	静态nCS[4] (64 MB)		0X10000000	静态nCS[4] (64 MB)
0X0C000000	静态nCS[3] (64 MB)			静态nCS[1] (128 MB)
0X08000000	静态nCS[2] (64 MB)		0X08000000	
0X04000000	静态nCS[1] (64 MB)			静态nCS[0] (128 MB)
0X00000000	静态nCS[0] (64 MB)		0X00000000	

图 8.16 静态存储器的地址分配情况

在上述六个分区中，可以配置：

非突发方式的 ROM 及异步闪速存储器；

突发方式的 ROM 或同步闪速存储器；

异步或同步方式的静态存储器；

可调潜在接口 VLIO。

存储器的同步和异步的概念在本书的前面已经讲过。如果处理器读写存储器时，读写周期与总线时钟没有关系，也就是与总线时钟是异步的，则在异步方式下工作。

在描述 SDRAM 时已经说明同步方式工作的概念，就是在读写存储器时，数据的存取是与总线的时钟完全同步的，通常为每一时钟周期读或写一个数据。这种方式下可以实现数据的突发传送。需要说明的是，同步闪速存储器只有在读出时才能够使用突发传送，而写入数据必须是异步的。许多公司生产这样的芯片，突发长度可以是 2、4 或 8。

在这里，PXA27X 有专门的读配置寄存器 RCR，通过对该寄存器的设置，可以规定所用的存储器是同步闪速存储器还是异步闪速存储器。

在上述六个分区中，每一个分区可以连接构成 64 MB 的地址空间，使用的是 MA[25:0] 共 26 bit 的字节地址。

通过对 PXA27X 的静态存储器配置寄存器 SA1110 进行适当的配置，可以规定上面提到的六个片选信号中的 nCS[1:0]能够选择 64 M 半字(16 bit)存储空间，即 128 MB。

2) 静态存储器及闪速存储器的连接

利用 PXA27X 中的存储器控制器所提供的接口信号，可以将静态存储器及闪速存储器连接到接口上构成所需的芯片外部存储器。这种连接方式的一个实例如图 8.17 所示。

在图 8.17 中，PXA27X 的片外存储器是由同步闪速存储器和静态 SRAM 构成的，其中同步闪速存储器占用两个分区，共 128 MB 的空间，实际构成的存储器物理空间为两个 4 M×32 bit，即闪存的物理地址空间为 32 MB(字节)。

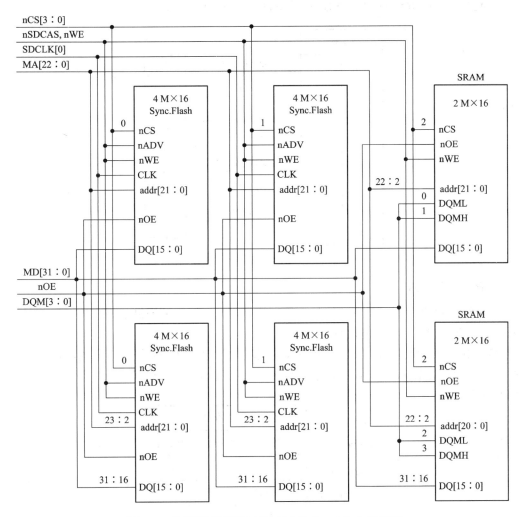

图 8.17　存储器控制器与 SRAM 及 Sync.Flash 的连接

图 8.17 中还包括了由两片静态存储器芯片构成的静态存储器，其空间扩展为 2 M×32 bit 或 8 MB(字节)。

在 PXA27X 系统中，由片选信号 nCS[0]所决定的第 1 个分区必须是 ROM 或闪存。因为当 PXA27X 复位启动时，自举过程要使用该存储区。

3) 可调潜在的 I/O 接口

由于 PXA27X 是内存与接口统一编址，故在定义连接静态存储器的六个分区时，不仅可以连接 SRAM 和闪速存储器，还可以作为外设接口连接外设。Intel 将它称为可调的潜在输入/输出接口 VLIO。

在上述的六个区中，利用 nCS[5:0]这六个片选信号，每一个区都可以用作 VLIO。要利用哪一个分区作为 VLIO，可以通过配置静态存储器控制寄存器 MSC_X 的相应控制位来实现。同时，考虑到接在 VLIO 的外设有的可能速度慢，存储器控制器配有专门的 RDY 输入信号，利用该信号在读写 VLIO 时可以插入等待状态，这类似于前面 8086 的 READY 信号。

PXA27X 与 VLIO 接口芯片相连接的框图如图 8.18 所示。

PXA27X
存储器控制器
nCS[5：0]
nOE
nPWE
MA[25：0]
DQM[3：0]
MD[31：0]
RDY
VLIO
相应芯片

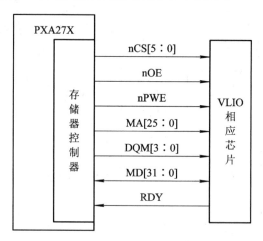

图 8.18 VLIO 接口连接框图

4. PC 卡存储器

由图 8.14 可以看到，PXA27X 的存储器控制器还为 PC 卡提供了相应的接口信号，而且还提供了两个 PC 卡的插座位置。

PC 卡接口支持连接 8 位或 16 位的数据宽度的外设，这些外设是广义的，可以是一般的存储器，可以是输入/输出设备，也可以是具有某种特征的存储器。PC 卡地址空间分配如图 8.19 所示。

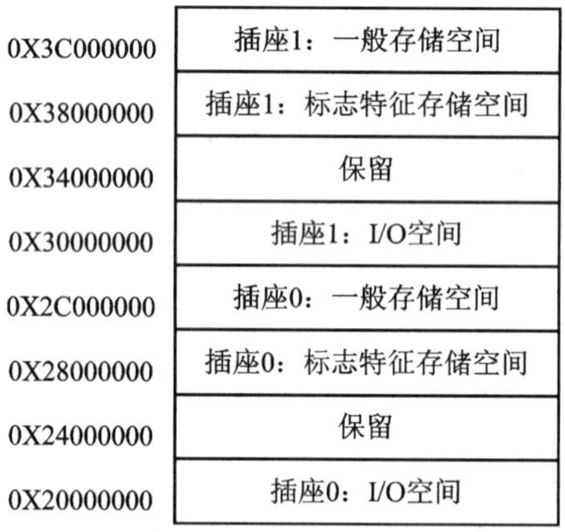

0X3C000000
插座1：一般存储空间
0X38000000
插座1：标志特征存储空间
0X34000000
保留
0X30000000
插座1：I/O空间
0X2C000000
插座0：一般存储空间
0X28000000
插座0：标志特征存储空间
0X24000000
保留
0X20000000
插座0：I/O空间

图 8.19 PC 卡接口地址空间分配

在实际应用中，常要通过对有关寄存器的设置来决定正确的地址。主要涉及如下三个寄存器：

$MCMEM_X$：PC 卡一般存储器地址空间设置寄存器；

$MCATT_X$：PC 卡标志特征存储器地址空间设置寄存器；

$MCIO_X$：PC 卡 IO 地址空间设置寄存器。

以上简单介绍了利用 PXA27X 内部的存储器控制器，可以较为方便地在芯片外部接上各种存储器、PC 卡及 VLIO，描述了它们的地址空间及连接框图，希望读者对 PXA27X 的外部存储器有个概略的了解。

在上面对外部存储器控制器的描述中尚忽略了许多细节，限于篇幅，不能仔细说明。尤其是为了使存储器控制器能按照人们的意愿去工作，需要对其内部的二十几个 32 位的寄存器进行配置——初始化。只有初始化这些寄存器，外接存储器才能正常工作。而且，这些寄存器的功能很强，各位的控制功能很复杂，这里不再说明。需要详细了解这方面情况的读者可参阅 Intel 公司的有关资料。

8.3.4 PXA27X 的中断控制器

1．中断控制器概述

PXA27X 具有功能很强的中断控制器，可以支持处理多达 40 个外部中断源。对于中断，前面的章节已经强调过，对于一套微型计算机系统，中断的概念及方法是非常重要的。而对于嵌入式计算机系统，其重要性怎么强调都不过分。

1）概述

前面已经介绍，PXA27X 内部集成了 ARM 处理器，具有多个中断(或异常)。PXA27X 的中断控制器专门用来控制 ARM 的两个外部中断 irq 和 fiq。

在 PXA27X 中采用两级中断处理来支持 40 个中断源：

第一级是 irq 或 fiq，这两个中断有各自确定的中断向量(中断服务程序的入口地址)。一旦发生 irq 或 fiq 中断请求，处理器响应后就转向相应的中断服务程序(见本章前面的内容)。但是，在 irq 或者 fiq 之下，又会有多个中断源，最多可达 40 个。中断控制器必须使处理器转到应进行服务的中断源，有针对性地对它进行服务。这就需要第二级中断处理。

第二级中断处理是指中断控制器设置了一系列的寄存器，当第一级中断处理进入中断服务程序的入口后，利用软件查询，一定可以查到在 irq 中断源队列中(或在 fiq 中断源队列中)优先级最高的一个中断源，然后对它进行中断服务。

PXA27X 二级中断处理的示意图如图 8.20 所示。

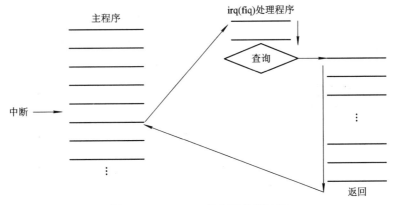

图 8.20　PXA27X 的中断处理过程

2）中断源及外设鉴别字

在 PXA27X 的中断控制器之下，设置了 40 个中断源并假定对应相应的外设。为了中断处理的方便，每一个中断源(外设)设置一个鉴别字(ID)。后面将会看到，利用鉴别字进行中断处理是很方便的。

PXA27X 的中断源(外设)鉴别字(ID)如表 8.20 所示。

表 8.20　PXA27X 的中断源(外设)鉴别字(ID)

位　置	中断源	说　　明	ID
IP[39]		保留	39
IP[38]		保留	38
IP[37]		保留	37
IP[36]		保留	36
IP[35]		保留	35
IP[34]		保留	34
IP[33]	快速捕获接口	快速捕获接口中断	33
IP[32]	放置模块	放置模块中断	32
IP[31]	实时钟	实时钟相等报警寄存器中断	31
IP[30]		1 Hz 时钟 TIC 产生中断	30
IP[29]	操作系统定时器	OS 定时器相等匹配寄存器中断 3	29
IP[28]		OS 定时器相等匹配寄存器中断 2	28
IP[27]		OS 定时器相等匹配寄存器中断 1	27
IP[26]		OS 定时器相等匹配寄存器中断 0	26
IP[25]	DMA 控制器	DMA 通道服务请求中断	25
IP[24]	同步串行接口 1	SSP_1 服务请求中断	24
IP[23]	闪存卡/MMC 接口	闪存卡状态/错误检出中断	23
IP[22]	FFUART	在 FFUART 中收发错误中断	22
IP[21]	BTUART	在 BTUART 中收发错误中断	21
IP[20]	STUART	在 STUART 中收发错误中断	20
IP[19]	红外通信接口	红外通信接口收发错误中断	19
IP[18]	I^2C	I^2C 服务请求中断	18
IP[17]	LCD 控制器	LCD 控制器服务请求中断	17
IP[16]	同步串行接口 2	SSP_2 服务请求中断	16
IP[15]	USIM 接口	智能卡接口状态/错误中断	15
IP[14]	AC'97	AC'97 中断	14
IP[13]	I^2S	I^2S 服务请求中断	13
IP[12]	PUM	PUM(运行监视器)中断	12
IP[11]	USB 客户	USB 客户端中断	11
IP[10]	GPIO	GPIO_x 边沿检测的"OR"产生中断(除 0、1)	10
IP[9]		GPIO_1 检测到边沿产生中断	9
IP[8]		GPIO_0 检测到边沿产生中断	8

位　　置	中断源	说　　　明	ID
IP[7]	操作系统定时器	OS 定时器匹配寄存器 4～11 产生的中断	7
IP[6]	电源 I²C	电源 I²C 服务请求中断	18
IP[5]	存储棒	存储棒中断请求	5
IP[4]	键盘控制器	键盘控制器中断请求	4
IP[3]	USB 主控制器	USB 主控制器中断请求 1	3
IP[2]		USB 主控制器中断请求 2	2
IP[1]	灵活的可变链路	MSL 接口中断	1
IP[0]	同步串行接口 3	SSP_3 服务请求中断	0

　　从表 8.19 可以看到，在 PXA27X 中所包含的各功能器件都是 PXA27X 处理器的外部中断源，这为用户使用 PXA27X 构成微机系统、使用有关的功能部件提供了很大的方便。每一个中断源都有各自的鉴别字 ID，使得在二级中断中，可以很方便地用 ID 来识别中断源。同时，PXA27X 中断控制器中还保留着一些鉴别字 ID，以备将来扩展应用。

　　3) 中断控制器中的寄存器

　　为了使 PXA27X 在 irq 和 fiq 中断级上实现对上述 40 个中断源的管理，在中断控制器中设置了大量的寄存器。通过对这些寄存器的设置，可以对每一个中断源实现诸如选择用 irq 或 fiq、优先级控制、中断屏蔽等诸多功能的设置。中断控制器中所使用的有关寄存器如表 8.21 所示。

表 8.21　中断控制器中的寄存器

地　址	名　　　称	说　　　明
0X40D00000	ICIP	中断控制器的 irq 挂起寄存器
0X40D00004	ICMR	中断控制器的屏蔽寄存器
0X40D00008	ICLR	中断控制器的级别寄存器
0X40D0000C	ICFP	中断控制器的 fiq 挂起寄存器
0X40D00010	ICPR	中断控制器的挂起寄存器
0X40D00014	ICCR	中断控制器的控制寄存器
0X40D00018	ICHP	中断控制器的最高优先级寄存器
0X40D0001C～0X40D00098	IPR0～IPR31	中断控制器对应于优先级 0～31 的优先级寄存器
0X40D0009C	ICIP2	中断控制器的 irq 挂起寄存器 2
0X40D000A0	ICMR2	中断控制器的屏蔽寄存器 2
0X40D000A4	ICLR2	中断控制器的级别寄存器 2
0X40D000A8	ICFP2	中断控制器的 fiq 挂起寄存器 2
0X40D000AC	ICPR2	中断控制器的挂起寄存器 2
0X40D000B0～0X40D000CC	IPR32～IPR39	中断控制器对应于优先级 32～39 的优先级寄存器
0X40D000D0～0X40DFFFFC		保留

  表 8.21 中列出了有关的寄存器及其名称,同时还给出了这些寄存器的地址。有了地址,在使用中便可以很方便地对这些寄存器读写,实现状态的查询和功能的设置。对于这些寄存器的详细情况,将在后面再逐一说明。

  表 8.21 中给出了中断控制器所用到的寄存器,从中我们注意到,由于寄存器是 32 位的,而中断源却有 40 个,用一个寄存器无法表征全部 40 个中断源,因此,将中断源 0～31 用一个寄存器来描述,而将中断源 32～39 用另一寄存器来描述。

2. 中断控制器的寄存器说明

  由于篇幅所限,在这里我们对中断控制器的寄存器不再逐一加以说明,仅以中断控制器的挂起寄存器 ICPR 和 ICPR2 为例做简单介绍,其他寄存器不再说明。

  中断控制器的挂起寄存器是只读寄存器,用来记录系统中的有效中断请求。ICPR 是一个 32 位的寄存器,该寄存器各位的功能如表 8.22 所示。

表 8.22 中断控制器的挂起寄存器 ICPR 的各位功能

位	属性	名 称	说 明
31	R	RTC_AL	实时钟报警中断:0=未发生;1=已发生
30	R	RTC_Hz	1 Hz TIC 中断:0=未发生;1=已发生
29	R	OS_3	OS 定时器 3 相等匹配中断:0=未发生;1=已发生
28	R	OS_2	OS 定时器 2 相等匹配中断:0=未发生;1=已发生
27	R	OS_1	OS 定时器 1 相等匹配中断:0=未发生;1=已发生
26	R	OS_0	OS 定时器 0 相等匹配中断:0=未发生;1=已发生
25	R	DMAC	DMA 控制器服务请求中断:0=未发生;1=已发生
24	R	SSP1	SSP1 请求服务中断:0=未发生;1=已发生
23	R	MMC	MMC 状态改变/错误检出中断:0=未发生;1=已发生
22	R	FFUART	FFUART 收发错误中断:0=未发生;1=已发生
21	R	BTUART	BTUART 收发错误中断:0=未发生;1=已发生
20	R	STUART	STUART 收发错误中断:0=未发生;1=已发生
19	R	ICP	红外通信接口收发错误中断:0=未发生;1=已发生
18	R	I^2C	I^2C 服务中断请求中断:0=未发生;1=已发生
17	R	LCD	LCD 控制器中断请求中断:0=未发生;1=已发生
16	R	SSP2	SSP2 中断请求中断:0=未发生;1=已发生
15	R	USIM	USIM 智能卡状态改变/错误中断:0=未发生;1=已发生
14	R	AC'97	AC'97 中断请求中断:0=未发生;1=已发生
13	R	I^2S	I^2S 服务中断请求中断:0=未发生;1=已发生
12	R	PMU	PMU 运行监视器服务请求中断:0=未发生;1=已发生
11	R	USBC	USB 客户端服务请求中断:0=未发生;1=已发生

位	属性	名　称	说　明
10	R	GPIO_x	GPIO_x(除了 0 和 1)边沿检出中断：0=未发生；1=已发生
9	R	GPIO_1	GPIO_1 边沿检出中断：0=未发生；1=已发生
8	R	GPIO_0	GPIO_0 边沿检出中断：0=未发生；1=已发生
7	R	OST_4_11	OS 定时器_4_11 匹配中断：0=未发生；1=已发生
6	R	PWR_I²C	电源 Power_I²C 中断请求：0=未发生；1=已发生
5	R	MEM_STK	存储棒主控器中断请求：0=未发生；1=已发生
4	R	KEYPAD	键盘控制器中断请求：0=未发生；1=已发生
3	R	USBH1	USB 主控制器中断请求 1：0=未发生；1=已发生
2	R	USBH2	USB 主控制器中断请求 2：0=未发生；1=已发生
1	R	MSL	MSL 接口中断请求：0=未发生；1=已发生
0	R	SSP3	SSP3 中断请求中断：0=未发生；1=已发生

由表 8.22 可以看到，中断控制器挂起寄存器的每一位对应 PXA270 的一个中断源。由于中断源多于 32 个，故还需要一个挂起寄存器 ICPR2。ICPR2 的各位功能如表 8.23 所示。

表 8.23　中断控制器的挂起寄存器 ICPR2 的各位功能

位	属性	名　称	说　明
31~2			保留
1	R	CIF	快速捕获接口中断请求中断：0=未发生；1=已发生
0	R	TPM	放置模块中断请求中断：0=未发生；1=已发生

上面两个寄存器相应位置 1，表示有中断请求发生。在处理程序中还要根据下面提到的寄存器，将最高优先级的中断源找出来，首先为它服务。一旦某一中断得到处理，其在 ICPR 中的相应位就被清 0。

8.3.5　PXA27X 的键盘接口

PXA27X 为用户提供了功能强大、使用方便的键盘接口。本小节将对 PXA27X 的键盘接口予以简单介绍。

1. PXA27X 的键盘接口结构

PXA27X 的键盘接口为用户提供了 24 条引线，可以接两种类型的键盘。

(1) 直接接口按键。PXA27X 键盘接口中的 8 条引线可直接连接 8 个按键；也可以用 6 条线直接接 6 个按键，另外 2 条线接 1 个旋转编码器(如拨盘、旋转表盘等)；也可以用 4 条线直接接 4 个按键，另外 4 条线接 2 个旋转编码器。

(2) 矩阵键盘。PXA27X 提供的另外 16 条线分为 8 条行线和 8 条列线。因此，可以构成最多 8×8=64 个按键的矩阵键盘。

PXA27X 的键盘接口结构如图 8.21 所示。

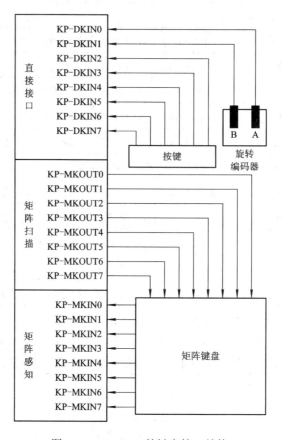

图 8.21   PXA27X 的键盘接口结构

2．PXA27X 的键盘接口的工作方式

1) 直接接口

直接接口可直接将按键接在直接接口的输入端 KP_DKINx 上，如图 8.22 所示。
直接接口也可以接旋转编码器。旋转编码器的示意图如图 8.23 所示。

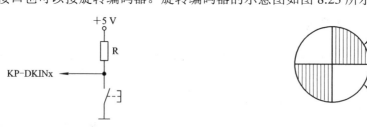

图 8.22   直接接口连接   图 8.23   旋转编码器示意图

在图 8.23 中，圆盘可以旋转并且与接触片 A 和 B 接触。若圆盘的阴影部分为高电平，空白地方为低电平，当圆盘转动时，接触片 A 和 B 的电平就会发生变化。

当圆盘在不同的方向上旋转时，A、B 接触片的输出电平的变化是不一样的。根据当前 A、B 的电平状态与前次的 A、B 电平状态的不同，可以判断旋转圆盘的转动方向。对它们状态变化的计数还可以计算出旋转了多少圈。这就是旋转编码器的工作原理。旋转编码器状态变化及结果如表 8.24 所示。

表 8.24　旋转编码器状态变化及结果

前次 A 的状态	前次 B 的状态	本次 A 的状态	本次 B 的状态	效　果
L	L	L	H	右转
L	L	H	L	左转
L	H	L	L	左转
L	H	H	H	右转
H	L	L	L	右转
H	L	H	H	左转
H	H	L	H	左转
H	H	H	L	右转
其他组合				无效

将旋转编码器的 A、B 的状态分别接到直接接口的 KP_DLIN0、1 或 KP_DLIN2、3 上，并对它们进行计数，即可决定旋转圈数。

2) 矩阵键盘接口

对于矩阵键盘接口，有两种工作方式可供用户选择：

(1) 人工扫描。通过后面将要提到的键盘接口控制器的有关寄存器，可以选择人工扫描方式。在这种方式下，用户通过编程输出列的扫描编码，对各列进行扫描。同时，每输出一列扫描编码，可以从有关的寄存器中读出行值，从而决定所按下的键。显然，这是一种用查询来决定按键的方法。

另外，除了用查询方法决定按键外，只要有键按下，时间超过程序规定的消除按键抖动的时间，便会产生中断。利用中断服务程序读出存于寄存器中的行的值，也可以确定所按下的键。

在人工扫描方式下，可以工作在忽略多键同时按下的情况，即多键按下时只有第一个键产生一个中断请求；也可以工作在不忽略多键按下的情况。在多键按下时，按键保持多少个消抖动时间间隔，就将产生多少次中断请求。

(2) 自动扫描。自动扫描是指对键盘的扫描是由键盘控制器自动进行的。当通过设置有关的寄存器选择自动扫描后，控制器将自动对键盘进行扫描，当一次扫描完成并发现有新的按键按下时，就会产生键盘的中断请求。

同样，在自动扫描方式下，可以工作在忽略多键同时按下的情况；也可以工作在不忽略多键按下的情况。在多键按下时，只要按键保持时间超过消抖动时间，就认为该键按下是有效的。

3. 消抖动功能

在前面的键盘接口中已经说明，在按键按下及释放过程中，会产生按键的抖动。如果不注意消除按键抖动的影响，将会使按键的状态产生错误。前面已经提到消除按键抖动的方法。在 PXA27X 的键盘接口中，键盘控制器采用的是延时消抖动的方法，而且延时的时间是可编程的。

4．键盘控制器的内部寄存器列表

正如前面提到的，作为 SOC 的 PXA27X 的一个重要特征就是每一功能部件都有许多寄存器，利用对这些寄存器的编程来支持各部件的多种功能。同样，键盘控制器也有 10 个支持其功能的寄存器，如表 8.25 所示。

表 8.25　键盘控制器的内部寄存器列表

地　址	名　称	说　明
0X41500000	KPC	键盘接口控制寄存器
0X41500004		保留
0X41500008	KPDK	键盘接口直接按键寄存器
0X4150000C		保留
0X41500010	KPREC	键盘接口旋转编码器计数寄存器
0X41500014		保留
0X41500018	KPMK	键盘接口矩阵按键寄存器
0X4150001C		保留
0X41500020	KPAS	键盘接口自动扫描寄存器
0X41500024		保留
0X41500028	KPASMKP0	键盘接口自动扫描多键按下寄存器 0
0X4150002C		保留
0X41500030	KPASMKP1	键盘接口自动扫描多键按下寄存器 1
0X41500034		保留
0X41500038	KPASMKP2	键盘接口自动扫描多键按下寄存器 2
0X4150003C		保留
0X41500040	KPASMKP3	键盘接口自动扫描多键按下寄存器 3
0X41500044		保留
0X41500048	KPKDI	键盘接口消除抖动时间间隔寄存器
0X4150004C～0X415FFFFC		保留

由于篇幅的限制，以上仅对 SOC 芯片 PXA27X 做了一点最简单的介绍，希望能使读者对 SOC 有一点大致的了解。由于 PXA27X 结构复杂，所包含的功能部件很多，要用好每一种功能，都必须仔细对该功能部件的相应寄存器进行认真编程。在这里要强调，用好一种 SOC，需注意它的外特性以及它内部所包含的功能部件(包括内部的多个处理器)，而且还要掌握每一种功能部件的内部寄存器，利用 SOC 的可编程性能达到应用的目的。

习　题

8.1　SOC 的基本特征表现在哪些方面？

8.2　ARM 体系结构中主要有哪些变种？它们的主要特征是什么？

8.3　ARM 处理器的内部寄存器是哪 37 个？不同工作模式下它们是如何使用的？

8.4　说明程序状态寄存器低 8 位的功能。

8.5　在 ARM 的指令中可以包含字母 S，说明包含该字母的含义。

8.6　转移指令 BL 中 L 的含义是什么？试说明利用转移指令 BL 调用子程序的过程。子程序与调用指令之间最大有多远？

8.7　当 ARM 被复位启动工作时，ARM 处理器做哪些工作？

8.8　叙述 ARM 的软件中断指令 SWI 的执行过程。

8.9　叙述 ARM 的一般中断 irq 的响应过程。

8.10　叙述 ARM 的快速中断 fiq 的响应过程。

8.11　罗列 PXA27X 芯片中所包括的主要功能部件及接口。

8.12　PXA27X 芯片内部 RAM 有多少字节？所占的内存地址空间在什么位置？

8.13　PXA27X 的外部存储器接口为使用者提供了哪几类信号？用于 SDRAM 的信号是哪些？在一般情况下，SDRAM 的地址空间如何分布？PXA27X 最大可外接的 SDRAM 地址空间为多少？

8.14　PXA27X 芯片 6 个静态存储器片选信号所对应的 SRAM 的内存地址空间各是多少？

8.15　叙述 PXA27X 二级中断处理的含义。

参 考 文 献

[1] 李伯成,等. 微型计算机原理及应用. 西安:西安电子科技大学出版社,1998.

[2] 李伯成,等. 微机应用系统设计. 西安:西安电子科技大学出版社,2001.

[3] 李伯成. 微型计算机原理及应用辅导. 西安:西安电子科技大学出版社,2000.

[4] 李伯成. 微型计算机原理及应用习题、试题分析与解答. 西安:西安电子科技大学出版社,2001.

[5] 李伯成. 微型计算机原理及接口技术. 北京:电子工业出版社,2002.

[6] Barry B Brey. The Intel Microprocessors Architecture Programming and Interfacing.5th ed. 北京:高等教育出版社,2001.

[7] 戴梅萼,等. 微型计算机技术及应用. 北京:清华大学出版社,1996.

[8] Intel 公司. Pentium Family User's Manual.Volume 1:Data Book. 1994.

[9] Intel 公司. Pentium Family User's Manual.Volume 3:Architecture and Programming Manual. 1994.

[10] 杜春雷. ARM 体系结构与编程. 北京:清华大学出版社,2003.

[11] 李伯成. 微型计算机原理与接口技术. 北京:清华大学出版社,2012.